Geschichte der Alchemie

Hermann Schreiber

GESCHICHTE DER ALCHEMIE

ar
ea

Hermann Schreiber: Geschichte der Alchemie

Einbandgestaltung: agilmedien, Köln
Einbandabbildung: »Der Alchemist«, Kupferstich aus
dem 19. Jh. von Pérée; akg
Satz & Layout: GEM mbH, Ratingen
Gesamtherstellung: area verlag gmbh, Erftstadt
Printed in Czech Republic 2006

ISBN-13 978-3-89996-511-7
ISBN-10 3-89996-511-6

www.area-verlag.de

Inhalt

König Midas und die goldgrabenden Ameisen

Gold leuchtet und glänzt. Es leuchtet selbst aus den dunkelsten Jahrhunderten und fernsten Zeiten, als habe die Sonne, das mächtige Himmelsgestirn, zahllose Samenkörner über die Erde gestreut und in sie hinein von Anbeginn an, denn niemand weiß, wann das erste Klümpchen Gold auf einem Flußgrund gefunden wurde.

Kein anderes Metall widersetzt sich so standhaft dem Lauf der Geschichte und treibt ihn zugleich an, kein anderes Metall vermochte schon seinen ersten Finder – einen Hirtenknaben, eine Fischerin, ein Wäschermädchen – so augenblicklich von seinem Wert zu überzeugen, von einem Wert in sich, einem Wert, der leuchtete, glänzte, zu sprechen schien, bis die Menschen begriffen.

Jahrtausendelang glitzerten Erzadern im Verborgenen, im Dunkel von Höhlen und Gängen. Das Gold, das sich darbot, war von Bächen aus den Bergen geschwemmt worden als Sand und in Körnern. Wir wissen heute, daß es im chemischen Sinn kein reines Gold war, aber es ließ sich bearbeiten, es ließ sich flachklopfen, biegen, zu Schmuck verarbeiten, es war eine Gabe, eine Göttergabe, gemacht, Geschenk zu bleiben, jenes Zuviel, das man nicht essen und nicht trinken konnte, nur ansehen, hin- und herwenden, in der Sonne blitzen lassen. Wie war es in die Flüsse gekommen?

Nur wenige Völker waren neugierig, waren wißbegierig genug, sich diese Frage zu stellen. Von den wenigen Millionen unserer Vorfahren, die vor acht- bis zehntausend Jahren die Alte Welt bevölkerten, sollen die Etrusker das meiste Gold besessen haben, aber das Volk, das wissen wollte, wie das Gold in die Flüsse kam, waren nicht die Etrusker, die so viele Geheimnisse so gut bewahrten, sondern die Griechen, genauer der Stamm der Phryger im heutigen Makedonien. Er lebte am Fuß eines Gebirges, das bei den griechischen Reisenden und Geschichtsschreibern den schönen Namen Bermion führt und heute nicht ganz so wohlklingend Dobrowolje Planina heißt. Es war besonders schneereich, an seinen Hängen aber hatte der Phrygerkönig Midas Rosen anpflanzen lassen. Es fiel ihm nicht schwer, in diese idyllische Gegend einen Zechgenossen des Gottes Dyonisos zu locken, den heiteren, trinkfesten Silen. Midas bewirtete Silen festlich, gab ihm heitere Gefährten und ließ ihn dann, da er nicht mehr ganz fest auf den Beinen stand, fürsorglich zu seinem göttlichen Freund und Beschützer Dionysos zurückgeleiten. Gerührt von soviel königlichen Wohltaten, gewährte der Freudengott König Midas eine Bitte, und Midas, wohl selbst nicht mehr ganz nüchtern, erbat sich das Wunder, daß alles, was er berühre, zu Gold werde.

Es ist eines jener vielen Märchen, das uns sagt, daß Wünsche harmlos sind, ja menschlich, daß ihre Erfüllung aber uns Menschen überfordert. Midas erkannte die göttliche Gnade bald als einen unbarmherzigen Fluch. Da alles sogleich zu Goldwänden und Goldblöcken erstarrte, was er nur mit den Fingerspitzen berührte, konnte er weder essen noch trinken; gleißend und glühend griff ein entsetzlicher Tod nach ihm, als der Gott die grausame Lektion durch einen Ratschlag beendete: König Midas solle im Fluß Paktolos ein Bad nehmen; der Fluß werde das Gold von ihm nehmen, ihm sein früheres Leben zurückgeben und das Gold mit seinen Wellen wegführen.

Der Paktolos war nicht ganz nah, er floß mitten durch die uralte Stadt Sardes in Lydien, aber Midas hatte keine Wahl; er fand den Fluß, badete und durfte wieder anfassen, was er anfassen wollte, ohne daß es zu Gold wurde. Der Paktolos aber nahm alles Gold mit sich, als müsse es so sein; er trug es als Sand und in kleinen Körnern durch Lydien, das dadurch reich wurde, zum Meer, jahrhundertelang. Moderne Archäologen fanden im Tal und an den Ufern des Paktolos nicht weniger als dreihundert Schmelzgruben aus dem sechsten vorchristlichen Jahrhundert ...

Dreihundert Schmelzgruben sind ebensoviele Beweise dafür, daß diese bunten alten Sagen ihren unbestreitbaren Wahrheitsgehalt haben. Die Berge stehen noch da, mögen sie auch anders heißen, die Flüsse schieben zeitlos ihre klaren Wasser dem Meer zu. Schmelzgruben sind Menschenwerk, um die Göttergabe des Goldes zu gewinnen, denn das Gold fiel nicht wie Manna vom Himmel, es blieb glitzernder Sand, sonst nichts, kam zu der Gabe der Natur nicht die Findigkeit des Menschengeistes hinzu.

Die frühesten Formen der Goldgewinnung sind ein so geheimes Wissen wie später die Alchemie. Die ersten Goldwäscher stehen mit ihren Sieben im Fluß Paktolos, wie sie zweieinhalb Jahrtausende später im Klondike stehen werden, und man wird den Kopf über sie schütteln wie über Paracelsus oder Bragadino und all die anderen. Tatsächlich ist das Verfahren der Goldgewinnung aus Goldsand führenden Wasserläufen so kompliziert, daß man nicht Jahrhunderte, sondern Jahrtausende für seine Entwicklung ansetzen muß, Jahrtausende, die dieses alte Wissen in den Rang einer Geheimwissenschaft erheben. Schließlich kann auch ein Verfahren, das aus vielen kleinen, von der Natur vorgegebenen Schritten besteht, zum Nutzen eines Volkes oder einer Handelsstadt wie etwa Sardes lange geheimgehalten und durch Gerüchte von Schrecknissen, von wachhabenden Riesenvögeln oder drohendem Unheil, geschützt werden.

Von etwa 60 vor Christus bis 20 nach Christus lebte der große griechische Geograph Strabo und zeigte uns in seinen Schriften und Berichten die Alte Welt ein halbes Jahrtausend nach Herodot, dem Vater der Geschichte. Strabo kannte den Goldfluß Paktolos sehr gut, aber zu seiner Zeit schwemmte der Paktolos kein Gold mehr aus den Bergen des Timolos-Gebirges herab. Man schrieb es jetzt Tmolos, es stieg nach wie vor bis zweitausend Meter hoch auf, es hatte Marmorbrüche und ausgedehnte Wälder, aber aus seinen Klüften und Bergen fand kein Goldkörnchen mehr den Weg in den Paktolos und in die alte Hauptstadt Sardes. Statt dessen thronte auf den Höhen des Tmolos ein Heiligtum der Göttin Kybele (lydisch Kybebe), der geheimnisvollsten aller Muttergottheiten und Himmelsköniginnen, war sie doch nicht aus dem Haupt eines Gottes entsprungen oder dem Meer entstiegen, sondern in einem Asteroid auf die Erde herabgestürzt und dem berstenden Himmelskörper unverletzt in voller Schönheit entstiegen, älter als die Hethiter, das mächtige Staatsvolk Vorderasiens, älter auch als der ganze ebenso imposante wie skandalträchtige griechische Götterhimmel. Und da das Gold nun rar geworden war, entdeckten die Völker dieser Gegend Methoden der Goldgewinnung, die den geheimen Techniken der Alchemie an Seltsamkeit nichts nachgaben:

»In dieser Gegend liegt auch«, lesen wir in Herodots ›Viertem Buch‹, »eine Insel namens Kyrauis, zweihundert Stadien lang und sehr schmal. Sie ist vom Festland aus zu erreichen und weist zahlreiche Ölbäume auf und Weinreben. Auch ein Binnensee findet sich auf dieser Insel, und aus dem Schlamm dieses Sees ziehen Mädchen der eingeborenen Bevölkerung mit Hilfe von langen Vogelfedern, die sie vorher mit Baumharz bestrichen haben, einigen Goldstaub hervor. Ich weiß nicht, ob es wahr ist, und schreibe nur auf, was man mir erzählt hat.«

Kyrauis, so wird vermutet, ist das heutige Querquenah im Golf von Gabes, also eine Insel vor der nordafrikanischen Küste, zu Tunesien gehörig. Gold wird zumindest heute dort nicht mehr gefunden, aber wenn dieser Binnensee der Rest eines fließenden Gewässers ist, könnten sich kleine Mengen nubischer Goldsände bis an die Küste verirrt und den Mädchen am Golf von Gabes zu einer mühsamen Goldgewinnung aus Schlamm verholfen haben, nach welcher Arbeit die jungen Tunesierinnen kaum anders aussahen als die Schlammcatcherinnen unserer Tage. Die Attraktion des Goldes war übermächtig, und wie man an das Gold kam, das waren wohlgehütete Geheimnisse.

Eines aber macht die Geschichte von den im Schlamm nach Gold fischenden Mädchen deutlich: Im Zusammenhang mit diesem edlen und so begehrten Metall wurde alles für machbar gehalten. Künftige Generationen werden ihre ganze Intelligenz,

Energie und Findigkeit an den Versuch wenden, Gold zu erzeugen; zunächst aber steht diese gleißende Besonderheit unter allen Metallen im Mittelpunkt der Phantasie, aber auch des Wagemutes, und selbst bei einem großen Skeptiker wie Herodot (den seine Skepsis nicht hinderte, die schönsten Wundergeschichten aller Zeiten zu erzählen), selbst bei Herodot gebiert das Schöpfungswunder Gold seinerseits Wunder:

»Die kriegerischesten aller indischen Stämme nähern sich in ihrer Lebensweise den Baktriern. Sie wohnen nördlich der Stadt Kaspatyros (nahe dem Khaiber-Paß, am Kabul-Fluß) und widmen sich in besonderem Maß der Goldgewinnung. In ihrer Gegend ist nämlich eine Sandwüste, und in dieser Wüste leben außerordentlich große Ameisen. Sie sind zwar kleiner als Hunde, aber mit Sicherheit größer als Füchse. Einige solcher Ameisen ließ der König von Persien fangen und zeigte sie in Käfigen in seinem Palast. Diese Ameisen werfen beim Bau ihrer unterirdischen Wohnungen den Sand mit Kraft auf, wie es auch die Ameisen in Griechenland tun, denen die indischen Riesenameisen im übrigen auch im Aussehen gleichen. Der in dieser Wüste aufgeworfene Sand ist jedoch goldhaltig, und um ihn zu gewinnen, ziehen die Inder dieser Stämme mit Karawanen in die Wüste.«

Herodot beschreibt dann die Kamele, die Art der Karawanen und eine schwer vorstellbare Rasse von Kamelhengsten mit sechs Beinen wie Wodans Hengst Sleipnir und fährt fort:

»So ausgerüstet, ziehen die Inder nach dem Gold aus, wobei sie es so einrichten, daß sie während der Tageszeit (an den Fundorten) eintreffen und den Ameisen das Gold rauben. Vor der größten Tageshitze nämlich verkriechen sich die Ameisen in die Erde, wozu man wissen muß, daß diese heißeste Zeit nicht der Mittag, sondern der Morgen ist. Nur bis gegen Mittag, wo bei uns der Markt aufhört, steht dort die Sonne hoch und brennt dann weit mehr, als in Hellas zur Mittagszeit ... Kommen nun die Inder an die Fundplätze, füllen sie mitgebrachte Säcke möglichst schnell mit Sand und machen sich wieder davon. Die Ameisen nämlich riechen die Räuber, wie die Perser behaupten, und nehmen sofort die Verfolgung auf, wobei sie schneller sind als jedes andere Tier. Wenn die Inder nicht, während die Ameisen sich sammeln, einen hinreichenden Vorsprung gewinnen, würde keiner von ihnen mit dem Leben davonkommen. Die männlichen Kamele opfert man auf der Flucht den Ameisen, die Kamelstuten aber, die ihre Füllen zu Hause wissen, sind unermüdlich und retten die Goldräuber. Auf diese Weise wird, wie die Perser sagen, der größte Teil des indischen Goldes gewonnen, einen kleineren Teil graben sie aus den Bergen.«

So absurd die Geschichte sich ausnimmt, so sehr man versucht ist, zu sagen: hier flunkert selbst Altmeister Herodot, gerade sie ist der Beweis, daß er nichts erfand und daß ihm das Glück des Findens zur Seite stand wie keinem anderen Historiker. Eine Landschaft, aus der mittags die Sonne verschwindet, liegt, wie man annehmen darf, zwischen hohen Bergen. Es handelt sich um eine der geheimnisvollsten Gegenden der Alten Welt, heute in Westpakistan gelegen, durchzogen von uralten, weit vorislamischen Handelswegen, vierhundert Jahre nach Herodot dann Geburtsstätte der Gandhara-Kunst. Dort, wo himmelstürmende Paßstraßen, früheste Handelsstädte und räubernde, unstete Stämme eine besondere Welt geschaffen und unzugänglich gehalten haben, ist die älteste Form der Sage von den goldschürfenden Ameisen entstanden und weitergewandert an die indisch-tibetische Grenze und nach China. Ein Dorf, dessen Namen sich die Kartographen als Kargil zurechtgemacht haben, das richtig aber Dkar-skyil heißt, liegt noch heute im Zentrum einer drei Jahrtausende lang ergiebigen Goldlandschaft.

Es würde Herodots Ruhm kaum mindern, hätte er sich hin und wieder geirrt, aber es ist doch immer wieder eine Freude, wenn die moderne Wissenschaft nachträglich Bestätigungen seiner Berichte liefert und oft sogar Deutungen dessen, was bei ihm oder auch ihm selbst zunächst noch unverständlich geblieben war.

Hans Wilhelm Haussig, langjähriger Ordinarius für die Geschichte Vorder- und Mittelasiens an der Universität Bochum, wurde berühmt durch seine Methode, alle kulturellen Äußerungen eines Volkes für seine Geschichte und für die Deutung seiner Schicksale heranzuziehen. In seiner ›Geschichte Zentralasiens und der Seidenstraße in vorislamischer Zeit‹ schreibt er:

»Wirtschaftliche Schwerpunkte bestanden im zweiten Jahrhundert vor Christus auch hier. Bei Jarkand war es vor allem der über den Wachdir-Paß gehende Export von Lapislazuli und Rubinen aus dem Wachan-Tal. Bei Khotan spielten neben der in der Nähe der Stadt gewonnenen Jade vor allem Baumwolle aus Indien und Gold aus Tibet eine Rolle. Die Berichte über dieses tibetische Gold gelangten, wie die Erwähnung bei Herodot beweist, schon sehr früh nach dem Westen. Was Herodot hierüber mit dem Märchen von den Gold grabenden Ameisen berichtet, ist eine Mythe, die aber durch ihr Vorkommen in einer tibetischen, in das Mongolische übersetzten Überlieferung identifiziert werden kann. Sie beweist, daß es damals schon tibetische Goldgräber gab.«

Selbst wie diese kühnen Menschen aussahen, die den todbringenden Wüsten mit schnellen Kamelen entrannen, wissen wir heute, zweieinhalb Jahrtausende nach Herodot:

»Bei Lou-lan sind zwar nicht die Ruinen der Hauptstadt des alten Reiches Shan-Shan, wohl aber die Gräber der Bewohner gefunden worden. Die im Sand gut erhalten gebliebenen Leichen befanden sich in Gräbern, die man mit mehreren Ringen doppelt eingerammter Pfähle gegen die Zerstörung durch die Sandstürme geschützt hatte. Die hier bestatteten Männer hatten blonde Haare und stark vorspringende Nasen. Sie trugen spitze Kopfbedeckungen, Kaftane und Stiefel aus weichem Leder und als Schmuck Applikationen aus Gold in der Gestalt von Greifen. Sie gleichen den durch die Gipsfiguren aus Memphis in ihrem Aussehen bekannten skythischen Leibgardisten des Pharaos Apries.«

Die Stelle ist außerordentlich aufschlußreich, auch wenn Haussig als erste Autorität sie gleichsam unterkühlt serviert. Blonde Männer mit ausgeprägten Nasen waren ganz offensichtlich keine Mongolen, sie gehörten einem Stamm von Kulturheroen an, der mit seinem eigenen Wissen die Schätze eines lange Zeit unzugänglichen Gebietes erschloß und in den Westen brachte. Apries ist der griechische Name des Pharaos Haa-ib-Ra der 26. ägyptischen Dynastie. Er herrschte von 588 bis 569 vor Christus, also rund hundert Jahre vor Herodot. Er kämpfte an der Seite des Königs Zedekiah von Juda gegen die Babylonier und nahm nach dem Fall von Jerusalem im Jahr 587 zahlreiche jüdische Flüchtlinge in Ägypten auf, während die anderen Besiegten in die babylonische Gefangenschaft wandern mußten. Nicht die Ameisen, aber das Gold vom Dach der Welt ist Geschichte, und was Geschichte war, konnte Plinius in seiner großen Naturgeschichte nicht übergehen:

»Nicht weit von den Gegenden, in denen sich der Nordostwind erhebt über einem Geklüft, das man auch den Angelpunkt der Welt nennt, leben Menschen in ständigem Kampf gegen gewaltige Raubvögel, die Greifen, die ihnen Zugang und Nutzung der Erzgruben streitig machen. Es sind unzähmbare Vögel, die selbst das Gold aus der Erde scharren und die Gruben, in denen dies geschieht, mit unerklärlicher Gier bewachen.«

Daß das Gold und die Märchen, Sagen und Gerüchte von großen Goldvorkommen dazu führten, daß sich der Menschengeist schon in so frühen Zeiten zu den gewagtesten Erkundungen aufmachte, das erweist uns den Erwerbstrieb als der Entdeckersehnsucht gleichwertig. Der griechische Geograph Damastes aus Sigeion, Sohn des Dioxippos, entwarf im fünften vorchristlichen Jahrhundert eine Erdkarte und versah sie mit Erklärungen, die uns staunen lassen, weil sie wohl ähnlich wie die Niederschriften des Herodot auf Auskünften von Fernhändlern fußen. Auch Damastes kennt das Dach der Welt, kennt den mächtigen, unersteigbaren Knoten der höchsten Gebirge der Erde fern von Griechenland und hatte sogar Kunde von einem zweiten unendlichen Weltmeer, dem Pazifischen Ozean:

»Jenseits der Sykthen sollen die Issedonen wohnen und hinter diesen wiederum die Arimaspen, das Volk der Goldgruben und Greifen. Ihre Wohnstätten lehnen sich an die Rhipäischen Gebirge an (die andere Autoren als eine Art nördliches Paradies ansehen), von denen die kalten Winde herunterwehen. Auf diesen Bergen soll der Schnee niemals schmelzen. Jenseits dieser Berge wohnen nur noch die Hyperboreer bis hin zu den Küsten des anderen Weltmeeres.«

Da der Ostatlantik und der Indische Ozean der antiken Seefahrt dank der Phoiniker und der arabischen Ostafrikahändler bestens bekannt waren, kann Damastes nur vom Pazifischen Ozean gehört haben, und das vor den Eroberungszügen Alexanders des Großen und vor der Einbeziehung des indischen Subkontinents in die Alte Welt der Händler und Goldsucher.

Nun sind sie, aus den alten und den ältesten Schriften, alle um das Gold versammelt: das Gold im Dünensand, das Gold in Erzadern und tiefen Gruben, Gold, das gar nicht sichtbar und nur in komplizierten, mühsamen, zeitaufwendigen Verfahren den Gebirgen und den Wüsten zu entreißen ist, unter so vielen Wagnissen und Schwierigkeiten, daß der Gedanke entstehen mußte, sich das kostbare Metall, den gleißenden Inbegriff des Reichtums, auf einfacheren Wegen, durch Ingenium und Handwerk zu verschaffen. Die große Versuchung der Alchemie bemächtigt sich der Menschen, und Goethe weiß es (wer sonst):

»Greife:
Gold in Blättchen, Gold in Flittern,
Durch die Ritzen seh' ich zittern;
Laßt euch solchen Schatz nicht rauben;
Imsen, auf! es aufzuklauben.

Chor der Ameisen:
Wie ihn die Riesigen
Emporgeschoben,
Ihr Zappelfüßigen,
Geschwind nach oben!

Behendest aus und ein!
In solchen Ritzen
Ist jedes Bröselein
Wert zu besitzen.
Das Allermindeste
Müßt ihr entdecken
Auf das geschwindeste
In allen Ecken.
Allemsig müßt ihr sein,
Ihr Wimmelscharen;
Nur mit dem Gold herein!
Den Berg laßt fahren.

Greife:
Herein! Herein! Nur Gold zuhauf,
Wir legen unsre Klauen drauf;
Sind Riegel von der besten Art,
Der größte Schatz ist wohl verwahrt!«

(aus: ›Klassische Walpurgisnacht‹ in Goethes ›Faust‹, Zweiter Teil)

»Den Berg laßt fahren« heißt: Kümmert euch nicht um das taube Gestein (bergmännisch gesprochen ist der Berg nichts anderes). Goethe, stets mit dem Mineralogenhämmerchen unterwegs, kennt seinen Herodot, er ist als Minister für die Bergwerke zuständig, und dieses Nahverhältnis zum Gold raubt ihm und uns manche Illusion, wenn er die bittersten Erkenntnisse dieser Art auch in jenen seiner Werke versteckt hat, die erst seit kurzem wieder aufmerksamer gelesen und in Beziehung zu seinem Gesamtwerk gesetzt werden. So heißt es in der vierten Abteilung der ›Farbenlehre‹, jenem Abschnitt, den er den Alchemisten widmet, beinahe blasphemisch: »Gold ist so unbedingt mächtig auf der Erde, wie wir uns Gott im Weltall denken«; aber der Weg, zum Gold zu kommen, ist die mephistophelische Lebenslinie:

»In Bergesadern, Mauergründen
Ist Gold gemünzt und ungemünzt zu finden,
Und fragt ihr mich, wer es zutage schafft:
Begabten Mann's Natur und Geisteskraft.«

Der Kanzler, Vertreter der legitimen weltlichen Macht, verwahrt sich auch sogleich gegen die in seinen Ohren heidnischen oder lästerlichen Argumente:

»Natur und Geist! So spricht man nicht zu Christen.
Deshalb verbrennt man Atheisten,
Weil solche Reden höchst gefährlich sind.
Natur ist Sünde, Geist ist Teufel.«

Das gemünzte Gold in Bergestiefen, das konnten wohl nur vergrabene Schätze sein, und für Goethe war die Schatzsuche mit Hilfe magischer Rituale, die das Aufspüren vergrabener Reichtümer ermöglichte, trotz seiner Nähe zum naturwissenschaftlichen Experiment gleichbedeutend mit der Alchemie, die Ameisen und die Greifen nichts anderes als die legendären Hüter verborgener, durch Bannflüche geschützter Schätze. »Betrachtet man die Alchemie überhaupt«, sagt Goethe in dem erwähnten Kapitel der ›Geschichte der Farbenlehre‹ zur seither nicht erloschenen Enttäuschung der alchemistischen Gemeine, »betrachtet man also die Alchemie überhaupt, so findet man an ihr dieselbe Entstehung wie wir bei anderer Art Aberglauben bemerkt haben. Es ist der Mißbrauch des Echten und Wahren, ein Sprung von der Idee, vom Möglichen zur Wirklichkeit, eine falsche Anwendung echter Gefühle … wodurch unseren liebsten Hoffnungen und Wünschen geschmeichelt wird.«

Auf den drei Seiten seiner ›Geschichte der Farbenlehre‹, die Goethe den Alchemisten widmet, die er »Alchymisten« schreibt, überrascht uns eine beinahe spöttische Skepsis, wie er sie naturwissenschaftlichen Bemühungen sonst nicht entgegenbringt. Der große Dichter und Denker, der etwa dem langjährigen Scharfrichter von Eger aufmerksam lauschte, wenn dieser seine Sammlungen erläuterte, sieht in den Alchemisten nicht ehrlich bemühte, nur gelegentlich eben sonderbare Menschen, die mehr sich selbst betrügen als andere, sondern Widersacher: Widersacher zwar nicht in dem Sinn, in dem man in früheren Jahrhunderten vom Teufel sprach, sondern Menschen, die mit dem eifrigsten Bemühen wuchern und mit allen Geistesgaben, die ihnen Gott gegeben hat:

»Auf eben diesem (von Paracelsus gezeigtem) Wege gingen die Alchymisten fort und mußten sich, weil darunter wenig originelle Geister, hingegen viele Nachahmer sich befanden, immer tiefer zur Geheimniskrämerei ihre Zuflucht nehmen, deren Dunkelheiten aus dem vorigen Jahrhundert herübergekommen waren. Daher die Monotonie aller dieser Schriften ... Daß sich hierbei die Einbildungskraft sogleich tätig erzeige, läßt sich erwarten ... Es führt zu sehr angenehmen Betrachtungen, wenn man den poetischen Teil der Alchymie, wie wir ihn wohl nennen dürfen, mit freiem Geiste behandelt. Wir finden ein aus allgemeinen Begriffen entspringendes, auf einen gehörigen Naturgrund gebautes Märchen ...«

Gold wie Staub

Nicht immer sind es Sarkophage oder Mumien, die den großen Jubel der Archäologen auslösen, es können auch Schriftrollen sein oder unscheinbar lehmfarbene Tontäfelchen. Es war im Winter von 1887 auf 1888, daß Eingeborene in der Ruinenstätte Tell-el-Amarna in Mittelägypten etwa 300 Tontafeln fanden, die in babylonischer Schrift beschrieben waren, zum größten Teil auch in babylonischer Sprache, der diplomatischen Umgangssprache des fünfzehnten Jahrhunderts vor Christus. Es handelte sich um die Ruinen der Residenz des Achet-Aton, eines Pharaos, der durch seine Reformen aus der Reihe fiel, also um die Residenz des Echnaton, in der Reihe der Pharaonen Amenophis IV., Sohn des Amenophis III. Trotz einiger unleserlicher Zeilen und der vergleichsweise geringen Zahl gefundener Tafeln gab diese kleine Bibliothek von Briefen doch viele Aufschlüsse über den Verkehr zwischen den Herrschern des Zweistromlandes und jenen Ägyptens und über das Verhältnis dieser Reiche zueinander, mit einzelnen überraschenden und unterhaltsamen Details.

Bekannt geworden sind die Verhandlungen zwischen König Kadaschman-Charbe von Babylon und Pharao Amenophis III., weil der Babylonier eine ägyptische Prinzessin seinem Harem einzuverleiben wünschte – ein sehr begreifliches und wohlbegründetes Vorhaben, weil zu allen Zeiten die gut erzogenen, in vielen Künsten bewanderten Prinzessinnen an den Orten, wo ihre Gatten herrschten, gleichsam als Kulturbringer auftraten und die Bildung des Gemahls, aber auch die Sitten bei Hof entscheidend beeinflußten – ein Vorgang, bei dem chinesische Prinzessinnen in den Zelten von Hunnenfürsten ebenso für ihr Land litten wie byzantinische Prinzessinnen an den halbbarbarischen Höfen des frühen Mittelalters.

Amenophis III. verwahrte sich daher gegen den Wunsch aus dem Zweistromland mit dem Argument, daß niemals ägyptische Prinzessinnen an fremde Fürsten verheiratet worden seien (was nicht stimmte), woraufhin Kadaschman-Charbe die in ihrer für einen Alleinherrscher rührend-naive Antwort gab: »Erwachsene Töchter und schöne Frauen gibt es (doch überall). Sende mir eine schöne Frau nach deiner Wahl, wer wird dann hier zu sagen wagen: das ist keine Königstochter ... Warum hat mein Bruder (d. h. der Pharao) mir keine einzige Frau geschickt?«

Kadaschman-Charbe wollte allerlei, man deutet weitere Zeilen auf der Tontafel als einen Wunsch nach wilden Tieren für den königlichen Palasttiergarten, und dann kam das Hauptanliegen: »Und betreffs des Goldes, wovon ich dir geschrieben habe, sende mir viel Gold!« Etwa gleichzeitig wandte sich König Tuschratti von Mittani, einem Kleinstaat des Zweistromlandes, an seinen Schwiegersohn Amenopbis III. mit den Worten: »So möge mein Bruder Gold in sehr großer Menge, welches nicht zu zählen ist, das möge mein Bruder mir übersenden, und mein Bruder möge mehr Gold übersenden, als seinerzeit mein Vater erhielt. Ist doch inmitten des Landes meines Bruders das Gold wie Staub in Menge da« (zitiert nach Hermann Kees, ›Das alte Ägypten‹).

Das Gold, darin lag das Problem, mußte echt sein; die Prinzessinnen brauchten nur hübsch auszusehen, wer würde da schon wagen, viele Fragen zu stellen. Man glaubte an die Unmengen ägyptischen Goldes, König Assurubalit schrieb ähnlich an Echnaton, und Kadaschman-Charbe wurde am Ende seiner langen Epistel geradezu unwirsch und nannte Termine; würden diese nicht eingehalten, werde er für immer böse sein, zu spät gekommenes Gold überhaupt nicht mehr annehmen wollen und auch keinerlei Familienbindungen mehr ins Auge fassen.

Die Vermutung, der ägyptische Goldschatz sei unerschöpflich, entsprang verschiedenen Mißverständnissen, die sich aus dem Mangel exakter Informationen erklären und daraus, daß jenes bewegte zweite vorchristliche Jahrtausend die Gerüchteküche par excellence der Alten Welt war, mit Bronze, mit Elektron (Bernstein), mit rätselhaften Seevölkern und einer großen, verwirrenden Wende, nämlich von Silber zu Gold. Durch weite Strecken des Lebens im Alten Reich war nämlich das sogenannte weiße Gold, das Silber, ungleich begehrter gewesen als das heute herrschende erste aller Edelmetalle. Silber war selten, schwer zu finden und auch nicht leicht zu verarbeiten, nur die Bergwerke im griechischen Laureion-Massiv lieferten Münzsilber. Erst als die Griechen die spanischen Silbergruben entdeckten und Silber durch Ausschmelzen gewannen, errang Gold seine große Bedeutung. Professor Doktor Walter Hatto Gross, Hamburg, betont in seinem Enzyklopädieartikel über Silber, daß die Nachrichten über die früheste Rolle und Bedeutung des Silbers (bei Plinius, Strabo, Diodor und anderen) unvollständig seien und zum Teil unklar.

Die eigentliche Verwirrung aber schuf die in ganz Vorderasien verbreitete Vorstellung, die Ägypter könnten das Gold, sobald es ihnen ausgehe, in beliebiger Menge neu erzeugen, in Form von Goldsand, also gleichsam dank des Besitzes einer goldenen Wüste, deren besondere Sände sich zu Gold machen ließen. Die geheimnisvollen Rituale der ägyptischen Priesterschaft, das plötzliche Auftauchen verblüffend großer Goldmengen ließ die Priesterkaste des Nillandes zu Alchemisten *avant la lettre* werden, zumindest in den Augen der weniger begüterten Herrscher jener Zeit. Aus allen Äußerungen, die auf Goldlieferungen abzielen und die Beträge bis zu dreitausend Talenten nennen, geht hervor, daß es in den Augen der Zeitgenossen für das ägyptische Gold keine natürliche Beschränkung in dem Sinn gab, daß etwa eine Goldmine nicht mehr viel Ertrag hatte oder aus einem einst Gold führenden Fluß keine Goldkörnchen mehr herauszuwaschen seien. Ägypten und das Gold, das war keine natürliche Verbindung wie einst beim Flusse Paktolos, das war vielmehr die eigentliche und einzig denkbare Erklärung für die Vormacht der Pharaonen, die ja nicht nur durch ihren militärischen Erfolg beeindruckten, sondern durch Kultureinrichtungen und Lebensformen wie aus einer anderen Zeit, aus einer anderen Welt.

Dabei ist dieser Wunderglaube der nichtägyptischen, ahnungslosen, neiderfüllten Völker gar nicht verwunderlich, bleibt doch auch uns heutigen, mit der Geschichtsschreibung vertrauten Menschen verborgen, wieso die Ägypter schon um 3000 vor Christus nicht nur das Gold, sondern auch Silber, Kupfer und verschiedene Legierungen kannten, mit Sicherheit auch Blei und Eisen, das waffentaugliche Metall der frühen geschichtlichen Zeiten in Europa. Bei allen Um- und Neudatierungen der ägyptischen Geschichte bleibt doch bestehen, daß erst um 3300 vor Christus die bäuerlichen Kulturformen des Nillandes von staatlich geordneten, die Nilüberschwemmungen berechnenden Verwaltungsgebilden abgelöst wurden, die sich nach und nach zu einem Großstaat vereinigten. Mit dem Jahr 2980 vor Christus beginnt für die meisten namhaften Ägyptologen das Zeitalter der ersten Dynastie, der Königsgräber von Abydos, der Begründung der Stadt Memphis. Wer lehrte zu dieser Frühzeit im Dämmerlicht der Geschichte die Ägypter den Umgang mit Gold, seine Gewinnung aus den Quarzadern? War Horus, der Kämpfer, der die an Ägypten grenzenden Teile von Libyen unterwarf, nicht nur Sohn von Isis und Osiris, sondern auch in seiner menschlichen Funktion ein früher Kulturbringer, der neben vielem anderen auch wußte, wie man das ägyptische Machtmittel Gold gewinnen könne? War es nicht Zauber, wenn mit spitzen Keilen und Hämmern längs der Erzadern die Stollenwände aufgeschlagen wurden, hatten die Erzadern doch keinen Geruch, keine Kennzeichen, nichts, was auf ihr Anderssein hinwies? In Eimern trugen schmächtige Knaben, die sich in den Gängen nicht zu bücken brauchten, die Erzbrocken ins Freie, schütteten sie in Steintröge und kehrten in den Berg zurück, während kräftige Sklaven schwere Stempel auf die Erzbrocken herabsausen ließen, bis die einzelnen Teile klein waren wie Erbsen.

Der Zauber ging weiter, Diodor hat ihn uns geschildert, nicht, weil man ihn zusehen ließ, sondern weil er es verstand, Menschen zum Reden zu bringen. Er war Sizilianer, schrieb um Christi Geburt und wußte, daß es Bergbau war und nicht Magie, was die Ägypter unternahmen, um zu Gold zu kommen. Das zerstampfte Gestein, nun eher ein Pulver zu nennen denn ein Granulat, wird auf Holztischen ausgestrichen und mit Wasser geschlämmt, wobei Schwämme helfen, die schwereren Goldpartikelchen vom tauben Sand zu trennen, also ein physikalischer, kein chemischer Vorgang. Dann aber kommt das, was den Alchemisten durch Jahrtausende Kopfzerbrechen verursachte: Der schwere Sand wird mit Blei verschmolzen, wobei sich das Gold aus dem Gestein löst und sich dem Blei verschwistert. Dazu war Feuer nötig, Hitze, somit ein drittes Element nach der Erde: Gestein, zudem Wasser im Vorgang des Schlämmens und nun die Erhitzung, um Blei und Gold zusammenzubringen in einem kurzen Täuschungsmanöver, an dem nur das Gold interessierte. Inmitten der Schwaden, die bei diesen Praktiken zum Himmel stiegen, standen vermutlich lange Zeit keine weltlichen Fachleute, sondern Horus-Priester, Männer, die sich auf eine Wissenstradition aus der vordynastischen Zeit beriefen. Und es ging noch weiter, es wurde weiterhin eingeschmolzen, Blei diesmal mit Kochsalz aus den flachen Lagunen vor der libyschen Küste, eine Zwischenstufe, die nach Diodor fünf Tage lang dauerte. Es entstehen Sublimierungen und Verschlackungen, es bildet sich Chlorsilber, auf dem Boden der Tiegel aber glänzt nun reines Gold.

Dieser Anblick, den Generationen von Alchemisten ersehnten, vergeblich ersehnten und gelegentlich auch dadurch hervorriefen, daß sie in einem Doppelboden des Tiegels bereits eine dünne Goldschicht unterbrachten, dieses Endergebnis eines komplizierten Vorgangs kann man bergmännisch nennen, kann man als Verhüttung des Golderzes bezeichnen, aber zum Urwissen der Menschheit wie Jagen, Fischen, Feuermachen und Faustkeile aus dem Feuerstein schlagen gehörte diese Technik ganz zweifellos nicht. Doktor Albert Neuburger wird in seiner ›Technik des Altertums‹, einem Standardwerk von 1919, mit der Theorie vordynastischer Goldproduktion in Ägypten noch stark diskutiert, vor allem, da sich weit und breit keine frühe Kultur mit besonderen chemischen oder chemotechnischen Kenntnissen finden ließ. Lediglich Goldschmuck, Gold als Nugget, verarbeitetes Gold fand sich, ohne daß man mit Sicherheit sagen konnte, auf welche Weise es aus den Erzen gewonnen werden konnte. Wie ein Donnerschlag inmitten der dahindämmernden Historie des Goldes und der Goldmacherei wirkten darum die Ergebnisse der Grabungen von Varna zwischen 1972 und 1984. In nicht weniger als 265 Grabstätten fanden sich unerwartet reiche Beigaben, mehr als dreitausend Gegenstände aus Gold, wobei die Belegung des Gräberfeldes mit Sicherheit auf die zweite Hälfte des fünften vorchristlichen Jahrtausends zu datieren ist. 73 Kenotaphe, also leere Grabstellen, luden siebentausend Jahre lang zur Bestattung ein, Tote, an deren Stelle dann die Ausgräber kamen. Sensation machte der Umstand, daß in einem einzigen Grab Goldgegenstände mit einem errechneten Feingoldgewicht von mehr als eineinhalb Kilogramm aufgefunden wurden, während andere Grabstellen noch Gerätschaften und Werkzeuge aus Feuerstein (!), Felsquarz und Marmor enthielten. Knochen waren zu Götterbildern geschnitzt, Quarzkristalle zu Perlen geschliffen, Gebrauchsgegenstände mit Goldstaub bemalt statt mit Farbe! »Die Goldfunde von Varna gehören zu den ältesten in Europa und übertreffen in Qualität und Quantität die wenigen zeitgleichen Stücke aus dem Vorderen Orient« (zitiert nach G. Biegel, ›Das erste Gold der Menschheit‹).

Man vergegenwärtige sich, daß diese Küstenstadt, die im Altertum Odessos hieß, mit ihren steinzeitlichen Vorgängersiedlungen vermutlich die Sintflut erlebte. Um 6700 oder 6800 vor Christus – die beiden großen Geologengruppen liegen in ihren Schätzungen nur noch hundert Jahre auseinander – durchbrach das Mittelmeer den dünnen Landriegel am Bosporus und stürzte seine Wassermassen in den brackigen Binnensee, dessen Wasserspiegel etwa achtzig Meter tiefer lag. Nach Norden und Nordwesten hin entstanden neue Küstenlinien und ein breiter Streifen seichten Meeres mit Tiefen bis hundertachtzig Meter dort, wo vordem Land gewesen war. Diese geologisch erwiesene, im übrigen aber nur in Sagen, Mythen und Legenden weiterlebende gewaltige Katastrophe begrub zweifellos Hunderte in dem klimatisch günstigen und fruchtbaren Landstrich liegende jungsteinzeitliche Siedlungen. Die unterschiedlichen Kulturstufen, das Nebeneinander von Steinwerkzeugen, Schmuck aus Mineralien, qualitativ hochwertigem Goldschmuck und Tausenden von Kunstgegenständen mit Knochenschmuck und frühester Knochenschnitzerei erweist das Gräberfeld von Varna als ein Zeugnis der großen Flucht vor dem Wasser. Hier kam zusammen, was unter verschiedenen Sonnen, unter höchst unterschiedlichen Herrschern, in primitiven oder entwickelten Systemen gelebt hatte und vor dem zunächst in brüsken Wirbeln einbrechenden, dann langsam ansteigenden und immer näher kommenden nun größeren Meer weichen und vielleicht manchmal sogar überstürzt fliehen mußte. Hier kann zugrunde gegangen sein, was nie mehr auftauchte; hier mögen die Wellen ein pontisches Atlantis unter sich begraben haben, aus dem sich die Kundigsten, jene, die ahnten, was kam, oder jene, die erfuhren, was sich weit im Süden begab, nach Westen und nach Osten flohen: nach Westen in das spätere Odessos, nahe dem heutigen Varna, nach Osten nach Kolchis, dem Ziel der Argonauten auf ihrer Suche nach dem pontischen Gold. Man nimmt heute an, daß alle Landschaften im Südosten des Schwarzen Meeres als Kolchis bezeichnet wurden, der Fluß Phasis, der heute Rion oder Riom heißt, der Westteil von Georgien mit Mingretien und Imeretien, in den letzten Jahren wieder vielgenannte Landschaften und schon vor zweieinhalb Jahrtausenden von Herodot selbst bereist:

»Die Bewohner von Kolchis sind sicher Ägypter (!). Ich habe das bemerkt, noch bevor man mir darüber Auskunft gab. Um Näheres zu erfahren, fragte ich sowohl in Kolchis als auch in Ägypten nach der Verwandtschaft. Die Kolcher erinnerten sich lebhafter an die Ägypter als die Ägypter an die Kolcher ... Die Kolcher sind nämlich dunkelfarbig und wollhaarig ... Ich will noch etwas anderes nennen, was die Kolcher mit den Ägyptern gemeinsam haben. Sie allein machen die Leinwand wie die Ägypter, auch ihre ganze Lebensweise und Sprache ist ähnlich ...«

Gold und Ägypten scheinen also zusammenzugehören, ob es sich nun um den Kaukasus, das Ostmittelmeer oder Nordafrika handelt. Eine ganz bestimmte diplomatische Aktion, die Herodot uns schildert, lenkt jedoch den Blick auf südlichere Goldländer. Der Perserkönig Kambyses entsandte sprachkundige Fischer oder Fischhändler aus Elephantine nach Äthiopien (ihre Bezeichnung Ichthyophagen bedeutet nichts anderes, als daß sie sich vornehmlich von Fisch ernährten). Sie lebten von Fischzügen hinaus aufs Rote Meer und hatten wahrscheinlich dadurch die Sprache kennengelernt, die am sogenannten Horn von (Ost-)Afrika gesprochen wird. Der König der Äthiopier ließ sich durch den Gesandtenauftritt nicht täuschen, erkannte die Fischesser als Spione und sandte durch sie König Kambyses eine Warnung, die Finger von fremden Ländern zu lassen. Vielleicht, um dieser Warnung Nachdruck zu geben, zeigte er den Fremden einige seiner Reichtümer, die Salben und Myrrhen, also Kosmetika, danach eine Wunderquelle mit so leichtem Wasser, daß nichts auf ihm schwamm, also vielleicht eine Gasfontäne.

»Von der Quelle führte er sie weiter zu einem Gefängnis. Alle Gefangenen, die darin waren, trugen Ketten aus Gold. Diese Erze sind nämlich die kostbarsten, am meisten geschätzten wegen des edlen Metalles.«

Die Bemerkung mit den goldenen Gefangenenketten wird mit einigem Recht angezweifelt, Archäologen haben nirgends etwas dergleichen gefunden.

Was nun folgt, ist einer der gravierendsten Irrtümer des großen Herodot, der im wesentlichen antipersischen Quellen folgt und – wie bis heute guter historischer Brauch – die andere Seite, die Ägypter, nicht hört. Der Zug gegen Äthiopien, ausgelöst durch die Berichte der Gesandten und die Drohungen des Königs von Äthiopien, ist die größte historisch bezeugte Goldexpedition, nicht so berühmt wie die Fahrt der Argonauten nach Kolchis auf der Suche nach dem Goldenen Vlies, aber eine gigantische Unternehmung, die keinem anderen Zweck diente, als dieses angeblich so überreich vorkommende edle Metall zum größeren Ruhm des Kambyses zu erlangen.

»Kambyses ergrimmte … und zog sofort gegen die Äthiopier ins Feld, ohne hinreichend für den Lebensunterhalt des Heeres zu sorgen und ohne zu bedenken, daß sein Heereszug bis ans Ende der bekannten Welt gehen sollte … In Theben angekommen, teilte Kambyses sein Heer. 50 000 sollten die Ammonier unterwerfen und in die Sklaverei verkaufen, mit dem Rest zog er gegen die Äthiopier. Aber noch ehe das Heer auch nur ein Fünftel des Weges zurückgelegt hatte, waren alle mitgeführten Lebensmittel verbraucht. Die Lasttiere wurden geschlachtet, aber auch sie reichten nur für kurze Zeit.«

Herodot berichtet dann in seinem »Dritten Buch«, daß die Soldaten Kräuter und Wurzeln aßen und schließlich auf den grauenhaften Ausweg des Kannibalismus verfielen, wobei jeweils einer von zehn Kameraden als Opfer der anderen getötet wurde.

»Dies gegenseitige Verzehren der Kampfgenossen erschreckte Kambyses; er gab den Zug gegen die Äthiopier auf und kehrte um. Als er in Theben ankam, hatte er einen großen Teil seines Heeres verloren. Der gegen die Ammonier abgeordnete Teil des Heeres (hörte Herodot aus ägyptischen Quellen) sei von Oasis aus gegen die Stadt Ammon (im Raum der Oase Siwa) gezogen. Auf der Mitte zwischen Oasis und Ammon habe sich, als dem Heer eben die Morgenverpflegung ausgegeben wurde, ein gewaltiger Sturm erhoben, der das ganze Heer unter den aufgewühlten Sandmassen begrub. So sei es zugrunde gegangen, so erzählen die Ammonier von dem Schicksal dieses Heeres.«

Horneffer spricht in seiner Herodot-Übertragung von dem gefürchteten Sandsturm Gibli, den Karl-May-Lesern ist die Bezeichnung Samum wohl vertrauter. Das Ereignis als solches kann die Perser auf dem Marsch gegen eine heilige Stadt betroffen haben, kann aber auch die Vernichtung der gegen Äthiopien gerichteten Heeressäule bewirkt haben. Daß es den fürchterlichen und vernichtenden Sandsturm gegeben hat, bestätigt Strabo, und Gisela Strasburger weiß in ihrem hervorragenden Herodot-Lexikon zu berichten, daß sich 1983 eine amerikanische Expedition aufgemacht hatte, um in den beschriebenen Sanddünen mit Radargeräten nach Resten einer begrabenen Armee zu forschen, angesichts der Ausdehnung dieser Wüstenei zwischen Elephantine und Siwa wohl das Muster einer Sisyphusarbeit selbst mit modernsten Geräten.

»Als Kambyses (nach all diesen Katastrophen) seinen Einzug in Memphis hielt, zeigte sich den Ägyptern der heilige Apisstier, und sie legten Festgewänder an und zeigten ihre Freude. Kambyses deutete dies als ein Freudenfest über seine Niederlagen, ließ die Häupter der Stadt vor sich bringen, glaubte ihnen nicht, als sie von einem rein religiösen Fest sprachen und ließ sie alle hinrichten.«

Herodot berichtet weiter, daß Kambyses selbst den heiligen Stier durch einen Dolchstoß verwundet habe und die Apispriester auspeitschen ließ. Danach begruben sie den an seiner Wunde verstorbenen heiligen Stier heimlich, da er als unsterblich gegolten hatte.

Hier weichen Herodots Darstellungen von gesicherten Daten der ägyptischen Geschichte ab; da die Inthronisation eines jeden Apisstiers dokumentiert ist, muß das von Kambyses verwundete Tier bereits neunzehn Jahre alt gewesen sein. Geheimnisvoll bleibt dennoch, daß im gleichen Jahr Kambyses sich angeblich achtlos selbst eine tödliche Wunde zufügte, eine Nachricht, die wohl ein gelungenes Attentat verhüllt.

Der Schatz der Amanishakheto

Die Pharaonin Hatschepsut wußte es als erste: Das Goldland liegt im Süden, ihre Expedition ins ferne Land Punt ist eine eigenständige, vereinzelt gebliebene kühne Tat, die den Herrschern Ägyptens Entdeckerruhm einbrachte, aber außer einer Schiffsladung mit Gold, Myrrhen, Affen, Papageien, braunen Menschen und einigen wenigen Edelsteinen die Reichtümer der Pharaonen nur um einige Kuriosa ergänzte. An der kühnen Fahrt ist nicht zu zweifeln, Tempelzeichnungen und Hieroglyphenberichte schildern, was sich begab, und dreitausend Jahre nach Hatschepsut fanden die Portugiesen, als sie jenes Sagenland Punt erreichten, tatsächlich uralte Bergwerke, verschüttet, seit Jahrhunderten außer Betrieb, aber ganz zweifellos durch längere Zeiten bergmännisch ausgebeutet. Nicht bewahrheitet haben sich Vermutungen, daß der Expedition der ägyptischen Entdecker Besiedlungsaktionen im Altertum gefolgt seien.

Great Enclosure, wie man heute in Simbabwe sagt, ist der größte prähistorische Bau des schwarzen Afrika, eine zweihundertfünfzig Meter lange, zehn Meter hohe Mauer und dahinter ein konischer Turm als Innenbau. Über dieser Anlage, deren Zweck noch umstritten ist, erhebt sich neunzig Meter hoch die sogenannte Akropolis von Simbabwe. So eindrucksvoll diese frühe Machtzentren beweisenden Bauten sind, ihr Alter hat sich noch nicht mit letzter Sicherheit feststellen lassen. Eindeutige Beweise für Dauerbesiedlung gibt es erst aus dem elften nachchristlichen Jahrhundert, die Errichtung der imposanten Mauern wird ins dreizehnte Jahrhundert verlegt. Das Reich, dessen Zentrum hier entstanden war, wird nach dem Volk der Schona benannt und exportierte neben Gold auch Kupfer- und Eisenerze. Es fanden sich Schmelztiegel, Werkzeuge und Hinweise auf florierenden Fernhandel bis nach Südostasien (chinesisches Porzellan), aber auch in den Vorderen Orient (persische Fayencen, syrisches Glas, Glasperlen, Textilien).

Das Reich der Goldgräber von Simbabwe war also vorkolonial, im Sinn der europazentrischen Geschichtsschreibung damit prähistorisch, aber eine antike Kultur oder gar eine Quelle der antiken Goldschätze zwischen Varna und Siwa war es nicht. Nachfolger dieser wohlbewehrten Erzexporteure waren die Könige von Monomatapa, auf die im späten sechzehnten Jahrhundert dann die portugiesischen Seefahrer stießen.

Die Goldsagen, die verstreuten und vermutlich oft übertriebenen Berichte ungeheuren Goldreichtums, wie wir sie sogar bei Herodot lesen konnten, mußten sich also auf einen Teil Afrikas beziehen, der nördlich der äthiopischen Gebirge und südlich des wohlerschlossenen ägyptischen Reiches lag. Dazu stimmte, daß eine der ägyptischen Bezeichnungen für Gold sehr kurz war und *Nub* lautete, was auf Nubien hindeutet, wo kein Geringerer als der Gott Osiris die ersten Goldfunde zum Wohl Ägyptens vollzog.

»Als die ägyptischen Könige von Thutmosis IV. (um 1420 v. Chr.) an müde wurden, mit dem Heer nach Syrien zu ziehen und immer wieder mit denselben Gegnern zu kämpfen, hat man von Ägypten her mit dem Gold große Politik gemacht und in Asien damit Bundesgenossen geworben ... Trotz aller Mißwirtschaft in den Amarnajahren war noch Gold genug im königlichen Schatzhaus: Das zeigt allein ein Blick auf die Goldmassen im Grab des Schwiegersohnes Echnatons, Tutanchamun ... In den Fürstengräbern jener Zeit fanden sich goldgerandete Obsidiangefäße, die bestes ägyptisches Öl enthalten hatten ... daneben lagen Schmuckstücke aus Gold und Waffen in ägyptischem Stil und mit hieroglyphischen Inschriften, aber aus örtlicher Fertigung« (aus: Hermann Kees, ›Das alte Ägypten‹).

Funde, wie sie Kees für die Provinzen aufzählt, wurden bald zu Seltenheiten, ja zu besonderen Glücksfällen, denn die königlichen Gräber in weiter südlich liegenden Nekropolen waren weniger sicher als die Beisetzungen in den Pyramiden, wo blinde Stollen, Abmauerungen und Fallgruben den Toten und seine Schätze beschützten, aber auch weniger sicher als in den zahlreichen oft tief in die Felsen vorgetriebenen Grabstollen: Meroë, Dschebel Barkal, Nuri und El Kurru. Die Ruinen von Meroë liegen heute auf sudanesischem Gebiet, neunzig Kilometer südlich von Atabara. Erkennbar sind Sonnentempel, ein dem Löwengott Apedemak geweihter Tempel und drei Friedhöfe, ausgedehnt, aber beinahe vollständig von Grabräubern geplündert. Nur weil die Grabräuber gelegentlich gestört wurden, weil sie in ihrem Aberglauben das eine oder andere ihnen unbekannte Ding nicht mitzunehmen wagten oder auf der Flucht wegwarfen, kann man sich von dem Reichtum dieser Residenz eine Vorstellung machen.

Eine vielbeachtete Ausnahme bildete die Steinpyramide der Kandake Amanishakheto auf dem Nordfriedhof von Meroë. 1822 besuchte ein französischer Reisender Meroë und zeichnete die Pyramide als wohlerhaltenen Sakralbau mit einem eindrucksvollen Portal. Aber schon zwölf Jahre später ist sie nur noch ein Steinhaufen: Der italienische Arzt Giuseppe Ferlini hatte wohl durch reichliche Bestechungen durchgesetzt, daß die Pyramide wie einige andere von den Truppen des Mehemed Ali abgetragen wurde, der sich Goldfunde für den Ausbau seiner Kriegsflotte erhoffte. Tatsächlich fand man einen unberührten Komplex von Sarkophagen mit Beigaben, über die Ferlini, der das Ganze heimlich und schnell außer Landes brachte, verschiedene Angaben machte. Sie werden von den kundigen Ägyptologen wie Richard Lepsius bezweifelt, weil die Pyramide nach ihrer Art keinen Raum für eine eigene Grabkammer bot, eher wohl für ein Kellergelaß unter der Pyramide.

Trotz des reichen Fundes gelang es der Autorität eines Richard Lepsius, die Zerstörung weiterer Pyramiden zu verhindern. Die Schätze der Amanishakheto schlug er 1842 dem Berliner Ägyptischen Museum als erwerbenswert vor. Ein besonderer Glücksumstand bestand darin, daß, da der Arzt Ferlini kein Ägyptologe war, sich die Fachwelt zurückhielt und sich nicht zu Ankäufen aus dem geraubten Schatz entschließen konnte. Auch hatten die gefundenen Schmuckstücke einen bis dahin nicht angetroffenen Stil, so daß sie von manchen Interessenten für Fälschungen gehalten wurden. Tatsächlich konnte sich – wie Dietrich Wildung 1997 in einem Münchner Ausstellungskatalog ausführte – die handwerkliche Qualität der einzelnen gefundenen Schmuckstücke nicht mit den besten Goldschmiedearbeiten aus den Mittelmeerländern messen, aber kunstgeschichtlich war die Verbindung von Meroë-Elementen mit ägyptischen und hellenistischen Motiven besonders interessant und so nie zuvor gesehen: »Stilistisch bemerkenswert ist die typisch meroitische Umformung ägyptischer Vorbilder von den dickleibigen Gestalten der Göttinnen bis zu den Lebenssiglen und Udjat-Augen, deren Proportionen die überfeinerte Eleganz der ägyptischen Formen durch eine frische Urwüchsigkeit ersetzen« (zitiert nach Dietrich Wildung).

Die Fertigungszeit des Schatzes ist in die Jahre unmittelbar vor Christi Geburt anzusetzen, also eineinhalb Jahrtausende nach Hatschepsut, ein halbes Jahrtausend nach Herodot, und noch immer gibt es im Nilland Gold in Hülle und Fülle: schwerste Goldarbeiten, versetzt mit Glasfluß, wobei die Schildringe die kostbarsten Stücke sind. An einem Ring aus massivem Gold ist eine Ringplatte befestigt, mit einem Scharnier in geschicktester technischer Ausführung. Lange haben die Ausgräber gerätselt, wozu diese seltsamen Schmuckstücke gedient haben mögen. Trug man sie an der Hand, machten sie jede Bewegung der Finger unmöglich, allenfalls konnte die Hand in gewissen Gebärden mahnend oder grüßend gehoben werden. Das Tragen dieser Schildringe an der Stirn als Diadem war hingegen wohl üblich, wie Reliefdarstellungen beweisen. Mittelpunkt des größten Schildrings war ein Widderkopf, also eine Anspielung auf den Schöpfergott Chnum, der als Beschützer der Nilquellen galt und damit einer der ältesten ägyptischen Götter war; dennoch hielt sich sein Kult bis ins zweite nachchristliche Jahrhundert. Weitere charakteristische Motive dieses einzigartigen Schmuckstücks waren die kleinen Uräus-Schlangen, also aufgerichtete Kobras, angriffsbereit, Sinnbilder einer Göttin mit vielen Funktionen, unter denen das geheime Wissen zu hüten obenan steht.

Das Udjat-Auge, also das Falkenauge des Hauptgottes Horus, erinnert an den legendären Kulturbringer aus den ältesten Deltakulturen. Winzige Löwenköpfe stellen die Verbindung zum eigentlichen Umfeld der Meroë-Kultur her, zum schwarzen Afrika und seiner königlichen Tierwelt als Gegenwelt zu der raffinierten Kultur der Pharaonen.

Neben dem Gold war der technisch souverän gehandhabte Glasfluß das optisch eindrucksvollste Element, für die Udjat-Augen, für die Anhänger in Lotosblütenform, für mehrfarbige Einlagen. Ohne Gold kamen die Juweliere der Amanishakheto bei den großen Schulterkragen aus, die aus Muscheln, Halbedelsteinen wie Karneol, aus Fayencen und Glas gefertigt wurden und vier bis fünf lange Ketten zu einem Kragen kombinierten.

In ihrer Gesamtheit beweisen die Schmuckstücke, daß südlich der alten Kulturzentren des pharaonischen Ägypten Handwerkerschulen bestanden, die der Meroë-Kultur eine eindrucksvolle Beherrschung des Goldes, der Edelsteine und der Schmucktechniken eingebracht haben. Wir finden versilberte Mondsicheln in deutlicher Unterscheidung vom Gold der Sonne; wir finden zehnstrahlige Rosetten mit weißen, den Träger magisch schützenden Einlagen, und ein Zepter der Königin Amanirenas gruppiert eine Reihe von dreizehn, nicht wie üblich zwölf, Uräus-Schlangen, eines der ältesten Motive der Alchemie und als Symbol bis ins hohe Mittelalter auf den Alauntöpfen zu finden: Alaun, mit dem man Gold und Silber voneinander schied, in der Gerberei aber auch weißes Leder für sakrale Gewänder erzielte.

Was späteren Zeiten eine vertraute Technik wurde, ist in der Morgendämmerung der Alchemie noch ein Geheimnis. Es ist ein faszinierender Vorgang, wie eigentlich nur ein paar Dutzend Männer, rastlose Naturen, getrieben von starker, unbändiger Erkenntnissuche, den durchaus begrenzten Kosmos der Alten Welt sukzessive erhellen, durch Reisen und Berichte wie Herodot, Strabo, Ptolemaios und später die großen arabischen Reisenden, durch Erforschung des Kleinsten bis hin zum Staubkorn, hin zur Erdnatur, und wie Pythagoras in der Beobachtung der Sphären, der Welt über der Welt. In einem gewissen Sinn bedürfen wir ihrer heute natürlich nicht mehr; unsere Satelliten gleiten über die Realität einer Erdkugel hin und fotografieren aus ungefährdeter Höhe auch noch das Verborgenste; Strabo und Ptolemaios und Seefahrer wie Hanno von Karthago oder Pytheas von Massilia sind nur noch Episoden, auf eine bestimmte Zeit festzulegen, kurzes Staunen darüber auslösend, daß man etwa schon damals wußte, wo Norwegen lag. Die Verfahren der grundlegenden Experimente, die Scheidekunst und die Destillation, waren wohlgehütet, sie blieben Priesterwissen, schon um die Autorität der Priester zu stärken, die ein Geheimnis aus Überlegenheit, Magie und besonderen Künsten um sich herum spannen wie einen Kokon.

Diodor, der diesen Schleier lüftete, hatte immerhin soviel Takt, vielleicht auch Ehrfurcht und vielleicht sogar Götterfurcht, um die Erklärungsversuche jenes fremden Volkes, das sich ihm eröffnete, in seinen Bericht zu übernehmen:

»Die ägyptischen Weisen melden, daß Vulkan der Erfinder alles dessen sei, was durch Feuer bewerkstelligt werde, und daß er alle Arten der Arbeiten im Feuer, soweit sie Eisen, Kupfer, Gold und Silber betrafen, erfunden habe ... Unter dem Begriff des Gottes Vulkan verehren die Ägypter das Feuer selbst als eine göttliche Macht, weil sie zur Erzeugung und Vollendung vieler Dinge den entscheidenden Beitrag leiste.«

Der Sizilianer Diodor bereiste die Mittelmeerländer und mit Sicherheit auch Ägypten bis in seinen Süden zu Zeiten Cäsars und des Kaisers Augustus, also etwa in den Jahren, da die Pharaonin Amanishakheto sich ihre Pyramide erbauen ließ. Ägypten war befriedet, die legendäre *Pax Romana* hatte ihren zwiespältigen Segen weit nilaufwärts ausgebreitet, und alles, was Diodor uns in den fünfzehn erhaltenen Büchern seiner vierzigbändigen geographisch-historischen Bibliothek überliefert, paßt zu den Funden, wie sie tausendachthundert Jahre später ein Arzt machen wird, der wohl keine Zierde seines Berufes genannt werden kann. Immerhin arbeitete er so hastig, wohl auch gierig, daß die Nachsuche späterer Forscher noch Wertvolles an Kleinmaterial ergab. Professoren und Studenten der Harvard-Universität fanden 1915 und 1916, ehe ihr Land in den großen europäischen Krieg eintrat, Königsfiguren mit Kronen und mit rätselhaften Beigaben wie einem Falken auf einer Leiter und vor dem Monarchen ein Brettspiel. Ähnlich rätselhaft blieb eine Barke, deren Fund einer Expedition von 1922 gelang: Bug und Heck des Schiffes tragen hochaufragende Papyrusstauden, Herrscher des Gefährts ist aber ein Falke mit dem Widderkopf, wie wir ihn schon kennen, mit doppelter Federkrone, einer Sonnenscheibe und einer einzigen Uräus-Schlange. Dieser besonders mysteriöse Fund wird in die Zeit zwischen 40 und 90 nach Christus datiert, also in den Beginn der römischen Kaiserzeit, und er zeigt, daß die Ägypter, unbeeindruckt von der Machtentfaltung des nun gefestigten Weltreiches, an ihren eigenen Göttern, Symbolen und Traditionen festhalten, überzeugt, dank der heiligen Schlange und des Falkenweitblicks weiterhin die Gnade des Sonnengottes erfahren zu dürfen. Die Sonne aber ist mit dem Gold gleichzusetzen, das die Römer zu keiner Zeit so reichlich zur Verfügung hatten wie die Pharaonen.

Überblicken wir das verflossene zwanzigste Jahrhundert mit den Veränderungen nicht nur durch zwei große Kriege, sondern durch vergleichsweise unauffällige, zunächst skeptisch beurteilte technische Neuerungen wie die Nutzung der seit einigen Menschenaltern umworbenen Elektrizität oder durch selbstfahrende Vehikel, denen niemand eine Zukunftschance einzuräumen bereit war, dann erscheint uns als das beherrschende Phänomen der ägyptischen Kultur ihre Beständigkeit, ihr Festhalten an Grundsätzen, Gebräuchen Einrichtungen und Göttern durch einen wohldokumentierten Zeitraum von drei Jahrtausenden. In einem ebensolangen Zeitraum hat sich Europa aus der Hallstattzeit um 800 vor Christus bis an die Schwelle des dritten Jahrtausends durch Kultur- und Herrschaftsformen hindurchgekämpft, die sich voneinander erheblich unterschieden, das Leben der betroffenen Völker tiefgreifend veränderten und schließlich dem ganzen Erdball neue Daseins- und Lebensformen bescherten.

Noch heute erinnern uns die Pyramiden an diese allen Zeitwirkungen und Zeitereignissen widersprechende Beständigkeit; schon Napoleon wies seine Soldaten auf die steinernen Zeugen zeitloser Größe hin und wußte zugleich, daß auch über ihn die Ereignisse hinweggehen würden, auch wenn er den einsamen Nebelfelsen im Atlantik nicht erahnen konnte, auf dem er sein Leben beschließen würde.

Die aller Vernunft und aller Erfahrung widersprechende Beständigkeit einer Kultur und einer Religion, die sich trotz intensiver Kommunikation mit anderen Völkern, Reisenden, Feldzügen und Handelsfahrten weder dem nahen Orient noch dem fernen Asien, weder dem europäischen Machtzentrum noch dem eigenen Kontinent anpaßte, hob Ägypten in den Theorien und Überlegungen der Geschichts- und der Naturwissenschaft aus der Weltgeschichte heraus und umgab das Nilland mit einer Aura schier undurchdringlicher Geheimnisse. Die Hieroglyphen waren anders als die gleichzeitigen Schriftzeichen in Babylon und Phönikien, ganz anders und doch so tauglich, daß man von den Wänden der Tempel ganze lange Geschichten und Lebensgeschichten einzelner Herrscher und ihrer wichtigsten Diener ablesen konnte. Von den chinesischen Schriftzeichen, von den kunstvollen Thai-Schriften wußte man noch nichts, darum schienen die Hieroglyphen mit ihrer bizarren Einbeziehung von Tiersymbolen, von menschlichen Gestalten einerseits unsäglich primitiv, eben eine Bilderschrift wie für Kinder, andererseits aber auch höchst geheimnisvoll und geeignet, mehr zu sagen und anzudeuten, als man den Zeilen auf den ersten Blick entnehmen konnte.

Der nüchterne Gelehrtenverstand stellte natürlich fest, daß die zwei Dutzend Buchstaben des Alphabets eine außerordentliche Leistung des abstrahierenden menschlichen Denkens seien, vom Sprechen selbst ausgehend, von der Lautbildung mit Mundhöhle, Zähnen und Lippen. Das magische Denken ist bis heute an Symbole und Bilder gebunden, von den Voodoo-Riten bis zum Bilderrätsel. Das, was wir durch die Phoiniker und Griechen für überwunden erkennen, die verschiedenen abendländischen Formen der Alphabete bis hin zu den Runensteinen der nordischen Seefahrer, beschäftigt die Phantasie bei weitem nicht so wie die Hieroglyphen. Dazu kam, daß diese meist von rechts nach links laufende, satzzeichenlose Bilderschrift nicht nach und nach entstand, sondern in den Denkmälern um 3000 vor Christus plötzlich auftritt, als sei tatsächlich Horus vom Himmel herabgestiegen und habe eine kleine Elite von Priestern in diesen Zeichen unterwiesen. Und es blieb bei 700 bis 1000 Zeichen, trotz Hammurapi und seiner Stele, trotz der Inschriften in den Tempeln des benachbarten Karthago, trotz der schon aus dem siebten vorchristlichen Jahrhundert stammenden Gesetzesinschriften von Gortyn auf Kreta.

Eine eigenartige Mischung aus altpersischen und ägyptischen Schriftsystemen schuf sich die Meroë-Kultur im heutigen Sudan mit 15 Konsonantenzeichen, vier Silbenzeichen (ne, se, te, to) und vier Zeichen für die Vokale. Die demotische Schrift, eine volkstümliche Vereinfachung der Hieroglyphenfülle, beherrschte das letzte Jahrtausend vor Christus, doch wurden Hieroglyphen nach wie vor für Botschaften und Berichte verwendet, die an Tempelwänden, Stelen und anderen feierlichen Flächen anzubringen waren. Der ganze Alte Orient hatte sich nach und nach dem beherrschenden Zauber dieser uralten Schriften gefügt: Es gibt einen inhaltsreichen Papyrus aus der Perserzeit, der die demotische Schrift verwendet, aber in aramäischer Sprache gehalten ist, und die damaligen Pilger verewigten sich bis in unsere Zeit an allen ihnen dafür geeignet erscheinenden Wänden von Gebäuden und an Säulen. »Die Vielfalt der erhaltenen Schriftdokumente ist so groß, daß Schriftkenntnis und Schriftgebrauch für einen erheblichen Teil der Bevölkerung angenommen werden müssen«, sagt Karl-Heinz Priese, Direktor am Ägyptischen Museum und an der Papyrussammlung von Berlin, in seinem Aufsatz über die meroitische Sprache und Schrift und fährt fort: »Seit der Entzifferung des Schriftsystems durch F. L. Griffith am Anfang des 20. Jahrhunderts steht für die meroitische Zeit des Reiches ein umfangreiches Quellenmaterial zur Verfügung, dessen Wert jedoch dadurch ganz erheblich gemindert wird, daß die Texte zwar gelesen, nicht jedoch übersetzt werden können« (aus: Karl-Heinz Priese).

Dieses Dilemma war die Situation der Europäer angesichts der uralten, vielgliedrigen, bei jedem Vordringen in die Materialien geheimnisvoller wirkenden ägyptischen Kultur, Wissenschaft und Geheimlehren. Das berühmteste und großzügigste Beispiel eines umfassenden Versuches, mit der geballten Kraft europäischer Aufklärung dem Mysterium Ägypten zu Leibe zu gehen, verdanken wir – wie sollte es anders sein – dem jungen General Nabulione Buonaparte, noch lange nicht Erster Konsul und schon gar nicht Kaiser, eine Würde, an die der Postrevolutionär vermutlich noch gar nicht dachte.

Im Frühjahr 1798 hatte Bonaparte vor der Französischen Akademie der Wissenschaften eine Ansprache über die Bedeutung des Niltales gehalten. Das war die Voraussetzung dafür, daß er auf seinem Flottenzug gegen das britisch protegierte Ägypten Dutzende von Gelehrten, Ingenieuren und Pionieroffizieren mit sich nahm, dazu drei Astronomen (!) und zehn technische Zeichner. Es handelte sich meist um jüngere Wissenschaftler, nur der berühmteste, der Mathematiker Gaspar Monge, war zu diesem Zeitpunkt 52, weswegen ihm auch seine Frau nachdrücklich von dem Abenteuer, so ehrenvoll es auch sei, abriet (das er immerhin um zwanzig Jahre überlebte).

Napoleon zog ins Pharaonenland mit einer Begeisterung, die aus seiner Kenntnis der antiken Schriften und Kulturen herrührte und ihm alle Ehre machte. »Ich sehe mich«, sagte er in einer Botschaft an die auf den Expeditionsschiffen versammelten Soldaten, »in einen modernen Argonauten verwandelt. Vor uns liegen die Wunder eines neuen Jason, der die Wellen nicht nur auf der Suche nach dem Goldenen Vlies durchpflügt, dessen materieller Wert zwar unübertrefflich ist, das aber der Erhellung durch die Fackel der Vernunft bedarf.«

Er schloß mit der Verheißung, ein Land, das diese Erleuchtung durch Ratio, Verstand und Logik habe entbehren müssen, nun mit dem beglücken zu wollen, was aus Europa einen erleuchteten, einen modernen Kontinent gemacht habe, ein Versuch, der – wie wir wissen – achtzehnhundert Jahre vorher schon Cäsar mißglückt war. Die alte Pharaonenkultur hatte sich dem sublimen, logisch-fortschreitenden System des römischen Denkens und Verwaltens erfolgreich entzogen. Einen außerordentlichen Gewinn für die Kenntnis und Erschließung des ganzen altägyptischen Kulturkreises aber verdanken wir der unbefangen und selbstbewußt agierenden jungen Truppe rund um den achtundzwanzigjährigen General: die Auffindung des Steines von Rosette, einem Glücksfall der geheimen wie der exakten Wissenschaften, weswegen wir diese Schickung durch Horus oder auch durch den Zufall hier schildern müssen:

Napoleons Wort von den Jahrtausenden, die in Gestalt der Pyramiden auf seine Soldaten herabblickten, ist bekannt; überraschender ist, daß er sich selbst in seiner Jugend und Begeisterung in die Rolle eines neuen Alexander hineinsteigerte. Als Revolutionär trotz seiner korsischen Herkunft dem katholischen Glauben nicht sonderlich eng verbunden, rief er das Gedächtnis Alexanders herauf, der in seiner bekannten und vieldiskutierten religiösen Toleranz am Grab des Amon Râ, also des hohen ägyptischen Gottes, seinen Griechengöttern gehuldigt haben soll. Und Napoleon stellte seinen Soldaten, von denen er wußte, daß sie während der italienischen Feldzüge nie in die Kirchen gegangen waren, sogar den Übertritt zum Islam frei in der Überzeugung, daß Frankreich dieses gesegnete Land mit seiner sensationellen Vergangenheit nicht mehr freigeben würde.

Die großzügige Erlaubnis, in der die spätere religiöse Toleranz der französischen Kolonialpolitik vorweggenommen ist, scheiterte schließlich daran, daß sich die Franzosen bei aller Sympathie für ihre einheimischen Gefährtinnen nicht beschneiden lassen wollten. Die herrschenden Kreise Ägyptens nahmen den Franzosen ihre revolutionären Ideen übel, sahen die Einrichtung der Sklaverei bedroht, und es kam zu Aufständen mit so vielen Hinrichtungen, daß Napoleon vom Peloton zu einem Henker übergehen mußte, um Munition zu sparen. Das gefährlichste Übel waren aber die verführerischen milchkaffeebraunen Mädchen der Hafenstädte, denn sie sorgten für eine so schnelle Verbreitung von Geschlechtskrankheiten im französischen Heer, daß Napoleon, um möglichst wenig Aufsehen zu erregen, die Verbreiterinnen der verschiedenen venerischen Krankheiten nach einheimischem Brauch in Säcke einnähen und in den Nil werfen ließ, wie uns Peter France, britischer Experte für Kolonialgeschichte, in seinem Buch ›The Rape of Egypt‹ erzählt.

Napoleon brauchte also Ärzte, Chemiker, Naturwissenschaftler und ihre Forschungen auf ägyptischem Boden dringend, so gerne er sich auch mit Archäologen, Religionswissenschaftlern und Historikern begnügt hätte. Es ist uns überliefert, daß er Monge und Berthollet sogar in der eigenen Generalskutsche mitführte und daß etwa Berthollet sich mit den Wirkungen der Alkalisulfide und des Phosphors beschäftigen mußte, was sich allerdings mehr nach Alchemie anhört als nach der Herstellung von pharmazeutischer Gegenwehr gegen die Syphilis.

In dieses unappetitliche Alltagsgeschäft fiel plötzlich Licht von einem anderen Stern durch einen jungen Offizier, dessen Name seltsamerweise nicht mit Sicherheit überliefert ist. Der im allgemeinen unfehlbare große Larousse spricht von einem Commandant d'Artillerie namens Boussard, Peter France nennt ihn Couchard und bezeichnet ihn als Hauptmann der Pioniere, damals Genietruppen genannt, und in Georges Poseners ›Dictionnaire de la Civilisation égyptienne‹ heißt er Pierre Bouchard und ist Ingenieuroffizier, was zu seiner Beschäftigung paßt; er befehligte die Erdaushubarbeiten zur Errichtung der Wälle von Fort Saint-Julien am Westufer des Nilunterlaufs. Der Zeitpunkt, der Hochsommer 1799, ist sicher, der Fundgegenstand war ein großer, schwarzer Basaltstein mit geschliffenen Flächen, der Fundort war nach France eine Schlammgrube, nach Posener ein verfallener Bau, in dessen einsturzgefährdete Mauern der schwere Stein eingepaßt worden war. Nach vorsichtiger Säuberung des Steines wurde klar, daß er mit Inschriften in verschiedenartigen Zeichen bedeckt war, und da jeder in der Armee die Wißbegierde des Generals Bonaparte kannte, wurde das Fundstück unter Wahrung aller Vorsichtsmaßnahmen gegen Zerkratzen oder Zerbrechen ins Quartier des Generals Menou transportiert. Der erste Bericht über den rätselhaften Fund erschien in einer Soldatenzeitung, was allein schon ein seltenes Vorkommnis ist, aber wenige

Monate später, aber noch im selben Jahr, lag dem Institut Français bereits eine erste Prüfung des Steines vor, ein Brief des Bürgers Lancret über die Entdeckung einiger Inschriften in Rosette, die höchstes Interesse verdienen. Das war keineswegs übertrieben: Der Schriftstein enthielt, deutlich voneinander abgesetzt, ein Dekret des Pharao Ptolemaios V. aus dem Jahr 196 vor Christi in der dem Volk zugänglichen demotischen Schrift, in der alten Hieroglyphenschrift und – und darin bestand die Sensation – in griechischen Buchstaben, so daß mit einiger Mühe und trotz der Beschädigung einiger Zeilen nun die ägyptischen Schriften entziffert werden konnten – dreiundzwanzig Jahre später durch Jean François Champollion (1790–1832). General Jean-François Baron de Menou hatte inzwischen eine Ägypterin geheiratet, war zum Islam übergetreten, nannte sich Abd Allah und verlor eine Schlacht nach der anderen, als er als Nachfolger des nach Frankreich zurückgekehrten Napoleon den Oberbefehl über das französische Expeditionskorps übernehmen mußte.

Nach den britischen Siegen ging es um die Teilung der ägyptischen Beute. Die Franzosen durften nicht wenige ihrer wissenschaftlichen Fundstücke und Sammlungen mitnehmen, den Stein von Rosette aber beanspruchte General Hutchinson für sich, nach der Kapitulation Menous mit 10 000 Mann vom englischen König zum Peer erhoben. Er machte denn auch den wertvollen und einzigartigen Stein eben jenem Georg III. zum Geschenk, der von allen seines Zeichens mit den alten Texten zweifellos am wenigsten anfangen konnte, was Hutchinson wenig kümmerte: Er starb, nach dem Tod seines Bruders Earl of Donaughmore, in hohem Alter und in hohen Ehren.

Jean François Champollion aus Figeac war eine Frühbegabung, wie sie auch bei Sprachwissenschaftlern, nicht nur bei Mathematikern vorkommt. Er kannte das Koptische, also Sprache und Schrift der christlichen Ägypter, schon genau, als ihm die Schriften des Athanasius Kircher (1602–1680) über die Verwandtschaft griechischer und altägyptischer Namensformen in die Hände fielen. Kircher war eine der seltsamsten Gelehrtengestalten des siebzehnten Jahrhunderts und gilt in den Annalen der Alchemie und anderer geheimer Wissenschaften kaum weniger als der große Agrippa von Nettesheim oder auch Paracelsus. Kircher aber war für Champollion, den Gelehrten einer neuen Generation, weniger Quelle als Gegenbild; der sehr klare, früh disziplinierte Verstand des jungen Mannes aus der alten Kleinstadt Figeac an der Célé scheute sich nicht, die Wunderwelt der als unentzifferbar geltenden Zeichen und Bildreihen gestützt auf die kryptischen Sprachen des Alten Orients zu betreten. Champollion vertiefte sich in das Chaldäische, die Sprache der Propheten und Astrologen, und in das Hebräische der alttestamentarischen Texte in der Annahme, daß es die Juden gewesen seien, die als gefangenes Volk Brücken zwischen ihren verschiedenen Kerkermeistern geschlagen haben müßten. Champollion kannte die Überlieferungen, daß die geschicktesten Goldschmiede, Veredler und Kunsthandwerker an den Pharaonenhöfen jüdische Sklaven gewesen seien, und schritt von der dinglichen Kunst der Unterdrückten zu der bildlichen und wörtlichen Benennung weiter, ehe er die Phonetik als des eigentliche Sesam-öffnedich der Hieroglyphenwelt erkannte. Kircher wies Champollion den Weg ins Koptische, Arabisch kam hinzu, ein weiter und gewundener Weg, den wir heute im Musée Champollion nachvollziehen können, verständlicherweise nahe der Place des Écritures in Figeac gelegen, dem ›Platz der Inschriften‹ im Herzen der Stadt, wenige Schritte von der ehrwürdigen Kirche Notre-Dame-du-Puy, romanisch wie die Abteikirche von Saint-Sauveur. Man kann es als Zufall nehmen, aber seltsam bleibt es doch, daß Champollions Geburtsort und dessen alte Kirche nicht weniger als vierzehn Kreuzwegbilder enthalten, die von Gustave Moreau stammen, dem geheimnisvollsten Phantasten seines Jahrhunderts, dem Maler, dessen goldtriefende Göttinnen Nacktheit und Schönheit einsetzten, um ihre Geheimnisse hinter dem unwiderstehlichen Glanz weiblicher Übermacht zu verbergen (Bilder freilich, die Champollion nie zu Gesicht bekam).

1822 veröffentlichte Champollion seine bescheiden als Brief bezeichnete Abhandlung ›Lettre à Monsieur Dacier relative à l'écriture des hieroglyphes phonétiques‹, frei übersetzt also über den lautlichen Wert der Hieroglyphen. Joseph Baron Dacier war ein tüchtiger Altphilologe, eine starke Persönlichkeit und ein Mann vieler Möglichkeiten, und er hatte Größe genug, auch Dinge, die er nicht beurteilen konnte, unter Umständen als wesentlich zu erachten, und Champollion hatte sich ja abgesichert. Er hatte nicht, wie Kircher, auf ein paar Ähnlichkeiten zwischen dem Griechischen und dem Koptischen vertraut, er hatte sich über das Chaldäische und die gesprochenen Handelssprachen des Vorderen Orients in das Verständnis der Hieroglyphen eingefühlt. Denn mit dem Chaldäischen hatte es eine eigene Bewandtnis. Es war nicht nur die Sprache, die gesprochene und die geschriebene Sprache des wichtigsten aramäischen Stammes; konnte es unter dem auserwählten Volk einen starken Stamm geben, der den anderen noch überlegen, also gleichsam besonders auserwählt war, so traf dies auf die Chaldäer zu. Seit etwa 1000 vor Christus in Babylonien seßhaft, beherrschten sie zu ihrer eigenen Sprache auch Sprache und Kultur Babyloniens und führten sogar zum Teil babylonische Personennamen. Sie waren der herrschenden assyrischen Oberschicht nicht nur intellektuell überlegen, sie galten auch als die Beherrscher der geheimen Wissenschaften, sie wurden als Traumdeuter konsultiert, und man war bis in die höchsten Ränge der assyrischen Gesellschaft überzeugt, daß die Chaldäer als Astrologen, als Goldschmiede, als Ärzte und Mathematiker die ganze Fülle des geheimen Wissens repräsentierten und daß ungeachtet ihrer Fremdstämmigkeit einzig und allein sie befähigt seien, als Priester die Verbindung zu den Göttern herzustellen.

»Diese (chaldäischen) Priester erzählen auch ... der Gott komme in Person in den Tempel und schlafe auf dem Ruhebett. Dasselbe erzählt man im ägyptischen Theben. Es heißt, die Frauen, denen der Gott beiwohnt, hätten nie mit sterblichen Männern Umgang … Im heiligen Bezirk in Babylon, unten, steht noch ein zweiter Tempel, darin befindet sich ein großes, goldenes, sitzendes Bild des höchsten Gottes, und dabei befindet sich ein großer goldener Tisch. Selbst die Fuß-Schemel und Stühle sind aus purem Gold. Die Chaldäer, die es wissen müssen, sagen, die ganze Einrichtung wäre achthundert Talente Goldes wert, wozu noch ein goldener Altar kommt, der vor dem Tempel steht. Es ist noch ein anderer Altar vorhanden, auf dem ausgewachsene Tiere geopfert werden, während auf dem goldenen Altar nur jene Tiere geopfert werden dürfen, die noch gesäugt werden. Auf dem anderen verbrennen die Chaldäer außerdem für tausend Talente jährlich Weihrauch, und zwar zu der Zeit, in der sie das Fest dieses Gottes feiern. Zu der Zeit, von der wir sprechen, stand in dem heiligen Bezirk außerdem noch eine zwölf Ellen hohe Götterstatue aus lauterem Gold. Ich selbst habe sie nicht gesehen, sondern berichte nur, was mir die Chaldäer erzählten. Auf diese Bildsäule hatte Dareios, der Sohn des Hystaspes, ein begehrliches Auge geworfen, wagte aus Furcht vor der Macht des Gottes aber nicht, das goldene Idol zu entführen. Erst Xerxes, Sohn des Dareios, beging den Frevel und ließ den Priester töten, der sich ihm in den Weg stellte« (aus: Herodot I. 182/183).

Die Chaldäer erscheinen uns als die Herren des Goldes, und sie haben die Herrschaft über die Judensprachen angetreten, denn da das Hebräische schon zu Zeiten Alexanders des Großen nur noch wenig gesprochen und nur von einigen Gelehrten verstanden wurde, kam den chaldäischen Erläuterungen – den Targums – immer größere Bedeutung zu. Champollion sah sich einer semitischen Gebrauchssprache gegenüber und gewann ihre Lautwerte, nützte die Königsnamen, die chaldäischen und griechischen Fremdworte im Koptischen und hatte reichstes Material zur Verfügung, als er 1826 zum Konservator der ägyptischen Abteilung des Louvre wurde. Er starb aber, heillos überfordert, schon im März 1832.

Champollion und seine Getreuen sind der Beweis dafür, daß selbst in so bewegten Zeiten wie jenen der Napoleonischen Kriege, als ein ganzer Kontinent gewaltsam neu geordnet wurde, ein Grüppchen von Gelehrten unbeirrt die alten Wahrheiten und die Mysterien der alten Kulturen unverrückbar im Blickfeld behielt. Champollions älterer Bruder war nach Napoleons Flucht von Elba und der Rückkehr für hundert Tage Sekretär des Kaisers während seiner kurzen Triumphzeit; Jean-François Champollion jedoch blieb seiner Wissenschaft treu und hatte von den zurückgekehrten Bourbonen manche Ungerechtigkeit zu erleiden, als hätte er selbst dem großen Korsen gedient. Immerhin erschien ein imposantes Kompendium, Ergebnis einer Reise, die mit dem italienischen Gelehrten Rosselini zwischen 1828 und 1830 unternommen worden war: Vier Bände ›Monuments de l'Égypte et de la Nubie‹. Dazu kamen andere wichtige Werke und die Gesamtausgabe seiner Notizen. Die ägyptische Grammatik und ein Wörterbuch lagen erst im Manuskript vor, als Champollion der Tod ereilte. Die Komplexität der erarbeiteten Ergebnisse, die Deutung der Hieroglyphen, die zwischen den alten Völkern vom Euphrat bis zum Nil fluktuierenden fruchtbaren Geheimlehren und Praktiken, dies alles erwies sich als undurchsichtig und von einem einzigen kaum zu beherrschen, als Champollions Sohn, der sich Champollion-Figeac nannte, das Editionsvorhaben seines früh verstorbenen Vaters fortzusetzen wagte. Trotz großer Summen und prächtiger Ausstattungen enthalten die nach Champollions Tod erschienenen Werke über das Alte Ägypten und seine Beziehungen zum Alten Orient viele gravierende Fehler, die erst die Folgegenerationen als solche entdeckten.

So blieb die schöpferische Rolle der Chaldäer im Schreiben und Denken der Völker zwischen Damaskus und Alexandria weitgehend ungeklärt und die rätselhaften, aber kaum anzuzweifelnden Bemerkungen eines Herodot über die Fülle des Goldes und seine Rolle im Götterkult bis heute unbeantwortet. »Die frommen Alchemisten haben zum Theil vermuthet, die

Goldkunst sey wol eines von den verheißenen Vorrechten des Volkes Gottes«, schreibt Karl Christoph Schmieder, Doktor der Philosophie und weiland Professor in Kassel, 1832 in seiner ›Geschichte der Alchemie‹, »und diese halten den Moses für einen Adepten durch Inspiration, erleuchtet auf den Höhen des Sinai. Diejenigen aber, welche der Meinung sind, die Alchemie stamme aus dem Lande der Ägypter, und zwar aus der frühesten Vorzeit, haben nicht minder jenen Gesetzgeber als Adepten anerkannt.«

Moses wäre also durch Eingebung, aus göttlicher Gnade, ein Meister im Besitz der Geheimnisse des »Steines der Weisen«, ob er nun als der große Anführer des jüdischen Volkes anzusehen ist, den Jehova auserwählt hat, die Gesetze zu empfangen, oder aber – wie die gefährdete Geburt, die Aussetzung im heiligen Strom Nil denkbar erscheinen lassen – als ein in Verborgenheit empfangener und geborener Jude mit ägyptischem Blut, mit den Genen einer Herrenkaste. »Moses nahm nur das Nötigste von seiner Mutter in sein Buch auf, erzählte nie von seinem Vater« (aus: Johannes Wiesheu, ›Persönlichkeiten der Bibel‹). »So (sagen die frommen Alchemisten) wie die Israeliten überhaupt ihre Kultur von den Ägyptern empfingen und dadurch zu einem gewerbetreibenden Volke wurden: so nahm Er (Moses) die höheren Kenntnisse der Priester mit sich über das rothe Meer. Der Pflegesohn einer Königstochter, der Zögling des Hofes der Pharaonen, erhielt gewiß die sorgfältigste Erziehung und den besten Unterricht, durfte auch wol den Schleier der Mysterien lüften, sagt doch Philo (von Alexandrien, jüdischer Philosoph von etwa 20 v. Chr. bis 54 n. Chr.) ausdrücklich von ihm, daß er alle Weisheit der Ägypter besessen habe, auch die symbolische Philosophie, welche sie in ihren heiligen Büchern gelehrt hätten« (aus: Karl Christoph Schmieder ›Die Geschichte der Alchemie‹).

Zweifellos aber hat alle Frömmigkeit die Alchemisten nicht daran gehindert, Herodot zu lesen und von dessen deutlicher Bewunderung für die goldenen Idole beeindruckt zu werden, während doch Moses, als er nach vierzig Tagen und der fünften Besteigung des Berges Sinai zu seinem Volk zurückkehrte, Männer und Weiber beim Tanz um ein Stierbild antraf, um den Stier, das heilige Tier der heidnischen Antike, mit Gold beschlagen und verheißungsvoll gleißend. Moses, sonst als ruhig geschildert, hatte eine zornige Aufwallung, die ihn die mühsam errungenen Gesetzestafeln zerschlagen ließ, zudem bot er die Getreuen seines eigenen, engsten Stammes auf und ließ die Abtrünnigen töten, nach Wiesheu und anderen Tausende.

Wo dies geschah, wissen wir nicht, mit Sicherheit aber nicht auf den kargen Hängen des Berges Sinai, die sich lebensfeindlich und drohend aus der Wüste zwischen dem Heiligen Land und dem unheiligen Ägypten erheben. Erst spätere christliche Mönche ließen sich von Visionen und Träumen und vom großen Schweigen dieses Ortes zu der Überzeugung verleiten, hier sei Moses dem Himmel so nahe gekommen, daß er die Gesetze habe empfangen können. Wenn man sie mit dem historisch lokalisierbaren Auszug der Juden aus Ägypten in Verbindung setzt, gehören sie zu den ältesten Gesetzestexten der Menschheit und sind ein halbes Jahrtausend älter als die Stele des Hammurapi, siebenhundert Jahre älter als die Tabulae Duodecim, das römische Zwölftafelgesetz. Moses wanderte mit den Seinen den großen Zeiten entgegen, die im Norden des heutigen Israel und an den Westgrenzen des Assyrisch-Babylonischen Reiches aus den begabtesten Stämmen eines leidgeprüften, aber kulturell und zivilisatorisch vorangeschrittenen Volkes, aus Horden von Sklaven ein Volk schmieden sollten – ein Volk, das sich das auserwählte wird nennen dürfen. Die frommen Alchemisten, ein Widerspruch in sich, von dem sich doch niemand zu distanzieren wagt, trauen dem Volk Israel und insbesondere seinem Denkerstamm, den Chaldäern, alles zu, sprechen aber mit einer gewissen Scheu von ihnen. »Von den Chaldäern wird behauptet, sie hätten die Astrologie erfunden«, sagt das ›Dictionnaire des Sciences Occultes‹ des berühmten Abbé Migne 1861 und setzt nicht ohne Ironie hinzu, sie seien auch geschickte Magier gewesen *(ils étaient aussi habiles magiciens)*, als ob die Magie aus Zauberkunststücken bestünde.

Man weiß, daß die Magier der Welt in vereinten Bemühungen Mignes berühmte Großdruckerei mit allen seinen kostbaren Archiven in Flammen aufgehen ließen, zumindest hat die Polizei in jenem Jahr 1868 keine vernünftige Erklärung für die verheerende Katastrophe im Herzen von Paris finden können. Migne begann seinen Kampf, mit enzyklopädischen Werken gegen das Dunkel der Geister vorzugehen, in hohem Alter noch einmal, überlebte aber die Katastrophe seines Lebenswerkes nur um sieben Jahre. Nach seinem Tod wagte niemand, die neuen Migne-Sammlungen und Druckmaschinen zu kaufen, als läge ein Fluch auf dieser Lebensarbeit eines immerhin geweihten, wenn auch mit der Kirche nicht immer in Frieden lebenden Gelehrten; endlich entschlossen sich die Brüder Garnier den Bann zu brechen, und Auguste Garnier (1812–1887) setzte, nicht ganz so fromm, aber ebenso unerschrocken, den Kampf für die Erleuchtung der Gehirne und gegen die Dunkelmänner aller Jahrhunderte dadurch fort, daß er etwa die gesammelten Werke von Voltaire herausbrachte, dazu die wichtigsten Schriften des Vernunftapostels Diderot und die Korrespondenz jenes Barons Grimm, der mit seinen Briefen über die französische Literatur und Gesellschaft selbst den Hof in Petersburg entzückte. Garnier scheute sich auch nicht, die kernigen Frivolitäten eines Rabelais zum Leben zu erwecken und sie Gustave Doré zur Illustration anzuvertrauen.

Über die Jahrtausende, die dem Abbé Migne vielleicht den Blick für die Bedeutung der Chaldäer getrübt haben mögen, sollte man nicht vergessen, daß sie das Volk waren, dem der Bau des Turmes von Babel zugeschrieben wird, jene gigantische Zikkurat nahe dem Euphrat, auf der die Bauarbeiter aus verschiedenen Völkern urplötzlich ihre eigenen Sprachen entdeckten, ja vielleicht überhaupt erst zu sprechen begannen nach Jahrtausenden der Gebärden und geschrieener Rudimente. Mignes ›Wörterbuch des Okkultismus‹ weiß sehr genau, wann das große Bauwerk errichtet wurde, nämlich hundertfünfzehn Jahre nach der Sintflut – die inzwischen ja nicht mehr Legende ist, sondern geologische Wirklichkeit –, und weiß auch von einem einzigen Wort, das sie alle damals kannten und behielten, als die Arbeiterscharen auseinanderströmten: Es war das Wort *Sac*, *Saccus*, Sack, weil jeder Arbeiter seine ganze Habe in einem Sack bei sich trug, die Vorräte, von denen er lebte, die Goldkörner oder kleineren Münzen, in denen ihm sein Lohn ausbezahlt worden war, kurz, seinen ganzen Besitz. Unstreitig ist in all diesen Überlieferungen die Bautätigkeit der Chaldäer, des Volkes mit dem bis heute nicht erklärten Namen. Das Chaldäer-Reich war die größte staatsbildende Leistung eines semitischen Stammes, aber waren die Chaldäer, wie viele meinen, wirklich die Speerspitze des Judentums? Oder waren sie die Kulturbringer, die Erfinder-Heroen, die Baumeister, Goldmacher, Priester und Priesterkönige einer Welt, deren Untergang dem letzten Chaldäer, dem König Belsazar, in Feuerschrift angekündigt worden war?

Schon der Vater des ausschweifenden Belsazar war von Kyros besiegt worden, und dies geschah vielleicht, weil Nabonid nicht aus dem alten chaldäischen Königsgeschlecht stammte, das unter Nabupolassar und Nebukadnezar II. mit seiner Macht und Prachtentfaltung selbst die Pharaonen verblüfft hatte. Aber Kyros, oft der Große genannt, erwies sich dieses Triumphes über das alte Gelehrtenvolk der Chaldäer als so würdig, daß mancher seiner Lobredner ihn selbst für einen König der von Nabonid entmachteten Herrscherfamilie hielt, denn die Genealogie der Perserkönige ist selbst für heutige Orientalisten und ihre dicken Bücher noch immer verwirrend. Unstreitig aber war es Kyros, der 547 vor Christus die Goldstadt Sardes eroberte und König Krösus, den reichsten Monarchen seiner Zeit, verschonte, ja zum Ratgeber und Warner erkor.

Kurush, Kyros oder auch Cyrus ist eine jener Herrschergestalten, die sich dem Gedächtnis der Menschheit besonders eingeprägt haben, wie man heute sagen muß: ob sie nun wollte oder nicht. Denn in diesem Großkönig ist eine ganze alte Welt lebendig geblieben, mit der wir uns nicht mehr vergleichen können und deren Studium uns klarmacht, daß wir aus großen Zeiten in recht ärmliche herabgestiegen sind. Kyros ist als Person keine Legende, sondern unabweisbare Wirklichkeit, dokumentiert bei griechischen Historikern wie Herodot, in keilschriftlichen Dokumenten, in der babylonischen Chronik der Nabonid-Zeit und auf dem sogenannten Cyrus-Zylinder. Gisela Strasburger aber versichert uns in ihrem Herodot-Kommentar durchaus zu Recht, daß sich in all diesen Überlieferungen Sage, Geschichte, Märchen und Legende nicht voneinander trennen lassen. Die zur Erhebung und Verherrlichung neigende Rückschau hat Widersprüche zu den Bräuchen der Zeit und zu belegbaren kriegerischen Ereignissen nicht gescheut, als sei die Vorausschau in eine von solcher Größe nur noch träumende Zukunft berechenbar, als habe man – so man Kyros gekannt hat – damit auch schon die Verpflichtung, an seiner Idolisierung mitzuwirken.

Eine wichtige Passage in der keilschriftlichen Nabonid-Chronik ist nicht mit Sicherheit lesbar, wird aber wegen Herodot und anderer ergänzender Berichte auf Lydien und seinen König Kroisos/Krösus bezogen. Mit der durchaus schätzenswerten Kühle der Briten sagt die ›Encyclopaedia Britannica‹: »Wenn Lydien das Land ist, auf das sich der Chronik-Bericht bezieht, dann ist es mit größter Wahrscheinlichkeit im Herbst 547 (v. Chr.) erobert worden, und Krösus wurde, entgegen der verbreiteten griechischen Berichte, von König Kyros getötet.«

Kyrus war nun also Herr jenes Landes, dessen legendärer Reichtum überall dort erwähnt wird, wo das Gold des Altertums auftaucht. Es ist gleichsam allgegenwärtig, in den chaldäischen Tempeln, in den goldführenden Flüssen, in den gekräuselten Haaren der Schaffelle von Kolchis. Kein Irdischer ist zu gering, um dieses Reichtums teilhaftig zu werden, der nach den alten Sagen längst üppiger strömt, als sich aus seiner natürlichen Erscheinungsform erklären ließe. Herodot weiß von Alkmeon, einem vornehmen Athener, der 592 vor Christus mit seinem Viergespann Olympiasieger geworden war. Als er König Krösus einen Dienst, eine Freundlichkeit erwies, lud der König ihn zu sich nach Sardes »und machte ihm alles Gold zum Geschenk, das er auf einmal an seinem eigenen Leib hinwegtragen könne. Alkmeon gebrauchte eine List, um diese Gabe noch reicher zu machen. Er zog einen weiten Chiton (Unterhemd) an, ließ ihn in einem tiefen Bausch herabfallen und legte die größten Stiefel an, die er auftreiben konnte. So ging er in die Schatzkammer, in die man ihn führte. Er fiel über die Haufen Goldstaubes her, stopfte zuerst in die Stiefel soviel Gold, wie sie nur fassen wollten, füllte dann den ganzen Bausch, streute auch Goldstaub auf die Kopfhaare und nahm Gold in den Mund. Als er die Schatzkammer verließ, konnte er kaum seine Stiefel schleppen und sah allem anderen ähnlicher als einem Menschen. Der Mund war voller Gold, und alles war mit Gold ausgestopft. Krösus lachte nur, als er ihn so sah, ließ ihm alles Gold und schenkte ihm noch einmal soviel. So kam das Haus (d. h. die Familie Alkmeons) zu großem Reichtum« (aus: Herodot VI.). Der solchermaßen zu sehr großem Vermögen gekommene Grieche hielt sich fortan einen Rennstall und siegte bei der 47. Olympiade, ein Ereignis, das auch Pindar erwähnt. Krieg, Gold und sportlicher Ruhm verschmelzen in der Alten Welt auf einzigartige Weise.

Auffällig ist die Erwähnung von Goldstaub, nicht von Gold aus Erzen, nicht Nuggets; Goldstaub in großen Mengen, als läge eine industrielle Fertigung vor, aber natürlich vermutet Herodot goldenen Flußsand aus dem Paktolos, der an der Akropolis der lydischen Metropole Sardes vorbeifließt mit allem Reichtum aus dem Tmolos-Gebirge.

Unverkennbar ist an der Alkmeon-Anekdote das Bestreben, die Skepsis des kultivierten und gebildeten Griechen angesichts des Goldes in sich zusammenfallen zu lassen. Die ältere Kultur Vorderasiens, personifiziert in König Krösus, manifestiert sich in der lächelnden, duldenden Verachtung für einen Athener Patriziersohn, der angesichts einer Schatzkammer, die dem Lyderkönig alltäglich erscheint, alle Contenance verliert.

Das heißt: Am Gold scheiden sich die Geister. Es ist heiliger Bestandteil alles Kultischen. In den langen Anleitungen, die Gott dem Moses für die Bundeslade und für den Tempel mit auf den Weg gibt, nimmt Jehova selbst das Wort Gold in den Mund und spricht von diesem so oft als Inbild von Sünde und Begehrlichkeit auftretenden Metall als dem unentbehrlichen Zierat (»Den Priesterschurz sollen sie machen aus Gold, blauem und rotem Purpur, Scharlach und gezwirnter feiner Leinwand … Und du sollst andere Goldgeflechte machen und zwei Ketten von feinem Golde wie gedrehte Schnüre und sollst die geflochtenen Ketten an diese Goldgeflechte tun … Du sollst auch ein Stirnblatt machen aus feinem Golde und darauf eingraben, wie man auf Siegel eingräbt: Heilig dem Herrn«, aus: Zweites Buch Mose, 28). Damit sind wir wieder in Meroë, bei den rätselhaften breiten Stirnplatten aus Gold mit dem Widderkopf, Ringe, die man an den Händen nicht tragen konnte, wohl aber an der Stirn: »Es soll sein an der Stirn Aarons (des um drei Jahre älteren Bruders von Moses), damit Aaron bei allen ihren Opfern alle Sünden trage, die an den heiligen Gaben der Kinder Israel haften. Und es soll allezeit an seiner Stirn sein, daß sie wohlgefällig seien vor dem Herrn.«

Aaron und sein Verhältnis zu Moses ist einer der großen Stoffe der Weltliteratur und wie man weiß selbst der Musik; er ist der erste Hohepriester, für ihn ist Gold keine Versuchung und kein Ärgernis, er ist kein Goldvernichter wie Moses, der gegen den Stier wütet, er ist geweiht. Der in den Zehn Geboten so wortkarge Gott, dessen eindrucksvoll-archaische Formulierungen den Stempel der Jahrtausende an sich tragen, wird erstaunlich ausführlich in der Beschreibung der Accessoires und der Kostüme, so daß sich die Bibelforschung darüber einig ist: Die großartige Ödnis der Wüste und des rauhen Gebirges und die ausufernden Detailbeschreibungen liturgischer Vorgänge und Forderungen müßten nicht nur verschiedenen Zeitstufen angehören, sondern auch von verschiedenen Autoren stammen. »Der Bundeskodex ist ein Gesetzestext, der … möglicherweise eine Quelle war, die der Autor in seine Erzählung eingearbeitet hat« (aus: Richard Elliott Friedman, ›Wer schrieb die Bibel?‹). Dort, wo der Harvard-Absolvent Friedman, heute Professor in San Diego, *möglicherweise* sagt, sahen die Alchemie-Historiker des frühen neunzehnten Jahrhunderts noch ihre Chance, dem auserwählten Volk auch die Kenntnis des Goldmachens zuzuschreiben. Es spielte keine Rolle, daß die bettelarmen Sklaven auf der Flucht durch die unwirtlichsten Gebiete Vorderasiens oft nichts zu essen und noch weniger zu trinken hatten; da Jehova über sie wachte, sorgte er nicht nur für ihr Überleben, sondern verlangte ihnen auch einen aufwendigen Dankbarkeitskult ab, bei dem sich der Schöpfer am heiligen Metall Gold ebenso interessiert zeigt wie am inneren Gehalt des ihm geweihten Dienstes.

Aber auch so mancher Skeptiker hat, des Zweifelns müde, dem Philosophen- und Sterndeutervolk des Alten Orients, den Chaldäern, Geheimwissen zugeschrieben, und die außerbiblischen alten Schriften der verschiedenen Stämme bis hin zu den Schriftrollen aus den Höhlen am Toten Meer sind den Suchern und Grüblern unserer Zeit so wichtig und von einem gewissen Augenblick an so unentbehrlich, daß viele den »Stein der Weisen« als damals gefunden und in der Diaspora verloren gegangen ansehen; ähnlich mythischen schottischen Thronen oder heiligen Blöcken in der Art der Kaaba. Tatsächlich wäre die Suche nach einem Stein, dessen Dasein Geschichte ist, aussichtsreicher als das bloße Postulat seiner Existenz.

Wo die geschichtlichen Bücher Mose, vor allem, da sie verschiedene Verfasser haben, keine Sicherheit geben, müssen die Dichtungen Erläuterungen liefern. Das Buch Hiob, ausdrücklich als Dichtung bezeichnet, ist das erste Lehrbuch des Alten Testaments, und der weiseste Lehrer, der in ihm auftritt, als Freund und Tröster des vielgeprüften Hiob, ist der alte Gelehrte

Eliphas aus dem Dorf Theman, ein Edomiter. Hiob beklagt sich, daß er Gott nicht zu sehen vermag, und verlangt einen rechtschaffenen Anwalt. Würde Gott sich mit Hiob beschäftigen, wäre das Ende des Elends nahe: »Er aber kennt meine Wege gut. Er prüfe mich, so will ich erfunden werden wie das Gold ... Es hat das Silber seine Gänge und das Gold seinen Ort, wo man es läutert. Man macht der Finsternis ein Ende, und bis ins Letzte erforscht man das Gestein, das im Dunkel tief verborgen liegt ... Man findet Saphir in ihrem Gestein, und es birgt Goldstaub, den Steig dahin aber hat kein Geier erkannt und kein Falkenauge gesehen ... Auch legt man die Hand an die Felsen und gräbt die Berge von Grund aus um. Man bricht Stollen durch die Felsen und alles, was kostbar ist, sieht das Auge ... Wo will man aber die Weisheit finden, und wo ist die Stätte der Einsicht?« (aus: Buch Hiob 22–29)

Das *erfundene* Gold ist ein Zauberwort, und selbst eine Dichtung wie das Buch Hiob hätte dankbare Kommentare all jener Adepten ausgelöst, die sich das auserwählte Volk ohne allerhöchste Weisheiten nicht vorstellen können – und in gewissem Sinn ist die Relativitätstheorie, von dem Juden Einstein entdeckt und entwickelt, nicht viel anderes als der »Stein der Weisen« und die Wasserstoffbombe, gedankliche Geburt des Juden Teller, das Weltende in Wartestellung, zwei Extremleistungen, wie sie nur einem einzigen Volk zukommen, auserwählt zum großen Guten und zum gewaltigen Bösen. Aber als Luther das Buch Hiob in ein Deutsch übertrug, das dieser erschütternden alten Dichtung eindrucksvoll gerecht wird, da war der Gebrauch von Finden und Erfinden doch an andere Bedeutungen gebunden als heute. In 2 Korinther 5,3 schreibt Luther die Warnung an die Kleingläubigen, sich der Worte Gottes und der Kraft der Gemeinden zu erinnern, »auf daß ewer Glaube rechtschaffen und vil köstlicher erfunden werde, denn das vergängliche Gold«. Und Friedrich von Schiller reimt zweihundert Jahre später über den rücksichtsvollen Kerkermeister der Maria Stuart:

»Mein edler Talbot, euch allein hab ich
gerecht erfunden unter Meinen Räthen«,

was wohl nichts anderes heißen kann als befunden und gefunden oder festgestellt, denn bei allen unbestreitbaren Geistesgaben, eine Erfinderin war die schöne Königin Frankreichs und später der Schotten denn doch nicht.

Es wird also wohl dabei bleiben, daß Hiob und seine Glaubensgenossen sich mit dem Wort bescheiden müssen »Und der Allmächtige wird Dein Gold seyn, und Silber wird Dir zugehäuft werden«. Und man muß den strammen Glauben des Professors Karl Christoph Schmieder haben, um aus eigenem hinzuzusetzen: »Das klingt nun freilich beinahe wie Alchemie. Für Erde Gold geben, könnte wohl bedeuten, aus Erde Gold machen«, womit dann die Möglichkeit der Transmutation zumindest für jene Zeiten des großen alten Glaubens und Wissens eingestanden wäre. Es wäre sogar, folgert Schmieder, eingeräumt, daß man sie (die Umwandlung) ins Große treiben könne, »um ganze Felsen als Bäche von Gold aus dem Tiegel strömen zu lassen«.

Da jede Zuversicht irgendwann belohnt wird, hat die moderne Völkerkunde, die ja nicht nur die Alte Welt umfaßt, sondern alle Kontinente, sich auf die Spuren des Goldes geheftet und zeigt sich besonders interessiert an einer sehr eindrucksvollen Methode, unedleren Metallen das Aussehen von Gold zu verleihen. Es gibt so viele Methoden wie Kontinente, und es gibt Völker, die ihre Techniken des Vergoldens so geheimhalten, als stünde dahinter eine echte Transmutation.

Aus verschiedenen organischen Substanzen – welchen, ist meist des Geheimnis der Werkstätten – wird ein Firnis gemischt, dem oft Kreide hinzugesetzt wird oder auch Bolus, Teratolith und ähnliche Substanzen, die bis heute im sächsischen Erzgbirge vorkommen. Das fein ausgewalzte Blattgold wird festgedrückt, der ganze Gegenstand dann behutsam erhitzt, so daß der Firnis trocknet und das Blattgold fest haftet.

Eine besondere Spielart dieser Techniken ist die Feuervergoldung, sie eignet sich besonders, den Beobachter oder Abnehmer zu täuschen, weil die Oberfläche zunächst verkupfert wird und hernach mit einer Quecksilberlösung überzogen. Mit diesen Techniken hielt das Quecksilber ein für allemal Einzug in die lange Entwicklung der Alchemie auch im engeren Sinne. Goldamalgam wird aufgetragen, der zu vergoldende Gegenstand erhitzt, das Quecksilber verdampft, und das reine Gold bleibt haften, als wäre es nie anderswo gewesen.

Alle Spielarten dieser Techniken sind aus den asiatischen Hochkulturen mehrfach belegt und sind als die Wurzel vieler Sagen und Legenden über die Herstellung, das ›Erfinden‹ von Gold anzusehen. Dazu kam nach der Entdeckung der Neuen Welt die dort selbständig entstandene und darum besonders bemerkenswerte Technik der Farbsetzungs-Vergoldung (*La mise en couleur*, in Farbe umsetzen). Vielfach archäologisch dokumentiert, arbeitet diese Methode mit Säuren, in die der zu vergoldende Gegenstand eingelegt wird, weswegen sich das Verfahren für große Kunstwerke nicht eignet. Tumbaga-Legierungen (80 % Gold, 20 % Kupfer) spielen dabei seit dem zehnten Jahrhundert, also lange vor dem Entdeckungszeitalter, in Kolumbien und anderen südamerikanischen Ländern eine besondere Rolle. Die Säuren bewirken eine Goldanreicherung an der Oberfläche und zweckdienliches Polieren vollendet den Vorgang (darüber auch M. Rosenberg, ›Geschichte der Goldschmiedekunst auf technischer Grundlage‹).

Bei der Tumbaga-Technik, auch nach dem Wirkstoff Guanin genannt, spielt der niedrige Schmelzpunkt eine große Rolle. Früher zu schmelzen als Bronze bei etwa gleicher Härte und Verwendbarkeit machte die neuen Legierungen für den Gebrauch sehr wertvoll, vor allem, wenn statt Gold teilweise Silber zugesetzt wurde und der Gesamtvorgang sich dadurch verbilligte. Die Metallurgie der Indios in Peru, Kolumbien und Randgebieten von Ecuador war zuerst nur aus fertigen Kunstgegenständen abzuleiten, doch gelang es den Spaniern bald, alle, auch die geheimsten Techniken mithilfe der Folter aus den Einheimischen herauszupressen. Für die praktische Arbeit erwiesen sich die kundigen Sklaven dann freilich dennoch als unentbehrlich ...

Arabia Felix

Das Römische Reich bestand etwa siebenhundert Jahre, und sein Territorium deckte sich schließlich mit den bekannten Gebieten der Welt. Das heißt: Was nicht römisch war, verharrte nach Jahrhunderten noch in den Nebeln halben Wissens und phantastischer Gerüchte und war für die selbstbewußten Römer im Grunde inexistent. Es gab aber einen Berufsstand, der sich bei allem Bürgerstolz Ignoranz und Desinteresse nicht leisten konnte, das waren die Fernhändler der großen alten Handelsstädte des so mächtigen Reiches. Sie hatten an den nördlichen Grenzen des Reiches erfahren, daß Händler, die als erste zur Stelle waren, die Pelze und den Honig von den Barbaren billiger erwerben konnten als jene, die zu spät kamen oder sich darauf verließen, ihren Einkauf dann im Reich selbst, an den Umschlagplätzen wie Massilia oder Aquileia tätigen zu können. Hatten nicht die griechischen Kaufleute des einstigen Massilia, das inzwischen längst eine römische Provinzstadt war, einen gelehrten Wirrkopf auf ein Schiff gesetzt mit dem Auftrag, einen Weg zu den Zinn-Inseln zu finden, auf dem die Enge von Gibraltar mit den phönikischen Zolleinnehmern nicht passiert werden mußte? Und war dieser Sonderling, der nach seiner Rückkehr von unbegreiflichem Schwall des Meeres und vom Rückzug der Wellen nach sechs Stunden berichtete, nicht doch erfolgreich gewesen? Hatte den nahen Weg zum britischen Zinn gefunden? Hatte geheimnisvolle Schmuckstücke aus einem gelben Harz mitgebracht, so daß man ihm sein Gerede von ewiger Nacht und ewigem Tag gerne nachsah?

Auch im fernen Südosten, also in den heißen Zonen des Erdballs, gab es Länder, von denen man nur wenig wußte, doch »waren sie von alters her als reich bekannt, da sie ihre Gewürze, Düfte und geheimnisvollen Mineralien gegen römisches Gold und Silber einhandelten, ihrerseits aber keinerlei Waren aus dem Römerreich bezogen und auf diese einfache Weise immer reicher wurden und alles horteten, was die Römer und vor allem die Römerinnen für Salben, Tiegelchen, Räucherwerk und magisches Gebräu mit beiden Händen ausgeben« (zitiert nach Strabo).

Angesichts eines solchen Mißverhältnisses in der Handelsbilanz würde man heute durch geschickte Emissäre herauszufinden suchen, ob jenes glückliche Arabien bei aller Selbstzufriedenheit nicht doch irgendetwas brauchen könne oder ob sich echte oder vermeintliche Bedürfnisse erzeugen ließen. Da in Rom zu jener Zeit Augustus herrschte, fand man diese auch im Altertum durchaus bekannten Methoden jedoch zu langwierig:

»Auf Meinen Befehl und unter Meinem Schutz wurden beinahe gleichzeitig zwei Heere ausgesandt, das eine nach Äthiopien, das andere in das Land, so Arabia Felix, das glückliche Arabien geheißen. Große Mengen Feinde beider Völker fielen im Kampf, mehrere Städte wurden eingenommen. In Äthiopien kamen Meine Soldaten bis zur Stadt Napata, ganz nahe bei Meroë. In Arabien aber drang das römische Heer bis an die Grenzen des Sabäerreiches vor und zu der Stadt Marib oder Mariaba.«

Die Inschriften auf dem stolz Sieg an Sieg reihenden Monumentum Ancyrum wirken mitunter, als hätte der Steinschneider, der sie mit dem Stichel eingrub, sich selbst an den heroischen Texten berauscht. Der griechische Geograph und Geschichtsschreiber Strabo fühlte sich ungleich ernsthafter zur Wahrheit verpflichtet und liefert uns einen der ausführlichsten Berichte, die es jemals von einer militärischen Goldsuche gegeben hat – denn nichts anderes war der Zug längs des Roten Meeres ins Sabäerland, dessen Reichtum die Führer der Expedition so verblendet hatte, daß sie an die einfachsten technischen Notwendigkeiten ganz offensichtlich nicht gedacht hatten. Den ganzen Marsch hindurch das Rote Meer zur Rechten zu haben half wenig, weil man Salzwasser schließlich nicht trinken kann. Der Führer des kühnen Unternehmens hieß Aelius Gallus, entstammte einer ritterlichen Familie Roms, hatte aber offensichtlich Herodot nie gelesen. So lange er im Bereich der römisch-ägyptischen Schiffahrt operieren konnte, war die Versorgung seines Heeres einigermaßen gesichert. Dann aber kam die schier endlose Wüstenstrecke, später als Weihrauchstraße bekannt, und man war auf einheimische Führer angewiesen. Die machten aber einen Unterschied zwischen den Handelskarawanen, von denen sie reichlich entlohnt wurden und nichts zu fürchten hatten, und einem Eroberungszug, der sich gegen den freien Süden der arabischen Halbinsel richtete. Cassius Dio schildert bündiger und schonungsloser als Strabo den Untergang des Römerheeres:

»In dieser Not (dem großen Durst) überfielen sie auch noch die Feinde, die anfangs stets besiegt worden waren, so oft sie auch ihre Angriffe erneuert hatten, und die auch mehrere befestigte Plätze verloren hatten; die Wüstenbewohner nahmen den Römern nicht nur alles wieder ab, was die Soldaten bis dahin an sich gebracht hatten, sondern trieben zuletzt das verbliebene Häuflein römischer Soldaten aus dem Land. Sie waren die ersten, vielleicht aber auch die einzigen Römer, die als Feinde so tief in diesen Teil Arabiens eingedrungen waren ...«

Cassius Dio sagt: »als Feinde«. Den friedlichen Handel gab es auch, wenn er wohl auch eher durch Juden, Syrer und Griechen bewerkstelligt wurde als durch die Römer, die im großen Reich Abnehmer und Geldgeber waren. Ganz offensichtlich aber hatten die Araber Werkstätten, Studierstuben und geheime Produktionsstätten, die, im Schutz einer schwierigen Landesnatur und nur auf endlosen Wüstenpisten erreichbar, eine Wissenschaft entwickelt hatten, die von den Römern wenn überhaupt nur unzureichend gepflegt wurde. Sie stellten nach alten Rezepten und vielen offenbar glücklichen Versuchen Schönheitsmittel her, die den Römerinnen glatte Haut und leuchtende Augen bis ins Alter garantierten. Sie fabrizierten Räucherwerk, das den Männern die Sinne bewölkte und sie zugleich mit jenen Kräften erfüllte, deren sie für die Lust auf dem Lager so sehr bedurften. Zweifellos hatte dieses Rätselvolk im fernen Südosten auch die Soldaten des tapferen Aelius Gallus vergiftet, ihnen die Gehirne ausgedörrt und die Beine mit Schwären zerstört, denn wer dem Geheimnis der ewigen Jugend so nahe ist wie die Sabäer, der verfügt auch über die Mittel, Krankheit und Tod herbeizuzaubern.

»Es ist gewiß«, sagt Karl Christoph Schmieder mit der überzeugenden Treuherzigkeit des Jahrhunderts der eben aufblühenden Wissenschaften, »daß kein anderes Volk die Alchemie mit einem so regen Eifer betrieben hat als die Araber. Man hat sie aus diesem Grunde wohl zuweilen als die wahren Urheber betrachten wollen.« Chemie endet nicht bei Salben und Gerüchen, ihre Ziele lassen sich nicht begrenzen, das Wunderwerk, von dem jeder Fingerhut voll in Gold aufgewogen werden muß, ist selbst soviel wert wie Gold und als Ergebnis der alchemischen Bemühungen so wenig zu verachten wie die Verwandlung unedler Metalle in edle. Zwar wäre es das höchste Ziel, den einen Wunderstein, die eine superbe Materie zu finden, die alles vermag, die Verwandlung in Gold, die Aufhebung des Alterns, die Verschiebung der elenden Grenzen, die den Menschen schon vom fünfzigsten oder sechzigsten Lebensjahr an sterben lassen, statt ihm wenigstens bis zum zugemessenen würdigen Alter die Gesundheit zu bewahren.

Aelius Gallus hatte wenig Mühe, den Untergang seiner Armee zu erklären, aber gewonnen war mit der Flucht und Ausflucht in die Hexerei nichts. Das römische Gold strömte für Dinge, die erst auf den Leibern der Frauen an Wert gewannen, in einen Teil der Welt, dessen Schätze so tief unter dem Boden lagen, daß man sie erst Jahrhunderte später entdeckte. (Man liest es und glaubt es nicht, wenn Strabo von Arabien seufzend sagt: »Es gab auch kein Öl ...«)

Indessen besaß der Orient etwas, das für das Leben im Altertum ungleich wichtiger war als Petroleum oder andere Kraftstoffe: In den Ländern des Nahen Ostens und vereinzelt auch auf mittelmeerischen Inseln und anderen exotischen Landschaften rund um das Römerreich herum fand sich jene Fülle von Rohstoffen, aus denen der suchende Verstand von Ärzten, Apothekern, Philosophen und Chemikern unverdrossen Nützliches, Wunderwirksames, Allheilendes zu bereiten versuchte, und es lag und liegt wohl in der menschlichen Natur, daß all diese Sucher – die Gilde der Scharlatane ausgenommen – fest überzeugt waren, eines Tages auch Erfolg zu haben, das große Wandlungswunder zu verwirklichen. Es mag sein, daß sie alle reich zu werden hofften, vermutlich war auch keiner von ihnen gefeit gegen die Versuchung des wirklichen, des großen, unabhängig machenden Reichtums. Was zunächst aber zählte, war das Experiment, die Suche, die Ermunterung durch Teilerfolge und die Enttäuschung durch das Mißlingen, durch Todesfälle, durch den Sieg der Krankheit.

Es ist eine nicht ganz unbedeutende Ungerechtigkeit, daß heute alle Welt den Namen des Griechen Hippokrates kennt und nicht wenige auch den Römer Galen, daß der Arzt Cornelius Celsus in allen Nachschlagewerken aber nur als Schriftsteller, Kompilator, Enzyklopädist, kurz als ein Sachbuchautor des ersten nachchristlichen Jahrhunderts bezeichnet wird, obwohl sein Buch ›De Medicina‹ das am häufigsten gedruckte wissenschaftliche Werk aller Zeiten ist. Zwischen der Erfindung des Buchdrucks und der großen Vedrènes-Ausgabe in Paris 1876 hatte man sechzig lateinische Neuausgaben gezählt, eine einzigartige Karriere für ein Buch, zum Teil freilich auch auf die Eleganz des Stils zurückzuführen. Er ist der erste Schriftsteller, der das Wort Professor verwendet, und er weiß auch, »angestrengtes Nachdenken ohne die nötige Bewegung und unbequeme Nachtwachen hatten viele Philosophieprofessoren körperlich derart geschwächt, daß sie im eigenen Interesse nicht umhin konnten, die medizinische Wissenschaft zu begründen« (zitiert nach: Johannes Elberg, ›A. Cornelius Celsus und die Medizin in Rom‹). Celsus hatte genug gelesen, um zu wissen, daß es mit Handauflegen nicht getan war, und auch die einleitenden Ratschläge des Hippokrates reichten für erfolgreiche Heilbehandlungen nicht aus (er gab den Rat, sich zunächst würdevoll einzuführen, sich als Arzt ein entsprechendes Auftreten anzugewöhnen und somit ein Vertrauensverhältnis zwischen Patient und Arzt zu schaffen: »In der Kleidung Würde und Schlichtheit, deren Wesen es ist, Ansehen zu bewirken. Dann das Nachdenkliche: beim Gehen in Gedanken versunken sein ... Wer in dieser Weise seinen Weg geht, steht in Ansehen bei Eltern und Kindern. Und sollte ein Arzt nicht genug Kenntnisse haben, so wird er durch die Tatsachen selber zur Einsicht geführt«; aus: Hippokrates, ›De decente Habitu‹ 1–3).

Da Celsus offensichtlich nach den Grundsätzen des Hippokrates gehandelt und zudem einige eigene fruchtbare Einfälle zur Augenheilkunde gehabt hatte, gelang es ihm, das Zeitalter eines Tiberius und eines Nero zu überleben. Galenos, der hundert Jahre nach ihm lebte, hatte es leichter, er durfte nur nicht Christ werden. Er war im Kerngebiet der alchemistischen Forschungen zur Welt gekommen, in Pergamon, der Stadt berühmter Tempel, und schon früh wißbegierig auf den damals berühmtesten Schulen zu finden, in Smyrna, in Korinth und in Alexandria. Seine chirurgischen Kenntnisse erwarb er sich auf dem unerschöpflichen Feld der Gladiatorenkämpfe, wurde aber auch durch erfolgreiche internistische Behandlungen bekannt und mußte schließlich dem Ruf an die Seite der Kaiser folgen: Mark Aurel, der Philosoph auf dem Thron, berief ihn als erster, an der Seite von Lucius Verus weilte er in Aquileia, also in der Nähe des heutigen, damals noch nicht den Fluten entstiegenen Venedig, und Kaiser Commodus holte ihn schließlich nach Rom. Da aber hatte Galenos Felsen, Flüsse und Höhlen der Welt schon nach seinen Arkana abgesucht.

Galenos lebt uns vor, daß der pflichtbewußte Arzt, der Mediziner, der seinen Beruf als eine wahre Sendung verstand, vom ersten Augenblick an im Grunde ein Alchemist war. Natürlich gab es schon im Altertum und vor allem im verkehrsmäßig erschlossenen, den lebhaften Handel begünstigenden Römerreich die gewerbsmäßige Herstellung von Heilmitteln, und es gab sogar Fälscher, die täuschend echte Substanzen ohne jegliche Wirkung in den Handel brachten wie heute. Der Arzt aber, der wissen wollte, was er seinen Patienten empfahl oder befehlen mußte, hatte keine andere Wahl, als sich die nötigen Kenntnisse selbst zu verschaffen und sehr oft auch die Heilmittel in seiner eigenen Chemieküche selbst herzustellen. Die Zusammenarbeit mit vertrauenswürdigen, oft sehr kleinen Werkstätten, wie sie der heutige Zahnarzt und der Dentaltechniker praktizieren, kam vor, war aber die Ausnahme.

Galenos hatte als kaiserlicher Leibarzt Möglichkeiten, die anderen verschlossen blieben. Kam er in die Heimat der Wundermittel, so war er nicht auf verdächtige Führer und Zwischenhändler angewiesen, sondern wurde vom kaiserlichen Statthalter empfangen, der ihm bei seinen Exkursionen und Expeditionen Geleitschutz stellte. Das war so in Syrien, Palästina und Ägypten, aber auch in Kappadokien, dem Land mit der höchsten Erhebung Kleinasiens, dem bis nahe viertausend Meter aufsteigenden Argäos. Makedonien, Gallien und Spanien folgten, ja, Galenos soll bis Mauretanien gekommen sein, einer römischen Provinz in Nordafrika, im Großraum des heutigen Marokko. Auf Zypern ließ Galenos sich aus den Kupfergruben verschiedene metallische Substanzen aushändigen; Friedländer, der sich in seiner unsterblichen Sittengeschichte Roms dieses großen Arztes mit besonderer Liebe annimmt, weiß sogar zu berichten, daß auf Zypern ein einflußreicher Bergwerksbesitzer sich bemühte, auch ausgefallene Wünsche des berühmten Gastes aus Rom zu erfüllen: Kupfervitriol, Kupfervitriolwasser, weiße Zinkblumen und Galmei, ein Kieselzinkerz. Mit dieser Suche und den Beschaffungsvorgängen war auch ein logistisches Problem verbunden: Galenos versorgte nicht nur seine eigene Praxis, sondern dachte auch an Freunde und brachte diese kostbaren Chemikalien beziehungsweise die Grundstoffe für verschiedene Salben, Augen- und Schönheitswässerchen in beträchtlichen Mengen von Zypern und anderen Fundorten in die Metropole des Weltreichs. Unklar sind bis heute manche der damals gebrauchten Bezeichnungen wie Sory und Misy. Dioskorides Pedanios, der eine Generation vor Galenos lebte, hatte die beiden Kupfererze in die Medizin eingeführt, womit er zunächst großen Erfolg hatte, weil die entstandenen gelben Metallegierungen für Gold gehalten wurden, in Wahrheit aber Bronze oder Messing waren. Immerhin schlugen diese Versuche, deren Ziel zunächst Heilmittel gegen verschiedene Augen- und Hautkrankheiten waren, eine Brücke zur Goldmacherei (vermutet Hermann Schelenz in seiner großen ›Geschichte der Pharmazie‹ von 1904. Er weist auch darauf hin, daß Eisen aus Meteoriten, wie es schon um 3700 vor Christus, zu Klammern verarbeitet, Pyramidensteine zusammenhielt, besonders gesucht war, obwohl sich kaum vermuten läßt, daß die römischen Ärzte den kosmischen Ursprung dieser eisernen Bauteile kannten.). Es mag wohl die sakrale Verwendung in Grabbauten gewesen sein, die Galenos und anderen Wundermittelsuchern solche Funde begehrenswert erscheinen ließen. Rein kosmetischen Charakter hatte die Verwendung von Antimon als Augenschminke, sie bewahrte diese Vorzugsposition bis ins neunzehnte Jahrhundert, selbst Flaubert berichtet auf seiner Ägyptenreise noch von dem besonderen, leicht verruchten Reiz, den diese Schminken dem Blick der eingeborenen Schönheiten verleihen (Antimonmetall verarbeiteten die Chaldäer schon um 700 vor Christus zu Gefäßen). Für den Export gewisser Salze gab es in Ägypten sogenannte Nitrarien, Salzgärten oder Gewinnungsbecken, die beweisen, daß Ägypten jahrtausendelang ein Mutterland der Pharmazie blieb.

Die Hieroglyphe für den Arzt zeigte eine Lanzette und einen Mörser zum Zerstoßen von Mineralien, sie war ein und dasselbe Zeichen für den Arzt und für den Apotheker, aber wir verstehen dies natürlich erst im nachhinein in Kenntnis einer Welt, deren Mediziner auf den wohlausgebauten Straßen eines gefestigten Reiches durch die bekannte Welt zogen und sich die Grundstoffe für ihre Heilmittel besorgten. Bis dahin war alles mehr oder weniger Zufall oder tradiertes, von einer Generation der nächsten vererbtes Wissen. Eine gewisse Skepsis ist darum nicht aus der Luft gegriffen. Die meist aus begüterten Familien stammenden und der Pharmazie zugewandten Jünglinge aus Smyrna, vor allem aber aus dem reichen Alexandrien, lebten oft keineswegs nach den Grundsätzen des Hippokrates, der dem Arzt Würde, Zurückhaltung und Korrektheit des Auftretens empfahl:

»Ein auf unsere Zeit gekommenes Bild zeigt ein Gelage ägyptischer Studenten und jedenfalls etwas emanzipierter Gefährtinnen, daneben die widerwärtigen Folgen akuter Alkoholvergiftung« (zitiert nach H. Schelenz). Es haben sich auch ernste Ermahnungen an einen Studenten namens Channu erhalten, dem um etwa 200 vor Christus bereits empfohlen wird, weniger Bier zu trinken und mehr zu studieren, der Bierdunst aus seinem Mund mindere seine Autorität bei den Patienten. Hippokrates wußte also, wovon er sprach, und die Überlegenheit des Arztes und Heilkundigen, auch wenn er nur die richtigen Salben zu mischen verstand, war offensichtlich schon in den ältesten Zeiten kaum geringer als heute.

Obwohl uns einige Krankengeschichten und viele methodische Anleitungen des Galenos überliefert sind, läßt sich die Ernsthaftigkeit seiner Forschung am deutlichsten aus seinen unermüdlichen Reisen ablesen. So wie der Kaufmann der Alten Welt das Seine mit sich trug, mußte der Arzt, der sich nicht täuschen lassen wollte, sich an Ort und Stelle vergewissern, mit welchen Materialien er es zu tun hatte. Die Frühzeit der Alchemie ist erfüllt von zum Teil absurden Bemühungen, begehrte und teure Arzneimittel oder auch Grundstoffe von Heilmitteln zu fälschen. Galenos hatte sich nicht gescheut, in seinen Anfängen, ehe ihn die ersten Erfolge berühmt machten, bei einem Heilmittelhersteller zuzusehen, der sich bestens darauf verstand, Terra sigillata aus Lemnos ebenso zu fälschen wie weiße Zinkblumen und den einen oder anderen Balsam. Die Tonerden von Lemnos, auch die von Samos und aus dem Umkreis der alten Stadt Lamia standen in dem Ruf, Gifte neutralisieren zu können, und in der seit dem sechsten vorchristlichen Jahrhundert blühenden Stadt Eretria auf Euböa gab es eine kleine Gruppe geheime Techniken pflegender Alchemisten, die aus einer etwas seifigen Tonerde ähnlich der von Lemnos Becher herzustellen verstand, die in sie gegossene Gifttränke unwirksam machten. Man kann sich denken, wie begehrt solche Gefäße waren und welche Folgen es hatte, wenn die Erde gefälscht war.

Der Glaube an die gifthemmende Wirkung der Siegelerde aus Lemnos und einigen anderen Orten des östlichen Mittelmeeres hielt sich bis herauf in die Neuzeit. Hermann Schelenz berichtet, daß der deutsche Amateurchemiker Bernhard von Oschatz im Jahr 1580 in der Nähe von Laubach, einem Luftkurort in Oberhessen, Siegelerde gefunden habe, die in ihrer Wirkung der Terra sigillata von Lemnos ziemlich nahe gekommen sei. Zwar war um diese Zeit in Deutschland die Gefahr, vergiftet zu werden, nicht mehr allzugroß, aber zwei große und opferreiche Pestzeiten hatten alle Möglichkeiten, Giftkeimen die Kraft zu nehmen, außerordentlich wertvoll gemacht. Wilhelm IV. von Hessen, Landgraf mit besonderer Vorliebe für astronomische und alchemistische Studien, hatte damals seinen Hofapotheker mit Versuchen beauftragt, die heute so manchen Tierschützer auf den Plan rufen würden: Acht Hunde wurden vergiftet und mit der Siegelerde in der Form behandelt, daß die vergiftete Futtermenge allen acht Tieren in Tongefäßen aus Siegelerde verabreicht wurde. Das Ergebnis war zumindest für Menschen unbefriedigend, denn es überlebten nur vier der acht Tiere. Immerhin erfreuten sich Trinkgefäße aus Laubacher Ton fortan zumindest in der Umgebung des Kurortes größter Beliebtheit und steigerten die Attraktion der dortigen Kuren.

Wilhelm IV. selbst lebte noch bis 1592, seine wissenschaftlichen Studien, in denen die Astrologie eine zentrale Rolle spielt, erschienen erst nach seinem Tod in Druck. Andere Berichte über seine chemischen Experimente und seine Suche nach verläßlichen Heilmitteln werden bis heute ungedruckt in der Hessischen Landesbibliothek in Kassel aufbewahrt. Immerhin hat man sich auch in den Kreisen der Universität Leiden mit den Forschungen des gelehrten Landgrafen beschäftigt. Die von Johannes Montanus im schlesischen Striegau gefundene Siegelerde erwies sich nach eingehenden Versuchen als unwirksam; da Montanus sie erst in den achtziger Jahren des neunzehnten Jahrhunderts entdeckt, geprüft und beschrieben hatte, blicken wir also auf zwei Jahrtausende eines so gut wie unbeirrten Glaubens an die Siegelerde und deren entgiftende Wirkung zurück.

Als Galenos sich unter Gefahren und Mühen ein ganzes Netz von mineralogisch und chemisch interessierten Handelspartnern aufgezogen hatte, brauchte er nur noch ausnahmsweise selbst zu reisen, auch hatte er trotz aller Bemühungen einzelne wichtige Orte nicht auffinden können wie etwa den Fluß Gagat in Lydien. Er hatte seinen Namen nach dem Gagatstein, der bei Gebärmutterleiden Wunder wirken sollte und eine wichtige Eigenschaft besaß, die sonst nur dem »Stein der Weisen« zugeschrieben wird: Der Gagat ließ sich nicht täuschen, er entlarvte jedes Mädchen, das seine Jungfernschaft zur Unzeit verloren hatte. Galenos gab sich große Mühe, fuhr in kleinen Booten die Küste ab, um die Flußmündung und im Mündungsgeröll den Gagat zu finden, hatte aber keinen Erfolg. Vielleicht war es Frau Venus selbst, die seine Bemühungen zunichte machte. Die Stadt Gagae wird östlich von Mycra vermutet, und der so schwer auffindbare Gagae lapis wurde nicht nur von Galenos durch das angeblich bis heute populäre Allheilmittel Theriak ersetzt. Theriak geht auf Andromachus, den Leibarzt des Kaisers Nero, zurück und würde in seiner üblichen Zusammensetzung heute keine Zulassung erhalten (Opium, spanischer Wein, Angelikawurzel, Baldrian, Serpentinstein, Meerzwiebeln, Zimt, Kardamom, Myrrhe und Eisenvitriol, das ganze in gereinigtem Honig, der über 70 Prozent des Gebräus ausmacht, was vielen Benutzern das Leben gerettet haben mag).

Einigermaßen sichere Käufe waren Produkte, die auf kaiserlichen Gütern angebaut oder gewonnen wurden. Die Herrscher Roms legten auf ihre eigene Gesundheit und langes Leben um so mehr wert, als sie ohnedies von Gefahren, Attentätern und Giftmischern umgeben waren. In Judäa, also im heutigen Staat Israel, gab es eine Heilmittelplantage, die von einem Kaiser auf den nächsten vererbt wurde, eine Art Staatsgut, wo ein wertvoller Balsam hergestellt wurde, der naturgemäß kaum in den freien Handel gelangte: Was das Gut hervorbrachte, reichte eben aus, die Bedürfnisse der Hofgesellschaft zu befriedigen und allenfalls noch den Leibärzten der kaiserlichen Familie einen gewissen Spielraum zu gewähren. Daß dieses kostbare Mittel häufig gefälscht wurde oder, genauer gesagt, kaum je einwandfrei produziert in die offene Heilmittelversorgung gelangte, bedarf keiner besonderen Erläuterungen. Die Nachfolge der Kaiser trat übrigens die römische Kirche an; eine ihr gehörende Apotheke in Jerusalem besaß das Geheimnis des Balsam Hierosolemitanus und galt darum als die wertvollste Apotheke der Welt. Jerusalempilger bezifferten ihren Wert im sechzehnten Jahrhundert auf 150 000 Golddukaten (zum Vergleich: Etwa gleichzeitig mit dieser Schätzung durch den Pilger Hasselquist wurde die Kränzelmarktapotheke in Breslau für 500 Goldgulden verkauft).

Chemische Substanzen aller Art, Mineralien mit magischen oder medizinischen Wirkungen und andere heilkräftige Gegenstände wie etwa Katzenfelle, Schlangengifte und bestimmte Öle bildeten wertmäßig einen hohen Anteil am Güterverkehr innerhalb des Kaiserreichs und bei den Importen, und die Beträge, die für mehr oder minder wirksame Ingredienzen über die Grenzen in die Anrainerländer flossen, machten einen erheblichen Anteil der Gesamthandelsbilanz aus. Da es sich jedoch um optisch und gewichtsmäßig meist nur geringe Mengen handelte, fiel die Tatsache als solche nicht auf: Der Abfluß an Geld und Gold war beträchtlich, die Gegenwerte jedoch weit weniger sichtbar als etwa die Kornschiffsladungen aus dem Schwarzmeergebiet, die Erze aus Spanien, die Häute und Felle aus Germanien.

Der Umfang dieses den Historikern erst nach und nach bekannt gewordenen Verkehrs erklärt sich daraus, daß es eine Grenze zwischen Pharmakologie, Magie, Alchemie und Medizin noch nicht gab. Selbst die Öle, bei denen es auf bestimmte Alterungsstufen ankam (wie viele meinten), mußten privat gehortet werden, um Fälschungen und Täuschungen vorzubeugen, selbst die Heilpflanzen tauchen in den Ratgeberschriften jener Zeit ebensooft als verderblich wie als nützlich auf, und spezielle Giftmischer wurden gefürchtet wie der Teufel in Person: Friedländer berichtet von einem Pflanzenkundigen, der eine Giftwurzel kannte, die überall häufig vorkomme. Als man ihn zur Richtstätte führte, verband man ihm die Augen, damit er sein Wissen um diese Wurzel nicht weitergeben, einem Komplizen das Teufelsgewächs nicht zeigen könne.

Wie heute hielt man billige Heilmittel von vorneherein für weniger wirksam als die teuren, daher die häufigen Beigaben von Goldblättchen, Goldstaub oder Silber, was weder nützte noch schadete, aber das Medikament ansehnlich und teuer machte, und nicht immer wurde wirkliches Gold verwendet, sondern alles, was dem Gold oder auch Silber einigermaßen ähnelte. Natürlich war das Mißtrauen gegen Billigprodukte gelegentlich durchaus begründet, es war eben nicht das Original. Diesen Fälschungen standen nur wenige Glücksfälle gegenüber, etwa, wenn Galenus auf einer seiner Orientreisen durch Zufall einer Kamelkarawane begegnete, die aus Ländern kam, wo man die Fälschungstricks gar nicht kannte und die zum Verfälschen teurer Arzneien nötigen Ersatzstoffe gar nicht zur Verfügung hatte.

Nutznießer der ganzen gigantischen und aus heutiger Sicht verblüffenden Organisation waren die Statthalter, die sich ihre Liefer- und Überwachungsaktivitäten teuer bezahlen ließen, und die Hofgesellschaft, deren Versorgung mit Heilmitteln durch wohlüberwachte Depots gesichert war. »Für den Privatgebrauch des kaiserlichen Hauses«, berichtet Friedländer in seinen ›Darstellungen aus der Sittengeschichte Roms‹, »waren in Rom Magazine angelegt, an welche fort und fort die Heilmittel aller Länder in bester Qualität und in reichlicher Menge eingesendet wurden. Jährliche Sendungen kamen im Sommer aus Sizilien, Afrika und besonders Kreta, wo die Kaiser eigene Pflanzensammler unterhielten, welche die dort in Fülle vorhandenen Medizinalstoffe sorgfältig in Papier verpackten und mit der Aufschrift der Namen und des Fundortes bezeichneten. Auch geflochtene Körbe wurden auf diese Weise gefüllt, teils für die kaiserlichen Apotheken, teils für den Verkauf in Rom.«

In einem krassen Mißverhältnis zu der Beinaheperfektion dieser logistischen Konstruktionen stand die Rolle der kritischen Vernunft, stand die Kritik an den eigentlichen Gegenständen dieser Bemühungen. Man kann es verstehen, daß bei bis heute gefährlichen und schwer zu bekämpfenden Krankheiten wie der Tollwut das Altertum allenfalls Linderungen erreichte, wie man sie einem Medikament des Celsus nachsagte; unverständlich aber bleibt die Bedeutung, die man an sich infektuösen Materialien wie den Exkrementen verschiedener Tiere zuschrieb. Unkenntlich verpackt, sollten sie durch den Schock ihres Gestanks heilsame Ekelreaktionen auslösen. Vieles, was die Ärzte des Altertums in diesem Sinn anwenden – Schüler von Galenos und andere –, hält sich bis ins Mittelalter, und wenn wir in Goethes gotischer Walpurgisnacht im Ersten Teil des Faust zumindest in den Paralipomena das Nebeneinander von Gold und Kot und Gold und Schoß vernehmen, dann wird uns klar, daß diese nicht sonderlich appetitliche Urverwandtschaft von Reichtum, Geschlecht und Unrat zur zentralen Lebenswirklichkeit der antiken Medizin und der alchemistischen Weltsicht gehört.

Das Gold tritt als Waffe des Teufels und des Bösen schon lange vor dem Christentum auf. Galenos, der sich seine chirurgischen Kenntnisse an den zerschlagenen Leibern und Gliedern der Gladiatoren verschaffte, ist ein Vorläufer jener Folterknechte, die es leichter als die Ärzte haben, wenn sie am lebendigen Körper experimentieren und sich Kenntnisse erwerben wollen. Die Anatomie ist in der ganzen Antike, auch vor der Tabuisierung des nackten Leibes durch das Christentum, eine Geheimwissenschaft, und daß Galenos nach mancher Tierprosektur sich gleichsam von Amts wegen mit dem menschlichen Körper vertraut machen konnte, gab ihm zweifellos eine besondere Chance gegenüber seinen Kollegen, die kaum jemals mit Leichen zu tun hatten und wenn, dann nur unter ständiger Gefahr, als Zauberer und Hexer behandelt zu werden.

Überblickt man die Reisen eines Galenos und die Landschaften, aus denen er mit Mineralstoffen und Heilkräutern nach Rom zurückkehrte, so fällt auf, daß das alte Etrurien, das einst etruskische Mittelitalien, kaum jemals auftaucht. Als Galenus reiste, war die etruskische Kultur achthundert Jahre alt und seit Jahrhunderten Geschichte, wenn auch in viele römische Traditionen eingegangen. Das Rätselvolk aus vorindogermanischen, italisch-indigenen Stämmen hatte auf der Insel Elba und in Etrurien so umfassend nach Erzen geschürft und mit kundiger Verarbeitung insbesondere des Kupfers begonnen, daß sich Galenos und seine Prospektoren praktisch in einem Industriegebiet befanden, weswegen das medizinisch so vielfach genutzte Kupfer in späteren Zeiten meist aus Zypern geholt wurde. In der frühen Kaiserzeit, in der sich die römische gesellschaftliche Kultur auf das prächtigste entfaltete, glich der Rückblick auf die Anfänge der Ewigen Stadt und ihre Auseinandersetzung mit den Etruskern als überwunden und alles Etruskische als eine Stufe der Entwicklung, deren sich die Klientel der Ärzte, Apotheker und Anwälte ähnlich schämte wie in späteren Zeiten das aufgeklärte Europa der abergläubischen Exzesse des Mittelalters. Galenos lehnte es stets ab, Magie und Hexerei in seine Kuren einzubeziehen, so daß auch das Formenrepertoire des etruskischen Kunsthandwerks ihm suspekt erschien, die Kohlebecken, die Kerzenständer, die Räuchergerätschaften, der Dreifuß, die Fabelwesen aus Bronzeblech, die Griffspiegel mit mythologischen Szenen bis hin zu den einzigartigen Goldschmiedearbeiten, in denen die Etrusker wahre Wunder vollbrachten: Granulation, Filigrantechnik, getriebene Goldbleche, Fabelwesen. Man fühle sich im Reich von Zauberern, hatte schon Celsus von den Etruskern behauptet, wozu noch kam, daß die heißen und feuchten Ebenen Mittelitaliens bis herauf ins achtzehnte Jahrhundert Malariagebiet geblieben sind. Natürlich fehlten der antiken Medizin die bakteriologischen Kenntnisse und das Wissen von den Überträgern, aber wir kennen Ratschläge über das Bauen in luftigen Höhen, weil man dort vor winzigen, schier unsichtbaren Lebewesen sicher sei, die der Wind entführt und die der Gesunde unwissentlich einatmet: »Sie entstehen auf sumpfigem Boden, dringen mit der Luft durch Mund und Nase in den Körper und verursachen schwere Krankheiten« (zitiert nach Johannes Ilberg, ›Cornelius Celsus und die Medizin in Rom‹). Viel fehlt diesem Text zur Definition eines Bazillus nicht mehr.

Trotz der Bedeutung von Metallen, Erzen und Salzen, Legierungen und Beimischungen für die Pharmakologie war die eigentliche Berührung der Medizin mit der Alchemie auf einem Gebiet gegeben, das heute glücklicherweise nur noch eine untergeordnete Rolle im öffentlichen Leben spielt – im Bereich der Gifte. Prüft man die Heilmittel der antiken Apotheken und ärztlichen Arzneischränke durch, so ist ein Gutteil nicht dazu bestimmt, gegen Krankheiten eingesetzt zu werden, sondern die Wirkung von Giften zu neutralisieren. Oberstes Ziel war, wie bereits kurz erwähnt, der »Stein der Weisen«, der das Böse in der Materie besiegt, und lange Zeit gaben die verschiedenen Wirkungen des Theriak den Ärzten die Illusion, ein Mittel gefunden zu haben, das zwar nicht Wunder wirke, aber auf breiter Front Erste Hilfe zu leisten imstande sei. Nach der Gabe, nach der kundigen und überwachten Verabreichung von Theriak sei oft so viel Zeit gewonnen, daß überlegte und gezielte Abwehrmaßnahmen gegen das Gift eingeleitet werden könnten.

Hat auch heute jede Stadt, die auf sich hält, einen leicht erreichbaren Giftnotruf, so geht diese Einrichtung doch im Prinzip von der unabsichtlichen Einnahme eines Giftes oder verdorbener Nahrungsmittel aus. Die Gift-Enzyklopädie der römischen Ärzte, zum Beispiel des Scribonius Largus (1. Jh. n. Chr.), ist der schaurigste Teil seiner Sammlung von Rezepten. Die Gens, der er entstammte, spielte schon zur Zeit der Punischen Kriege eine bedeutende Rolle in Rom, brachte Tribunen und berühmte Redner hervor und in der Kaiserzeit einige Gegner der tyrannisch herrschenden Kaiser wie etwa des Caligula. Scribonius Largus verdankt den Erfolg seiner Rezepturen zweifellos dem Umstand, daß man sich in aller Bequemlichkeit über Dutzende von Giften informieren konnte und auch gleich die Anleitung zu ihrer Herstellung zur Hand hatte; Chemie als Wunderwaffe, Al-Chemie als Mittel zum Verbrechen. Scribonius berichtete über den klassischen Schierlingsbecher der griechischen Geschichte ebenso ausführlich wie über verschiedene Opiate und das Bilsenkraut des deutschen Märchens und der deutschen Auszählreime (»Ilse, Bilse, keiner will se«). Spezielle chemische Kenntnisse verlangte der Einsatz von Bleiweiß, seit alters als Schutzanstrich für Eisen im Gebrauch, man stellte Grünspan her und verschiedene Nebenprodukte bei einer Probe der Substanz auf Goldreinheit, wie sie Plinius kannte und Obrussa nannte. Unzweifelhaft ist die häufige Personalunion zwischen Giftmischer, Giftheiler und Goldmacher; auch die Rückgewinnung von Gold aus Goldgeweben spielte eine Rolle in Prozessen, bei denen gleichsam nebenher ein verwendbares Gift anfiel, wobei zu Ehren der Römer gesagt werden muß, daß so manche dieser Gifte schon bei griechischen Polyhistoren auftauchen wie etwa Nikandros, der in sein großes Lehrgedicht des zweiten vorchristlichen Jahrhunderts offenbar vieles aufgenommen hat, das man damals zwar schon in Alexandria, noch nicht aber in Rom kannte.

Galenos beschäftigte zwar Sklaven, die für ihn Schlangen fangen und deren Gift aus den Giftzähnen pressen mußten, und der eine oder andere mag dabei sein Leben gelassen haben. Im übrigen aber weist nichts darauf hin, daß er sich, wie viele andere Ärzte jener Zeit, kaufen ließ – also die Leiden eines berühmten, aber mißliebigen Mannes verschlimmerte, statt sie zu heilen. Die negativen Äußerungen über ihn dürfen weitgehend Neidern zugeschrieben werden. »Galenos wurde durch den Haß der Kollegen aus Rom vertrieben, weil dieser im gleichen Maß mit der Bewunderung der Kranken angewachsen war. Der treffliche, durch Galenos von seiner Melancholie befreite Lucius Marcius sagte, daß die Stimme dieses Arztes von einem (hl.) Dreifuß ertöne« (zitiert nach Johannes Ilberg). Dennoch sind die modernen Theorien, denen zufolge Galenos vor dem Herannahen der Pest floh, nicht von der Hand zu weisen, weniger wegen der Ansteckungsgefahr, der sich ein Arzt ja täglich aussetzt, als wegen der ungeheuren Arbeitslast, die mit dem Kampf gegen eine Seuche verbunden ist, und wegen des Kontaktes mit Volksschichten und Stadtvierteln, gegen die Galenos sein Leben lang eine deutliche Aversion an den Tag legte. Er war nun einmal alles andere als ein Armenarzt, sieht man von den Kontakten ab, die sich bei seinen Reisen oder bei Landaufenthalten zufällig ergaben. Selbst die Gladiatorenbetreuung, vergleichbar mit den heutigen Funktionen von Vertragsärzten für prominente Sportclubs, scheint Galenos im Alter aufgegeben zu haben. Hinsichtlich der Seuchen wie etwa der Pest wird von der neueren Forschung überhaupt bezweifelt, daß solche Heimsuchungen Ausdehnung und Dauer der mittelalterlichen Seuchenkatastrophen erreicht haben, waren doch die allgemeinen Bevölkerungszahlen weit geringer und die Städte nicht so eng gebaut wie im Mittelalter. Die klassische Römerstadt war gut durchlüftet, nutzte das Areal und verfügte über Freiflächen, Parks, ausgedehnte öffentliche Gebäude, so daß die schicksalhafte Enge der ummauerten mittelalterlichen Stadt, in der die Seuche bis zum Erlöschen fürchterlich wütete, gar nicht gegeben war.

Johannes Ilberg bestätigt Galenos ein mühsames Leben, nicht frei von Selbstüberschätzung, aber verdienstlich weniger für die Geschichte der Heilkunde als für die allgemeine Kulturgeschichte und die Beurteilung der Gesellschaft. Angesichts der weiblichen Patienten verließ den großen Mann nicht selten seine Selbstsicherheit. Das Phänomen der Hysterie, die Modekrankheiten und die eingebildeten Zustände an der Schwelle des Alterns, trieben Galenos zum Experiment, wobei es offenbleibt, ob er selbst daran glaubte oder nicht, ob er zu helfen meinte oder seinen hochgestellten Patientinnen ganz einfach das gab, was sie zu haben wünschten: Die Arkana, die Wundermittel, die trügerische Creme oder die verheißungsvolle Tinktur in Behältnissen, in denen (wie angeblich im Danziger Goldwasser) ganz winzige Plättchen oder Stäubchen des edelsten aller Metalle schwammen. Es fällt auf, daß die den Damen empfohlenen oder verordneten Medikamente in besonders dunkler Sprache um- und beschrieben sind, so daß manches Rezept sich wie das Orakel von Cumae liest. Auch tauchen selbst bei harmlosen Vorgängen wie dem Haarausfall als Gegenmittel unverhältnismäßig teure Nardenöle auf, um das Zutrauen der Patientin zu steigern, ganz zu schweigen von Rezepten und Methoden, die Galenos von Kollegen gehört haben will, die am Hof der schönen Kleopatra solche Geheimnisse erfuhren. Ägypten, und sei es auch das späte Nilland einer schon sehr westlich anmutenden, offensichtlich persönlich desillusionierten Königin, ist auch bei Galenos immer noch das Kernland des großen Geheimnisses, das Land, wo der »Stein der Weisen« jahrtausendelang gesucht und vielleicht auch gefunden wurde, das Goldland des dunklen Kontinents, in Meroë und am mittleren Nil von Menschen einer völlig anderen Art bevölkert.

Galenos hat von seinen Patienten der hohen und höchsten Gesellschaftsschichten nicht die beste Meinung: »Über ihre Üppigkeit und Degeneration zu klagen wird er nicht müde und belegt seine Behauptungen mit zahlreichen Einzelfällen aus der eigenen Praxis. Der Luxus sei so sehr gestiegen ... daß eine Überbietung gar nicht mehr gedacht werden könne« (zitiert nach J. Ilberg). Da es gefährlich gewesen wäre, Damen aus dem engsten Kreis des Hofes zu verärgern oder gar zu brüskieren, ging Galenos den Weg, den nach ihm so mancher andere populäre Arzt, von Doktor Eisenbart über Paracelsus bis Sebastian Kneipp, beschritten hat: Er versuchte, die verwöhnten syrischen Prinzessinnen und römischen Hofdamen durch für damalige Gewohnheiten recht gewagte Kuren zu strapazieren oder abzuschrecken; er verordnete Bäder in völliger Nacktheit und schneegekühltem Wasser (!) oder, wie oft erwähnt, in der Milch von Eselinnen, und das in großen Steinwannen, von denen sich ja einige bis heute erhalten haben. Die Damen, gewöhnt, von Sklaven umgeben zu sein und auch im Bad von ihnen bedient zu werden, fanden nichts dabei, sich dem begehrten Leibarzt in ihrer vollen oder bereits leicht welkenden Schönheit zu zeigen, und die abschreckende, Hysterikerinnen zur Vernunft bringende Wirkung trat nur selten ein. Andererseits ist Galenos sichtlich gekränkt, wenn eine der Damen trotz allem ihm kein Vertrauen schenkt, sondern sich an die Frauen wendet, die als Hebammen zwar nur begrenzte Kenntnisse hatten, aber eben doch heilkundige Frauen waren, wobei der Ton auf Frau liegt. Ein Fall einer hysterischen Witwe, die sich über Galenos beklagte, beschäftigt ihn so hartnäckig, daß er in seinen Schriften gleich dreimal ausführlich beschrieben wird, wodurch immer Galenos die Dame vor den Kopf gestoßen hat. Ihr Fall und gleichgelagerte Fälle trieben nicht nur Galenos von der empirischen Medizin weg zur spekulativen Alchemie: Frauen waren nämlich sehr empfänglich für echte oder angebliche Wunderwirkungen bestimmter Steine und Mineralien, und da hatte es nun einmal die ägyptische Alchemie zu einzigartiger Meisterschaft gebracht: Steine imitiert, Steine in Goldschmuck eingearbeitet, Gold gefälscht, vergoldet, magische Kombinationen von Steinen und Edelmetallen vorgetäuscht. Die sympathetische Wirkung von Gold, Messing, Legierungen und goldüberzogenem billigen Metall verschmolz für labile Frauen oder für Frauen, die das Alter fürchteten, zu Scheinmedikamenten, die bei Scheinkrankheiten ihre Wirkung taten. Diese

Wechselwirkungen von Palliativmedizin, Hysterie und Exhibitionismus führten zu absurden Kuren, wenn auch nicht bei Galenos: Frauen, die sich nackt ganzen Krabbenschwärmen aussetzten oder mit Lanzetten und Blutentnahmen, aber auch mit Bleiplättchen unter den Lenden beruhigen ließen ...

Die Gefahrensituation, die auch der vornehmsten Hofdame nicht erspart blieb, war die Geburt eines Kindes. Galenos war berühmt genug, um nicht den unentbehrlichen Geburtshelfer spielen zu müssen; vielleicht scheute er auch das Risiko der Beteiligung an einem so heiklen Vorgang, konnte doch eine Mißgeburt durchaus dem Arzt zur Last gelegt werden, vor allem, da er, im Unterschied zu vielen seiner Kollegen, offensichtlich von der astrologischen Vorbereitung der Geburt und manchem anderen verbreiteten Aberglauben wenig hielt. Den Jaspis, von dem es gefällig aussehende geschliffene Amulette gab, schätzte Galenos als Mittel gegen Magenkrämpfe, hielt aber die Gravierungen – ägyptische Schlangen, Pharaonenköpfe und andere ägyptische Reminiszenzen – für überflüssig. Erwies sich ein Geburtsvorgang als kompliziert und man rief den Hofarzt, verschmähte es Galenos darum nicht, an die geöffneten Schenkel der Gebärenden Jaspisamulette zu binden, um nichts zu versäumen.

Dennoch war es seine unzureichend verhohlende Abneigung gegen die Astrologie, die ihn schließlich gegenüber Konkurrenten in Nachteil brachte. Unter seinen 125 Schriften sind medizinische, philosophische, allgemein beratende und historische Texte, aber keine nennenswerte Ausarbeitung astrologischen Charakters. Auch als Marc Aurel Galenos bat, ihn auf seinem Kriegszug nach Germanien zu begleiten, und der Arzt statt dessen bei dem jungen Kaiser Commodus in Rom blieb, war einer der Gründe für diesen Entschluß die Grundeinstellung des alten Kaisers, in den Sternen sichtbare Götter zu erblicken, »Götter, die den Menschen aus der richtigen Perspektive sehen« (aus: Thomas W. Africa, ›Marc Aurels Opiumsucht‹). Die Opiumsucht Marc Aurels schreckte Galenos weniger, er kannte sie seit langem und beschrieb sie so präzise, daß selbst heutige Ärzte sich ein zutreffendes Bild von des Kaisers Konsum an Mohnsaft und von den Entzugserscheinungen machen können. Dio Cassius stellt Galens Theriak in diesem Zusammenhang ein sehr positives Zeugnis aus: Marc Aurel sei sehr kälteempfindlich gewesen, habe sehr wenig gegessen, und zwar vorwiegend nachts; er habe darum den anstrengenden Tag nur dank Galens Theriak überstanden. Er nahm es nicht aus Angst vor Giften, sondern weil es seinen Magen beruhigte und den Herzschlag. »Man sagt, nur damit habe er das und anderes durchstehen können.«

Friedländer sagt, auf der Höhe seines Ruhmes habe Galenos ein Gefolge hinter sich hergezogen wie die berühmtesten Wagenlenker, nur der Arzt Crinas aus Massilia sei dank seiner geschickten Verbindung von Medizin und Astrologie zeitweise berühmter gewesen als Galenos. So sehen wir selbst die tüchtigsten und weisesten Ärzte durch den Konkurrenzkampf einerseits in die Arme der ägyptischen Medico-Alchemie getrieben, andererseits zur Beschäftigung mit dem Aberglauben genötigt, auch wenn sie im Innersten von der Schädlichkeit solcher Abhängigkeiten überzeugt waren.

Claudius Galenos, sehr oft auch Galenus oder Galen und bei den Franzosen Galien genannt, ist gleichsam ins Nichts entschwunden. Im Jahr 197 lebte er noch in Rom, vieles spricht dafür, daß er nicht vor 201 starb, doch nennen viele Nachschlagewerke das Jahr 199; Ort seines Todes sei Rom, nach der Encyclopaedia Britannica Sizilien im Jahr 200. Seine eifrigsten Übersetzer waren die Araber, in deren Sprache wir Bücher von ihm besitzen, die weder griechisch noch lateinisch vorliegen, und achtzehn ihm untergeschobene Abhandlungen stützen seine Autorität, ohne daß ihre Inhalte dem hohen Anspruch standhalten. Selbstbewußt, zänkisch, Polemik nicht scheuend, bietet Galenos uns das Beispiel eines Mannes auf der Höhe der Wissenschaft seiner Zeit, der dennoch außerstande ist, seiner vollen kritischen Intelligenz auf vernünftige Weise zu gehorchen: In Grenzgebiete wie die Alchemie getrieben, ja gewiesen, erscheint er als ein Kind seiner Epoche, so frei oder unfrei wie der große Kaiser und Denker Marc Aurel.

Die Alchemie sucht eine Heimat

Studiert man unbefangen die praktische Arbeit der großen griechischen und römischen Ärzte, so erweist sich der gewaltige bunte Horizont des ägyptischen Vorwissens als vielfach brauchbares Alibi, nicht aber als unentbehrliches Fundament. Die gesamte Bandbreite des chemischen Wissens von der Magie über die Götterlehren und bis hin zur Empirie und deren Halbschwester, der Skepsis, entfaltet sich in einem Punkt, in der Weltstadt Alexandria, die zwar auf ägyptischem Boden liegt, aber von Ägyptern, Kopten, Griechen, Juden und anderen Völkern bewohnt und damit zum kreativen Schmelztiegel wird. Zu allen Zeiten haben solche Städte, solche Stätten der Begegnung, ihre autochthonen Schöpferkräfte bis hin zur Eruption verdichtet und dem Menschengeist durch das Geheimnis besonders gelungener und besonders seltener Vermischungen zu Leistungen verholfen, zu denen die in sich verliebte reine Rasse auch in jahrtausendelangen Bemühungen nicht vorgestoßen war. Je rätselhafter ein Volk in seiner Dunkles vereinigenden, halb vergessenen Entstehung ist, desto überraschender sind die Leistungen, mit denen es die Völkergemeinschaft der etablierten Kulturen verblüfft, handle es sich nun um Metalltechnik, Kunsthandwerk und Bildhauerei der Etrusker, handle es sich um die archaische, schier unbeirrbare Tapferkeit der Basken, um den monomanischen Eigensinn in der Beharrung der Pruzzen oder die Stammesinseln uralter Bergmenschen im Kaukasus. Städte wie Balkh oder Kaschgar an der Seidenstraße, Odessa oder Czernowitz an den Rändern des russischen Landozeans, Triest, Venedig, Marseille, Cadiz oder Tanger an den Kreuzungslinien aller Zeiten, allen Handels, aller Reisen – die intensivste alchemische Verbindung zwischen Mensch, Strom, Straße, Meer und Wüste war Alexandria. 331 vor Christus von dem Herrschergenius aus Makedonien gegründet, war die Stadt jung genug für die neuen Großreiche des anbrechenden Europa, aber auch alt genug als magischer Bezugspunkt und Horizont hinabgegangener Rätsel. Ägypten ist als Urheimat der Alchemie ein Mißverständnis; das alte Ägypten nämlich sprach weder zum alten Griechenland noch zum alten Rom, es sandte nur Signale, diese aber über die Jahrtausende hinweg bis zur Auffindung und Deutung des Steins von Rosette. Die ganze Antike lebte in dem Glauben, das Pharaonenreich, dessen Zeugnisse nicht zu übersehen und nicht zu eröffnen waren, habe alles Wissen besessen, dessen die Menschheit bedürfe. Daraus leitete sich die Hoffnung ab, irgendwann und irgenwo den »Stein der Weisen« auffinden zu können, denn das, was schon einmal existierte, müsse sich ja wohl wiederfinden oder aber rekonstruieren lassen. Es gab nicht wenige, die sogar dem Gerücht glaubten, es sei Kaiser Diokletian gewesen, der nach einem Aufstand der Ägypter und um sie zu bestrafen ihre heiligsten und geheimsten Schriften verbrannt habe, wobei die alchemistischen Zauberformeln eine Beute der Flammen wurden und der »Stein der Weisen« als Opfer barbarischer Kriegskunst vernichtet …

Es mag die Erinnerung an den Brand der alexandrinischen Bibliothek im Jahr 47 vor Christus gewesen sein, die bei der Entstehung solch anekdotischer Erklärungsversuche Pate stand, aber Alexandria bedarf solcher Erfindungen nicht. El Iskandaria, wie die einzigartige Metropole heute heißt, liegt auf einer Nehrung des südlichen Mittelmeerrandes, an der äußersten, westlichsten Spitze des gewaltigen Deltas, das der Nil bei seiner Mündung bildet. Im Unterschied zu Rom, Paris oder Wien ist Alexandria keine jener ewigen Städte, denen die Jahrhunderte nichts anhaben können. Es hatte zur Zeit Cäsars eine halbe Million Einwohner und war damit wohl die größte Menschenballung des euro-afrikanischen Raumes, allenfalls mögen Chinesen, Inder und Olmeken eine ähnliche Agglomeration hervorgebracht haben, ein Stadt-Wunderwesen, das mit Pharos, seinem Leuchtturm, eines der Sieben Weltwunder der Antike besaß – bis ins vierzehnte Jahrhundert, als die letzten Reste des stolzen Baues auf seiner Insel, am Ende eines künstlichen Dammes, zusammenbrachen, nicht durch Menschenhand, sondern vom Meer zerschlagen. Anschwemmungen zu beiden Seiten des künstlichen Dammes schufen später dem neuen Alexandria zusätzliche Baugründe, so daß auch die heutige Stadt auf Ptolemäergrund steht. Zwischen 48 vor Christus, als die Römer die Stadt eroberten, und dem siebten Jahrhundert, als der Islam über Alexandria hereinbrach, hatte sich in den Mauern und den Hafenbecken der Stadt eine Fermentation zwischen altägyptischer Tradition, afrikanischer Magie und griechisch-römischem Vernunftwissen vollzogen, wie es anderswo nicht möglich gewesen wäre. Und wenn auch weder christliche Priester noch eingewanderte Rabbiner in den Hexenküchen ptolemäischer Medizinmänner oder Giftmischer anzutreffen waren, so brachten doch Judentum und Christentum, in der weltoffenen Stadt mit Hunderttausenden von Gläubigen vertreten, die hellen und die düsteren Würzen ihres Glaubens und ihrer abergläubischen Traditionen in das Brimborium spätmeroitischer Pseudowissenschaft mit ein.

Mit Sicherheit hätten einige Hundert der verbrannten 900 000 Papyrusrollen dazu beigetragen, unser Wissen von ägyptischer Chemie, ägyptischer Metalltechnik und den Ergebnissen chemischer Versuche in altägyptischen Laboratorien zu erweitern oder doch zu stabilisieren. Da jener Brand, bei dem sicherlich auch viele Werke der griechischen Denker und Dramatiker verlorengingen, die Kundigen und die Liebhaber bis heute schmerzt, hat die Phantasie der Historiker einen versöhnlichen Weg um ihn herum zu finden gewußt und allerlei in die Welt gesetzt: Die Papyrusrezepte, die Mumien in ihren an den Leib gebundenen Händen gehalten haben sollen, wie immer das ging, die grünen Schrifttafeln aus nubischen Smaragden, auf denen die kostbarsten Formeln standen, doppelt wertvoll als

Botschaft und als Inhalt. Professor Karl Christoph Schmieder glaubt, ungeachtet seiner unbestreitbaren Kenntnisse, an Schrifttäfelchen aus grünem Flußspat, was aber genaugenommen keineswegs die phantastischste Annahme über die ägyptischen Überlieferungsmethoden ist.

Tiefe und weniger tiefe Geheimnisse begründen eine durch die Jahrtausende kaum abnehmende Attraktion Ägyptens als historischer Begriff und als topographisches Spielfeld von Alchemisten, Phantasten, Sternguckern und Giftmischern. Die Männer, die mit der Waffe in der Hand ins Nilland zogen, waren im Grunde die ehrlichsten Adepten: die vorderasiatischen Stämme, die von den Hethitern als Verbündete geschätzt wurden, die Seevölker, die zu ihrem großen Geheimnis sich noch ein paar ägyptische Rätselfragen aufluden, und die Juden, die tausendzweihundert Jahre, nachdem Moses sie aus dem Nilland weggeführt hatte, unter einem streitbaren Überrabbiner aus der Hirkania an der Seite Cäsars erfolgreich kämpften. »Als Cäsar einige Zeit darauf den Krieg beendigte und nach Syrien hinüberschiffte, bewies er den Juden seinen Dank dadurch, daß er den Hyrkanus in der Hohepriesterwürde bestätigte, dem Antipater aber das römische Bürgerrecht verlieh und ihn von allen Abgaben befreite« (aus: Flavius Josephus, ›Der jüdische Krieg‹). Griechische Ehrungen kamen hinzu, und wenn es auch nur dreitausend Soldaten waren, die an der Seite Cäsars an der Eroberung von Ägypten teilnahmen, so war damit doch eine Art zweites Bürgerrecht für die Juden geschaffen. Seit Ptolemäerzeiten, beinahe seit der Begründung der Stadt Alexandria ein wichtiges Bevölkerungselement, hatten sie sich durch ihre Waffentaten ein ungeschriebenes Aufenthaltsrecht erworben.

Es wird die Zeit kommen, da verblüffte Wirtschaftshistoriker die einträgliche Unrast jüdischer und arabischer Weltreisender zutreffend würdigen werden. Davor aber lag, was wir heute besser verstehen als frühere Generationen: die nur dem Vergnügen dienende Reiselust der Römer und in gewissem Maß auch der Griechen, der antike Tourismus, und eines seiner bevorzugten

Ziele, »die am häufigsten gebuchte Destination«, war das Land der Priester, der Schlangengötter, der Pyramiden und der Tempel zu beiden Ufern des Flusses Nil.

»Der Grieche, der Römer, der den Boden Ägyptens betrat, fand sich dort wie in einer neuen Welt. War das Nilland ihnen von jeher als einzigartig und von allen übrigen verschieden erschienen, so muß dies in der Kaiserzeit in noch höherem Maß der Fall gewesen sein. Denn je länger die römische Weltherrschaft dauerte, desto einförmiger wurde die Welt. Mehr und mehr nivellierte im Westen die römische, im Osten die griechisch-römische Kultur die nationalen und sogar die landschaftlichen Eigentümlichkeiten ... und so ragte dieses Land der Vergangenheit mit seinen Wundern und Geheimnissen wie in fossiler Erstarrung in die lebendige Gegenwart herein, seine Natur regte die Wißbegierde wie keine andere an« (zitiert nach Ludwig Friedländer).

Das erst im neunzehnten Jahrhundert gelöste Rätsel, woher der mächtige Nilstrom denn käme, beschäftigte Cäsar so, daß er sagte, vermöchte er bis zu den Nilquellen vorzudringen, so wäre ihm diese Aufgabe wichtiger als der ganze Bürgerkrieg, und eine Gestalt des Dichters Lucianus wünscht sich einen Zauberring, der Flügel verleiht, um über die unbekannten Gebiete der Erde hinfliegen und bis zu den Nilquellen vordringen zu können.

Hippokrates, Galenos und viele andere gute und weniger gute Ärzte hatten dafür gesorgt, daß jeglicher ägyptische Import als wertvoll, wirksam, zauberkräftig und geheimnisvoll galt. Als die berühmten Schulen von Alexandrien sich gar noch mit den herrschenden Weisheitslehren der Alten Welt auseinandersetzten, als zu dem bunten Götterhimmel der Griechen und Römer die jüdische Schöpfungsgeschichte kam, weckte der gewaltige an- und abschwellende Fluß eine eigene Interpretation der Schöpfungsgeschichte mit der Verwandlung der Elemente Erde und Wasser, wie sie die Nilüberschwemmungen vor allem Unterägypten bescherten, mit der Veredlung der Metalle und der Veränderung des vermeintlich Unveränderbaren. Dabei steht die Anbindung dieser Suche an bestimmte Persönlichkeiten und nachgewiesene Leistungen auf schwachen Füßen.

Die vorptolemäischen Alchemisten des alten Ägypten sind Legende, aus dem Götterhimmel nicht wirklich herabgestiegen, auf Erden nicht überzeugend angelangt wie Hermes Trismegistos, der dreimal größte Hermes, der offensichtlich mit dem ägyptischen Gott Thot verschmolzen ist, ohne seine griechischen Aufgaben und Verpflichtungen zu vernachlässigen. Auffällig ist, daß ihm trotz seines göttlichen Charakters nicht wenige Bücher zugeschrieben werden. Er wird vom Götterboten, der zwischen Olymp und Unterwelt hin- und herwandert oder gar fliegt, zum Verfasser von Geheimlehren. Praxiteles, einer der größten Bildhauer aller Zeiten, hat den Götterboten schon um 340 vor Christus dargestellt, doch kennen wir Vasenbilder von ihm, die im späten siebten Jahrhundert vor Christus geschaffen wurden, das heißt auf dem Höhepunkt der etruskischen Kunstepoche. Diese Schlüsselfigur in allen Vorstellungen von geheimen Wissenschaften und alchemistischen Versuchungen mit einer bestimmten Gelehrtengestalt des alten ostmittelmeerischen Kulturkreises zu verbinden, ist nicht gelungen: Die sogenannte hermetische Literatur ist bis zu einem halben Jahrtausend jünger, also später entstanden als die erwähnten Darstellungen des Hermes Trismegistos. Die verschiedenen Drucke aus dem Hochmittelalter, die hermetisches Gedankengut enthalten wie die legendäre, nie zutreffend gedeutete *Tabula Smaragdina* (Schreibtafel aus geschliffenem Smaragd) werden eher aus bibliophilen denn aus wissenschaftsgeschichtlichen Erwägungen als Wiegendrucke unter anderem in der Österreichischen Nationalbibliothek aufbewahrt und unter Glas gehalten, weil die Bünde am Zerfallen sind, ungeachtet aller hermetischen Buchkünste.

Der aussichtsreichste Kandidat für den Ruhm eines großen Geheimlehrers in einer sonst beinahe namenlosen Vorzeit ist zweifellos der Grieche Demokritos aus Abdera, einer kleinen, zeitweise aber sehr lebhaften Handelsstadt an der thrakischen

Küste, nahe der Mündung des Flusses Nestos und gegenüber der Insel Thasos. Die im vierten Jahrhundert nach verschiedenen Piratenüberfällen nicht mehr aufgeblühte Stadt geriet seltsamerweise in den Ruf, daß die dort herrschende Luft die Intelligenz ihrer Bewohner deutlich dämpfe (laut Encyclopaedia Britannica), doch reichten die Reste intelligenter Traditionen immerhin, um den wandernden Lehrer und großen Sophisten Protagoras hervorzubringen (um 485 bis 415 v. Chr.), Verfasser des vielzitierten Satzes, der Mensch sei das Maß (der Maßstab) aller Dinge, der seienden und der nichtseienden, wobei man sich nichtseiende Dinge vielleicht nur in Abdera vorzustellen vermochte.

Der andere große Sohn der seltsamen Stadt ist dann eben Demokritos, der zwischen 380 und 370 vor Christus etwa neunzigjährig starb. Er gilt als der größte Reisende seiner Zeit, hatte aber natürlich Herodot als großen Vorgänger. Sicher bezeugt ist durch seine eigenen Berichte, daß er sich mindestens fünf Jahre lang in Babylonien und Ägypten aufgehalten habe, also in den Zentren der alten Geheimwissenschaften, in den Mutterländern der alchemistischen Suche und Versuche. Kein Geringerer als Aristoteles zitiert Demokritos oft und nennt seine Schriften mit deutlicher Verehrung, nicht nur, weil sie ziemlich zahlreich und leider oft nur in Zitaten überliefert sind, sondern weil sie in heute undenkbarer, umfassender Weise sowohl die Seelenlehre als auch die Ethik und die Physik darzustellen bemüht sind. Was die überzeitliche Bedeutung Demokritos' ausmacht und ihn durchaus berechtigt erscheinen läßt, als Hermes Trismegistos die alte Wissenschaft zu beherrschen, ist seine Atomlehre und die Behauptung, Atombewegungen seien Naturgesetzen unterworfen. Keines der kleinen und kleinsten Teilchen agiere ohne Sinn und Ordnung. Wieviel davon schon sein Lehrer Leukippos entwickelt hat, ein Philsosoph, der vielleicht auch aus Abdera stammte, vielleicht aber auch aus dem kleinasiatischen Milet, ist für die Geschichte der Alchemie von untergeordneter Bedeutung. Für Milet spräche die ungeheure Fruchtbarkeit dieser berühmten Stadt an der karischen Küste, was die Produktion an hervorragenden Geistern betrifft. Thales von Milet, Anaximander, Anaximenes und der Geograph und Historiker Hekataios (um 550 bis 476 v. Chr.) konzentrierten in dieser Stadt so viel Wissen, Forscherfleiß und Erkenntnisse, daß man gerne den Gedanken aufnimmt, Leukippos habe die Verbindung zu Abdera geschaffen, und der vielreisende Demokritos habe all dieses überkommene Wissen aus unglaublich frühen Zeiten mit sich durch die Welt getragen.

Nicht nur die umstrittene Himmelsscheibe von Nebra, sondern so manches andere Fundstück aus den so lange für schlichten Urwald gehaltenen Zonen des ungeschichtlichen Europa haben unsere Schulweisheit zwar noch nicht auf den Kopf gestellt, aber neben der Zikkurat, an der sich wolkenkratzend die Sprachen schieden, doch auch eine andere Menschheits-Heimat sichtbar werden lassen. Demokritos studierte die Verbindung der Atome, die Möglichkeiten der Wahrnehmung, begründete das Mißtrauen gegenüber den Möglichkeiten der eigenen Wahrnehmung und folgerte aus der großen Leere des Weltraums die Möglichkeit der Nebeneinander-Existenz vieler verschiedener Welten. Wie weit er diese beschrieb, die realen, die irrealen, die magischen und die beständigen, ließe sich nur beurteilen, wäre mehr von seinen Schriften erhalten.

Immerhin wurde Demokritos durch seine vielen und ausgedehnten Reisen nicht nur sehr bekannt, er wußte offensichtlich auch genau, wohin er wollte. Er irrte nicht durch die Welt wie viele Jahre später der aus Fez stammende marokkanische Araber Ibn Battuta, sondern er suchte sich nach einem vorgefaßten Plan die Partner für seine Gespräche vom Persischen Golf bis zur Nilmündung. Er mußte gewußt haben, wer der geheimnisvolle Osthanes war, der Hofalchemist des Perserkönigs Xerxes, von dem wir mit Sicherheit nur den Namen und einige Zitate aus seinen Schriften kennen. Hermann Schelenz sagt darum, daß »ein (sic) Osthanes über persische Magie geschrieben und als Begleiter des Xerxes im Ersten Perserkriege, die Samen dieser seltsamen Kunst des Zoroaster ausgestreut und alle Welt damit angesteckt haben soll«. Von diesen Äußerungen angelockt, hätten die größten Denker der Griechen es nicht unter ihrer Würde gefunden, die Magie an der Quelle zu studieren. Die ergrübelten Wahrheiten des einsamen Abderiten treffen in der brodelnden Weltstadt Alexandria auf jenen Schmelztiegel des Möglichen und des Absurden, in dem als Alchemie nicht nur die Goldmacherkunst begriffen wird, sondern eine königliche Kunstübung, in die astrologische und kabbalistische Praktiken ebenso eingehen wie die erdnahe Empirie. Übles und Wohltätiges stehen nebeneinander, »die rote Tinktur ist zu gleicher Zeit eine der wertvollsten Arzeneien, eine Panacee. Nur verdünnt darf sie als *Aurum potabile* (genießbares, trinkbares Gold) gereicht werden. Sie verjüngt, verlängert das Leben und heilt, die Krankheitsstoffe aus dem Körper treibend, viele Krankheiten« (aus: Hermann Schelenz).

Die Zahl der Ärzte und Naturwissenschaftler, die man ja damals voneinander noch kaum zu unterscheiden vermochte, war schließlich durch die Zuwanderung von Syrern, Juden und die geistigen Aktivitäten der ansässigen Griechen dermaßen groß geworden, daß sich wie bei den späteren Zünften scharfe Trennungen nicht mehr vermeiden ließen und die einzelnen Fachschaften dieser Ärzte einander verbittert überwachten. Dieser Argwohn erstreckte sich auch auf den Pharmazieschatz, wie ihn sich jeder Arzt seit seiner Lehrzeit aufgebaut hatte und geheimhielt, woraus dann wieder die Gerüchte entstanden, dieser oder jener besitze Geheimnisse und habe Wundermittel zur Verfügung, die anderen fremd seien. Der große Celsus hat sich mit diesen organisatorischen Besonderheiten beschäftigt und einiges darüber mitgeteilt. Die Scheidung und Spezialisierung führte zur Entstehung eines spezifischen Apothekerstandes, aber auch die Kräuterdoktoren oder Naturheiler sonderten sich erbost von den Alchemisten ab.

Initiator einer eifrigen Beschäftigung mit der Heilkräuterfülle des nördlichen Afrika und der Meeresgestade war Demokritos, was beweist, daß er keineswegs nur seine Atome im Kopf hatte. In einem fälschlich dem Hippokrates zugeschriebenen Werk wird Demokritos mit einer Art Aufruf zitiert: »Sammle Kräuter welcher Art immer und schicke sie (mir), Adressat ist Demokritos, der beste seiner Art (sic). Sammle sie auf Bergen und Hügeln, denn diese sind kräftiger als die wegen der Bodendichtigkeit wässerigen Pflanzen. Schicke die Säfte und das Flüssige in gläsernen, Blätter und Blüten aber in verschlossenen irdenen Gefäßen« (der bei Schelenz zitierte Text ist im Original griechisch verfaßt und will sich möglicherweise über Demokritos und seine Pflanzensammlerei lustig machen).

Der Mann aus Abdera traf in Alexandria neben den einheimischen vor allem auf zugewanderte jüdische Ärzte, die einen beachtlichen Teil des wohlhabenden alexandrinischen Bürgertums ausmachten, da sie in den naturwissenschaftlichen Bereichen leichter arbeiten und sich etablieren konnten als in dem doch stark traditionalistisch beeinflußten Gebiet der Rechtsprechung und der öffentlichen Ordnung. Unter der dikken Schicht eines im Römerreich nicht ernsthaft bekämpften Aberglaubens konnten sie ihr kabbalistisches Rüstzeug, ihr religiöses Fundament und im übrigen alles, was ihnen tauglich schien, mit der empirischen Medizin vermengen, aus der die eigentlichen zählbaren Erfolge der jüdischen Ärzteschaft zu allen Zeiten und in allen Ländern kamen. Der jüdische Leibarzt ist kein antikes und kein alexandrinisches Phänomen, sondern eine kulturgeschichtliche Tatsache, und in einem Ballungszentrum wie der Nilstadt kam es natürlich besonders zum Tragen.

Der vielreisende römische Geograph und Historiker Strabo stieß, wohin immer er kam, auf jüdische Wander- und Wunderheiler, die sich ihrer Kräuter und ihres exakten Wissens absichtlich unter Sprüchen und Gesängen bedienten, um dem ganzen mehr Gewicht zu geben. Der Prophet Jesaja aus dem Alten Testament betont in seinem Zornesgesang gegen Babel das Nebeneinander von Weisheit, Kunst und Zauberei: »So tritt nun auf mit deinen Beschwörungen und der Menge deiner Zaubereien, um die du dich von deiner Jugend auf bemüht hast, ob du dir selbst damit helfen und Unheil abwenden kannst ... Es sollen hervortreten und dir helfen die Meister des Himmelslaufes und die Sterngucker, die an jedem Neumond kundtun, was über dich kommen werde.«

Viel bekannter ist die grausige Geschichte von der Hexe von Endor aus dem 1. Buch Samuel: Saul wendet sich in Begleitung, aber verkleidet an sie, sichert ihr Straffreiheit zu, und sie erkundigt sich ohne Umschweife: »Wen soll ich dir denn heraufholen?«, das heißt, aus dem Totenreich zurückholen. Juvenal weiß in seiner berühmten ›Sechsten Satire‹ freilich nur von Jüdinnen, die sich als mächtige Priesterinnen aus dem Wald ausgeben. Im übrigen versichert uns die so aufschlußreiche ›Sechste Satire‹, daß die uralte, wenn auch ungeschriebene Aufteilung der Betätigungsfelder zwischen bemühten Adepten, geschickten Schmarotzern und selbstbewußten Scharlatanen unbeeindruckt durch römische Macht und Ordnung weiterexistiert: Längst ist Ägypten nur noch eine mehr oder minder konsequent ausgebeutete römische Provinz, aber die ägyptischen Priester gehen feierlich in feinstes Leinen gekleidet, als wären sie Gott Anubis selbst. Bescheidener sind die Juden, die »für ein wenig Kupfer« die Träume deuten, während Armenier den römischen Mädchen zärtliche Freunde versprechen. »Größtes Vertrauen genießen Chaldäer: es gilt, was verkünden Astrologen, als wär es persönlich von Jupiter Ammon, denn verstummt sind jetzt Apollons Orakel von Delphi, düstere Zukunft lastet nun schwer auf dem Menschengeschlechte« (aus: Juvenal).

Einen Höhepunkt erreichte die für das städtische Publikum sehr verlockende Mischung aus Medizin, Alchemie und Aberglauben, wenn besonders starke, redegewandte und charismatische Persönlichkeiten auf den Plan traten wie der um 30 vor Christus geborene, vermutlich um 50 nach Christus gestorbene Philon von Alexandrien, von den Römern Philo Iudaeus genannt. Er kam wie auch Demokritos aus einem reichen Haus, hatte beste Verbindungen zum Kaiserhof und zu den Großen des römischen Orients wie Herodes Agrippa I. Als alter, inzwischen aber berühmter Lehrer riskierte er es 40 nach Christus, eine Gesandtschaft bei Caligula vorsprechen zu lassen und als ihr Wortführer um Dispens vom Kaiserkult zu bitten, der, wie man weiß, gerade unter Caligula einen beinahe irren Höhepunkt erreicht hatte. Er beklagte sich auch über die Judenverfolgungen des Präfekten Flaccus, dem die jüdische Religion allerdings gleichgültig gewesen war: Was ihn als Statthalter in Ägypten gegen die Juden aufgebracht hatte, war der beherrschende Einfluß der jüdischen Intellektuellen im Leben der Stadt.

Das Sendschreiben des Philon wird auf 35 nach Christus datiert und greift nicht nur den Statthalter an, sondern ermahnt auch die Glaubensgenossen Philons gemäß seiner Überzeugung von der äußerlichen Gottähnlichkeit des Menschen. Mit dieser Ebenbildlichkeit sei der freie Wille verbunden und mit ihm die Verpflichtung, nach immanenten moralischen Werten zu handeln. Philon wußte, wovon er sprach, denn er kannte natürlich die Thora mit ihren Verheißungen: Der Knabe lernt zuerst gern, um Geld zu erhalten, der Jüngling will eine höhere Stufe erreichen, und schließlich ermuntert ihn der Rabbiner, Vorsteher oder Richter werden zu wollen, dies sei notwendig angesichts der Beschränktheit des menschlichen Verstandes (bei den Gojim). »Die götzendienenden toten Nationen konnten es doch nicht weiter als zum äußeren Schein bringen.« Mit einem Genius wie Philon erhob sich natürlich die ganze jüdische Gemeinde der großen und pulsierenden Stadt über die anderen Zuwanderergruppen, was die ernstzunehmenden Berufe betraf, also jene, von denen Leib und Leben abhing, wie bei Ärzten und Apothekern, oder Freiheit und Besitz.

Sich rational und im offenen Meinungsstreit gegen Philon und seine Gemeinde durchzusetzen, war für Syrer, Griechen, Armenier und Nubier ebenso unmöglich wie für die angestammten Kasten der leinengewandeten Priester. Erst das junge

Christentum fühlte sich der geistigen Auseinandersetzung mit der alten Philosophie der Griechen und den scharfsinnigen jüdischen Lehrern, heute Rabbiner genannt, gewachsen. Als die Tochter des Theon von Alexandreia – des gelehrten Mathematikers und Astronomen, der die Werke Euklids herausgab – in die Fußstapfen ihres berühmten Vaters trat und sich als Hypatia, die Philosophin, einen Namen machte, fiel der christliche Pöbel auf offener Straße über die junge Frau her, riß ihr die Kleider vom Leib und zerfleischte sie mit Muschelschalen, ehe Steinwürfe ihre Leiden abkürzten.

Bischof Kyrillos von Alexandria, Patriarch und Kirchenlehrer, wurde trotz dieser Untat, trotz der Aufhetzung seiner Schäflein gegen eine wehrlose Frau heiliggesprochen, nicht zuletzt auch wegen seiner unablässigen Bemühungen, die große und einflußreiche jüdische Gemeinde von Alexandria zu enteignen und auszutreiben. Weniger bedroht als die Juden konnten die letzten ägyptischen Priester mit ihren Schreibschulen im südlichen Ägypten und in Meroë an den einträglichen Fälschungen mystischer und alchemistischer Schriften arbeiten. Geheimnisse waren die große Mode, die jüdischen Ärzte und Apotheker hatten gute Gründe, sich im Osten der Stadt bescheiden und ruhig zu verhalten und sich weitgehend auf die Behandlung ihrer Glaubensgenossen und der Touristen zu beschränken. So gediehen, gleichsam handwerklich in den Tempeln verfaßt, alchemistische Volksbücher und Kopien alter Schriften, die so zahlreich waren, daß viele von ihnen auf die Fachwelt kamen, angefangen vom ägyptischen Totenbuch über die Anleitungen zum Einbalsamieren bis hin zu den Mixturen, mit deren Hilfe man unedle Metalle in goldähnliche Legierungen oder gar in Gold selbst verwandeln könne. Es haben sich ganze Korrespondenzen darüber erhalten, die zwischen Meroë, Alexandria, Athen und Rom hin- und hergingen, weil der Handel und die Beschäftigung mit diesen undurchschaubaren Themen und Gegenständen eben auch damals nicht nur reichen Ertrag brachte, sondern die Menschen tatsächlich in seinen Bann zog. »Die

Verbindung von handwerklichen Techniken mit Magie, Astrologie und Alchemie beweist, daß seit den Sassaniden und bis herauf in hellenistische Zeiten die Kenntnis mystisch-religiöser Symbolik selbst bei Metallarbeiten und vielen chemischen Manipulationen als unentbehrlich galt«, (aus: René Alleau, ›Geschichte der Geheimwissenschaften‹).

Alexandria hatte also in seinem Ostteil eine durch ständigen Zuzug aus der Diaspora gespeiste Judengemeinde, die, wie alle anderen ihrer Art, bald zu Wohlstand gelangte und durch die Erfolge der Ärzte, Apotheker und Kabbalisten nicht nur Einfluß auf das ganze städtische Leben erlangte, sondern auch jene wirtschaftlichen und geistigen Beziehungen anbahnte und unterhielt, durch die der große Wissens- und Legendenschatz des alten Ägypten, ja auch des alten Nubien und in gewissem Sinn des ganzen großen dunklen Kontinents genützt oder, deutlicher gesagt, angezapft wurde. Schon in vorchristlicher Zeit lag der Sklavenhandel zu den Küsten des Mittelmeeres durch die westafrikanischen Wüsten, vom Niger nordwärts auf etablierten Pisten geführt, in den Händen zum Teil namentlich bekannter jüdischer Großhändler. Dieser Afrika-Fernhandel kam erst in arabische Hände, als die Erben des Propheten mit ihren Reiterscharen das ganze Nordafrika erobert hatten und, wie sie mit Stolz feststellten, ihre Pferde an der marokkanischen Westküste im Atlantik tränken konnten – der allerdings erheblich salziger ist als das Mittelmeer, was die Heldenrösser erbost schnaubend bemerkten.

So zäh sich die alten Geheimlehren über Gifte, Heilmittel, Metallveredlung, Gegengifte und Zaubertränke später im Schutz des katholischen Klerus bis in die Gegenwart hielten, so deutlich waren die Christen in der Alchemistenmetropole Alexandria selbst ins Hintertreffen geraten. Gewaltmenschen wie Bischof Kyrillos und sein nicht minder heftiger Oheim Theophilos, ebenfalls Patriarch von Alexandria, waren die Ausnahmen in einem städtischen Leben, das in erstaunlichem Maß noch immer von römischer Ordnung beherrscht wurde. Der Exzeß, dem die schöne Hypatia zum Opfer fiel, hatte den römischen

Statthalter Orestes gegen die Christen aufgebracht, und als im Jahr 444 Kyrillos starb, stand es um die Christengemeinde der Nilstadt nicht allzugut. Das kleine Volk neigte zwar der christlichen Lehre zu, füllte die Straßen und frequentierte die Bethäuser, aber Geld und Gold waren bei den Juden, und die römische Beamtenschaft versprach sich von der Behandlung und Beratung durch Juden und Griechen mehr als durch den Umgang mit den Priestern jener Religion, die noch immer niemand so recht von der jüdischen zu unterscheiden vermochte.

In dieser Situation waren es die Geheimnisse der Wüste, die einer bedrohten Gemeinde in den Mauern einer brodelnden Stadt zu Hilfe kamen und ein neues Asyl verhießen. An einem der ägyptischen Mondgöttin geweihten Tag wurde während des Neumonds unweit der Stadt Alexandria ein Knabe geboren, der den Namen Mennas erhielt und von dessen Lebensumständen nur sehr wenig bekannt ist. Um so dichter umgibt ihn ein ganzer Kranz von Legenden, die damit beginnen, daß der Christenverfolger Diokletian ihn martern ließ, bis er starb und sein Grab in der sogenannten Mareotis fand, fünfzehn Kilometer südlich der Stadt, am Rand der Wüste, an einer Stelle, an der das Kamel, das seine Gebeine trug, wie auf höheren Befehl haltmachte und zum Weitergehen nicht mehr zu bewegen war. Eine der vielen Legenden bringt ihn mit der alchemistischen Werkstatt eines alexandrinischen Juden in Verbindung. Es war üblich, daß nach dem festlichen Essen, nach der heiligen Kommunion, auch nichtchristliche Kinder mit den Resten gespeist wurden. Dabei hatte sich ein kleiner Judenjunge, dessen Vater in seiner Alchemistenküche Glas, bunte Steine und falschen Schmuck herstellte, arg verspätet, mußte dem Vater gestehen, daß er bei den Christen gewesen war, und wurde von dem strenggläubigen Wüterich in den Schmelzofen geworfen. Während seine Mutter verzweifelt die Hände rang, erschien eine unbekannte Frau in einem roten Kleid, kühlte mit ihrem Atem die Flammen des Schmelzofens und rettete das Kind. Mutter und Kind wurden Christen, den Vater ließ der römische Statthalter hinrichten.

Solche Sagen und Legenden stärkten das Zutrauen der Christen zu ihrer armen Gemeinde und ermutigten sie, dem höheren Wissen, der Magie und dem Reichtum der Juden und ihrer ägyptischen Zuträger zu widerstehen. Zwar hatten die Christen nicht die Mittel, in Feueröfen und Schmelztiegeln, in großen Glasflaschen und Kolben kostspielige Tränke herzustellen, aber sie hatten den Glauben an ihren neuen und rätselhaften Heiligen namens Mennas, und die Menschen, die zu seinem Grab pilgerten, führten kleine Tongefäße mit sich, die von den Archäologen später Menas-Ampullen genannt wurden.

»Die ältesten archäologisch nachweisbaren Baureste, die diese Art der Verehrung bezeugen, entstammen dem späten vierten Jahrhundert. Sie sind zunächst sehr bescheiden, doch mit der Entfaltung des Kultes nehmen sie auch schnell immer größere Formen an. Mehrere Kirchen werden gebaut, von denen die Große Basilika des 5. und 6. Jahrhunderts mit einer Mittelschiffs-Spannweite von über 14 Metern die größte Kirche Ägyptens ist. Für die Pilger errichtete man Herbergen und zwei ausgedehnte Thermenanlagen.«

Dr. Peter Großmann, der diese Zeilen schrieb, ist Leiter der Ausgrabungen an jenem Platz, der heute den arabischen Namen Abu Mina trägt, und Mitglied des wissenschaftlichen Stabes des Deutschen Archäologischen Instituts in Kairo. Ägypten hat inzwischen viele christliche und koptische Kirchen entstehen sehen, die größer waren und sind als jene frühe Pilgerkirche, aber die Wallfahrt zu Minas, Mennas und wie immer man seinen Namen später abwandelte, ist – weil gleichsam aus dem Nichts entstanden – eines der bemerkenswertesten Ereignisse in der einzigartigen Rolle, die eine Stadt wie Alexandria in der Geschichte der Religionen, der Ideen und der Geheimlehren spielt. Oströmische Kaiser wie Zeno (474–491 n. Chr.) beschützten die Pilgerscharen, und am 11. September strömten Tausende aus dem nahen und dem ferneren Orient in jene aus dem Wüstensand entstandene Pilgerstadt, am 11.9., jahrhundertelang ohne jegliche Ahnung von der Bedeutung, die dieses düstere Datum dereinst am Beginn des dritten Jahrtausends in der größten Stadt der Neuen Welt erlangen würde.

»Der Verfall des Platzes setzte zu Beginn des 7. Jahrhunderts ein«, sagt der Archäologe Peter Großmann. »Die erste Zerstörung erfolgte vermutlich durch die Heerscharen der persischen Eroberer unter dem Großkönig Chosrau II. (591–628 n. Chr.), die zwischen 616 und 620 ganz Ägypten heimsuchten. Sämtliche frühchristlichen Bauten von Abu Mina sind einer gewaltigen Feuerzerstörung zum Opfer gefallen, deren Spuren sich noch heute überall nachweisen lassen. Sie kann nur von einer großen Heeresmacht verursacht worden sein, jedenfalls geht sie beträchtlich über das hinaus, was durch einen Überfall räuberischer Beduinen hätte angerichtet werden können. Zudem fehlt es an Bestattungen innerhalb des Stadtgebietes, wie sie bei gewaltsam zerstörten Plätzen üblicherweise zu finden sind. Die Bewohner von Abu-Mina sind offenbar rechtzeitig geflohen.«

Auch Wallfahrtsorte haben große Zeiten, ruhigere Zeiten und Epochen des Vergessens. Nach den alexandrinischen Christengemeinden kamen die Kopten, um es schlicht auszudrükken: Die Nachfahren der alten Ägypter, die nun aber ihrer besonderen Form des Christentums huldigten und den großen alten Göttern des Nillandes nur noch eine scheue Erinnerung widmeten. »Von den Fellachen unterscheiden sich die Kopten der Städte durch einen feineren Knochenbau, das selten 160 cm übersteigende Mittelmaß ihrer Körperhöhe und eine hellere Gesichtsfarbe« (aus: ›Meyers Lexikon‹). In der Hand der Kopten sind die höheren Gewerbe und die Gebrauchskünste geblieben. Sie sind Uhrmacher, Gold- und Silberschmiede, Juweliere, Goldsticker und mit Vorliebe Verfertiger falscher Altertümer. Ihre Sprache war zunächst eng mit dem Altägyptischen verwandt, ist aber heute weitgehend außer Gebrauch und vom Arabischen überwuchert, obwohl zwischen Kopten und Arabern eine Art Urfeindschaft besteht (so ist die bei den Kopten übliche Beschneidung altägyptische, nicht mohammedanische Tradition). Seit dem zehnten Jahrhundert ist das Koptische trotz seiner sehr speziellen autochthonen Elemente durch das Arabische verdrängt und auf das Weiterleben in regionalen Dialekten reduziert.

Was dann geschieht, ist große Weltgeschichte und hat für die Entwicklung der mehr oder minder geheimen Wissenschaften im Vorderen Orient eine so wichtige Rolle gespielt, daß eine flüchtige Bilanz dazu unerläßlich ist:

Das Schauspiel, das ein so großer, geschlossener, in seiner Landfülle schier unverwundbarer Kontinent wie Afrika in der Geschichte bietet, ist erschütternd, weil die Welt nach dreitausend glanzvollen Jahren von den Wundern der Länder und Städte zwischen Timbuktu und Berenike, zwischen Alexandria und Meroë für immer Abschied zu nehmen scheint. Das große geheimnisvolle und zutiefst afrikanisch verwurzelte Reich eines Hamilkar und seiner Söhne wird in blutigen Kriegen Beute der Römer, der Technokraten der Alten Welt. Das junge Christentum der nordafrikanischen Römerstädte gebiert unter den von fernher gekommenen Vandalen das einzige arianische Königreich der Weltgeschichte, ein einzigartiges Seereich zwischen Karthago und Sardinien mit ertragreichen Raids nach Rom. Ostrom, den in ihren Reichtum verliebten Nachfahren der großen Imperatoren am Bosporus, gelingt es mit Hilfe hunnischer Soldtruppen und gieriger Beduinen, das Vandalenreich zu zertrümmern, und die geheimnisvollste aller Religionen, der Arianismus, dem nicht wenige bis heute nachtrauern, verschwindet bis auf ein paar Gemälde und Kuppeln in Ravenna von der Bildfläche. Alexandria, das Stadtwunder der Völker, Religionen, Magier, Kurpfuscher, Alchemisten und Giftköche, bringt für tausend Jahre sie alle noch einmal zusammen, aber das, was dieses Brimborium der Lehren, Sekten, Geheimnisse und Zauberformeln schaffen soll, die Tinktur des ewigen Lebens, den Stein, der alles vermag, dies alles entsteht nicht einmal dort, wo die Kulturen der Alten Welt aufeinandertreffen und zahllose Linien einander schneiden. In der Stadt der Gifte wird die bedeutendste christliche Denkerin nicht etwa heimlich umgebracht, sondern auf offener Straße geschunden und als Gerippe, nackter als nackt, dem Pöbel vorgeworfen, eine säkuläre Untat von Patriarchen und Bischöfen, die zu sühnen ein Heiliger aus dem Nichts auftaucht, ein Märtyrer wieder aufersteht und den blutgetränkten Boden der Nilstadt entsühnt.

Damit nicht zufrieden, rufen die Kopten, eingedenk der fernen Invasionen durch Hyksos, Hethiter und Perser, die in junger Kraft aufbrechenden Jünger des Propheten Mohammed zu Hilfe gegen die überlebte Kaisermacht in Byzanz, gegen den Hof der Eunuchen und hochgeborenen Huren, der erotischen Zirkusspiele und der feigen Tribute. Die Sarazenen, wie man sie fortan erschauernd nennen wird, ließen es sich nicht zweimal sagen. Im Jahr 616 kommt Chosroes von Persien, im Juni 638 die Sarazenen unter Amrou, am 22. Dezember 640 fällt die Wunderstadt Alexandria. 949 gründen die Sarazenen Kairo. Als der sarazenische Feldherr Amri-Ebnol die Stadt Alexandria in Besitz nimmt, sieht er zwar ein Serapeion, eine alte Kultstätte, über die so mancher Sturm hingegangen ist, in der sich aber immer noch Tausende von Papyrusrollen aus ptolemäischen Zeiten finden. Johannes Philipponos, einer der gelehrten Griechen der Stadt, erbat sich von dem siegreichen Heerführer die Rollen, die ihm ja doch nichts nützten, aber auch Sieger haben schwache Augenblicke, und so fragte Amri den Kalifen Omar, was mit den Schriften geschehen solle, Omar urteilte leider nicht salomonisch, sondern orakelte: Stünde in den Schriften dasselbe wie im Koran, wären sie überflüssig. Enthielten sie aber gar anderes als der Koran, so seien sie Teufelszeug. Woraufhin mit diesem herrlichen Teufelszeug, mit dem Wissen der Alten Welt monatelang die Badstuben der eroberten Stadt beheizt wurden, bis auch die letzte dieser Rollen einem sinnvollen Zweck zugeführt worden war. Johannes Philoponnos soll, mit stillschweigender Duldung durch den Stadtkommandanten, ein paar hundert besonders wertvolle Rollen gerettet haben. Das Rezept für die Herstellung von Gold aus unedlen Metallen scheint nicht darunter gewesen zu sein.

Krypten und Gräber – und wer war Geber?

Selbst Britannien soll ihm Tribute bezahlt haben, die Kaiser in Byzanz taten es mit Sicherheit, und der Heilige Vater, Oberhaupt der Christenheit, hatte ihn um Gnade angefleht für Rom, die Ewige Stadt: 453 aber, als König Attila in einer Blutlache aufgefunden und nicht mehr ins Leben zurückgekehrt war, in jenem Jahr 453 begann dann auch das Ende jenes mächtigen Reiches, das die Herrschaft der Kaiser von Rom abgelöst hatte. Der kleine, verzweigte Erdteil mit den vielen zaghaft in die Meere ausgreifenden Halbinseln sah schließlich im Süden wie über Nacht das Großreich der islamitischen Herrscher, der Nachfahren, Neffen und Feldherren des Wüstensohnes Mohammed entstehen, vom Persischen Golf bis nach Cadiz, Gibraltar und Agadir. Es hatte Alexandria verschlungen, Karthago, Fez und dazu die Römerstädte der Cyrenaika und Mauretaniens. Wo Augustinus seine Bekenntnisse geschrieben hatte, wo der große Geiserich regiert hatte, dort tummelten die Reiter des Propheten ihre Pferde und sannen auf weitere Eroberungen.

In Europa nämlich, dem Erdteil am Nordrand des Mittelmeeres, hatte nach großen Blutopfern doch endlich das Christentum gesiegt. Die Märtyrer, für die einige der späten Römerkaiser gesorgt hatten, waren die eigentlichen Säulen eines neuen Glaubens geworden, und mit dem Römerreich, den Einrichtungen, Ordnungen und Legionen Roms, waren auch die Götter verschwunden. So viele sie gewesen waren, so ruhmlos waren sie im Süden Allah gewichen und in Europa dem einen Gott der Christen.

Nach zahlreichen germanischen, hunnischen und verschiedenen anderen Kriegervölkern entstammenden Feldherren und

Soldatenkaisern war die eigentliche Macht in Europa in den Händen germanischer Geschlechter, eines Schwertadels, der vom Frankenreich aus nach Rom blickte, im Westen, in Spanien, aber nach Antiochia, wo ein Presbyter namens Arius in Christus ein heldenhaftes Zwischenwesen zwischen Mensch und Gott sah. Das war den Vorstellungen der Germanen von einem geistigen wie weltlichen Führer ungleich verständlicher als ein wehrlos leidender Christus am Sklavenkreuz.

Die Vandalen hatten es im frühen fünften Jahrhundert der Welt gezeigt: Auch ganze Völker vermochten die Meerenge zwischen Tarifa und Ceuta zu überqueren. Das ganze arianische Vandalenvolk war am Ende seiner Wanderung durch Ost- und Mitteleuropa hier auf zahllose Schiffe gegangen, hatte mit Weibern, Kindern, Herden und Vorräten nach Afrika übergesetzt und es bis ins heutige Tunis erobert. Zweihundert Jahre später herrschte dann südlich der Meerenge der Islam, Marokkaner, Berber, Glaubenskrieger, die ihre Lehre weitertragen wollten, aber am Atlantik hatten haltmachen müssen. Nördlich der Meerenge waren die arianischen Westgoten in paradiesischen Landschaften satt und weich geworden, die Geschäfte besorgten für sie die Juden, der Handel florierte, nur die Missionare aus Rom waren nicht zufrieden; sie verlangten die Absage an den toleranten Arianismus und arbeiteten für den Sieg des strengen römischen Glaubens. Ist es auch heute vergessen, so ist es doch Geschichte: Der Katholizismus siegte. Der Arianismus erstarb, die Juden wurden zum Ärgernis. Die katholischen Könige der Westgoten verboten ihnen, christliches Gesinde einzustellen, es hätte doch einem der wohlhabenden Juden einfallen können, mit einer jungen blonden Westgotin zu schlafen. Andere Einschränkungen folgten, und schließlich waren es Tausende von Juden, die aus den blühenden Städten Spaniens über die Meerenge nach Süden auswandern und zwischen den Mohammedanern siedeln mußten, die immerhin seit Jahrhunderten an die Lebensgemeinschaft mit den Juden gewöhnt waren.

Aber die Juden wußten, wo sie gelebt hatten. Sie sehnten sich nach den wunderschönen Städten der spanischen Halbinsel, und sie berieten die untätigen Feldherren des Propheten, als diese in den Jahren 710 und 711 die Eroberung der Iberischen Halbinsel vorbereiteten.

Die Juden kannten Weg und Steg, jedes Stadttor, jeden Brunnen, jede Brücke; eine Armee zu versorgen, die so genügsam war wie die der mohammedanischen Reiterkrieger, das war für die Kaufleute, Fernhändler und Fuhrleute der Juden leichtes Spiel. Am 19. Juli des Jahres 711 begann die siebentägige Schlacht an der Mündung des Flusses Salado unweit von Jerez de la Frontera, in der die Mohammedaner unter ihrem Feldherrn Tarik ben Sijad mit nur 7000 Mann (und vielleicht einigen Hilfstruppen) König Roderich und seine Westgoten vernichtend schlugen. Roderich tat, was ihm zu tun übrigblieb, er fiel in der Schlacht, Spanien aber wurde für ein halbes Jahrtausend ein Teil der arabischen Kulturzone. In den spanisch-arabischen Fürstentümern, aus denen die Vandalen abgewandert waren und Andalusien leer zurückgelassen hatten, aus dieser einzigartigen Mischkultur in einer der schönsten Landschaften des Alten Europa entstand die große Chance für den Wissensdurst des Menschen. Die Araber im Besitz des antiken Geisteserbes, die Juden in der scharfsinnigen Beherrschung ihrer uralten Geheimlehren, die Goten mit dem faustischen Grübeln, der bohrend-tiefsinnigen Suche nach dem Undenkbaren – dies alles vereinigte sich von 711 an bis 1492, als der letzte Maurenherzog die Stadt Granada verließ, als Boabdil der herrlichsten arabischen Stadt auf christlichem Boden seinen Abschiedsgruß über die Dächer und Kuppeln schickte.

Von Norden her bedrängt, von den Seeräuberflotten der heidnischen Nordgermanen heimgesucht, wird das christliche Europa sich in den Schutz seiner Heiligen begeben, wird die Reliquien vor sich her in die Schlacht gegen die Nordmänner tragen und die Knöchelchen der Heiligen aus den meernahen Klöstern in die Krypten des meerfernen Frankenreiches, ja in die Schweizer Berge bringen. Entwurzelte Mönche werden Heil und Heimat in der Nachbarschaft von Gebeinen finden, überwölbt von altem Gemäuer oft aus heidnischer Zeit.

Für die fünfhundert Jahre zwischen dem Tod des Kaisers Justinian im Jahr 565 und der Schlacht von Hastings, in der Wilhelm der Eroberer die französische Ritterkultur zum Sieg über analphabetische Nordgermanen führte, hat sich das Schlagwort vom dunklen Mittelalter, die Annahme dunkler Jahrhunderte ohne sonderlichen Fortschritt eingebürgert. Um solchen Schlagworten glaubhaft widersprechen zu können, müßte man Tausenden von Mönchen und Nonnen über die Schultern schauen, die sich ohne vom Fleck zu kommen ausdauernd mit der Bibel und den Lehren der Kirchenväter beschäftigen, und einigen wenigen wagemutigen Gelehrten, die in ständiger Gefahr, auf dem Scheiterhaufen zu enden, das wenige studieren, was nach endlosen Kriegen und Verheerungen, nach Fluchten und Bränden von den schriftlichen Zeugnissen der Antike noch übriggeblieben ist. Der Brand der alexandrinischen Bibliothek unter Cäsar, das Autodafé des Kalifen Omar mit den Papyri des Serapeions, ja selbst der Vernichtungswahn der ersten Mongolenhorden, die alles Geschriebene für Teufelszeug hielten und den Zauber der Schriftzeichen fürchteten, dies alles spielte für die mühsam beharrende, verzweifelt um Rekonstitution bemühte abendländische Wissenschaft jener fünfhundert Jahre keine große Rolle. Ludwig der Fromme hatte zusätzlich auch noch vernichten lassen, was die deutschen Stämme selbst an schöpferischer Leistung hervorgebracht, was sie in der Bewahrung ihrer alten historischen und heldischen Lieder geleistet hatten. Als Alcuin und Karl der Große sich auf diese Schätze besonnen hatten, war es zu früh gewesen, als die Zeit der Kreuzzüge begann, war es zu spät: Der Ritter galt soviel mehr als der Mönch, die Ritterorden bildeten selbstzufriedene, geheime Gesellschaften. Das wenige, was an Wissen zwischen der Themse und der March den Flammen entgangen war, reichte gerade hin, den Wunsch nach höheren

Schulen zu wecken und ein paar Sendboten mit Geld auszustatten, damit sie im meernahen Orient, in verschont gebliebenen Wüstenklöstern, nach alten Schriften suchen und diese bergen könnten.

Die wahren Erben der Antike waren also die Araber. Die Römerstädte des Vorderen Orients und des nördlichen Afrika boten klimatisch die besten Voraussetzungen für die Erhaltung von Papyrusrollen, Aufzeichnungen aller Art, Laboranordnungen, Ein- und Zurichtungen, Gerätschaften und Mobiliar. Im Westen und Norden von Meeren geschützt, auf denen die schnellen arabischen Schiffe bis zum Auftauchen vereinzelter Wikingerflotten die Alleinherrschaft hatten, grenzte der arabische Gürtel der Welt im Süden an endloses, schwach bevölkertes Wüstenland, und im Osten blieb die Heimat des Propheten das Kraft- und Strahlungszentrum der neuen Religion. Zum Glück der Menschheit zumindest in der Alten Welt zählt der Kalif Omar, der aus dem Gedächtnis der alexandrinischen Denker und Dichter Fidibusse machen ließ, zu den unrühmlichen Ausnahmen. Im allgemeinen war der Araber, bei aller Abneigung gegen das Christentum und tiefer Verachtung gegenüber den Juden, doch hinreichend wach und interessiert, um auf den unablässigen Handelsreisen um sich zu blicken, Aufzeichnungen zu machen, weiterzuberichten. Der große Göttinger Arabist Ferdinand Wüstenfeld (1808–1899) legte als Summe seiner lebenslangen Beschäftigung mit der arabischen Sprache und Wissenschaft ein Kompendium von etwa 600 arabischen Gelehrten vor und sagt im Vorwort, er hätte Material über doppelt so viele gehabt, wolle aber bei den Wesentlichen bleiben. In der Zeit vor der Trennung der Wissensgebiete bedeutet dies an die tausend leidenschaftlich dem Geist, dem Wissen und den Weltwundern ergebene Männer zwischen dem Persischen Golf und dem Atlantik. Gewiß, manche legten besonderen Wert auf Geschichte und Philosophie, andere auf Erdkunde und Astronomie, wieder andere auf Naturwissenschaften, Medizin und Alchemie, aber alle bemühten sich um Erkenntnisse und Fortschritte und um die Rettung des gigantischen Basiswissens, das seit Hekataios, seit Homer, seit Herodot und Aristoteles in der Welt war und rund um das Mittelmeer von einer Gelehrtenkammer in die nächste getragen, kommentiert, erweitert und diskutiert worden war.

Ägyptische, chaldäische, jüdische, griechische und römische Gelehrte, Priester und Ärzte haben sich irgendwann in ihrer beruflichen Laufbahn alle mit den Grundstoffen, den Bausteinen der Welt, den Mischungen und Rezepten für Heilmittel, Wundermittel, Gifte und Gegengifte beschäftigt. »Gegen Ende des zehnten Jahrhunderts, in dem Augenblick, da Abd-al-Rahman III. im arabischen Spanien an die Macht kam, erlebte die ganze Halbinsel einen außerordentlichen Aufschwung der naturwissenschaftlichen Forschung, einerseits durch den Einfluß aus der Gelehrtenwelt des Orients, andererseits aber auch durch die Initiative des maurischen Prinzen und Thronfolgers Al-Hakam. Iranisches und hellenistisch-ägyptisches Geisteserbe beschäftigen die geistige Elite des wissenschaftlichen Zentrums Cordoba, worüber uns ein in Toledo lebender Chronist namens Sa'id ibn Ahmad in einem kleinen Buch wichtige Aufschlüsse gibt.« Lévy-Provençal äußert sich in der Folge in seinem Buch über das Kalifat von Cordoba begeistert über diese kleine Schrift, die uns verrät, wie nach und nach die arabischen Ärzte und Pharmazeuten den jüdischen Ärzten Konkurrenz zu machen begannen und von der alten gotischen Oberschicht auch lieber angenommen und beschäftigt wurden als die Juden, denen man den Verrat von 711 immer noch verübelte. Selbst der Leibarzt des Herrschers war ein Naturwissenschaftler, der im Irak ausgebildet worden war und in sich das alte babylonisch-chaldäische und hellenistische Wissen um Steine, Stoffe und Mischungen vereinte: Er hieß Yunus ibn Ahmad al Harrani und wurde im Jahr 850 in ganz Spanien berühmt, weil er zwar auf den Befehl einer einflußreichen Haremsdame ein Gift zubereitet hatte, um den legitimen Thronerben aus der Welt zu schaffen, aber alle Beteiligten gewarnt und unter Hinweis auf ein Gegengift beruhigt hatte. Ob mit oder ohne Zutun des klugen Irakers: Das Gegengift versagte, und der Eunuch Nasr, Urheber des Mordplanes, starb an dem auf seinen Wunsch bereiteten Gift. Die Enkel Harranis wurden berühmte Augenärzte, bezeichneten sich aber als Schüler des Griechen Galenos.

Darin muß man einen Zug der Zeit erblicken, denn es war zwar leicht, sich mit der Kenntnis des Arabischen in der Handelswelt des frühen Mittelalters zu bewegen, aber eine gelehrte Tradition hatte diese Sprache noch nicht. Wir treffen auf zahlreiche Juden, die sich arabische Namen geben, weil sie zwar im ganzen arabischen Raum stets geduldet waren, aber dank arabischer Namen, Sprache und Auftretens größere Rechtssicherheit genossen. Recht und Religion waren eins geworden; wer immer das religiöse Recht der arabischen Welt kannte, durfte in Marokko wie auf den Malediven Kadi werden, im Zweistromland ebenso wie auf der arabischen Halbinsel. Die großartige Einsprachigkeit, wie die Römer sie in ihrem großen Macht- und Rechtsbereich ein halbes Jahrtausend lang verwirklicht hatten, galt nun wieder für das allerdings vor allem wirtschaftlich geeinte breite Band arabischen Lebens von Malaysia bis Cadiz.

Dank Sa'id ibn Ahmad kennen wir die Namen eines Dutzends von Gelehrten verschiedenen Alters, die in einem Divan, einer vom Staat subventionierten Gruppe elitärer Forscher, nach dem alten Wissen gruben und neue Perfektion anstrebten: Einige kamen aus dem Mittleren Osten, einer aus Kairouan, wo er Schüler von Ibn-al-Djazzar gewesen war, einer war Christ und kam aus dem heutigen Rumänien, und der später im politischen Bereich berühmt gewordene Hasdai ibn Shaprut war Jude. Als sich zu dieser Gruppe noch der byzantinische Mönch Nicolas gesellte, konnten sie beginnen, das Hauptwerk des Dioskorides aus einer schadhaften Kopie zu entziffern und ins Arabische zu übersetzen, ein Basiswerk auch für die Alchemie, weil es von der Mineralogie über die Botanik alle Wirkungen, Nebenwirkungen und das bekannte Zusammenwirken organischer Stoffe beschrieb. Erfährt man, daß auch Ibn Djuldul aus

Cordoba an dieser großen und verdienstlichen Bemühung mitwirkte, dann hat man das großartige Prinzip vor Augen, durch das uns die Araber wichtige Quellen der antiken Wissenschaft sicherten und weitergaben.

Ähnlich verfuhr eine andere Gruppe cordovanischer Lehrer und Studenten mit dem Werk des Orosius aus Bracara, also auf der Iberischen Halbinsel, im heutigen Portugal gelegen. Dabei handelte es sich zwar um eine Art Universalgeschichte, also keine naturwissenschaftliche Arbeit, aber Orosius hatte sich bemüht, die Gesamtlage der Menschheit darzustellen, um zu beweisen, daß die Welt seit dem Auftreten von Jesus Christus besser geworden sei, daß es den Menschen seit der Kenntnis der christlichen Religion möglich geworden sei, für ihr eigenes Heil seelisch wie körperlich Entscheidendes zu tun. Seine Darstellung endet mit dem Jahr 417, also zu einem Zeitpunkt, an dem man von einem Römerreich noch sprechen konnte, und bemüht sich, Christentum und römische Ordnungen als eine gemeinsame Leistung der erweckten Menschheit hinzustellen. Da Orosius stark nach später verschütteten antiken Quellen, Zitaten und anderen Geschichtsschreibern arbeitet, ist die Toleranz der Araber in diesem Fall für uns besonders segensreich: Sie haben am Christentum eines großen hinabgegangenen Gelehrten keinen Anstoß genommen und ihn in die gewaltige Gemeinschaftsbemühung der Sicherung alten Schriftgutes mit einbezogen, wenn auch erst vom Jahr 952 an, das heißt zweihundert Jahre nach der Eroberung, im noch unumstrittenen Besitz der Iberischen Halbinsel.

Diese Gesamtschau alten Wissens von Dioskorides bis Orosius beschäftigte verschiedene namhafte Ärzte und Naturwissenschaftler bis ins elfte Jahrhundert. Als ihr vorläufiger Abschluß kann die gewaltige Enzyklopädie gelten, die Abu l-Kasim Khalaf al Zahrawi im Jahr 1013 vollendete. Die Zeitgenossen und Nachfahren kürzten sich seinen Namen in Abulcasis ab, unter dem er einer der Abgötter aller Geheimwissenschaften blieb. Chirurgie, Pharmakologie, Kunde der Gifte und

Metalle fanden sich in seinem umfangreichen Werk vereint, das später auch ins Hebräische (!), ins Provenzalische und durch Gherardus von Cremona ins Lateinische übersetzt wurde. Diese drei Sprachen zeigen uns auch, wo damals Wissen, Forschung und Experiment besonders dicht konzentriert waren: in den maurischen Residenzen selbst, deren ans Märchenhafte grenzenden Bibliotheken bis ins hohe Mittelalter unvergleichliche Forschungsmöglichkeiten schufen. Zudem gab es Septimanien, jenen heute katalanischen Nordostteil Spaniens, der vielumkämpft zwischen den Fronten der Araber und der Karolinger existierte und als Niemandsland die Rastlosen anzog: die jüdischen Wandergelehrten, die vertriebenen Scholaren, die Wagemutigen, deren Schriften gefährliche Behauptungen oder gar Ergebnisse enthielten. Und jenseits von Septimanien, nordöstlich des Riegels der Pyrenäen, lag noch nicht Frankreich und nicht mehr Spanien, noch nicht Frankreich und nicht mehr Italien, sondern die paradiesische Insel des Königtums Provence mit Residenzen wie Tarascon, mit Hauptflüssen wie der aus Europas Mitte in den Süden strömenden Rhône, mit Gelehrten und Weisen, deren Ruf sie zur Legende machen und über alles Wahrscheinliche hinausheben wird wie im Fall des Michel de Nostredame, genannt Nostradamus.

Man ist versucht, von diesem Gürtel des Wissens und der Geheimnisse, der sich von Agadir bis zu den Seealpen hinzog, zu behaupten, er sei ein einziges jüdisches Reich des Geistes gewesen, und eben jenes jüdische Geheimwissen, durch eigene Schrift und kabbalistische Formeln geschützt, halte das klimatisch so freundliche, sonnenbeschienene Stück Südwesteuropa zusammen und mache aus ihm eine Landschaft gleichsam paradiesischer Schaffens- und Forschungsbedingungen. Aber die Geistesgeschichte läßt einsames Grübeln selten zum Ziel gelangen und hängt die Früchte niedriger, bis die Sucher aus vielen fruchtbaren Heimatländern und Muttervölkern einander begegnen, sich endlich doch in einem Gewölbe zusammensetzen und mit Ruhe, Hoffnung und Fleiß zu Erfolgen gelangen.

Vor dreißig Jahren, als ich mich in dem Buch ›Halbmond über Granada‹ den Wundern jener Welt zum erstenmal näherte, habe ich von einem Morgenland im Westen gesprochen, das heißt aber natürlich nicht, daß der alte Osten darum verarmt sei. Der Mann, der die brodelnde Vielfalt des dreifach gläubigen Südspanien durch Beispiel und Schriften zur kreativen Ruhe gemahnte, kam aus einem Landstrich, der heute zu den dürrsten, leersten, trostlosesten Gegenden der Erde gehört, aus jenem Chorasmien, dessen große und berühmte Städte nur noch aus der Luft zu erahnen sind, weil ihre Ruinen unter dem Sand der Wüsten verborgen sind, die zwischen Amu Darja und Syr Darja alles Leben unter sich begraben haben.

Er hieß Abu Ali al Hosain Ibn Abdallah Ibn Sina, was bedeutet, daß er einen Sohn namens Ali gezeugt hatte, was als ehrend dem eigentlichen Namen vorangesetzt wird. Die Welt, die von ihm schon Notiz nahm, als er erst siebzehn Jahre alt war, nennt ihn vereinfachend und doch ehrfurchtsvoll Avicenna, und wie bei so manchem später Berühmten ist der Ort seiner Geburt strittig. Manche frühe Biographen lassen ihn in der Karawanenstadt Balkh an der Seidenstraße zur Welt kommen, was viele Fragen offenließe, weil dort ein stetiges Kommen und Gehen war von den ersten syrischen Händlern der Römerzeit bis zu Marco Polo. Genauere spätere Forschung nennt Afkhana bei Buchara als Geburtsort, auch keine schlechte Wahl, denn Chiwa, Samarkand und Buchara waren Stätten der Begegnung in der vormongolischen Kulturwelt des westlichen Asien. Avicennas Vater war Perser, die Mutter ein Mädchen aus Afkhana, der Ort seiner Ausbildung und Bildung aber war Buchara, wo sich alles zusammenfand, was der Ferne und der Nahe Osten an Erzeugnissen des Geistes in einer vielbewunderten Hofbibliothek versammelt hatte.

Wegen einiger Schriften verfolgt, wanderte Avicenna lange Zeit umher, weilte lange in Isphahan und diktierte in Hamadan, einer Provinzhauptstadt sechsundzwanzig Kilometer westsüdwestlich von Teheran, seine berühmte Enzyklopädie der Naturwissenschaften unter Ausschluß der Botanik und der Zoologie, ein Standardwerk, darum auch Kanon genannt.

Während aber der Umfang des Kanons sich einer wirklichen Verbreitung widersetzte, machten die methodischen Kernsätze des Avicenna Schule und blieben für das ganze Mittelalter bestimmend. Es besaß ja nur Bruchstücke, Legenden und Überlieferungen, aber keinen zuverlässigen Leitfaden außer Hinweisen bei Dschabir Ibn Hajjan (genannt Geber), von dem man als Person viel zu wenig wußte, um ihn als Vorbild zu erwählen. Avicenna schrieb darum in seinem Kanon zum Problem des Experiments sinngemäß und hier vereinfacht:

»Die Kräfte der Medikamente werden auf zwei Weisen erkannt. Die eine ist der Weg des Experiments, die andere der Weg der vernünftigen Schlußfolgerungen. Doch führt das Experiment zur Kenntnis der Medikamente und ihrer Wirkungen nur dann sicher hin, wenn die Bedingungen und Anordnungen für ein Experiment genau beachtet werden. Es müssen zunächst die Voraussetzungen untersucht werden, und die Auswertung muß unter vollem Einsatz der Kritik und Selbstkritik erfolgen. So ist zum Beispiel eine ständige Möglichkeit des Irrtums dadurch gegeben, daß Ergebnisse aus Experimenten an Tieren auf den Menschen unkritisch übertragen werden.«

Das Hauptproblem aller im Islam und mit ihm lebenden Gelehrten bestand darin, daß die Allmacht Allahs und die Autorität seines Propheten Mohammed nicht angetastet werden durften. Avicenna behalf sich in dieser Lage auf eine Weise, die von christlichen Naturforschern nachgeahmt wurde, allerdings nicht immer mit Erfolg. Für Avicenna stand fest, daß »keine außerirdische oberste Instanz irgendeinen Einfluß auf das Geschehen der Natur habe. Der Gott des Islam wird von ihm nicht angetastet. Er erhöht seine allumfassende Existenz, um ihn desto sicherer von der materiellen Welt abzugrenzen« (zitiert nach Hermann Ley, ›Avicenna‹). An die Stelle der Einwirkung einer überirdischen Kraft setzt Avicenna die innere Bewegung, die immanente Kraft zur Veränderung und zur Wirkung, erwiesen durch die gleichmäßige, unwandelbare Bewegung der Sterne im All.

Avicenna hat seine alchemistischen Schüler nicht ermutigt. Seine außerordentlichen medizinischen Erfolge, seine Bedeutung für die Entwicklung der Medizin und der Therapien, wie sie erst im neunzehnten Jahrhundert völlig klar wurden, hatten Avicenna in den Rang eines Herrn der Geheimnisse erhoben, und man begann zu begreifen, daß seine Zeitgenossen und Schüler ihm mehr zutrauten, als der menschliche Verstand und die fortschreitende Vernunft leisten können. Darum gibt es einige kurze, aber deutliche Schriften, in denen er der Intuition eine Absage erteilt, sie sei ein Weg der Demonstration, den wir wegen des Unvermögens unserer Natur nicht betreten können. Der Wissenschaftler hat nur die Möglichkeit der Sinneswahrnehmung und des Experiments und natürlich die der vernünftigen Schlußfolgerung. »Die menschliche Natur besitzt nicht die Fähigkeit, wesentliche Erkenntnisse in mystischen Verzückungen zu gebären«, schreibt Ley in Anlehnung an seinen Gegenstand. Avicenna setzt aber hinzu: »Sie (die menschliche Natur) besitzt aber die Fähigkeit, in harter wissenschaftlicher Arbeit wirkliche Kenntnisse von der Außenwelt zu erwerben. (Nur) was Sinne, Experiment und Verstand den Menschen lehren, bedeutet wahre Einsicht.«

Diese unmißverständliche, an verschiedenen Stellen seines Werkes formulierte Warnung des großen Arztes und Naturwissenschaftlers hat manche seiner Schüler enttäuscht, die sich von ihm als Person oder in seinen Schriften zu den tiefsten Geheimnissen der Natur hatten führen lassen wollen. Mit einem gewissen Recht schlossen sie von der langen Reihe seiner bisweilen wundersamen Heilungen und seiner mitunter geradezu prophetischen Beschreibungen noch kaum bekannter Krankheiten wie der Blattern auf einen überlegenen und schier unendlichen Wissensbesitz, über den Avicenna verfügte, aber nur in Teilen preisgeben wollte, vielleicht, weil es sich um ein gewaltiges, in seiner Allmacht geradezu furchtbares Geisteserbe handelte.

Dieser in der Geschichte der Wissenschaften bis heute nicht ganz seltene Vorgang, diese Betroffenheit aus Enttäuschung, verbrannter Liebe und Selbstsucht wird in späteren Jahrhunderten Nietzsche und Rohde entzweien, Freud und Jung, Goethe und Lenz, Juliane von Krüdener und ihren Zaren; im vierten Jahrhundert nach der Hedschra, dem zehnten unserer christlichen Zeitrechnung, gebar die Suche nach einem geheimnisvollen Supergehirn nicht nur viele Bücher – was man verstehen kann –, sondern sie schuf diesen Büchern auch einen Verfasser, von dem wir noch nicht lange wissen, daß es ihn in Person und Menschengestalt gar nicht gab, nämlich Dschabir Ibn Hajjan, im lateinischen Gebrauch arabischer Namen kurz und um so einprägsamer Geber genannt.

Nach dem ›Alten Meyer‹ ist er eine der geheimnisvollsten Persönlichkeiten in der Geschichte der arabischen Wissenschaft: »Weder über seine Zeit noch über seine persönlichen Verhältnisse ist etwas Sicheres bekannt, so daß sogar einige von den Arabern an seiner Existenz gezweifelt haben ... Seinen Namen trägt ein Korpus von Schriften, welche die Grundlage der chemischen Wissenschaft wie der Goldmacherkunst des ganzen Mittelalters bilden.«

Trotz dieser schon 1908 geäußerten Zweifel finde ich in der lesbarsten aller geschichtlichen Darstellungen der Alchemie, verfaßt von meinem 1976 verstorbenen Freund und langjährigen Mitarbeiter Reinhard Federmann, Gebers vollständigen arabischen Namen Abu Musa Dschabir Ibn Hajjan und die Angabe, daß er von 730 bis 810 gelebt habe. In Tus, einer Stadt des alten Chorassan, einer Provinz des nordöstlichen Persien, soll er geboren worden sein und wesentliche Strecken seines Lebens in Kufah zugebracht haben, der 638 nach Christus von dem Kalifen Omar gegründeten Residenz an einem Euphrat-Arm (nach der Gründung von Bagdad im Jahr 766 hat sie an Bedeutung verloren. Kufah blieb jedoch ein bedeutendes Zentrum der arabischen Wissenschaften und beherbergte berühmte Schulen).

Was Reinhard Federmann hier anführt, ist keineswegs aus der Luft gegriffen, es handelt sich um die kundige Zusammenfassung von Spekulationen, die nur nach und nach und in vielen Einzelforschungen widerlegt oder – um es richtiger zu sagen – auf ihren Wahrheitsgehalt zurückgeführt wurden. Fangen wir mit Kufah an. Es ist keineswegs, wie man lesen kann, eine Ruinenstadt unter Sand und ohne Leben, sondern mit etwa 25 000 Einwohnern eine freundlich blühende, ländliche Stadt im unteren Irak, im Gesamtcharakter altertümlich, wobei die ausgedehnte Altstadt andeutet, daß die Stadt früher große Bedeutung gehabt haben muß. Zahllose winkelige Gassen, schmal, von Erkerhäusern überwölbt, und ein großer, vielfach verzweigter Bazar geben Kufah besonderen Charakter, man glaubt der Stadt ihre Hauptstadtrolle im frühen Islam. Rundum liegen ausgedehnte Palmenhaine und riesige Gärten, aus denen sich die Pilgerstadt Najaf versorgt. Es gab kufische Münzen, erkennbar an steifer und eckiger Schrift, die sich von der runden Kursivschrift auf Papyrus unterschied. Fünfhundert Jahre lang existierten aber auch Koranausgaben in kufischer Schrift, und alle arabischen Münzen bis ins elfte Jahrhundert weisen solche Schriftzeichen auf. Im übrigen soll Adam in Kufah begraben worden sein, was immerhin die Bedeutung der Stadt in der Alten Welt unterstreicht.

Die Wahrheit ist noch nicht völlig ans Licht gekommen, denn die zunächst vermutete Personalisierung beantwortet nicht alle Fragen. Eine Personalisierung ist die irrige Erschaffung einer Verfasserpersönlichkeit auf der Suche nach einem schwer aufzufindenden oder absichtlich anonym bleibenden Autor. Sie benennt die zahlreichen, zum Teil sehr bedeutenden naturwissenschaftlichen und alchemistischen Schriften als Corpus Geber, Materialien so fraglich in der Zuschreibung wie manches berühmte Gemälde. Und dann gibt es noch, bei dem arabischen Namenswirrwar kaum verwunderlich, eine manches klärende Verwechslung von Djabir mit Gabir ibn Aflah, einem Astronomen und Mathematiker aus Sevilla.

Das Verführerische an der Identifikation Gebers mit Gabir ibn Aflah war die Tatsache, daß dieser Astronom und Mathematiker in Sevilla lebte, neben Granada und Córdoba dem dritten wichtigen und durch Jahrhunderte blühenden Zentrum spanisch-arabischer Wissenschaft und Forschung. Nach allem, was die Tradition dem halb sagenhaften Geber stets zugetraut hatte, erfüllte es seine ratlosen Jünger mit der größten Befriedigung, in ihm nun einen souveränen Kritiker des berühmten Geographen Claudius Ptolemaios und dessen Hauptwerkes, des ›Almagest‹, erblicken zu dürfen, bestand doch für alle Jünger der Geheimwissenschaften damals noch der intimste und fruchtbarste Zusammenhang zwischen Erdkunde, Himmelskunde, Naturwissenschaft und Alchemie und vor allem der Mathematik. Die Zahlenkunststücke, in denen bis heute so manche esoterische Vereinigung glänzt, standen bei den Alchemisten hoch im Kurs, weil es schließlich bei jedem Experiment um Mengen, um Mengenverhältnisse und damit um Zahlen ging. Dem Google vergleichbar, wurde bei allen Unsicherheiten und immer dann, wenn ein Diskutant in die Enge getrieben worden war, der Suidas herangezogen, eine archaische Form des Lexikons, aus der sich mit einiger Geschicklichkeit so gut wie alles beweisen ließ. »Nun nimmt Suidas die *ars mathematica* als Magie, was naheliegt (!), setzt diejenigen, welche sie exekutieren, zu den Ägyptern in Relation, was auch naheliegt ... Dann nimmt er Magie als Synonym für Alchemie und Alchemie als Synonym für Goldmacherkunst, und so haben wir die Quintessenz der Sache« (aus: Gottlieb Latz, ›Die Alchemie‹).

Gabir ibn Aflah, solchermaßen zu Geber-Ehren gekommen, lebte in der ersten Hälfte des zwölften Jahrhunderts, und *er* lebte tatsächlich. Sein Hauptwerk nannte er kämpferisch ›Islah al Magisti‹ (Korrektur des Almagest) und benannte damit die Erdkunde des Claudius Ptolemaios als sein Angriffsziel. Er beginnt mit astronomischen Argumenten, wobei er sich auf eigene Beobachtungen von Merkur und Venus stützt, und schildert bis in alle Einzelheiten Beobachtungsinstrumente. Er machte die trigonometrischen Kenntnisse des Vorderen Orient im islamischen Westen bekannt (was bedeutet, daß sie mit einer Verspätung von zwei Jahrhunderten in Europa ankamen). Die eigentliche Vermischung dieser unbestreitbaren astronomisch-geographischen Großleistung mit den Schriften, die einem Alchemisten namens Geber zugerechnet werden, vollbrachte aber erst ein anderer, nämlich der bedeutendste Übersetzer jener Epoche, ein hervorragender Gelehrter namens Gerhard von Cremona, der um 1114 geboren wurde und 1187 starb, »der herausragende Übersetzer philosophischer und naturwissenschaftlicher Werke aus dem Arabischen, ja in dieser Beziehung die wichtigste Figur des lateinischen Mittelalters« (E. Meyer im ›Lexikon des Mittelalters‹).

Gerhard von Cremona hatte nach 1140 seine lombardische Heimat verlassen und seinen Wohnsitz der besseren Arbeitsbedingungen wegen nach Toledo verlegt, also aus der christlichen Welt des wirtschaftlich aufblühenden Norditalien ins islamisch besetzte und regierte Herz von Spanien, in die Wunderstadt Toledo. Seine ursprüngliche Absicht mag wohl noch gewissermaßen europäisch gewesen sein, das heißt, er hoffte, wichtige Werke der Antike retten und in die christliche Zone bringen zu können. An Ort und Stelle aber wurde ihm der Reichtum der arabischen wissenschaftlichen Literatur offenbar, der im ganzen das Erbe der alten Schriftsteller aufs glücklichste ergänzte und fortführte. In den nächsten vierzig Jahren widmete sich Gerhard von Cremona im maurischen Spanien einem einzigartigen Übersetzungswerk von insgesamt etwa achtzig Titeln, und darunter war – ein glücklicher Zufall – das ›Almagest‹ genannte Hauptwerk des Claudius Ptolemaios. Meyer betont in seinem Gerhard-Artikel, daß der Mann aus Cremona nicht (wie viele wegen späterer Übersetzerschulen glaubten) in Toledo eine Art Großwerkstatt für Übersetzungen aus dem Arabischen begründet und geleitet habe: Er arbeitete vielmehr gezielt und kritisch, zog zum Originalwerk auch Ergänzungen und Gegenschriften heran und lieferte damit verbesserte Ausgaben, an denen er als

Redakteur und Textkritiker entscheidende Verdienste erworben hatte. Sein wichtigster Mitarbeiter war ein Mozaraber (d. h. ein Christ maurischer Herkunft) namens Galippus. Dieser Tendenz der kritischen Textsicherung und -überarbeitung verdankt Gerhard seine Bekanntschaft mit der Ptolemaios-Kritik des Gabir ibn Aflah, und als Gerhard von Cremona sich nach dieser Arbeit dem Corpus der Geber-Schriften zuwandte, war die Verwirrung vollkommen – oder in gewissem Sinn auch zu Ende: Aus der Werkstatt des berühmten, über jeden Verdacht und Zweifel erhabenen gelehrten Lombarden kam bestes arabisches Geistesgut, äußerst umfangreich, sehr attraktiv in der Mischung aus Naturwissenschaft, Spekulation, Alchemie und Magie. Anspielungen, Ausarbeitungen, Wiederholungen und Diskussionen schufen Verwandtschaft und Erbbeziehung zu einem berühmten Imam namens Gafar az-Sadiq, anderes wieder schrieb ein 987 entstandenes Schriftenverzeichnis jenem Geber zu, und schließlich verwischte dann die gut lesbare, textkritisch vorbildlich gearbeitete Materialfülle aus den Kanzleien des Gerhard von Cremona auch zeitliche Ungenauigkeiten. Manches war offensichtlich erst zu einer Zeit entstanden, da der angebliche Geber längst nicht mehr lebte, das aber störte in jener Epoche noch nicht in dem Maß wie heute.

Der Gabir-Corpus, also das angeblich auf einen Alchemisten, den die Zunft Geber nennt, zurückgehende Werk, umfaßt nach Professor Dr. Guido Jüttner von der Freien Universität Berlin größere und schmälere Sammlungen verschiedener Verfasser und einiger namentlich bekannter Übersetzer, in denen theologische Fragestellungen eine gewisse Rolle spielen, vor allem aber bestimmte Zahlen und Zahlenverhältnisse, angefangen von den vier Elementen und den vier Säften (die schon Galenos benannte) bis zu einem ›Buch der Siebzig‹, den einhundertvierundvierzig Büchern des Maßes und Büchern über die Sieben Metalle.

Das unter dem Namen Geber durch die Jahrhunderte reisende Problem ist einzigartig. Aus ältesten Schriften, die um

820 nach und nach erarbeitet wurden, und ergänzenden Studien, Kommentaren und apologetischen Schriften entstand ein Lebenswerk, das zu umfangreich für einen einzelnen ist und sich im Entstehungszeitraum auch über drei Menschenalter erstreckt. Eine Gruppe von alchemistischen Verschworenen hatte sich ganz offensichtlich zu einer Großtat für ihre geliebte, aber mißachtete und mißdeutete Wissenschaft zusammengetan, wobei es nicht bei Schriften blieb. Professor Jüttner verweist im ›Lexikon des Mittelalters‹ ausdrücklich auf den praktischen Gehalt und Charakter vieler Arbeiten aus dem Corpus Geber. »Alchemie ist für Geber ein Wissenschaftsfundament. Die Vorsokratiker, Plato, Aristoteles, auch Apollonius von Tyana werden zitiert und zuweilen kritisch kommentiert ... Alchemie in Theorie und Praxis nimmt einen großen Raum ein, weniger als Einzelobjekt, als vielmehr verstreut in der Behandlung der Wissenschaften, der Philosophie, Sprache, Astrologie Talismanwesen, Metaphysik, Kosmologie, Theologie und dazu Medizin, Agrikultur, Technologie«, also ein enzyklopädisches Forschungs- und Arbeitsgebiet, das eher auf eine Schule oder gar auf eine private Universität hindeutet denn auf einen einzelnen. Es sind nämlich spezialisierte Wissensgebiete dabei, die praktische Anwendungen und Erfahrungen bedingen, wie zum Beispiel die im Orient außerordentlich breitflächig entwickelte Beschäftigung mit Amuletten, Talismanwirkungen und Utensilien des Abwehrzaubers.

Die Vorsokratiker sind keine geschlossene Gruppe früher griechischer Denker; Jüttner bedient sich bei der Verwendung dieser Formel einer modernen Zusammenfassung der zum Teil durchaus bedeutenden Vorgänger des Sokrates seit dem sechsten vorchristlichen Jahrhundert. Zu ihnen zählen die hier schon erwähnten ionischen Naturphilosophen wie Thales von Milet, Anaximander und Anaximenes, aber auch Heraklit, Pythagoras und Empedokles, viel Studienmaterial also für Geber.

Nimmt man an, daß wir es wie heute mit Forschergruppen zu tun haben, die sich zu bestimmten Aufgaben zusammenschließen, dann lösen sich alle Widersprüche in den biographischen Daten und weitgehend auch das Rätsel einer beinahe zwei Jahrhunderte währenden angeblichen Lebensdauer und nachgewiesenen Aktivität. Die Beweise, die uns am meisten helfen, kommen aus der Sache selbst, aus den Schriften und aus dem Urteil der engsten Fachwelt über sie. Die Geschichte zum Beispiel der Pharmakologie kann feststellen und nachprüfen, wann bestimmte Grundstoffe, Heilverfahren und Mixturen zum erstenmal in der Literatur auftauchen und wo, in welchen Städten, dies der Fall war. Es hat darum höchstes Gewicht, wenn Hermann Schelenz aus den Schriften Gebers bzw. den ihm zugeschriebenen Texten ableitet, daß ihr Verfasser das Wesen der Amalgamation (arabisierter griechischer Ausdruck für Erweichen) sehr genau kennt und beherrscht, ebenso die Techniken der Legierung: »Er weiß die Metalle durch Hitze zu oxydieren, daß sie alle außer Sol und Zeus zu sulfurieren sind, und beobachtet die Gewichtszunahme der Sulfide und ihr Gefärbtwerden. Andererseits kennt er das Verfahren, edle Metalle mittels Blei in Kapellen (d. h. in gußeisernen Kesseln mit halbkugelförmigem Boden) mittels Holz und Knochenasche abzutreiben.«

Wer immer Geber war, die Historiker seiner Zunft wissen, daß er als erster durch Destillation des Alauns Salpetersäure hergestellt und aus dem menschlichen Urin Salmiak gewonnen hat. Die Unsicherheiten, die hierbei walten, sind, wie stets bei sehr alten Quellen, die Namensgebung und der Bedeutungsgehalt auftauchender Bezeichnungen, so daß wirklich eindeutig nur die Verwendung von Alaun, Salpeter, Salmiak, Eisensafran und Vitriol ist (diese Namen in ihrer aktuellen Bedeutung. Geber »weiß Silbernitrat, das die Haut schwärzt, kristallinisch darzustellen, ebenso Ätzkali … und kann Quecksilber und Gold in Lösung bringen«).

So wie sich die frühen Astronomen ihre Beobachtungsinstrumente zum guten Teil selbst erdenken oder sogar bauen mußten, wenn die Optiker mit ihren Zeichnungen nichts anzufangen wußten, so erdachte und erprobte die Geber-Mannschaft eine Reihe neuer Werkzeuge und Behelfe. Der Danziger Bierbrauer Hevelius wurde zum Fernrohrbauer und Astronomen, und die Geber-Gruppe erfand Erstaunliches von der Beliglasur bis zu verschiedenen selbst hergestellten Gefäßen und Versuchsanordnungen mit Metall, Glas und Ton, wobei dem uns allen vertrauten Kolben ein Helm aufgekittet wurde und die Feuerung rings um den Kolben lag. »Die Destillationsprodukte müssen sich nach unten den Weg in ein untergesetztes Gefäß suchen. Die Destillation *per filtrum* gleicht dem noch heute ständig geübten Absaugen von Flüssigkeiten mittels eines Filz- oder Papierstreifens« (aus: H. Schelenz).

Hat man mit Geräten, Techniken und Ersterwähnungen einigermaßen sicheren Boden unter den Füßen, wenn man die Leistung beurteilen will, die im Corpus Geber dokumentiert ist, so bewegt man sich in einem Bereich der Vermutungen und unsicheren Nachrichten, will man die tüchtigen Forscherpersönlichkeiten näher kennenlernen, die miteinander und aufeinander bauend das Gebäude des Corpus Geber geschaffen haben. So manche mit größter Überzeugungskraft und unbestreitbarer Autorität vorgetragene Behauptung wird da auf der Strecke bleiben.

Da wir dankbar bei Schelenz verweilten, dürfen wir an seiner wiederholten biographischen Meinung zu Geber nicht vorbeigehen: »Mit der Gründung des selbständigen Kalifats Cordoba im Jahr 755 zog gleichfalls arabische Wissenschaft in Spanien ein, und in Sevilla, Cordoba, auch in Toledo und anderen Städten bildeten sich gelehrte Anstalten. In erstgenannter Stadt lebte und wirkte Geber, wie er in der Wissenschaft, Abu Musa Dschabirel Sufi, wie er von den Arabern genannt wird, am Ende des achten Jahrhunderts.« Und an anderer Stelle: »Der Vater der (Al-)Chemie … ist Geber, Abu Musa Dschabir, der Schüler von Abu Abdallah Dschafer el Sadic, ein Mann, der als in den Künsten der Magier sehr bewandert und als Schriftsteller gerühmt wird. Geber, jedenfalls (sic) Mitte des achten Jahrhunderts in

Tarsus in Kilikien von griechischen Eltern geboren, wurde durch sein Studium an der arabischen Schule in Cordoba zum Araber und bediente sich in seinen Schriften der arabischen Sprache ... Alle Bestrebungen Gebers wurden von dem Drang, in das Geheimnis der Metallveredelung zu dringen, diktiert, wie noch lange nach ihm in dem alchemistischen Zeitalter der Chemie.«

Die heutige Historiographie der Alchemie, überzeugend und doch unprätensiös, präsentiert in dem im Jahr 2000 erschienenen Werk ›Auf der Suche nach dem Stein der Weisen‹ von dem Berliner TU-Professor Hans-Werner Schütt, bedient sich Gebers als einer Arbeitshypothese: Im Corpus Geber liege uns ein so bedeutendes Werk vor, daß es nicht ignoriert, andererseits aber nicht einer einzigen und üblichen Entstehungsform zugeschrieben werden könne. Schon Schelenz hat, um sich über das Phänomen Geber – den er noch als Person sah – klarzuwerden, mit der Menschennatur der Alchemisten und ihrer besonderen Beziehung zu Mitmenschen und umgebender Wirklichkeit beschäftigt, weil er annimmt, daß das Phänomen Geber diesen Spezialtypus zwischen Himmel und Erde, zwischen Wahn und Wissenschaft in gewissem Sinn initiiert habe gleichsam als Voraussetzung für die alchemistische Forschung selbst. Schütt verbannt seine wichtigste Überlegung zum Konglomerat des Corpus Geber in die Anmerkungen und fragt sich, wie neben bedeutenden und inhaltsreichen Arbeiten das *Liber de Septuaginta* in diesen eindrucksvollen Zusammenhang gelangen konnte, »ein fast unverständlich übersetztes – und übrigens nicht vollständiges – Werk ... Aber der Textvergleich belegt es. So sagt der *Liber de Septuaginta* genau wie später die *Summa perfectionis*, daß es drei Rangstufen der Medizinen gebe. Außerdem war der *Liber de Septuaginta* im 13. und 14. Jahrhundert ein Bestseller. Gerade, weil er kaum verständlich war?« (aus: H.-W. Schütt).

Ist das Werk nun unverständlich übersetzt? Ist es von Haus aus unverständlich wie so manches alchemistisches Werk? Handelt es sich um absichtliche Unverständlichkeit? Handelt es sich um einen unfähigen Übersetzer, der vieles mißverstand? Dem Rang der *Summa perfectionis*, der Summe der Vollkommenheiten, tat dies keinen Abbruch, ganz so, als müsse ein Corpus wie jener, den wir mit dem Namen Geber versehen haben, ein Gran Unverständlichkeit, einen Rest des Rätselhaften enthalten. Was würde sich dafür besser eignen als das ›Buch der Siebzig‹, unter Auguren auch einfach LXX geschrieben? Bis zu der besonderen Rolle, die Geber diesem Buch zuwies, verstand die gelehrte Welt unter der *Septuaginta* eine griechische Übersetzung des Alten Testaments, an der siebzig Übersetzer zusammengearbeitet hätten. Diese absonderliche Entstehung, die ja eine ganze Übersetzerschule voraussetzt, das Zusammen- und Einander-Zuarbeiten von siebzig Menschen, die das Hebräische und das Griechische gut beherrschten, muß um ihrer Eigenart willen nicht angezweifelt werden; bis heute werden Großaufgaben im Übersetzungsbereich, oft unter Minderung der Qualität, auf verschiedene Übersetzer verteilt, die unterschiedliche Kenntnisse und Fähigkeiten haben und obendrein Koordinationsprobleme in der Wahl der Einzellösung bei Namen, Bezeichnungen, Verhältnissen. Glaubt man dem umstrittenen Aristeas-Brief (der eher ein Bericht ist denn ein Brief), so vollzog sich diese Gemeinschaftsarbeit der genau zweiundsiebzig, nicht siebzig, Übersetzer auf der Insel Pharos vor Alexandria; Berichterstatter ist ein heidnischer Beamter, der aber Gelegenheit hatte, die Tischgespräche und die Fachdiskussionen der Übersetzer mit anzuhören, und der sie teilweise auch aufgeschrieben hat. Der Brief ist alt und echt, nur der Inhalt und die Absicht des Briefes sind innerhalb der jüdisch-hellenistischen Rivalitäten bis heute umstritten. Als Dokument und dank seines nicht unbeträchtlichen Umfangs bildet der Briefbericht eines angeblichen Heiden (also Nichtjuden, denn Christen gab es noch nicht) das geheimnisvollste Kernstück eines *Corpus Hermeticus*. Die Entstehung zwischen 130 und 100 vor Christus bedeutet, daß die Texte, Teile des Alten Testaments, nichts anderes waren als jüdische religiöse Literatur, nicht mehr und nicht weniger, vergleichbar den Schriftrollen aus den Höhlen am Toten Meer. Wer immer für die schwierigsten Partien im Corpus Geber die Bezeichnung *Liber de Septuaginta* fand, kannte den Aristeas-Brief und verglich das geheimnisvolle Kuckucksei in der *Summa perfectionis* zumindest für die Kundigen mit jenem zu diesem Zeitpunkt etwa tausendjährigen Täuschungsmanöver, sofern es nicht um eine durchaus ehrenwerte Grundabsicht ging.

Ob der Redakteur, der die ›Siebzig Bücher‹ nach dem alten jüdisch-griechischen Septuaginta-Werk benannte, auch zu den Inhalten des Alten Testaments Bezüge suchte und Anspielungen im Sinn hatte, ist nicht Gegenstand der Alchemiegeschichte, wäre aber eine Untersuchung wert. Denn die *Septuaginta* entstand aus einem durchaus plausiblen Grund: Die nach Tausenden, vielleicht nach Hunderttausenden zählenden, in Ägypten und im besonderen in Alexandria lebenden Juden hatten das alte Hebräisch weitgehend verlernt, vor allem auch, weil dafür in ihrem täglichen Leben wenig Verwendungsmöglichkeiten bestanden. Seit etwa 300 vor Christus wurden daher althebräische Texte, zumeist aus dem, was wir heute im Alten Testament vor uns sehen, ins Griechische übersetzt. Die ungleichartige Übersetzungstechnik, die unterschiedliche Qualität der Arbeiten und die variierende Wortwahl lassen eindeutig erkennen, daß an dem großen Werk verschiedene Übersetzer tätig waren, und das durch einen längeren Zeitraum. Wechselnde Lehrmeinungen sind in die *Septuaginta* in Gestalt von Kommentaren eingegangen, und mancher selbständige Geist unter den Übersetzern hat mehr Erläuterung und Diskussion abgeliefert als Originaltext und Kernmaterie. Insbesondere bei den Büchern Daniel und Esther finden sich Zusätze, die sich auf hebräische Textvorlagen nicht stützen können, ebenso wurden Teile der Apokryphen herangezogen. Die Mischung erfreute sich aber großer Beliebtheit und wurde selbst in den Synagogen gleichberechtigt mit den hebräischen Texten gelesen oder vorgetragen, ja einige Kirchenväter behaupteten, von dieser Kompilation besonders inspiriert worden zu sein. Einer ihrer größten, nämlich Origenes (185–254) machte sich eben darum die Mühe, die vielen Detailfehler, die sich eingeschlichen hatten, wie es im Lauf der Jahrhunderte der Abschriften auch nicht anders sein konnte, einen um den anderen auszumerzen, und schuf eine neue Ausgabe, genannt ›Hexapla‹, mit dem Hauptgewicht auf drei besonders namhaften Übersetzern (Theodotion, Symmachus und Aquila). Es war eine meisterliche, auch methodisch vorbildliche Arbeit, wobei sich Hexapla (die oder das Sechsfache) auf die sechs Kolumnen der Handschrift bezieht. Die erste Kolumne enthielt den hebräischen Text in hebräischen Lettern, die zweite in griechischen Lettern, die Kolumnen drei bis sechs brachten griechische Übersetzungen. Das nur in Bruchstücken erhaltene großartige Werk ist in seiner Art ein mögliches Vorbild für den Corpus Geber und für die Präsentation verschiedener, einem Ziel dienender Lehrmeinungen, was die Wahl des Namens ›Buch der Siebzig‹ erklären würde.

An die Stelle der auf Jahrhunderte verteilten Übersetzermannschaft tritt im Fall Gebers die Gemeinschaft der Vorläufer, Mitläufer und Epigonen. Sie sind zum Teil namentlich unbekannt, und ihre Existenz ist nur aus den anonymen, aber unterscheidbaren Beiträgen in der *Summa perfectionis* zu erschließen. Zum Teil aber erscheinen sie präsent durch inhaltliche Hinweise auf ihr Werk, das heißt, sie müssen nicht selbst und bewußt auf den Corpus Geber hingearbeitet haben, aber Teile dieses Corpus, zum Teil sehr wichtige Partien, lassen sich inhaltlich auf bekannte, ja berühmte Autoren zurückführen.

Der früheste und bedeutendste ist Abu Bakr Mohammed ibn Zakarija, in der alchemistischen Literatur meist kurz Rasis oder Rhases genannt oder aber ›der arabische Galenos‹, wobei solche Vergleiche immer mit großer Vorsicht aufzunehmen sind. Rhases kam in Chorasan, also im nordöstlichen Teil Persiens zur Welt (Chorasan heißt Sonnenland, nur wird die Hitze der Sonne in den Wüsteneien Chorasans nicht immer als Wohltat empfunden), in einer kleinen Stadt unweit der Karawanenpisten nach Herat und Turkestan. Der hochbegabte junge Mann entschied sich erst relativ spät für die Wissenschaften, er soll vorher gedichtet und Musik betrieben haben, Beschäftigungen, die sich in Persien hoher Wertschätzung erfreuen. Mit etwa dreißig Jahren wurde er Schüler des großen Arztes Ali ben Sahl Ibn Zein el Taberi, der als geborener Jude so lange Schwierigkeiten hatte, bis er zum Islam übertrat oder wenigstens einen arabischen Namen annahm, wie viele reisende jüdische Kaufleute.

Nach Abschluß seiner Studien übernahm Rhases die Leitung des Spitals der Stadt Bagdad, hatte aber das Unglück, bei einer Operation, der der Kalif beiwohnte, einen Fehler zu machen (zumindest sah der Kalif es so). Der Arzt wurde mit einem furchtbaren Peitschenhieb bestraft, der ihn ein Auge kostete. Er lebte danach noch bis 923, aber zurückgezogen in seiner Heimatstadt. Daß er nach allem, was ihm widerfahren war, wenig Sympathie für Machthaber und Autoritäten hatte, ist erklärlich, er enthielt sich aber auch weitgehend der philosophischen Höhenflüge, sondern verfaßte Werke von größter praktischer Bedeutung. Bernard Joly von der Universität Lille sagt im ›Lexikon des Mittelalters‹ über Rhases, daß seine Schriften noch bis zum Beginn des siebzehnten Jahrhunderts an vielen europäischen Universitäten Studiengrundlagen lieferten, und das, obwohl einige wichtige Werke aus seiner Feder nicht im arabischen Originaltext überliefert sind, sondern in zum Teil sehr viel späteren lateinischen Übersetzungen.

Das *Liber medicinalis* hat Rhases dem Kalifen gewidmet, es heißt im Original *Ketaab altebb* und ergänzt die eigenen Ausführungen des Rhases durch eine Reihe von Aussprüchen griechischer und römischer Ärzte und Pharmazeuten, wobei Rhases den Praktikern den Vorzug gibt, bei der Auswahl seiner arabischen Gewährsmänner aber nicht so kritisch ist. Ein anderes Werk ist das *Antidotarium*, eine Anleitung über Zubereitung und Zusammensetzung verschiedener Arzneien, ein Buch, aus dem hervorgeht, daß er die Arzneikunde und die Chemie höher einschätzt als die Medizin an sich, die ohne diese Basiswissenschaften hilflos wäre. Ein auf indischen Lehren fußendes Werk beschäftigt sich mit der Schmerztherapie und der Verwendung von Opium bei verschiedenen Leiden und Zuständen.

Da Rhases angeblich 201 Werke verfaßt hat – Zahlen, bei denen man nie weiß, was als einzelnes Werk gezählt wird –, sind die drei alchemistischen Bücher, die ihm zugeschrieben werden, ein vergleichsweise kleiner Teil seiner Lebensarbeit, aber sie erhielten Bedeutung dadurch, daß im Corpus Geber deutliche Anlehnungen und Exzerpte aus Rhases *Kitab al-asrar* (dem Buch der Geheimnisse) festgestellt wurden. Auch das Werk *Mafatih al Ulum* (Schlüssel zu den Wissenschaften) ist nach Professor Bernard Joly als Einführung in die Alchemie zu verstehen. Charakteristisch ist auch eine Arbeit, in der Rhases den häufigen Betrug in Medizin und Pharmazie rügt.

Dem Mann aus dem Sonnenland steht mit etwa gleicher Geltung Dschaafer gegenüber. Eine Behauptung, in der alle alten Biographen des Geber-Beiträgers Dschafar übereinstimmen, ist seine Westwanderung, die mit seiner Niederlassung in Sevilla endete. Leo Africanus, der allerdings sehr viel später lebte und eine Welt sechshundert Jahre nach Geber kennenlernte, versichert mit größter Bestimmtheit, Dschafar-Geber sei von griechischen Eltern im kleinasiatischen Tarsus geboren worden, sei also ursprünglich Christ gewesen und erst in Sevilla, der großen Gelehrtenstadt, die im achten Jahrhundert arabisch geworden war, zum Islam übergetreten mit der Annahme des Namens Abu Musa Dschafir.

An diesem Vorgang, der sich zu jenen Zeiten in vielen Gelehrtenschicksalen wiederholt, ist die Stadt Sevilla besonders bemerkenswert, denn anders als Cordoba oder Toledo hat sie eine gleichsam ortsansässige starke wissenschaftliche Tradition, in der sich vor der arabischen Invasion das Christentum und die Antike vermischt haben. Sind im übrigen maurischen Spanien Westgotentum, Islam und Judentum nebeneinander, wenn auch nicht gleichberechtigt, präsent und greifbar, so kommt in Sevilla das antike Erbe hinzu, und das durch einen besonderen Umstand, eine besondere, ja einzigartige Persönlichkeit: Isidor von Sevilla, Historiker, Naturwissenschaftler, von 599 bis 636 Bischof von Sevilla und nach Robert Bossuat im ›Dictionaire des Lettres‹ *le dernier humaniste du monde latin.*

Als die Westgotenkönige begannen, sich zum römischen Katholizismus zu bekennen und die strengen Vorschriften gegen das Judentum Spaniens nicht nur proklamiert, sondern auch angewendet wurden, kam es in der Provinz Cartagena zur Vertreibung auch großer und angesehener jüdisch-iberischer Sippen aus rein religiösen Gründen. Schon die nächste Generation konnte, nun zum Christentum übergetreten, ohne jegliches Odium in Sicherheit leben und dank der in der Großfamilie gediehenen Bildung und Intelligenz auch Kirchenämter erlangen. Isidors Eltern Severianus und Turtura, eine Korsin, waren hingegen vielleicht nicht übergetreten, ihr gemeinsamer früher Tod ist jedenfalls auffällig, ohne daß über ihr Ende anderes bekannt wäre als Legenden. Isidor wuchs also, von älteren Geschwistern geführt, heran, wobei Leander, später Bischof von Sevilla, den stärksten Einfluß auf ihn und seinen Bildungsgang nahm. Sein Bruder Fulgentius wurde Bischof von Ecija, dem alten Astigis, und Schwester Fiorentina spielte als Nonne eine Rolle im südspanischen klösterlichen Leben. Leander vollendete den westgotischen Übertritt vom Arianismus zum römischen Katholizismus und wurde einer der wichtigsten Berater von König Sisebut. Diese bedeutende Rolle auch in der Politik veranlaßte den jüngeren Bruder Isidor, sich mit dem vergleichbaren Schicksal des Hofhistoriographen und königlichen Geheimschreibers Cassiodorus zu beschäftigen und seine Werke zu lesen, die während der vier Jahrzehnte entstanden waren, in denen Cassiodorus in Italien höchste Positionen an der Seite von König Theoderich eingenommen hatte.

Isidor von Sevilla verfaßte ein gutes Dutzend ihm mit Sicherheit zuzuschreibender Arbeiten und einige weitere, bei denen seine Urheberschaft oder Mitwirkung wahrscheinlich ist. Im

Mittelpunkt seines Strebens stand zwar die Seelsorge als Bischof und Oberhirte einer lebhaften, von vielen Fremden und Händlern besuchten Stadt, aber seine Umwelt zeigte ihm täglich die Notwendigkeit der Ordnung im Sprachlichen, der Festigung von Vokabular und Grammatik des späten Latein. Isidor nahm die auch als Grundwissenschaft der Alchemie wichtige Lexikographie in Angriff, definierte Begriffe der Naturkunde, der Anthropologie, der Zoologie, aber auch der Erdkunde und des Wissens vom Weltall und der Schöpfung. Jacques Fontaine bezeichnet in seinem zweibändigen Werk über Isidor die Etymologie, also die Kunde von der Herkunft und Verwandtschaft der Wörter, als die Grundlage von Isidors Denkbemühungen, so daß eine Trilogie von Handbüchern den Kern von Isidors Werk bildet: *De Synonyma* (Wortverwandtschaften), *De natura rerum* (Von den Dingen der Natur) und das *Liber numerorum*, das für einen hohen katholischen Geistlichen doch eine sehr seltsame Annäherung an die Zahlenmystik der altjüdischen Schriften bedeutet und sich in charakteristischen Einzelheiten im Corpus Geber wiederfindet. Isidor allerdings beschränkt sich weitgehend auf Zahlenspiele aus der Bibel, gibt aber immerhin einen Überblick über alle Zahlen, die von einer bestimmten magischen oder religiösen Aura umgeben sind, für uns heutige eigentlich nicht neu, aber in jenem Übergang von der schlichten westgotischen Glaubenslehre zu der herauskommenden komplizierten arabischen Denkweise ein ahnungsvoller Vorgang.

Isidor beginnt andeutend, gleichsam als schonende Einführung, mit den Zahlen von eins bis sieben, die sich in den altjüdischen Überlieferungen noch gleichsam selbstverständlich finden und erst auffällig werden, als die Pythagoräer damit zu arbeiten beginnen. Nicht zu kennen scheint Isidor die indische Mathematik, die für den Einsatz in Chemie und Alchemie, in der Beschreibung und Bestimmung der Mischungsverhältnisse und der Mengen mit eins bis vier auskommt, die Fünf aus religiösen Gründen ausklammert und erst bei der Sechs wieder in die normale Zahlenfolge zurückkehrt.

Isidor ahnt voraus, daß es zwischen den Zahlen Zehn und Zwölf eine historische Rivalität geben wird. Mit dem mathematischen Genius der Pythagoräer hatte die Zahl Zehn einen besonderen Rang auch in der Alchemie erlangt, obwohl sie in den Teilungen weniger Möglichkeiten bietet als die Zwölf. Dennoch bleibt die Zwölf in den abendländischen chemischen und alchemistischen Schriften bis an die Schwelle der Moderne gleichberechtigt neben der Zehn, nicht nur wegen der Zwölfzahl der Apostel, der Stunden und anderer Begriffe in der Schöpfung, sondern weil die schrankenlose Herrschaft des dekadischen Systems seltsamerweise bis in die unmittelbare Gegenwart nicht durchsetzbar ist.

Jacques Fontaine betont nicht nur Isidors Verehrung für die westgotische Kultur, die ihn ja nur um einige Jahrzehnte überlebte, schildert aber auch das erstaunliche Nachleben der Werke und Gedanken des Bischofs, die gleichsam die Grenzen der islamischen Eroberungen übersprangen und für das karolingische Reich zu einer Gedankenbasis wurden: »Bis hin zur Erkenntnis der Natur bedingen und durchdringen Glauben und Wissen einander durch die Vermittlung eines umfassenden allegorischen Denkens, das sich aus der Bibelexegese ebenso speist wie aus grammatikalischen Allegorien.« Von Isidors Allegorien zu Gebers Verschleierungen eben dargelegter Erkenntnisse ist es nur ein Schritt, etwa zu einem Kernstück des Corpus Geber, dem um 820 entstandenen ›Geheimnis der Schöpfung‹, einem kosmologischen, astronomischen und astrologischen Kommentar zu der legendären *Tabula Smaragdina.* Sie ist eigentlich ein Zweitafel-Corpus, angeblich zunächst in phoinikischer Sprache gehalten, ergänzt durch griechische und koptische Texte auf der zweiten, in Memphis gefunden Tafel, beide dünn und glatt zugeschliffen, um Schriftzeichen aufnehmen zu können. Als ein weiterer Fundort wird Hebron genannt. Inhalt und Bedeutung der Mitteilung sollen darin liegen, daß sie den Schlüssel zur Verwandlung und Veredlung der Metalle enthält. Damit kämen die beiden Tafeln aus Smaragd in der Funktion und in ihrer Rolle in der Geschichte der Alchemie beinahe dem »Stein der Weisen« gleich.

Wenig bekannt ist, daß die Schriften Isidors und ihre Zusammenfassungen durch andere geistliche Autoren wie den Oberhirten des heute nicht mehr existierenden Bistums Braulio (Provinz Sondrio) über Europas Festland hinaus nach Westen gewirkt haben, nach Irland, wo der Katholizismus eine einzigartige und intensive frühe Blüte erlebte, aber auch ins angelsächsische England, also auf die germanischen Nachfahren der keltischen Untertanen des Königs Artus. Der britische Alchemist Joseph Dastin schrieb, auf diesen iberisch-arabischen Vorlagen fußend, seine Anleitung *Desirabile de desiderium*, in der er die Mengenvermehrung von Gold oder Silber für möglich hält, wenn man reinem Quecksilber das eine oder andere dieser Edelmetalle zusetzt. Bemerkenswert ist, daß es iro-schottische Missionare und angelsächsische Prediger des Christentums waren, die – auf das Festland ausschwärmend – die Ideen Isidors ins karolingische Reich brachten und verbreiteten.

Spätwirkungen hatten die ersten Beiträger zum Corpus Geber ebenso zu verzeichnen wie Isidor von Sevilla, denn das alchemistische Schrifttum lebte zu einem Gutteil von den großen Namen der Vergangenheit. Da selbst von Aristoteles Erwägungen über Charakter und Verhältnisse der Metalle bekannt sind, da andererseits von den größten Gelehrten der Antike oft nur Bruchstücke und Nacherzählungen ihrer Werke überliefert sind, waren den Spekulationen Tür und Tor geöffnet, wobei man den Begriff Betrug vermeiden sollte. Er gehört einer späteren Zeit an und wurde im frühen Mittelalter weit weniger bei den Alchemisten geübt als in den Klöstern, wo sehr oft zum Nutzen des eigenen religiösen Gemeinwesens Dokumente fabriziert und wegen alter Schenkungen gefälscht wurden. Der Alchemist, der sich gläubig auf schwankendem Boden bewegte, vertraute auf die inneren Zusammenhänge von Wissen, Phantasie und Intuition so lange, bis im fünfzehnten Jahrhundert die Skepsis siegte und an die Stelle der aufrichtigen Suche nach dem »Stein der Weisen« dessen betrügerische Erschaffung trat.

Aus dieser Spätzeit, aus den letzten zeitlichen Ausläufern der Geber-Wirkungen, verdienen zwei Persönlichkeiten eine gewisse Aufmerksamkeit, von denen eine hinlänglich bekannt, die andere weitgehend rätselhaft ist. Ich spreche von Leo Africanus und von Paolo di Taranto.

Leo kam in Granada zur Welt und hieß Al Hasan ibn Muhammed al Wazzan al Zaivati, wovon es auch die Version al Fasi gibt. Granada war 1485, in Leos vermutlichem Geburtsjahr, die letzte Zitadelle der maurischen Mischkultur auf iberischem Boden; christliche Armeen rüsteten bereits, um die malerische Hochburg des jungen Boabdil zu erobern. Nach dem Sieg der Reconquista ging Boabdil, obwohl ihm eine kleine Herrschaft auf der Halbinsel angeboten wurde, nach Afrika und ließ sich in Fes nieder. Daß Leo diesen Weg ebenfalls ging, legt die Vermutung nahe, daß er Beziehung zum Hof des Abul Hassan gehabt hatte und möglicherweise einer Familie angehörte, die an der Revolte des Boabdil gegen den eigenen Vater beteiligt war.

Sicher ist, daß Leo schon früh mit diplomatischen Missionen betraut wurde und die nordafrikanischen Städte bereiste; 1515/16 reiste er nilaufwärts bis Assuan und könnte nachher Arabien, Istanbul, Armenien und Zentralasien besucht haben, da um diese Zeit alle diese Länder bereits durch bekannte Routen an den Mittelmeerhandel angeschlossen waren. Auf der Rückreise in Richtung Fes fiel Leo christlichen Kaperschiffern in die Hände, das heißt, die Malteserritter brachten das arabische Schiff auf und machten den sprachkundigen und sicher auftretenden Mauren Papst Leo zum Geschenk. Dieses Ereignis, vermutlich im Jahre 1520, hatte den Übertritt des Mauren zum Christentum und den Namenswechsel zum Namen seines Herrn, des Papstes, zur Folge. Als 1526 in italienischer Sprache eine *Descrittione dell'Africa* aus seiner Feder erschien, bekam Leo den Zusatz *africanus* und unterschied sich damit künftig von den vielen meist geistlichen Namensträgern. Das Buch, eine der frühesten Reisebeschreibungen mit verläßlichem Sachgehalt, wurde bald in die in der Spätrenaissance beliebten Länderkunden aufgenommen, deren bekannteste die Sammlung von Ramusio geblieben ist. Selbst Hakluyt erwies ihm die Ehre der Aufnahme in seine berühmte Sammlung. Für die Alchemie wichtiger sind freilich Leos verschiedene kleine Werke, die ihn als vielsprachig erweisen und zum Teil harte Kritik an der Alchemie und ihren Adepten üben. Die Sammlung von Biographien bedeutender Männer aus der arabischen Welt wird Leo allerdings nur zugeschrieben, ist aber auch für die Geschichte der Alchemie vielsagend und materialreich.

Leo Africanus, Ibn Battuta, El Bekri und zahlreiche andere Gelehrte und Reisende aus dem arabisch gewordenen Nordafrika beweisen, daß die Welt der arabischen Wissenschaft bis tief hinein in den Schwarzen Kontinent reichte. Leo hatte den Nil stromaufwärts bereist; daß er auch den Niger kannte, ist zweifelhaft, aber nur fünfzehn Kilometer nördlich dieses Riesenflusses, den die antiken Geographen vom Nil noch nicht zu unterscheiden wußten, gab es seit dem elften Jahrhundert die Stadt Timbuktu, eine Gründung der sonst nomadisch lebenden Tuareg und – was lange nicht geglaubt wurde – eine der wichtigsten Universitäten der islamischen Welt. 1326 eroberte Manssa Mussa, der islamische König des Reiches Melli, die Stadt Timbuktu, die fortan aufblühte als Handelsplatz und als Zentrum des geistigen Lebens südlich der Sahara. Die Weißen erreichten Timbuktu erst erstaunlich spät: Laing kam 1826 für wenige Tage in die Stadt, wurde aber bald darauf wieder ausgewiesen; 1886 fuhr ein französisches Flußkanonenboot den Niger aufwärts bis Kabara, und ein paar Jahre später besetzten Franzosen die Stadt und machten nach und nach das ganze Westafrika zu ihrem Interessengebiet, einer frankophonen Zone bis heute. In sensationellen Versuchen mit dreiachsigen wüstengängigen Lastwagen bezwang der Fahrzeughersteller Citroën, der damals seine große Zeit hatte, die Sahara; die Rast- und

Versorgungsstation Bidon Cinq (Bidon V) wurde ebenso zu einem Begriff wie die verstreuten Stützpunkte der französischen Fremdenlegion. Aber erst 1980 entdeckte der Amerikaner John Hunwick Teile jener Manuskriptbestände, die arabische Lehrer an der Universität Timbuktu gesammelt hatten. Auch einheimische Gelehrte wie Ismael Diadié Haidara, ein französisch publizierender Historiker, verfügten über große, gut gepflegte Bestände von Handschriften und Büchern, man spricht von siebentausend Nummern, darunter ein Koran aus dem Jahr 1198. Eine der letzten Reisen Ibn Battutas hatte ihn 1352 im Auftrag des Sultans von Marokko nach Timbuktu geführt, er war aber zu diesem Zeitpunkt schon sehr religiös und nicht mehr an den allgemeinen Zuständen interessiert. Krankheiten machten ihm das Reisen trotz seiner einzigartigen Erfahrung beschwerlich, und was ihn in früheren Jahren keineswegs gestört hatte, etwa daß die weiblichen Sklaven nackt herumliefen, rügt er in seinen späten Schriften. Bei Leo Africanus sind es Auswüchse anderer Art, die ihn zur Kritik herausfordern, Begegnungen in Fes, der, verglichen mit Timbuktu, seit langem berühmten alten Küstenstadt voll Kultur und Tradition:

»In dieser Stadt gibt es viele Menschen, welche die nichtswürdige Kunst der Alchemie betreiben. Es sind Dummköpfe, die beständig mit Schwefel und anderem übelriechendem Unflat hantieren, doch kommen sie regelmäßig als brave Muslimen in der großen Moschee zusammen, obwohl die Stadt, wie man sagt, deren siebenhundert besitzt, die Kapellen eingeschlossen. Dort disputieren sie, und da es ihre Wahrheit nicht geben kann, sind es Irrtümer, über die sie sprechen, anhand von Schriftstücken, deren wichtigste von einem Geber stammen, der etwa hundert Jahre nach dem Propheten gelebt haben soll, von Geburt ein Grieche war und später seinem Christenglauben abgeschworen hat. Seine Schriften und Anweisungen sind verblümt und dunkel abgefaßt. Die Alchemisten von Fes berufen sich aber auch auf einen anderen Gewährsmann, welcher jahrelang Geheimschreiber eines Sultans (gemeint ist wohl Kalifen) von Bagdad gewesen ist (womit Leo auf Al Rasi oder Rhases zielt). Auch hat ein Poet, der in Granada lebte, ein Gedicht über die Kunst der Alchemie geschrieben, und ein anderer, ein gelehrter Damaszener, hat dieses Gedicht kommentiert, doch ist der eigentliche Text des Gedichtes leichter zu verstehen als die Erläuterung« (womit erwiesen ist, daß Leo alchemistische Autoren wie Abdul Chassem kannte, den Chemiker und Arzt, der 1122 nahe seiner Heimat Cordoba starb und diese Gegend im Unterschied zu vielen anderen Männern seiner Zunft nie verlassen hat, und Geldeki, von dem auch der Name Eidemir ben Ali überliefert ist und der Jude gewesen sein soll, was trotz der arabischen Namensform keineswegs unwahrscheinlich ist).

Die Stelle aus den schwer zugänglichen Schriften des Leo Africanus wird beinahe in allen Geschichten der Alchemie zitiert, was sich aus der Seltenheit von unbefangenen Zeugenschaften für den Alchemiebetrieb erklärt. Daß sie bei den zitierenden Historikern recht verschieden lautet, erklärt sich aus dem Umstand, daß Leo selbst seine Aufzeichnung aus dem Arabischen ins Italienische des sechzehnten Jahrhunderts übersetzte, also wohl ins Toskanische, und daß ein Gelehrter namens Johannes Florianus, der sonst nicht weiter hervorgetreten ist, Text und Kontext ins Lateinische übertrug. Schmieder kommentiert diesen Auszug in seiner sympathischen Rechtschaffenheit mit den Worten:

»Wenn schon Leo, wie man sieht, kein Freund der Alchemisten ist (und) sich über sie lustig macht ... sie in die Klasse der Betrüger zusammenwirft und die besseren nur als Narren ausnimmt; so erhellt doch aus seiner Nachricht, daß die Fezaner die Alchemie eifrig und offenbar sogar unter Vorschub (d. h. mit Unterstützung) ihres Klerus betrieben und an heiliger Stätte eine Art von hermetischer Gesellschaft gebildet hatten. Das religiöse Verbot des Grübelns war also kein Hindernis mehr für die Spekulation der Alchemisten und ihre Verbreitung. In der Tat finden wir in allen folgenden Jahrhunderten Beweise ihrer Tätigkeit« (aus: K. C. Schmieder, ›Die Geschichte der Alchemie‹).

Eleganter ist der souveräne Kommentar, den Hans-Werner Schütt hundertfünfzig Jahre nach Schmieder dem von Leo so drastisch geschilderten Phänomen widmet. Daß Leo seinem Auftraggeber, dem Papst, nach dem Mund redete, wie Schmieder annimmt, ist eine Vermutung, die Professor Schütt nicht mehr aufgreift, er visiert in seinem Werk ›Auf der Suche nach dem Stein der Weisen‹ höher: Die Alchemisten sind seiner Überzeugung nach Randerscheinungen der Gesellschaft und in ihrem Tun zu abseitig, um eine populäre, also Zulauf anlokkende Bewegung zu bilden, »und so hat sich der Staat höchstens von ihrem falschen Gold bedroht gefühlt, niemals aber von den Alchemisten als einer politischen Gruppe«. Im Widerspruch zu der eben festgestellten zahlen- und machtmäßigen Bedeutungslosigkeit der Alchemisten aller Grade mißt ihnen Schütt jedoch die Möglichkeit zu, daß ihre »latente Feindlichkeit gegen die offiziellen Ideologien der sie umgebenden Gesellschaften zur Stabilisierung eben dieser Gesellschaften beitrug«, eine schwer nachvollziehbare Vermutung angesichts der Vielfalt der im sechzehnten Jahrhundert gegeneinanderstehenden offiziellen Ideologien, ganz abgesehen davon, daß rund um das Mittelmeer eine ganze Reihe von Machtzentren existierte, die außer der rituellen Religionsausübung keinerlei spezielle Ideologie in die Tat umsetzen.

Die beiden großen Blöcke Christentum und Islam waren seit dem mit Bangen erwarteten, von Propheten und Schwarzkünstlern aller Art kommentierten Jahr 1000 nicht mehr unverwundbar und schon gar nicht stabilisiert, am allerwenigsten durch Schwarmgeister und Grübler wie die Alchemisten. Das Christentum, durch das skandalöse zehnte Jahrhundert und seine Päpste aufgeschreckt, lebte in reinen Formen nur noch in Sekten weiter oder aber in der offizielleren Machtposition etwa der heiligen französischen Könige oder der symbolischen Macht des Kaisers an der Spitze des Heiligen Römischen Reiches. Und der unbesiegbar angetretene Islam der ersten Jahrhunderte nach Mohammed hatte, sich selbst zerfleischend, das kostbare Spanien verloren mit allen Denkmalen höchster Kalifenpracht und arabischer Kultur. Die Zeiten, da ein Gerbert, Erzbischof von Ravenna, an der arabischen Universität in Cordoba studiert hatte, liegen ein halbes Jahrtausend zurück. Die Kirche hat einen Borgiapapst überstanden, den Renaissancepapst Julius II. mit hilflosem Staunen auf dem Stuhl Petri geduldet und noch gar nicht erkannt, daß der große Riß durch die abendländische Glaubenswelt sich eben zu öffnen beginnt und nicht mehr zu schließen sein wird.

Mitten im Raum der Alten Welt, im Herzen des Mittelmeers, haben die gefährlichsten und stolzesten aller heidnischen Völker, die Normannen, auf der Insel Sizilien ein Reich begründet, das germanisch und arabisch sein wollte und durfte wie Spanien und das ohne Reconquista das Miraculum eines römischen Kaisers hervorbrachte, der durch seine brüderliche Freundschaft zu Saladin dem Großen den katastrophalen historischen Irrtum der Kreuzzüge ad absurdum führte: Friedrich, der zweite Staufer seines Namens, ehrfurchtsvoll schon bei Lebzeiten *Stupor Mundi* genannt.

Wenn je seit Attila das Abendland nicht sosehr in seinen Grundfesten als in seinem Geistesgebäude erschüttert war, so in diesen Jahrhunderten, da die Kreuzritter zunächst, von heiligen Predigern eingeschworen, sich dann am Bosporus betrugen wie die Goldene Horde am Dnjepr und die alte Kaiserstadt Byzanz leerplünderten, als gelte der Kreuzzug den Griechen, Juden und Armeniern, die dort ein neues Alexandria begründet hatten. Bedurfte es da wirklich noch der »Sehnsucht der Adepten ... Ränder zu sprengen, Grenzen zu überschreiten« (Schütt)? Suchten sie nicht vielmehr in ihrer einerseits abseitigen, andererseits aber doch ins Innerste der Natur führenden Wissenschaft die verlorene Mitte des abendländischen Denkens?

Die Flucht in die Wissenschaft haben damals die besten Geister zwischen Rotterdam und Palermo angetreten. Wir beschäftigen uns dankbar mit den Männern, bei denen diese Flucht zum Nützlichen führte, in die Historie, in die Geographie, in die Philosophie, soweit man mit ihr etwas anfangen konnte.

Aber sind die anderen darum weniger wert, nur weil der Nutzen ihrer Bemühung nicht auf der Hand liegt? Eine Frage, mit der wir bei dem Mann sind, der zwischen Geber und Leo Africanus unversehens aus jenem Brodem auftauchte, der die Geschichte der Alchemie bis an die Schwelle der Neuzeit einhüllt: bei Paolo aus der Adriastadt Tarent, einem zumindest unter diesem Namen kaum bekannten geistlichen Schriftsteller des dreizehnten Jahrhunderts, von dem nach einer 1985 veröffentlichten Studie von William R. Newman *(Archives internationaux d'histoire des Sciences)* die wesentlichen Teile der *Summa Perfectionis* verfaßt wurden.

Man muß sagen, daß der Ort für das geheimnisvolle Werk gut gewählt war, ob das antike Taras nun 705 vor Christus begründet wurde oder etwas später. Zu Zeiten des Franziskanerpaters Paolo drängte sich, was es von Taranto nach vielen Korsarenüberfallen noch gab, auf jenem Felsen zusammen, der in griechischen Zeiten die Akropolis getragen hatte. Es war, wie das alte Marseille, eine Mittelmeerstadt mit allen Wundern und Geheimnissen, die das große, alte Phoinikermeer zu bieten hatte, vermehrt um die bizarre Eigentradition des *Mare piccolo* von Römern, Goten, Byzantinern bis zu den Normannen, die im elften Jahrhundert kamen, als wollten sie Totila und Teja rächen. Fürsten, die kaum anderswo hinpassen, wie Bohemund oder Manfred, regierten hier zwischen Korsarenschiffen, Malteserrittern, Feluken, Galeeren und Sklavenhändlern, und da sich alle Welt hier traf, wandelte Paolo, den Franziskaner, die Versuchung an, die Modebücher der Zeit und die verlockenden Traktate aus arabischen und lateinischen Bibliotheken in eine attraktive Kompilation eingehen zu lassen, wobei der arabisch-griechische oder griechisch-arabische Autor Geber immerhin mit dem ›Buch der Siebzig‹ maßgeblich vertreten war. Bedenkt man Methode und Bausteine, so weist die Fabrikation des Bestsellers aus Tarent zwingend auf einige Nachfolger aus heutiger Zeit hin.

Der natürliche Spiegel oder die veränderte Schöpfung

Der Begriff des Polyhistors ist relativ neu; dem Mittelalter war er unbekannt, weil damals in gewissem Sinn selbstverständlich. Undenkbar war der Arzt, dem die Schöpfungsgeschichte fremd gewesen wäre, unglaubhaft der Apotheker, der von Magie, Alchemie und Zahlenmystik niemals gehört hätte.

Bei der großen Spaltung der alchemistischen Bemühungen in die handwerkliche Technik und in die philosophische Spekulation hatten die Gelehrten der arabischen Welt, die guten Köpfe der jüdischen Geheimlehren und die scharfsinnigsten und neugierigsten christlichen Denker die Alchemie unabgesprochen, aber emsig vereint, zu einer neuen Erklärung der Welt ausgebaut und ausgedeutet. Daneben aber hatte sich der handwerkliche Boden der Alchemie gefestigt, weil eben auch ein Färber, Mixer, Restaurator dazulernt und die Chance hat, Neues zu entdecken.

Die antike Basis der alchemistischen Philosophie war ehrfurchtgebietend und durchaus tauglich, einem neuen Zeitalter weiter zu dienen, und sei es auch im Grunde namenlos, ein Mittel-Alter. Denn an Aristoteles war nicht zu rütteln, der Lebewesen und Umwelt bündig auf die Elemente Erde, Luft, Feuer und Wasser aufgeteilt hatte. Plato kam gar mit der Universalmaterie aus, die so recht nach dem Geschmack der Alchemisten war, barg sie doch schon *per definitionem* die Möglichkeit der ständigen und unbegrenzten Wandlung in sich. Die Alchemisten hatten sich der platonischen Universalmaterie mit dem Kriterium der Farblosigkeit genähert in Gestalt eines Amalgams aus Blei, Zinn, Kupfer und Eisen. Es hatte keine der Eigenschaften der beteiligten Metalle mehr und war schwarz, das heißt, es barg keine Farbe und zeigte auch keine bei beliebiger Beleuchtung. Eine überzeugendere Annäherung an Plato war unmöglich.

Es entsprach durchaus den Überlegungen der altgriechischen Philosophie, daß die Natur auf dem Weg zur Vollkommenheit sei. Die Handwerker, vornehmer Praktiker oder Artisans genannt, fühlten sich durch diese Vorstellung berechtigt, den Veränderungen zum Positiven nachzuhelfen – durch Mischungen, Experimente, Katalysatoren. Verwandelte nicht auch der einfache Mensch Feldfrüchte und Fleischnahrung in seine Kräfte, in die Erhaltung seiner Lebenstauglichkeit? Der große Wandel in der Natur, die sich in jedem Frühjahr mit neuem Grün bedeckte, Blüten hervorbrachte, das Eis der Gewässer schwinden ließ, versicherte den Alchemisten, daß ihre Veredlungs- und Wandlungsversuche mit dem Sinn der Schöpfung und dem gottgewollten Weg der Welten in Einklang stünden. Die arabischen Denker waren ohne dieses fromme Rüstzeug ausgekommen, in ihnen hatte der Erkenntnistrieb gebohrt, wenn sie auch sicher waren, daß jedes ihrer Ergebnisse dem höheren Ruhm des Propheten diene; der ummauerte Christ des Mittelalters bedurfte der Gewißheit, mit seinem Schöpfer zu gehen, nicht gegen ihn, nicht ohne ihn.

Als die Namen der großen arabisch-griechisch-jüdischen Autoritäten in den ersten Klosterbibliotheken auftauchten, dämmerte den Mönchen zwischen Irland und dem Kloster Sinai, daß die gleichsam neutralen Gelehrten der griechischen Geisteswelt weiterhin gelesen und zitiert und gelehrt werden dürften; schließlich konnten sie von dem Ereignis der Geburt des Heilands im fünften und vierten vorchristlichen Jahrhundert nichts wissen. Nicht wenig von dem, was bei Platon zu lesen stand, hätte sich mit der Bergpredigt ganz gut vertragen. Aber die Araber, selbst die berühmtesten wie Avicenna, Averroës, El Bekri, Al Biruni, Männer, die von ihrer Welt sprachen, als seien die islamischen Reiche der Kern der Schöpfung, sie waren seit dem ersten Kreuzzug und seit den Predigten des großen Bernhard von Clairvaux nun nicht mehr viel anderes als Sendboten des Antichrist.

James Corbett, Ordinarius an der Universität von Notre-Dame d'Indiana, sieht den großen geistigen Rumor der mittelalterlichen Alchemisten des Abendlandes als die beginnende

Auseinandersetzung nicht nur mit den Lehren der großen Araber, sondern auch als eine Suche nach den Irrtümern der heidnischen Antike und der wenigen ergiebigen Römer wie Plinius. Dem Bemühen, einen Überblick zu gewinnen und eine kritische Schau zu veranstalten, ist in gewissem Sinn auch schon die Arbeit zuzuordnen, die Paolo di Taranto auf sich nahm mit seiner gigantischen Kompilation eines Pseudo-Geber. Aristoteles erobert sich die Pariser Universität, aber nicht in seinen originalen Texten, sondern in den Kommentaren des Averroës (1126–1198), der oft nur ›Der Kommentator‹ genannt wird. Die gleiche kommentierende Aus- und Umdeutung vollbringt Al Farabi (870–950) aus Transoxanien, gestorben in Damaskus, an Plato, und die Scholaren an der Seine lesen bei ihm erschauernd, daß die Unsterblichkeit der Seele eine Legende sei. Das höchste Gut der Menschen sei das Leben in dieser irdischen Existenz, alles Jenseits sei ein Destillat aus Altweibergeschichten (aus: Hermann Ley, ›Avicenna‹).

Kann man es den zutiefst verunsicherten Wissenschaftsdenkern eines von allen Seiten berannten Europa verübeln, wenn sie ihre eigenen Sicherheiten und Gewißheiten suchen – während Wikinger ihre Küsten heimsuchen, moslemische Piraten ihre Handelsschiffe kapern und christliche Jungfrauen auf den Märkten von Oran oder Algier feilbieten? Europas Mönche illuminieren ihre frommen Handschriften und hoffen, in der allerneuesten Ausdeutung der Offenbarung des Johannes einen Schlüssel zum Verständnis des in Aufruhr geratenen kleinen Erdteils zu finden. Pilgerstätten blühen auf, Reliquien gewinnen strahlende Bedeutung, Goldglanz fällt in dunkle, hohe Kirchen.

Die noch erstaunlich kleine Gemeinschaft der Suchenden, Wissenden und Bemühten ist auf der Suche nach neuen Heiligen. Das römische Recht hat seinen düsteren Glanz bewahrt; die Poeten Griechenlands und der lateinischen Welt sind allgegenwärtig. Aber das Wissen, die Kunde von der Erde und von der Welt, muß aus der drohenden Überfülle der arabischen Schriftquellen herausgelöst und mit dem schlichten Mönchsverstand, der treuherzigen mittelalterlichen Lebensgemeinschaft von Hof, Kloster und Ritterburg in Einklang gebracht werden, was schwierig ist, wenn die Ritter nicht schreiben und lesen können und bei Hof den Prinzen mehr kriegerische Künste beigebracht werden als alte Weisheiten.

Das christliche Gedankengut, das sich im Gedankengebäude der Alchemie mit dem antiken Erbe und den arabischen Lehren mischt, macht es den kirchlichen Autoritäten schwer, die Alchemie kurzerhand zu verbieten. Bei vielschreibenden Kirchenvätern findet sich immer irgendein Wort, aus dem man die Duldung der undurchsichtigen Wissenschaft ableiten kann, und vor allem: Beim Gesamtniveau von Medizin und Pharmazie ist es für die Alchemisten schwierig, mehr Schaden anzurichten als die Berufenen. Zweifellos sind unter den Alchemisten aller mittelalterlichen Zeiten und Zentren nicht wenige gute Ärzte gewesen; die Natur der Mineralien, die Eigenschaften der Pflanzensäfte, das Verhalten der Mischungen kennenzulernen kann durchaus Positives hervorbringen. Noch gibt es keine Übersicht über Medikamente, die gleichsam zufällig als Nebenprodukte der Goldmacherkunst entstanden sind, aber allein die experimentelle Erfahrung, die Konstruktion von Gerätschaften, die Verfeinerung von Beobachtungen und Aufzeichnungen sind unleugbare Fortschritte, bei denen die Alchemie zweifellos eine größere Rolle spielte als die rein empirische Schulmedizin oder die starren Apothekertraditionen. Insofern galt das Wort des Thomas von Aquino (1225–1274), daß man die Alchemisten gewähren lassen solle, solange sie keinen Schaden stiften. Der Adelige aus dem Schloß Rossasecca im Neapolitanischen hatte Ahnungsvermögen genug, sich vorzustellen, wie viele Märtyrer die Verfolgung dieser eigentümlich verbohrten und eben darum unbeirrbaren Männer hervorbringen würde. Thomas selbst war ein hervorragender Kenner aller Schriften des Aristoteles und seiner Weltsicht, und er leitete aus diesem großartigen Wissenssystem der Antike eine für seine Zeit und die Zukunft gültige realistische Toleranz ab. Thomas hatte in Köln und Paris studiert und in der Stadt an der Seine seine größten Erfolge errungen, ja sich den Titel des *Doctor universalis et angelicus* verdient; von Papst Urban IV. nach Italien zurückgerufen, weil die lebhafte Pariser Universität von Thomas denn doch zuviel Aufhebens machte, lehrte er in Bologna, Pisa und Rom. Da das Reisen in jener Zeit nicht nur sehr lange Zeit in Anspruch nahm, sondern auch noch sehr beschwerlich war, ereilte so manchen frommen Mann der Tod unterwegs. Das war auch bei Thomas von Aquino der Fall: Auf dem Weg zum Konzil von Lyon sehr früh im Jahr 1274 mußte er wegen eines Unwohlseins bei Terracina eine Rast einlegen und starb im Kloster Fossanuova. Nach seinem Tod wurden nicht nur seine Staatslehre und die Grundlinien seiner Philosophie studiert, sondern sehr eingehend auch sein Verhältnis zum Judentum und zur jüdischen Literatur. Ergebnis dieser Untersuchungen war, einfach ausgedrückt, der große Kirchenmann hätte durchaus das Zeug zum Alchemisten gehabt, weswegen er vielleicht klarer als so mancher andere die Berechtigung der alchemistischen Betätigungen und Versuche erkannte, ohne sich freilich selbst auf dieses Terrain zu begeben.

Unter den Pariser Bewunderern des neapolitanischen Weisen war König Ludwig IX., der Heilige, der vieles von dem in die Praxis umsetzte, was Thomas als Gebot der christlichen Vernunft verkündet hatte.

Vier Jahre lang, von 1248 bis 1252, war Thomas in Köln Schüler von Albert von Lauingen, bekannter unter seinem Ehrentitel Albertus Magnus, eines Mannes also, der mitten in Deutschland, in alten Kulturstädten wie Köln, Hildesheim, Freiburg oder Straßburg, zu einer der geheimnisvollsten Gestalten seiner Zeit wurde, zu einem Abgott der Schwarzkünstler und Alchemisten und selbst in den Geruch der Zauberei geriet.

Die Rätsel beginnen bei Person und Geburt. Seine Familie, soviel stand fest, war ritterbürtig, aber die durch Jahrhunderte herrschende Annahme, er sei ein Graf Bollstädt, somit Glied einer Friedrich II. besonders nahestehenden Familie (Guy Oury), hat sich nicht beweisen lassen, so verführerisch der Gedanke ist, den geheimnisvollen Staufer mit seinen normannisch-griechisch-arabischen Bezügen und Kenntnissen als geistigen Vater des Magus aus Köln einzusetzen. Alberts Geburtsjahr ist mit 1193 wahrscheinlicher als mit 1206, weswegen Professor Dr. Binding von der Universität Köln in seinem Albertus-Artikel im ›Lexikon des Mittelalters‹ die Mittellösung »um 1200« empfiehlt. Lauingen in Schwaben steht als Geburtsort fest. Die eigentlichen Jugendjahre liegen im dunkeln, die Inskription in Padua liegt mit 1222 ziemlich spät, was auf eine ritterliche Erziehung der üblichen Art schließen läßt, nach der dann das wissenschaftliche Interesse des jungen Mannes erwacht.

Bald darauf tritt er in den Predigerorden ein, was ihm später den Ehrentitel *le premier grand docteur de l'ordre des frères prêcheurs* einträgt. (Das Datum des Ordenseintritts ist bekannt – 1223 – und spricht deutlich gegen das spätere Geburtsdatum. Auch sind starke Widerstände der gräflichen Familie gegen den Ordenseintritt belegt, die ein Sechzehnjähriger wohl kaum hätte überwinden können.) Als Lehrer an verschiedenen Ordensschulen noch relativ unauffällig, wählt Albertus nach seiner Tätigkeit in Straßburg dann die Pariser Universität für die weiteren Studien zur Erlangung des theologischen Doktorgrades, nicht, weil Straßburg damals eine rein deutsche Stadt war, sondern weil es keine voll ausgebaute Universität hatte und der einzigartige Ruf von Paris nach den Prüfungen günstige Berufungen zur Folge haben mußte. Erst 1248 aber kommt es zu so einer Berufung; Köln erinnert sich an ihn, bald darauf bietet sich auch ein ehrenvoller Aufstieg in seinem Orden an, er wird Prior der deutschen Ordensprovinz, was – mit aller Behutsamkeit angedeutet – auch mit einem erheblichen Einkommen verbunden ist. Das neugegründete Kölnische Studium heißt *generale et solemne*, womit gesagt werden soll, daß Umfassendes geboten wird, und zwar *sol(l)emnis,* das heißt jährlich wiederkehrend. Man kam mit dieser Bezeichnung um eine genauere

Definition herum, mußten doch Universitäten nach Prüfung von Lehrplänen, Ziel, Einrichtung und Verfassung von Kaiser und Papst genehmigt werden.

Die rheinischen Erzbistümer Köln, Mainz und Trier waren, heutigen Bundesländern vergleichbar, sehr selbständige Verwaltungskörper, und die jeweiligen Oberhirten hatten wichtige Stimmen bei der Wahl des deutschen Königs; nach unten hin waren sie aber Landesherren und regierten nicht selten im Gegensatz zu ihrer Bürgerschaft. Schon 1252 mußte Albertus in einem Konflikt zwischen den Kölnern und ihrem Erzbischof den Schiedsrichter machen, und 1256 vertrat er an der Seite seines ihn bald an Ruhm übertreffenden Schülers Thomas von Aquino die Bettelorden vor einem päpstlichen Gericht, das in Anagni tagte, gegen den einflußreichen Weltgeistlichen Guillaume de Saint-Amour. Dieser hatte 1256 ein Pamphlet gegen die Bettelorden verfaßt, aber unter dem Titel ›Von den Gefahren unserer Tage‹ (*Des Périls du Temps*) allgemein die Mönchsorden, das praktische Bildungsmonopol der Klöster und die Omnipräsenz der Patres in Stadt und Land angegriffen und damit bei seinen Pariser Studenten sehr viel Echo gefunden.

Nach der Demarche so bedeutender Ordenstheologen wie Thomas und Albertus untersagte Papst Alexander IV. (1254–61) Wilhelm de Saint-Amour sofort jede weitere Lehrtätigkeit. Die Beschränkungen, die Innozenz IV. den Bettelorden auferlegt hatte, wurden aufgehoben, ja der Papst gründete seinen eigenen Mendikantenorden, die Augustiner-Eremiten, indem er mehrere italienische Bruderschaften von Eremiten zusammenfaßte und damit besser organisierte – eine indirekte Anerkennung der Kritik, die Guillaume am wuchernden Mönchswesen geübt hatte. Ein weiteres Zeichen, das Alexander gab, war die Heiligsprechung der Klara von Assisi, die einst die ›Armen Klarissinnen‹ begründet hatte.

Der weltliche Klerus zu Paris gab aber nicht auf; namhafte Fürsprecher verwandten sich für Wilhelm, und als dieser an die Universität zurückkehrte, wurde er auf dem Parvis de Notre

Dame frenetisch gefeiert. Für den Papst war dies eine Demütigung, die er bis zu seinem Tod 1261 in Viterbo nicht verwinden konnte; Albertus aber hatte mit seiner hohen Intelligenz seine Gegner erkannt: die Aufklärung, weswegen die Kämpfe gegen Wilhelm von vielen Albertus-Forschern als jenes Schlüsselerlebnis bezeichnet werden, das ihn dem Irrationalismus zuneigen ließ bis hin zu den Grenzen der Vernunft.

Der Weg, der ihn aus Skepsis und Materialismus hinausführte, war durch die umfassende Kenntnis der Schöpfung und ihrer Deutung durch Aristoteles gegeben, wobei Albertus auch pseudo-aristotelische Schriften wie das ›Buch von den Elementen‹ nicht verschmähte, wenn er das Thema für seine Übersicht brauchte. Sein souveräner Verstand unterschied auch aus einer Distanz eines halben Jahrtausends zwischen Erkenntnis und Spekulation, bediente sich allerdings vorliegender Hilfen, um sich mit gesicherten Wissensbeständen, wie es sie in der Zoologie gab, nicht aufhalten zu müssen. Im Zentrum seiner Erörterungen stehen die Rätsel des Weltalls, der Begriff der Seele und die anorganische Welt *(De mineralibus)*, der er nicht weniger als fünf Bücher widmet. Die Alchemisten, die sich auf Albertus Magnus stützen, schöpften jahrhundertelang aus diesem Kompendium, und in der erstaunlichen Tierpsychologie des großen Universalgelehrten steht manche ägyptische Tiergottheit wieder auf: Es gibt von Albertus Magnus ein mitten in Europa geschriebenes Schlangenbuch! Quellen für diese Arbeiten sind Einzelstudien, zurückgehend bis auf den großen Rhases, aber auch europäische Spezialisten werden durch die Aufnahme ihrer Ergebnisse in die enzyklopädischen Bemühungen des Magus von Köln unsterblich wie Thomas von Cantimpré, der das Material für ein alphabetisch geordnetes Tierlexikon lieferte. Für einen Geistlichen ungewöhnlich ist die intensive Beschäftigung mit der Falknerei und der Beizjagd, aber es war schließlich die Zeit, da selbst Bischöfe an der Spitze ihrer Söldnerscharen in den Krieg zogen, ganz zu schweigen von den Päpsten und ihren Condottieri.

Für die Zeitgenossen wurde Albertus Magnus sehr bald zum Rätsel. Aufgrund verschiedener Privilegien verfügte er über außerordentliche Summen, vor allem aber über einen klaren mathematischen Verstand. Daß er in dem wirtschaftlich trägen dreizehnten Jahrhundert das hochverschuldete Bistum Regensburg binnen drei Jahren schuldenfrei machte, trug ihm zwar nicht den Ruf eines Geld- oder Goldmachers ein, aber daß er ein besonderes Verhältnis zu den Münzen und Mengen habe, war seitdem allgemeine Überzeugung. In seinen Mineralienbüchern fanden sich Grundweisheiten der Alchemie, die dies zu bestätigen schienen:

»Was die Verwandlung eines Metalles in ein anderes betrifft, so läßt sich physisch nicht bestimmt darüber urteilen. Das ist Sache der Alchemie, und zwar der Hauptgegenstand derselben, im Grunde aber kaum zu bezweifeln: Läßt sich doch aus den spezifischen Eigenschaften eines jeden Metalles erkennen, wann es so wurde, wie es ist.«

Vom Gold angezogen, wie viele seiner Vorgänger und Zeitgenossen, behauptet er: »Aus dem Silber entsteht leichter Gold als aus anderen, weniger edlen Metallen, denn im Falle des Silbers braucht nichts verändert zu werden als die Farbe und das Gewicht, und eben das geschieht ohne sonderliche Mühe.« Albertus sieht also eine tiefe Verwandtschaft, gleichsam eine Urverwandtschaft zwischen den Edelmetallen und ahnt vielleicht die Tafel der Elemente voraus, auf der Verschiebungen durch winzige Veränderungen in der Zusammensetzung des Moleküls gleichsam automatisch vor sich gehen.

Albertus Magnus erkennt die große Versuchung, der die Alchemisten erliegen, weil sie von der Einheit der Natur und ihrer geschlossenen Wesenhaftigkeit überzeugt sind: »Die Alchemie verfährt so, daß sie einen gewissen Körper zersetzt und auflöst, ja ihn aus seiner eigentlichen Gattung herausnimmt und mit dem Wesentlichen seiner Elemente einen Körper aus einer anderen Gattung bedeckt. Daraus ergibt sich jenes alchemistische Verfahren als das beste, welches von durchaus natürlichen Mitteln ausgeht, das heißt den von der Natur angewandten Methoden etwa im Falle des Schwefels durch Kochen und Sublimieren, oder auch von der Reinigung des Quecksilbers zwecks Vermischung beider mit einer guten metallischen Grundsubstanz, denn jene beiden sind imstande, jede Art Metall zu decken. Hingegen sind die Weißfärbungen und die Goldfärbungen unter Beibehaltung der Grundgattung des gefärbten Metalls nichts anderes als Betrügereien. Leider schlagen beinahe alle diesen Weg ein oder versuchen jedenfalls, ihn zu beschreiten.«

Albertus berichtet dann von seinen eigenen Prüfungen und Kontrollen, die, wie nicht anders zu erwarten, beim sechsten oder siebten Arbeitsgang beweisen, daß die Goldfabrikation mißglückt ist. Die Dominikaner von Köln, also jener Orden, der eifersüchtig auf Fehler und Irrtümer anderer Mönchsorden achtete und nichts Eiligeres zu tun hatte, als darüber nach Rom zu berichten (*domini canes* – die Hunde des Herren), unterstellten Albertus Magnus auf diese und andere Schriften hin, daß er selbst aktiver Alchemist sei und sich der Schwarzen Kunst mit all seinem Können hingebe. Die Wahrheit ist schwer herauszufinden, da man zur Lebenszeit des großen Gelehrten von der Buchdruckerkunst noch an die dreihundert Jahre entfernt war und die einschlägigen Schriften erst ab 1518 im Druck erschienen. Die bedeutende Abhandlung *De Alchymia* zum Beispiel enthält in der gedruckten Fassung Zitate von Autoren, die erst nach Albertus lebten, und ist in ihrer Authentizität darum angezweifelt worden, doch lag es im gelehrten Brauch der Zeit, Querverweise nachträglich einzuarbeiten. Es konnten also durchaus von einem interessierten, informierten Herausgeber der Druckausgaben mit Albertus korrespondierende Aussagen bei Arnald de Villeneuve (1235–1312) gefunden und als Marginalien eingearbeitet worden sein. Da Arnald/Arnaud möglicherweise nicht 1235 im Languedoc, sondern erst 1238 in Valence geboren wurde, sind persönliche Begegnungen der beinahe durch ein halbes Jahrhundert getrennten Gelehrten möglich, denn der Gedanke reitet schnell in den Wissenschaften.

Arnaud war der einzige nichtgeistliche Alchemist seiner Zeit, was ihn von vorneherein der Zauberei verdächtig machte. Er hatte in Paris und in Montpellier Pharmakologie studiert und sich dann nach Barcelona begeben, wo man zu dieser Zeit noch arabische Vorlesungen hören konnte. Einmal auf der Iberischen Halbinsel, wurde er Leibarzt König Pedros III. von Aragon, verlor die einträgliche Stellung aber, als sein Patient am 11. November 1285 starb und man diesen Tod mit gewissen Prophezeiungen Arnauds in Verbindung brachte, da er sich seiner besonderen, astrologisch beeinflußten Heilkunst rühmte. Pedros Witwe Konstanze war eine Tochter König Manfreds von Sizilien; dies bahnte dem gefährdeten Arzt und Alchemisten offensichtlich den Weg nach Sizilien, wo er eine Chance sah, am Hof Friedrichs II. Schutz zu finden. Wieweit dies gelang, ist zweifelhaft, denn wir finden Arnaud bald darauf in Salerno und noch Jahre später, um Rechtfertigung bemüht, auf der Reise zu Papst Clemens V. Es war eine Reise quer über das westliche Mittelmeer, da die Päpste inzwischen in Avignon residierten. Auf dieser Reise ist Arnaud de Villeneuve 1311 oder 1312 bei einem Schiffbruch umgekommen, was so mancher seiner Zeitgenossen als Gottesurteil ansah. Es waren die Jahre, da die christliche Welt erstaunt und beschämt das kollektive Schuldeingeständnis der Tempelritter entgegennahm, die der König von Frankreich seit 1307 unter allerlei Vorwänden, nicht zuletzt aber wegen ihres Reichtums, verfolgte und einige ihrer höchsten Würdenträger grausam hinrichten ließ. Die Reise des bedeutenden Astrologen, Arztes und Alchemisten in eben diesen Jahren wird darum mit dem letzten Akt in der Tragödie der Tempelritter in Verbindung gebracht.

Als Alchemist hatte Arnaud wohl nicht den Ruf eines Albertus Magnus, dem man zutraute, aus reiner Geisteskraft die Umwandlung in Gold zu vollziehen, aber Arnaud hatte im spezifischen praktischen Bereich des alchemistischen Wirkens beträchtliche Erfolge erzielt. Er hatte vor der Benutzung kupferner Gefäße gewarnt, wenn Essig, Säuren oder allzu süße Speisen darin aufbewahrt oder gemischt werden sollten. Er hatte ein Verfahren erfunden, glühendes Gold mit Wein oder Weindestillat zu löschen, findet als erster die Bezeichnung Alkohol und erzeugt durch Zusätze von Gewürzen und Zucker ein Lebenselixir, das er *Aqua Vitae* nennt. Er stand auch in dem Ruf, lebensverlängernde Behandlungen zu beherrschen. Hingegen ist sein *Olio Mirabili* im Wesentlichen das alte Terebenthin des Galenus. Eine Toxikologie von 1475 wird auf Arnaud de Villeneuve zurückgeführt, andere umfangreiche Traktate von ihm sind in lateinischer und arabischer Sprache abgefaßt. Ein besonderes Kuriosum ist seine katalanisch (!) geschriebene, reichlich schwülstige Theologie, bei der aber immerhin feststeht, daß sie sein ureigenstes Werk und auch nicht teilweise von anderen bezogen ist.

Während all dieser ehrfurchtsvoll ein gigantisches Werk begleitenden Kommentare, Exzerpte und gelegentlich auch Widerlegungen nutzte Albertus Magnus sein langes Leben, um ein Werk nach dem anderen ans Tageslicht zu geben, beginnend vor 1243 mit dem literarischen Werk *De natura boni.* Noch verwendet Albertus nicht das Frage-und-Antwort-Schema, das im ganzen Mittelalter und auch in seinem späteren Werk den didaktischen Charakter der Schriften in den Vordergrund rückt, sondern bevorzugt die fortlaufende Darstellung, wobei Fragen des Marienkultes im Mittelpunkt stehen. In Zusammenhang damit steht eine Himmelshierarchie, die uns nur in einer Abschrift des Thomas von Aquino erhalten ist, ein durchaus ungewöhnlicher Gegenstand, der sich aus dem Bestreben hergeleitet haben mag, der griechischen Götterwelt, die schließlich auch über dem immer noch verehrten Aristoteles thronte, ein christliches Äquivalent zu liefern und den Gläubigen Anhaltspunkte für Vergleiche zu bieten.

Wie es dann in den fünfziger Jahren des dreizehnten Jahrhunderts, als Albertus in Avignon und in Anagni weilt, zum Schwerpunkt der naturwissenschaftlichen Arbeiten Albertus kommt, läßt sich nur vermuten. Er weilt in der Fremde, die Auseinandersetzungen um die Bettelorden nehmen zweifellos nur einen kleinen Teil seiner Zeit in Anspruch, vor allem, da der Papst auch für einen so großen Gelehrten nicht immer zu sprechen ist. Und so entstehen noch vor der Bischofszeit in Regensburg die sensationellen fünf Bücher einer im wesentlichen neuen Mineralogie, mündend in den Erörterungen über die philosophische Schwerkraft der verschiedenen Minerale und die Bilanz einer Übereinstimmung der Alchemisten über den »Stein der Weisen«. Ein weiteres Hauptwerk über die philosophische Bedeutung der alten Alchemie, von Albertus *Semita semitae* (Weg der Wege) genannt, war lange Zeit als Werk des Albertus umstritten, vor allem wegen gewisser Anklänge an Arnaud de Villeneuve, wie überhaupt beinahe alle seine Arbeiten, sofern sie nicht theologischen oder philosophischen Charakter haben, wegen seiner außerordentlichen Autorität zur Bekräftigung eigener Ansichten anderer Autoren herangezogen werden. Die Enge der Gesamtthematik, insbesondere der Alchemie, läßt dies zu; man konnte im dreizehnten Jahrhundert nicht über naturwissenschaftliche Gegenstände schreiben, ohne an diese faszinierenden Randgebiete zu stoßen.

Nicht alles, was Schmieder in seiner ›Geschichte der Alchemie‹ Albertus Magnus zuschreibt, ist wirklich aus seiner Feder geflossen, jedenfalls nicht vollständig. Vor allem in der Astrologie kann Albertus sich nicht von den Traditionen frei machen (denn wo bliebe dann die Astrologie selbst?). »Hingegen gründet sich sein Ruf als Alchemist und Zauberer (!) beziehungsweise die schon bald einsetzende volkstümliche Legendenbildung auf die zahlreichen Schriften, die ihm irrtümlich oder auch absichtlich untergeschoben werden und bis in das 19. Jahrhundert seine zum Teil abwertende Beurteilung in der Historiographie bestimmten« (aus: Binding/Dilg, im ›Lexikon des Mittelalters‹).

Man mag es bedauern, aber es entbehrt auch nicht einer gewissen Ironie, daß sein populärstes Werk *De secretis mulierum* (in den frühen deutschen Übersetzungen ›Die Geheimnisse von denen Weibern‹), wenn es nicht ihn selbst zum Verfasser hat, so doch ein überaus geschicktes, den lehrhaften Ton des großen Albertus nachahmendes Kompendium genannt werden muß, eine begabte Annäherung. Und ein Thema wie *De mirabilibus mundi* ergab zwangsläufig einen Traktat, in dem von Alchemie bis Zauberwesen alles behandelt wurde, womit das Mittelalter in seinem Aberglauben, aber auch seiner tiefen und unentrinnbaren Unwissenheit sich um so lieber beschäftigte, wenn der Autor allerhöchste Weisheit verhieß und wenn man sicher sein durfte, daß ein heiliger Mann, kein Ketzer, kein Verführer, hinter dem ausgebreiteten Wissen stehe.

Daß der eine oder andere engere Fachmann in Dingen der Botanik oder der Zoologie Schwachstellen in den enzyklopädischen Schriften des Albertus entdeckte, tat seinem Ruhm keinen Abbruch; in dieser Hinsicht hat sich die Lage bis heute kaum verändert. Die ihm zugeschriebenen Lehrbücher der Zauberei und der Schwarzkunst gingen unter dem nicht ganz ernstzunehmenden Titel ›Der große und der kleine Albertus‹ in die Welt hinaus. »Die historische Forschung hat immerhin versucht, auch in diesen Zuschreibungen ein paar Ähren von einem großen Feld aufzulesen«, schreibt Gunnar Tilander, Honorarprofessor an der Universität Stockholm (aus: *Dictionnaire des Lettres Françaises*).

Wegen seines enzyklopädischen Eifers und des Umfangs seiner wissenschaftlichen Werke wird ein Spanier aus Mallorca nicht selten mit Albertus Magnus verglichen, nicht zuletzt auch, weil er die Verbindung zwischen Albertus, Arnaud de Villeneuve und den arabischen Vorläufern herstellt. Dieser Mann heißt – auch hier variieren die Schreibungen – Raimundus Lullus oder Ramon Lull, wurde zwischen 1232 und 1235 auf der Insel Mallorca geboren und hatte eine alteingesessene jüdische Familie hinter sich, in der jedoch nur katalanisch gesprochen wurde. Nach sorgfältiger Erziehung wurde er Page am Hof des Königs von Aragon, an dem damals neben den Hofschranzen viele Künstler, Gelehrte und Troubadoure verkehrten. Er erhielt den Rang eines Seneschalls (Haushofmeister, Vorratskämmerer), heiratete und führte das Leben eines begüterten Hofbeamten, bis sich 1266 der Übertritt zum Christentum nicht mehr hinausschieben ließ. Raimundus nahm seine neue Religion sehr ernst, man hat den plötzlichen Ausbruch seines Temperaments, den Aufbruch in ein Märtyrer- oder mindestens Missionarsschicksal auch als den typischen Eifer des Renegaten aufgefaßt. Unter den Spezialstudien, die sich mit seiner rätselhaften und zweifellos bizarren Persönlichkeit beschäftigt haben, ragt Monsieur le Chanoine Joseph hervor, Domherr zu Toulouse und mit seinem bürgerlichen Namen Salvat Honorarprofessor an der katholischen Fakultät der Universität Toulouse. Er war dort Direktor des Studienkreises vom »fröhlichen Wissen« (*Gai Saber*), zu dem allerdings das, was Raimundus erlebte, nur zum Teil paßt.

Wir müssen von Raimundus Lullus sprechen, weil er als einer der beredtesten Gegner der Alchemie aus ihrer Geschichte nicht wegzudenken ist und weil er, um dieser Gegnerschaft willen, sich natürlich einige Kenntnisse von den Zielen und Methoden der Alchemisten aneignen mußte. Schmieder versteigt sich sogar zu der Bemerkung: »Raimund Lullus, spanisch Ramondo Lullo genannt, ist unstreitig der berühmteste Alchemist dieses Jahrhunderts.« Nach Schmieder habe eine vom jungen Raimundus angebetete Hofdame ihm ihre von Krebsgeschwüren gezeichnete Brust enthüllt, was den glänzenden Hofmann zur Einkehr bewogen habe. Die folgenden Schicksale sind bunt, nicht durchweg verbürgt und bilden zusammengenommen den packendsten Abenteuerroman des dreizehnten Jahrhunderts, in dessen Kurzfassung wir lieber Joseph Salvat folgen als Schmieder.

Demnach zog sich Raimundus zur inneren Einkehr auf den Monte Randa in Mittelitalien zurück und studierte zu seinem angestammten Wissen aus der Kabbala noch das Arabische,

Lateinische und die praktischen Möglichkeiten der Missionierung des islamischen Nordafrika. Weder Philipp der Schöne von Frankreich noch Papst Nikolaus IV. (1288–1292) gingen auf seine Vorschläge ein, und er war schon in den Sechzigern, als er auf eigene Faust seine Predigerreisen nach Zypern, Genua und Nordafrika antrat, wo er neben anderen Gefahren die Gefängnisse von Bougie in der algerischen Provinz Constantine kennenlernte. Vor Pisa (das damals noch am Meer lag) erlitt er einmal Schiffbruch, und sein Auftritt auf dem ökumenischen Konzil in Vienne mit ausgearbeiteten Plänen für die Mission unter Moslems und Juden blieb ohne Echo, da die versammelten Prälaten sich vornehmlich mit dem Prozeß gegen die Tempelritter und den Folterungen der einst so geachteten Glaubensbrüder beschäftigten. Verarmt und entmutigt, kehrte Raimundus nach Mallorca zurück, dem einzigen Ort auf der Welt, wo er nicht verhungern konnte, weil ein paar Verwandte noch einige Grundstücke für ihn verwalteten. Aber statt hier in Frieden sein Leben zu Ende zu bringen, brach er bald nach Tunis auf, erboste die Mohammedaner dort durch Eigensinn und Ausdauer seiner Bekehrungsversuche und wurde beinahe zu Tode gesteinigt (eine nicht verbürgte Episode). Seefahrer aus Genua sollen den Schwerstverletzten gerettet und auf ihr Schiff gebracht haben, wo er dann, wenige Wochen später, im Angesicht seiner Heimat Mallorca, aber noch auf hoher See, verstorben sei, 1315, vielleicht auch erst 1316.

Wie bei anderen Berühmten läßt sich nicht bei allen ihm zugeschriebenen Werken die Authentizität nachweisen, doch stammt das für uns wichtigste seiner Werke, das ›Buch von den Geheimnissen der Natur‹, mit einiger Sicherheit aus seinem Gedankengut, vor allem aber setzt es eine Grundverwandtschaft seiner Ideen zur Alchemie mit seinem Gesamtbild von der Natur in Bilder und Beispiele um. Bei aller Kritik, die er gegen manchen Zeitgenossen scharfsinnig übt, erklärt er das wissenschaftliche Experiment als grundsätzlich berechtigt, ja als unabdingbar für den Fortschritt der Wissenschaft. Sein Gedanke von

Einheit und unübertrefflicher Macht der Schöpfung regiert auch das Werk *Magia naturalis*, das später, in Nürnberg gedruckt, auch die Renaissancephilosophie beeinflußt. Während zu seiner Zeit in der Kirche schon starke Strömungen die Verurteilung der Alchemie befürworteten, hält Raimundus es durchaus für möglich, daß ein göttlicher Gnadenstrahl einem dafür ausgewählten und würdigen Alchemisten die Entdeckung des *Lapis philosophorum*, des »Steins der Weisen« ermöglichen werde. Das *Testamentum universam artem chimicam complectens* (sic), wie es 1566 in Köln im Druck erschien, enthält neben unstreitig von Raimundus stammenden Abhandlungen auch Materialien von Arnaud de Villeneuve und Predigten von Roger Bacon (1214–1293).

Die alchemistische Großtat des Raimundus wurde bis herauf ins neunzehnte Jahrhundert geglaubt und gilt heute als geniales Manöver alchemistischen Großbetrugs für einen guten Zweck. König Edward III. hatte vom Beginn seiner Herrschaft über England im Jahr 1327 an immer wieder gegen Frankreich kämpfen müssen, wegen der Gascogne, wegen der Kanalhäfen, in Seeschlachten wie der von Sluis, die damals die ganze Welt bewegten, obwohl es sich doch nur um Episoden in einem Hundertjährigen Krieg handelte. Da nichts kostspieliger ist als die Ausrüstung einer Flotte, soll sich König Edward durch Vermittlung eines Abtes namens Cremer an den im Ruf der Goldmacherei stehenden Raimundus Lullus gewandt und seine Hilfe erbeten haben. Raimundus konnte zwar ebensowenig Gold machen wie irgendein anderer, aber er erdachte eine eindrucksvolle, ihrer Schönheit wegen begehrte und gerne akzeptierte Münze, bei der niemand nach dem Feingehalt fragte, den Rosenobel, und es gibt tatsächlich viele Zeugen, die dieses Wunderwerk, das Edward zu Hilfe kam, tatsächlich gesehen haben. Der bald populär gewordene Name des vermeintlichen Goldstücks rührte von den Rosen her, die auf beiden Seiten zu sehen waren und durch die sich die neue Münze vom sogenannten Nobel unterschied, einer Gedenkmünze, die

Edward III. nach seinem Seesieg von Sluis am 22. Juli 1340 hatte prägen lassen.

Der Rosennobel war etwas schwerer als der Nobel, zeigte den König gewappnet und erfreute sich im Handel so außerordentlicher Beliebtheit, daß er noch unter Elisabeth I. geprägt wurde und zahlreiche, allerdings vergröbernde Nachahmungen erfuhr, unter anderem in den Niederlanden. Da Raimundus ein Alter von mehr als 100 Jahren hätte erreichen müssen, um diese Münze zu mischen und zu prägen, ließen sich allenfalls seine Anweisungen mit ihr und Edward III. in Verbindung bringen.

Das unbestreitbare, wichtigste und nachhaltigste Verdienst des umgetriebenen Konvertiten hat mit Alchemie wenig oder nichts zu tun. Er gilt den Philologen als der eigentliche Schöpfer einer katalanischen Schriftsprache, von der es vor ihm nur sehr dürftige Zeugnisse gegeben habe. Da seine katalanischen Schriften mit Sicherheit von ihm stammen – die Sprache stand unter den zeitgenössischen Alchemisten keinem anderen zu Gebote –, ist die Gruppe seiner katalanischen Texte auch der wertvollste und authentische Kern seines Werkes. »Er ist der Patriarch der katalanischen Poesie«, schreibt Joseph Salvat, »und dies nicht nur durch die Gefühle, die er in sie einbringt und die lyrischen Wendungen, sondern auch durch die kundige und geordnete Verwendung der Sprache der Troubadours in ihren metrischen Formen. Seine bis zu 69 Strophen langen Gedichte oft sehr intimen Charakters sind die großen und eigentlichen Selbstbekenntnisse dieses vielgewandten Gelehrten und Reisenden, andere wieder sind so gehalten, daß sie nach kirchlichen Melodien gesungen werden können oder der Metrik des Korans, der Suren, entsprechen.« *Lo Cant de Ramon,* 1299 zu Paris geschrieben, gilt als erschütterndes Zeugnis von Melancholie, gepaart mit Sinnlichkeit und Musikalität, vierzehn Strophen, deren bis heute ungetrübter Wirkung sich die Forschung, die sich mit dem seltsamen Heiligen beschäftigte, nicht entziehen konnte.

Le Bienheureux Raimon Lull, also der seliggesprochene Raimundus, war dank seiner Reisen und bizarren Schicksale zu einer der bekanntesten Persönlichkeiten des ganzen Jahrhunderts geworden, und daß dies einem einzelnen möglich war, der im Grunde aus dem Nichts kam, ist nicht nur indirekt, sondern absolut überzeugend der Beweis für die zentrale Rolle von Naturwissenschaften, Welterklärung und alchemistischer Suche im gesamten Denkgebäude des hohen Mittelalters. Ganz Europa nahm teil an den Auseinandersetzungen, die der Seligsprechung des Raimundus folgten, und diskutierten, ob er solch ein Verfahren verdienen würde. Nicolas Emeric, der Großinquisitor, arbeitete auf Antrag der Dominikaner eine päpstliche Bulle aus, die im Jahr 1376 Raimundus, seine Lehren, seine alchemistischen Künste und seine politischen Ideen von einer utopischen Republik verdammte. Lulls Jünger in aller Welt hielten jedoch nicht still, und vor allem die Alchemisten erwiesen sich als seine zähesten Fürsprecher, bis im Jahr 1417 Papst Martin V. schon in den ersten Wochen nach seiner Amtsübernahme das Verdammungsurteil der Inquisition wieder aufhob, was einem Sieg der Jesuiten (und der Wissenschaft) über die Dominikaner gleichkam. Die Streitigkeiten flammten 1503 und 1578 (!) noch einmal auf, aber der Jesuitenorden mit seinem großen Einfluß trat für das Gedächtnis des Raimundus Lullus ebenso entschieden ein wie seine Landsleute von Mallorca, die dem längst Verstorbenen durch Jahrhunderte die Treue hielten.

In der Gesamtgeschichte der Alchemie ist ein Mann wie Raimundus sehr viel mehr als eine Einzelpersönlichkeit. Sein Beispiel zeigt, daß die Alchemie einen nicht mehr jungen, nicht vermögenden, nicht einmal besonders vernünftigen Menschen durch Länder und Räume tragen kann wie ein Zauberteppich. Er fand überall Jünger, die schon vor seinem persönlichen Auftreten seine Schriften kannten oder zumindest das, was sie dafür hielten. Grenzen der Länder und der Sprachen schienen nicht mehr zu existieren, denn die gemeinsame Hingabe an eine Wissenschaft, die durch ihr vermessenes Ziel die Menschen magisch anzog, schuf Gemeinden, Geheimbünde, Verschworene in allen Nationen. Wir haben es erlebt, daß um der alten Schriften willen und um ihren Geheimnissen nachspüren zu können das Koptische eine Chance erhielt und das Althebräische verdrängte, trotz eines einzigartigen Fundus an hebräischen Texten, Liedern und gelehrten Schriften. Wir haben Sprachen entstehen sehen, die es noch kaum gab wie das Katalanische, weil eine starke Begabung, aus einer Insel aufbrechend, in ein paar Dutzend Liedern eine Literatur schuf, die bis beute Universitätsfach ist – wer weiß, ob die Katalanen ohne Raimundus sich so erfolgreich aus dem iberischen Sprachkörper herausgelöst hätten. Die Wissenschaft, der Auftrag, das Einzigartige verkünden zu wollen, haben aus ihm den Dante Iberiens gemacht, so wie der Mann aus Florenz dem Toskanischen zum Sieg verhalf.

Ein zweiter Gesichtspunkt, der uns im Europa der Visa, der Pässe und der Einwanderungsquoten beschäftigt, ist die Freizügigkeit, mit der sich dieser einzelne, nach seinen eigenen Worten arm und ohne Einfluß, in einer weitgehend rechtlosen Welt bewegte. Genoß er die Immunität der Sonderlinge, der Geistesgestörten, oder umgab ihn die Aura seiner besonderen Mission mit mächtigem Schutz? Man darf annehmen, daß er von einer Gemeinde seiner Jünger zur nächsten reiste, angekündigt, empfohlen, aufgenommen und gelabt unter Gleichgesinnten, womit er zum Doppelgänger eines Missionars einer anderen Religion wird, einer Religion, die er bekämpfen wollte, weil er in einem unbekannten Ereignis am Hof von Aragon die jüdische Religion als einen Irrweg erkannt zu haben meinte: Hundert Jahre vor ihm war der Rabbi Benjamin bar Jona aus Tudela in Spanien aufgebrochen, um die Menschen seines Glaubens in ihrer Diaspora zu trösten und die Judengemeinden, von denen er wußte, bis nach Indien aufzusuchen und von ihnen Zeugnis zu geben. Auch Rabbi Benjamin hatte neben dem religiösen Auftrag, den er sich wohl selbst gegeben hatte, den Motor der Neugier, der Wißbegierde und der uralten jüdischen Liebe zu den

Geheimnissen des Geistes in sich, als er sich den Gefahren seiner Wallfahrt aussetzte. Denn so verstreut die Judenheit noch immer war, so vielgestaltig war die einzigartige Gelehrsamkeit, in die sie sich mit den Kirchenvätern teilten, wenn Rabbi Nathan als einer von zweihundert angesehenen Juden in Rom lebte und dort sein berühmtes Wörterbuch zum Talmud verfaßte. Beschwerlicher war es schon, bis zum Fuß des Ararat zu reisen, wo der gelehrte Rabbi Joseph Burhan al-Falak lebte, der berühmteste Astrologe seiner Zeit, der die Konjunktionen kannte, unter denen sich in der Welt der Naturwissenschaft Besonderes begab und bewerkstelligen ließ. Das Sehnsuchtsziel des bescheidenen und gottergebenen Rabbiners aus dem nordöstlichen Spanien war aber der Bimaristan von Mustansarija, unter welchem komplizierten Namen sich die berühmteste medizinische Akademie des ganzen Nahen Ostens verbirgt. Nirgendwo sonst wußte man die geheimen Kräfte der Mineralien und die Wirkungen der Säfte besser einzusetzen als eben dort.

Die großen Reisenden sind an sich, in ihrem Mut und in ihrer Unverdrossenheit, jeder ein Wunder für sich; das andere Wunder aber ist das Band des Geistes. Bänder des Glaubens oder Bänder des Irrglaubens zeigen, daß der gemeinsame Irrglaube beinahe enger zusammenschließt als die offenbarte Wahrheit der Eingottreligionen. Durch Männer wie Raimundus Lullus wird der Glaube an eine alles möglich machende Naturwissenschaft in der Welt verbreitet, durch Albertus Magnus wird das Wissen selbst in das große Vertrauen einbezogen, das der Mensch des Mittelalters der Schöpfung entgegenbringen muß, um nicht hilflos in seinen Ängsten zugrunde zu gehen.

Die goldene Göttin

Unter den großen Universalgelehrten der arabischen Welt finden sich nicht wenige bedeutende Geographen; sie haben über ihre Reisen berichtet, Reisen von Ostasien bis Westafrika, vom

Bottnischen Meerbusen bis zum Kap Guardafui, dem Horn von Afrika. Aber obwohl sie alle sich auch mehr oder weniger mit der Alchemie beschäftigten, deren Sehnsuchtsziele sich in jedem der großen enzyklopädischen Werke finden, hat keiner von ihnen eine Landkarte der Alchemie auch nur entworfen. Sie war die Wissenschaft von den ersten und von den letzten Dingen, von den ältesten Gesteinen und den äußersten, gewagtesten Wandlungen der Materie, und es erschien wohl auch jenen, die eine Vorstellung von der Verteilung der Länder hatten, als ein vermessenes und ein vergebliches Bemühen, den großen Zauber und die nimmermüde Suche auf das Pergament eines Kartenblattes zu bannen.

Denken wir zurück an die Zeiten, da die Welt das gemeinsame Wissen wichtiger nahm als die Waffen, da die höchsten christlichen Würdenträger an der Universität des Emirats von Cordoba zu Füßen islamischer Geistlicher saßen und junge Rabbiner innerlich schaudernd in Salerno die Enthüllungen christlicher Medizin erfuhren, dann erblicken wir aus der Vogelschau eine europäische Welt, wie es sie nie mehr geben wird. Die Iberische Halbinsel, auf der einst die tapfersten Gegner der römischen Feldherren ewigen Ruhm erwarben wie das kleine Numiantia, diese Halbinsel hatte sich dem stürmischen Vordringen der Berber und der Araber ergeben, und rund um das glanzvolle Cordoba war die Alchemie in einem Maß heimisch geworden wie die Medizin, wie die Astrologie, wie die Mathematik.

Im Nordosten der Halbinsel, damals Septimanien, heute Katalonien genannt, stand der eine schwere Pfeiler geeinter europäischer Wissenschaft, weil die jüdischen Ärzte, Notare, Apotheker und Astronomen aus ihren Gemeinden am Ebro (man denke an Tudela) über die Pyrenäen aufgebrochen waren in das blühende Südfrankreich. Sie siedelten in Perpignan, in Sète, in Narbonne, rund um die hohen Schulen von Montpellier, die Residenzen von Tarascon oder Les Baux und zwischen den Zigeunern von Avignon, von denen selbst die Juden noch etwas lernen konnten. Die Mischung der Bevölkerungsteile in der begehrten Landschaft führte zu einer Blüte der didaktischen Literatur in Frage und Antwort, wobei sich Schriften in katalanischer, provenzalischer und lateinischer Sprache fanden. In die späteren Texte fließen dann altfranzösische Brocken ein. Einzelne dieser kleinen Handbücher waren erstaunlich zählebig. Ein im neunten (!) Jahrhundert entstandener lateinischer Text mit dem Titel *Joca monachorum*, der naturwissenschaftliche Grundlehren vermittelt, fand sich in der Bibliothek der elsässischen Gelehrtenmetropole Schlettstadt, existiert aber in beinahe allen mittelalterlichen Sprachen und in Ausgaben, deren Titel den volkstümlichen Charakter der Unterweisung betonen: *L'enfant sage* (das brave Kind) im frühneuzeitlichen Französisch des 15. Jahrhunderts, oder *La Donzella Theodor* im Spanischen. Wie reich die medizinische Literatur in der Provence war, zeigte ein großes Konvolut medizinischer Machwerke in provenzalischer Sprache, das sich in Basel fand (teils auf Papier, teils auf Pergament). Inhaltlich wurden Anklänge an die Arbeiten des Chirurgen Rogier von Parma festgestellt, der in Montpellier lehrte, aber auch an den Araber Abul Chasem und, soweit es sich um Augenheilkunde handelte, sogar an den großen Galenos.

In Avignon, der Stadt, die auch schon vor dem Exil der Päpste eine Metropole von besonderer Eigenart war, hatte Friedrich Barbarossa die Juden im August 1178 unter die Jurisdiktion des Bischofs gestellt, was eine Weile gutging, im Sommer 1236 aber zu Konflikten führte, weil außer dem Bischof auch noch der Prior von Sankt Peter Steuern von ihnen verlangte, unter dem Vorwand, sie beanspruchten Wohnraum christlicher Familien, die ihrerseits Pfarrabgaben geleistet hätten. Die Folge war die Entstehung des originellsten Ghettos von ganz Frankreich, das in seiner Art zu einer Alchemistenstadt gedieh, die einem Alfred Kubin Freude gemacht hätte.

Während nämlich das eigentliche Ghetto eng eingefaßt war und keinen Platz aufwies, sondern nur Gassen, Gäßchen und

Sackgassen, taten sich einige wohlhabende Judensippen zusammen und errichteten außerhalb des Ghettos, aber an seine Grenzen angebaut, eine einzigartige Bourgade, vergleichbar beinahe den Bauten der Pueblo-Indianer. Das erste Haus wurde 1509 erbaut, das fünfte und letzte 1614, die Bauherren sind bekannt: Ärzte, Gelehrte, Goldschmiede, Apotheker, aber auch, in den späteren Generationen, einfache Händler und Wirte wohnten hier bis 1677 beisammen. Während das Ghetto bei Einbruch der Dunkelheit abgeriegelt wurde – alle drei Tore wurden dann verschlossen –, blieb die Bourgade eine offene Residenz innerhalb der Bischofsstadt und ein Ort der Geheimnisse. Philippe Prévot (1872–1959), Kustos des Musée Calvet, hat 1941 über dieses Unikum einer Festung in der Stadt der Päpste – vielleicht, um während der deutschen Besatzung einen garantiert unzeitgemäßen Gegenstand zu behandeln – ein Buch über das Felsenghetto von Avignon geschrieben, das der traditionsreiche Verlag Aubanel 1972 wieder auflegte. Darin lesen wir:

»Das Ghetto hinderte niemanden daran, seinen geheimen Wünschen nachzugehen. Kaum war die Nacht hereingebrochen, so machten sich die Söhne des christlichen Avignon, angezogen von der verführerischen orientalischen Schönheit der Jüdinnen, ins Ghetto auf, und es sollen nicht wenige Priester und Mönche unter diesen nächtlichen Wanderern gewesen sein. Die jungen Juden wiederum fanden Wege, nachts aus dem Ghetto auszubrechen und sich in christliche Betten zu begeben, fanden doch viele Christenfrauen Geschmack an diesen verbotenen Früchten. Eines Tages aber wurden einige der ärgsten Sünden dieser Art doch dem Domkapitel von Saint-Didier bekannt, und es half nichts, daß die Betroffenen behaupteten, sie hätten sich nur in den geheimen Wissenschaften und in der Kunst der Anverwandlung der Metalle unterweisen lassen. Dem Domkapitular war das eine so zuwider wie das andere, und er ließ die wichtigste der drei Toröffnungen ganz einfach zumauern.«

Das Ghetto von Avignon wurde erst in der Französischen Revolution, also nach 1789, völlig geöffnet und ins Stadtgebiet eingegliedert. Die Alchemisten-Bourgade blieb bis 1677 bestehen, in diesem Jahr erstand der Marquis de Villefrance den inzwischen baufälligen Block der fünf einander nur noch mühsam stützenden Wohnhäuser und legte nach dem Abbruch (bei dem man vergrabene und eingemauerte Schätze zu finden gehofft hatte) auf dem Gelände einen Garten an. Heute ist das Gelände wieder in jüdischem Besitz, es trägt die *Magasins Lyon-Bernheim*, im übrigen aber sind alte und älteste Hänge, Höhlen und Abbrüche Avignons für Hotelneubauten geöffnet worden, und eine der geheimnisvollsten Metropolen der ererbten und weitergepflegten Wissenschaften von Steinen, Metallen, Medizin und Pharmazie entbehrt heute weitgehend ihres mittelalterlichen Reizes.

Avignon ist nur ein Beispiel, Prag, wo Kaiser Franz Joseph I. das Ghetto liquidieren ließ, ein anderes, Odessa, Eisenstadt, Triest, Sarajevo sind weitere Erinnerungsorte, und die Spuren sind dürftig. Philippe Prévot zaudert aber nicht, uns jene alten Mauern und Gewölbe als Orte von Erpressungen an den Adepten und als Schauplätze mißbräuchlicher Experimente auszumalen, denen nachzutrauern von einem unzutreffenden Bild des europäischen Mittelalters zeugt.

Liest man in den Biographien der Gelehrten, die sich damals von einer hohen Schule zur anderen durch Europa bewegten und ihren Wissensstand immer dort zu bereichern versuchten, wo eben ein berühmter Professor die Kanzel bestiegen hatte, dann ergibt sich eine Art Gürtel der lebhaften und attraktiven Zentren von Cordoba um den Nordrand des Mittelmeerbekkens herum bis nach Padua, Salerno und wiederum nach Süden zu, nach Sizilien. Es sind durchweg Treffpunkte der Völker, ja der Religionen und der Lehren, es sind Begegnungsstätten, und sehr oft überschreitet der Geist staatliche Grenzen, wenn wir provenzalische Manuskripte in der Stadt Basel finden, wo Frankreich, die Schweiz und Deutschland zusammenstoßen. Es ist, als hätte der Rhein, aus den Alpen nach Norden fließend, viel mittelmeerisches Wissensgut mit sich geführt, was von seinen plätschernden Wellen natürlich nicht verlangt werden kann. Aber ein Weg des Geistes scheint er doch gewesen zu sein, wenn wir an Basel vorüber nach Straßburg gelangen, danach ins kleine Schlettstadt, wo auf jedes Haus ein Gelehrter kam, und weiter nach Norden in die heiligen Zentren Mainz mit dem überraschenden Segen des Buchdrucks oder nach Köln, wo auf alten Römermauern und an Uferböschungen, an denen die kaiserlichen Galeeren geankert hatten, nun der freie Geist aus den Niederlanden dem Regiment der Kurfürsten und Erzbischöfe begegnete.

In keine andere Stadt hätte der Arzt, Philosoph, Schwarzkünstler und Goldmacher Heinrich Cornelius Agrippa von Nettesheim besser gepaßt als in die alte Metropole am Rhein, in der die Völker aus allen Himmelsrichtungen zusammenströmten. Man schrieb den 14. September des Jahres 1486. Granada war noch arabisch, Amerika in nebligen Fernen, Maximilian I. war zum deutschen König gewählt worden, und Botticellis Gemälde von der Geburt der Venus aus dem Schaum der Wellen begeisterte und entrüstete seit gerade zwei Jahren das christliche Abendland mit einem neuen kühnen Bekenntnis zu nackter Schönheit.

Wäre Cornelius Agrippa von Nettesheim mit bildnerischen Gaben, mit dem Genius eines Malers ausgestattet gewesen, zu all seinen anderen Fähigkeiten und Ideen, wir hätten in ihm einen deutschen Leonardo vor uns, einen *uomo universale*, der in Spanien Kriegsmaschinen baute, in England Gold braute, in Lyon Horoskope erstellte und drei Ehen wagte, was auch nicht wenig zu bedeuten hat. Aber das Zeichen der Jungfrau, in dem er geboren wurde, gab ihm zwar die scharfe Intelligenz, den kritischen Geist und die große Skepsis ein, deren die hellen Köpfe in den letzten Zuckungen des mittelalterlichen Chaosdenkens bedurften, indes fehlten die Sonnengestirne, es fehlte ihm der Löwe, und so setzte er ein Leben lang auf die falschen Pferde.

Die Bilanz seines Lebens klingt nicht viel besser als die des Raimundus Lullus, der aber wenigstens auf ein langes Leben zurückblicken konnte. Cornelius Agrippa waren nicht einmal fünfzig Jahre gegönnt, als er in einem Brief, den Auguste Prost im zweiten Band seiner maßgebenden Biographie abdruckt, resümierte:

»Als demütiger Sterblicher, ein im Blute der Kämpfe geweihter Ritter, beinah ein Leben lang Hofmann, mit fleischlichen Banden einer geliebten Gemahlin zugetan, Spielball der Launen des Schicksals, Sklave der Welt und der häuslichen Sorgen, vermochte ich nicht auf die erhabenen Gaben der unsterblichen Götter Anspruch zu erheben. Ich besitze nichts. Ich biete lediglich meine Dienste an als ein vor das Tor gestellter Wachtposten, um anderen den Weg zu weisen.«

Nun ist dies eine Briefstelle, und Auguste Prost, der seinen Helden liebt, wie es sich für einen Biographen des neunzehnten Jahrhunderts gehört, deutet an, daß auch ein Held vieler Schlachten vor solchen Niederbrüchen nicht gefeit ist. Er stellt Corneille Agrippa, wie die Franzosen ihn nennen, mitten hinein in Wissenschaften und Künste okkulten Charakters an jener Wende zum sechzehnten Jahrhundert, mit der nach allgemeinem Einverständnis das beginnt, was bescheidene Gemüter die Neuzeit nennen.

Da wir ein persönliches Wort von Agrippa gelesen haben, sei mir auch ein Bekenntnis gestattet über den Tag, da ich sein meistbesprochenes Werk kennenlernte, zwei stattliche Bände der berühmten Münchner Georg-Müller-Ausgabe von 1913 mit dem Titel ›Von der Eitelkeit und Unsicherheit der Wissenschaften‹, die Eitelkeit also vorangestellt, während im lateinischen Original *De Incertitudine et Vanitate scientiarum* die Unsicherheit den Vortritt genießt. Es war ein anzügliches Geschenk, das mir zum Beginn meiner Studien im Herbst 1938 überreicht wurde, hatte ich doch mit der Germanistik, der Reinen Philosophie und der Kunstwissenschaft die allerunsichersten, eben Geisteswissenschaften inskribiert, während der Stifter des teuren Werkes ein Vertreter exakter Wissenschaften war, Rektor der Wiener Technischen Hochschule und mein Vormund.

Indessen hatte Agrippa, wie sich bald herausstellte, mit dem Fach meines hochmögenden Beschützers, der Mineralogie, weit mehr zu tun als mit der deutschen Literatur, welch schönes Beispiel nicht nur die Unsicherheit der Wissenschaften beleuchtet, sondern vor allem die Abgrenzung zwischen ihnen, und daß Cornelius Agrippa ein Leben der zahllosen Grenzüberschreitungen führen würde, das wird selbst aus verkürzten Abrissen dieser paradigmatischen und mitunter faustisch genannten Existenz klar.

Für einen jungen Mann aus dem kleinen Adel bot das alte Europa mit seinen unablässigen Kriegszügen und großen wie kleinen Fehden um so mehr Chancen, als insbesondere bei Adeligen die Nation, aus der ein Fähnrich kam, kaum eine Rolle spielte. Man nahm Dienste, wo immer eine Chance sich bot, und daß der hochbegabte Jüngling vorher einige Semester den Sieben Freien Künsten widmen konnte, muß als eher ungewöhnlich bezeichnet werden. In den Jahren 1501 bis 1507 soll er als Offizier, zuletzt im Rang eines Hauptmanns, in den Truppen Kaiser Maximilians und der Liga von Cambrai gegen Venedig gekämpft haben.

Bezeichnet man auch Maximilian, der sich ohne päpstlichen Segen zum Kaiser machte, mit einigem Recht als den letzten Ritter und als eine Ausnahmeerscheinung auf dem vielbegehrten Thron, so war doch der gemeinsame Feldzug der Liga von Cambrai gegen die Lagunenstadt nichts anderes als ein Raubkrieg. Es gab nach einem Jahrhundert aufreibender Kriege zwischen England und Frankreich und nach den schweren Verlusten bei der Rückeroberung der Iberischen Halbinsel nicht mehr viel Reichtum in Europa, und da es nicht verborgen bleiben konnte, daß Rom, Florenz und Venedig die Stätten dieses Reichtums waren, konnte ein Feldzug gegen die Dogenstadt nicht ausbleiben. Mit einemmal waren die Venezianer ›Händler mit Menschenblut‹ (um solche Vorwände war man auch damals nicht verlegen), und vor allem verrieten sie fortgesetzt den christlichen Glauben, da sie eifrigen Handel mit der Levante trieben.

Über den kriegerischen Jahren des jungen Agrippa schwebt ein Dunkel, das offensichtlich gewollt ist. Michael Kuper, in dessen glänzend geschriebener Nettesheim-Monographie die Kriegsjahre überhaupt nicht vorkommen, stellt fest, daß erste Briefe des Kölner Weltbürgers aus dem Jahr 1507 datiert sind. Im Dezember 1508 wurde die Liga von Cambrai zur Tatsache. Frankreich, der Papst (!), Spanien, Savoyen, Mantua und Ferrara schlossen sich zusammen, Venedig wurde vom Papst gebannt, Agrippa stand in seinem ersten Heiligen Krieg, und wir wissen leider nicht, wie er darüber dachte.

Venedig hatte Geld, und es hatte gute Juristen. Man prüfte die Kriegsgründe, allerdings etwas zu lange, die *jeunesse dorée* der Stadt nützte den Augenblick und stürmte die Inselklöster mit den schönen Nonnen, und das venezianische Gold, echt, ungemischt und allseits begehrt, half bei der Aufstellung einer Söldnerarmee gegen die vereinten Angreifer. Agrippa war für diesmal auf der Seite der Sieger von Agnadello, einem Dorf nahe Cremona, am 14. Mai 1509, aber dies scheint auch das Ende seiner militärischen Laufbahn gewesen zu sein.

Agrippa schied mit der Erhebung zum Eques auratus aus den Reihen der französisch-österreichischen Armeen, womit zumindest gesagt ist, daß er sich achtbar geschlagen habe. Daß er als Hauptmann unter habsburgischen Fahnen keine sonderliche Zukunft erwartete, mag mit den neuen Kumpanen aus Frankreich zusammenhängen, die ihm im Feldlager von der Wunderstadt Paris erzählten – falls er sie nicht schon kannte. Es sind die Jahre, in denen die Agrippa-Biographen ihren Helden immer wieder an die Seine dirigieren, »an die Sorbonne«, wie man da und dort lesen kann, obwohl die berühmte Schule erst zwanzig Jahre nach dem Tod Agrippas in den Sälen der alten theologischen Fakultät ins Leben gerufen wurde. Einzig Denys George Dyer, Germanist an der Universität Oxford, will von einem Kriegshelden, einem nunmehr vergoldeten Ritter (auratus), nicht lassen, sendet Agrippa statt nach Paris in das charmante burgundische Städtchen Dole, das heute noch ziemlich genauso aussieht wie im sechzehnten Jahrhundert, und entdeckt eine erste große Reise des Hauptmanns von Nettesheim im Jahr 1510, und zwar nach London.

Hier betreten wir einigermaßen sicheren Boden, weil Agrippa nun nicht mehr nur liest und polemisiert und zu den Bücherregalen der jungen Druckerkunst hinschnuppert, sondern einen namhaften Partner für sein sucherisches Bemühen entdeckt, den auf der Höhe seiner Bedeutung und seines Einflusses lehrenden und schreibenden Theologen John Colet (1466–1519), der eben die Schule von Saint Paul's begründet hatte. Schon in früheren Jahren war kein Geringerer als Erasmus von Rotterdam einer seiner Schüler gewesen, Saint Paul's School aber zog nun alle mutigen Geister an, denen die alten Kollegien an der Seine zu wenig von dem neuen Geist vermittelten. Da es ein Heiratsdatum aus dem Jahr 1514 aus der Kölner Matrikel gibt, weilte Agrippa wohl nur vier Jahre im Umkreis des Mannes, dem die britische Reformation und die europäische Renaissance so viel verdanken, einem erstaunlich universalen Geist, dem zwei Reisejahre genügt hatten, um seine Hörer mit dem bekanntzumachen, was im Süden des Alten Europa inzwischen aufgebrochen war (vor allem in Florenz, wo ein Marsilio Ficino und Pico della Mirandola sich mit Erfolg um ein neues, erhellendes Denken bemühten). Wenn Colet neben der antiken Philosophie und der griechischen Übersetzung des Neuen Testaments durch Erasmus von Rotterdam auch Marsilio Ficino getreulich vorgetragen hat, dann war es der Dekan von Saint Paul's, durch den Agrippa von Nettesheim jene Definition von Geist und Seele kennenlernte, die am Ausgang des Mittelalters und in der Morgenröte der Renaissance auch der alten Wissenschaft der Alchemie neue Flügel verlieh:

»Der Geist ist … ein sehr feiner Körper, kaum noch Körper und beinahe schon Seele, oder kaum noch Seele und beinahe schon Körper. In seiner Kraft gibt es ein Mindestmaß von irdischer Natur, etwas mehr Wassernatur und mehr noch Luftnatur. Aber das Höchstmaß gehört zur Natur des Sternenfeuers … Er (der Geist) ist seines Wesen nach ganz leuchtend und warm, feucht und belebend« (zitiert nach: Joan P. Culianu, ›Eros und Magie in der Renaissance‹).

Eine andere Botschaft für seine Hörer hatte Colet bei Giovanni Pico della Mirandola (1463–1494) entdeckt, und zwar in dessen schnell berühmt gewordener Schrift *Oratio*: Der Mensch sei von Gott ins Zentrum des Universums gestellt, auf daß er an allen Daseinsformen teilhabe. Der Mensch vereine in sich alle Kräfte und Tugenden: von den einfachen der Pflanzen bis hin zu den himmlischen der Engel; aufgrund seiner geistigen Fähigkeiten überwinde der Mensch alles Irdische und gelange zur Anschauung des gesamten Universums! Colet verschwieg auch nicht den Eklat, den Pico bei seinem Pariser Aufenthalt hervorgerufen hatte, als er in seiner Schrift *Conclusiones philosophicae, cabalisticae (!) et theologicae* mit kabbalistischen Methoden und mit Hilfe von Allegorien eine einzige gültige Weisheit zu konstruieren unternahm, die sich so deutlich von der kirchlichen Lehre unterschied, daß Pico della Mirandola sich eilends in den Schutz des Lorenzo de' Medici begeben mußte.

Dies alles drang auf einen jungen Mann ein, der zwar schon einiges von der Welt gesehen, aber noch keine Erklärung für die vielen Toten, für das große Leiden der Kriege, für die Gewalt gegen Ketzer und jede Art von Schwarmgeistern gefunden hatte. Agrippa war zweifellos ein Mann mit Charisma, er behauptete sogar, seine Gedanken aussenden zu können wie Botschaften (was gelegentlich auch uns Heutigen begegnet). Die Ideen aus der italienischen, geradezu paradiesisch anmutenden Denklandschaft im Schutze der Mediceer lösten just im richtigen Augenblick die dumpfen mittelalterlichen Bedrückungen ab, die den Menschen, und sei er auch jung und arglos, als sündenbeladen, schuldhaft und verdammungswürdig hinstellten. Das neue Selbstvertrauen trieb ihn nach Paris, wo sonst sollten sich Gleichgesinnte finden?

Wir wissen sehr wenig, genaugenommen nichts über die Geheimgesellschaft, die Agrippa an der Seine begründet haben soll. Sicher ist nur, daß die Jünglinge hingegeben experimentierten, wobei sie sich unter anderen Rezepten jener des Basilius Valentinus bedienten, eines geschickten Kompilators, hinter dem der biedere, aber emsige Stadtkämmerer Johannes Thölde aus Frankenhausen stand. Wer den Ort Frankenhausen kennt, wird sich nicht wundern, daß hier ein zweites Dole in das Leben des Agrippa von Nettesheim tritt, eine absurde Idylle, von der er nicht viel vermuten konnte, weil alles, was er sich zu eigen machte, unter dem großen Namen des als Person unerfaßbaren Basilius segelte. Von Basilius übernimmt er Vitriol, falls es ihm nicht schon aus seinen kriegerischen Experimenten bekannt war. Seine Anweisungen technischer Natur, der Umgang mit Sand, Glaskolben, dem Sandbad und den Dämpfen verraten intensive alchemistische Arbeit Agrippas als Haupt einer Gruppe, die sich dank Pico als die künftigen Herren des Universums fühlten. Beinahe zynisch mutet es an, wenn Agrippa bei mißlungenen Experimenten ungerührt schreibt: »Diese finale Schwärzung heißt die Putrefaktion oder endgültige Fäulnis.«

Es sind wohl die bösen Buben von der Rive Gauche am Werk, jenem linken Seine-Ufer, das seit frühesten Zeiten seine eigene Gerichtsbarkeit hatte und nur den Autoritäten der Universität unterstand; die Schergen der noch schwachen königlichen Polizei hatten keinen Zutritt, und manch ein hochgebildeter Mörder ist auf diese Weise dem Galgen von Montfauçon entronnen, oder seine Professoren haben ihn solange hinter ihren Talaren versteckt, bis er fliehen konnte. Es verblüfft, daß Agrippa in beiden Milieus zurechtkam, Freunde fand und reüssierte: an der Schule der berühmten Kathedrale von Saint Paul's und in den Kollegien an der Seine. Persönlichkeiten wie John Colet gab es zu jener Zeit in Paris nicht, Gelehrte, die wie Colet aus reichem Hause stammten – sein Vater war Lord Mayor von London gewesen – und deren Privatvermögen zureichte, allein eine ganze große und geschlossene Schule zu bauen. In Paris regierte das Vagantenmilieu, wir kennen es aus Aufzeichnungen zugereister Studenten aus der Schweiz, aus Deutschland, aus dem Süden Frankreichs, in Paris selbst dann gebündelt in die vier »Nationen« Frankreich, Normandie, Picardie und England (!). Die Brücke von Colet an die Seine gab es also schon, die beiden durch den Ärmelkanal getrennten Länder sprachen zwar seit kurzem nicht mehr die gleiche Sprache, aber die große Trennung als Werk eines Heinrich VIII. und Ludwig XI. griff noch nicht tief ins nationale Bewußtsein ein. »Das Papsttum, das Paris zum *studium generale* schlechthin machte ... erkannte die universalistische Stellung der Universität von Paris ... in vollem Umfang an. Der geographisch ungemein weitgestreute Einzugsbereich der Universität von Paris, der das gesamte Europa nördlich der Alpen einschloß, bestätigte konkret ihre Rolle als Schule der ganzen Christenheit« (aus: J. Verger, ›Histoire des Universités en France‹).

Diese bedeutende Rolle einer Hochschule brachte theologische Überwachung und thematische Verengung mit sich. Medizinisch waren die Vorlesungen in Montpellier attraktiver, auch italienische Universitäten lockten Agrippa, sobald er den Drang verspürte, in die Naturwissenschaften und in das Wissen vom Menschen auszugreifen, und das römische Recht, das in Paris als zu weltlich galt, hatte seine Stätte in Orléans. Dort wohl hatte Agrippa sich jene subtilen Kenntnisse eines kirchenunabhängigen Rechtssystems wie des römischen erworben, die ihm an einem Krisenpunkt seines Lebens zum Verhängnis werden sollten: Er hatte für sich und seine Familie eine an sich bescheidene Position angenommen, um nach den Querelen an der Seine Frieden zu finden, vielleicht auch, um manchen Streich der Geheimbündler vergessen zu machen: ein städtisches Amt in Metz. Er wurde eine Art Syndikus mit der Aufgabe, schön gedrechselte Reden zu halten, wenn die anderen Oberhäupter der Stadt dazu intellektuell oder wegen Trunkenheit nicht in der Lage waren. Metz war damals noch eine deutsche

Stadt – *noch* muß man sagen, denn nur dreißig Jahre nach Agrippa zog mit wesentlich mehr Gepränge Heinrich III., der homosexuelle Valois-König, in die Stadt ein.

Zu diesem Zeitpunkt hatte sich Agrippa bereits ohne sonderliche Not einer Madame Gorbin angenommen, die ein paar Bauern der Stallhexerei beschuldigt hatten. Die tapfere Frau hatte mehrmalige Folter überstanden, vor allem aber fühlte Agrippa sich wohl juristisch herausgefordert, ohne zu ahnen, daß die Zähigkeit eines unterliegenden Gegners, des Inquisitors Savigny, gefährlicher sein kann als die eigene Niederlage. Michael Kuper hat den Prozeß in seinen Peripetien fesselnd und zugänglich geschildert, so daß wir hier subsumieren dürfen: Agrippas selbstloses Eintreten für die vermeintliche Hexe beweist nicht nur seinen Gerechtigkeitssinn, sondern auch, daß er, der große Magier, Pyromane und Geheimbündler, an eines nicht glaubte: an die Hexerei. Was er engagiert und verbohrt falsch einschätzte, war die Macht eines die Stadt beherrschenden Oberhirten, der nach Tod und hinterlassenem Geständnis eines korrupten Richters am Ruf der Kirche stärker interessiert war als am Schicksal Agrippas, obwohl er diesem privat durchaus gewogen war. Für Metz stand die Reformation vor der Türe, das war eine andere Lage als in den binnenfranzösischen Diözesen, und es war wohl Johann von Lothringen, der Bischof selbst, der Agrippa den gutgemeinten Rat gab, für eine Weile der Jurisprudenz zu entsagen und sich auf seine medizinischen Kenntnisse zu besinnen. Denn jeder Hexenprozeß bot die Gefahr, daß man den Verteidiger, und erst recht einen erfolgreichen, selbst der Hexerei oder der Teufelsbündelei bezichtigte. Wie sonst sollte ein Triumph über die Inquisition möglich sein!

Immerhin hatte der aufreibende Prozeß Agrippa von Nettesheim bekannt gemacht, seine Nähe zur Magie und zur Hexerei war bis in die Flugblätter gedrungen, ein paar geschwätzige Genossen aus Paris begannen, sich der engen Gemeinschaft mit dem allzu vielseitigen Gelehrten zu rühmen, und Agrippa entrann zunächst dorthin, wo man immerhin wußte, daß er ein

Kind der Stadt und kein Bote aus der Hölle sei, in seine Geburtsstadt Köln. Obwohl die Universität zu diesem Zeitpunkt noch vergleichsweise jung war, erfreute sie sich bei schottischen und skandinavischen Studenten großer Beliebtheit, und Agrippa durfte annehmen, Freunde ohne Vorbehalt zu finden. Solchermaßen gerüstet, in der Heimatstadt mit allem Nötigen ausgestattet und mit Empfehlungen versehen, begann er seine Karriere als Arzt in Genf, einer höchst unruhigen, von Nachbarschaftskämpfen heimgesuchten Stadt, wo es an Verwundeten nicht fehlte, ebensowenig wie in Freiburg, der Gegnerin, der nächsten Station Agrippas. In die Schweizer Wirren einzutauchen, das zeugt vom Bestreben, Spuren zu verwischen, aber gerade der Aufenthalt in Freiburg ist für das Jahr 1523 einwandfrei bezeugt. In Freiburg, auch Fribourg geschrieben, residierte nämlich als Stadtarzt ein Kauz, der nicht viel weniger Facetten aufwies als Agrippa: der aus Colmar zugewanderte Lorenz Fries, der sich auch Frisius nannte, seines Zeichens Astromediziner von eigenen Gnaden und ein in Italien gebildeter Arzt mit traurigen Erfahrungen über die Verheerungen der Syphilis und literarischer Verteidiger des arabischen Universalgenies Avicenna. Die Bekanntschaft mit Fries wird in den Biographien des Agrippa oft ignoriert oder nebensächlich behandelt, dabei erschloß sie dem Kölner eine ganz neue Welt, nämlich zu seinen Schwarzkünsten und pyrotechnischen Spielereien das exakte Wissen von der Größe und Beschaffenheit der Welt, wie Ptolemaios sie sich mit Hilfe des Marinus von Tyrus und anderer Reisender erarbeitet hatte.

Fries gab nämlich die Geographie des Ptolemaios neu heraus, in einem der frühesten Straßburger Drucke, und beschäftigte sich mit dem kaum bearbeiteten Gebiet der Astro-Meteorologie und mit den Sintflutsagen und -prognosen. Zwar mochte Agrippa von den medizinischen Unterweisungen und Ratschlägen des Kollegen mehr gehabt haben als von seinen Theorien über Astronomie und Wetterkunde, aber da ganz Europa aus einem heute nicht mehr erkennbaren Grund für 1524 eine

Sintflut erwartete, geriet Agrippa in den Sog der kreativen Prophezeiungen, der bald mit Nostradamus seinen Höhepunkt erreichen sollte.

Es war die abergläubische Louise von Savoyen, Mutter König Franz I. von Frankreich, die Agrippa an ihre Seite rief. Sie war wenige Jahre zuvor im Schloß des Loirestädtchens Blois dem Tod nur um ein Haar entronnen, eine Decke brach ein und stürzte auf sie herab; seither hatte sie Visionen und sah insbesondere die Schlachten voraus, die ihr Sohn, der König, zu bestehen haben würde. Nach der Schlacht von Pavia im Februar 1525, in der König Franz I. nur seine Ehre retten konnte, selbst aber in Gefangenschaft des Habsburgerkaisers geriet, wollte der Hof der Valois nun mit begreiflichen Ängsten wissen, wann der König wiederkehren und Frankreich weiterregieren werde. Agrippa sollte dies aus den Sternen lesen, was ihn so oder so den Kopf kosten konnte – wenn er Hoffnungen weckte, die sich nicht erfüllten, oder Unglück an die Wand malte.

Agrippa mochte es rechtzeitig erfahren haben: Der Hof der Valois war für Ärzte wie Astrologen, für Magier und Alchemisten der heikelste Ort Europas. Es hatte erstaunlich frühe Tode gegeben, Witwen, die beinahe noch Kinder waren, verheißungsvolle Geburten, große Erwartungen. In Louise von Savoyen, auch Ludovika genannt, sah Agrippa sich einer Königinmutter gegenüber, die mit vierzehn geheiratet worden war, die zu ihrer Enttäuschung als erstes Kind ein Mädchen geboren hatte und die sehen mußte, wie dieses Kind, Margarete von Valois, an Geist und Persönlichkeit sie täglich übertraf. Zwei Jahre später war François geboren worden, schon als Kind von seiner Mutter als künftiger Cäsar begrüßt, ein glanzvoller Monarch zwischen den schönsten Frauen und den schönsten Schlössern, und nun hatte er gegen einen Franzosen, gegen einen einstigen Vasall, gegen den Connetabel von Bourbon, die Schlacht von Pavia verloren und war in Gefangenschaft geraten. Heinrich VIII. von England hatte, als er den Connetabel noch an der Seite seines Königs kennenlernte, François zugeraunt: »Wenn ich einen solchen Vasallen hätte, bei Gott, ich würde ihm beizeiten den Kopf abschlagen.« François versäumte dies nicht nur, er wollte dem länderreichen Bourbonen an den Besitz, um ihn dafür zu bestrafen, daß er die Neigung von François' Mutter, der früh vertrockneten Witwe, nicht erwidert hatte.

Es wurde ein Paradebeispiel für Frauenhaß, Eifersucht und kurzsichtige Rankünе gegen den damals besten Feldherrn, gegen den Mann, der bei Marignano und Agnadello und dann, auf seiten des Kaisers, gegen Franz I., bei Sesia und Pavia gesiegt hatte. Agrippa, der sich rühmte, telepathische Fähigkeiten zu haben, und der zweifellos mit einem besonderen Ahnungsvermögen begabt war, sah die Ernte des Todes an der Loire voraus: Artus Gouffier de Boisy, des Königs vertrautester Berater und einer der reichsten Männer des Königreichs, war nach kurzer Krankheit plötzlich gestorben; Berge von Gold und Silber, die in Chinon lagen und für den Augenblick als herrenlos gelten durften, fielen François zu, man sagt, der sterbende Weise habe alchemistische Geheimnisse hinterlassen. Als nächster starb Lorenzo II. von Medici, erst siebenundzwanzig Jahre alt, Herzog von Urbino, die engste und verläßlichste Verbindung, die Franz I. nach Italien unterhalten hatte. Und schließlich ereilte der Tod an der Loire den Größten von allen Künstlern, die Franz I. zu sich gerufen hatte, den Maler, Bildhauer, Konstrukteur und Schwarzkünstler Leonardo da Vinci. »Er schwebte immer über dem Nützlichen, gehorchte aber einem kosmischen Rhythmus, der durch Erotik, Kunst, Wissenschaft, Religion hinlief und das Gesetz der Zeit überwand ... Dieser Mann befragte ernsthaft das Weltall, wobei er es wagte, seinen unbezähmbaren Geist auf den Befehl eines genau arbeitenden Ich und dessen glühender Phantasie arbeiten zu lassen, und dieses unausgesetzte Experiment öffnete ihm Türen, die zu öffnen kein Mensch jemals versucht hatte: unausgesetzte Experimente führten ihm das Unbegrenzte in

Reichweite« (aus: Francis Hackett über Leornando in seiner Biographie über Franz I.).

Sich diesem Ruf eines Königs und seiner Mutter zu beugen, in die magischen Landschaften zwischen Amboise und Chinon einzutauchen, das bedeutete für Agrippa mehr Alchemie als Astrologie. Es ging um Gold, um Gefangenschaft, um Hoffnung, Enttäuschung und glühende Leidenschaften, die nicht eingestanden werden durften, solange jener sieghafte Abtrünnige, zur Abtrünnigkeit gedrängte und gezwungene Held des Jahrhunderts weitersiegte. Zsoltan Szabo hat es in einem Aufsatz aus dem Jahr 1980 so formuliert: »Wie der Mensch selbst, ist sein Horoskop unvollständig und lückenhaft. Wir sind nun angehalten, dieses unvollständige Bild in ständigem Bemühen ganz und heil zu machen, uns zu wandeln, Alchimisten der eigenen Persönlichkeit zu werden … Mancher trifft einen Meister und geht mit ihm, andere gehen allein.«

Agrippa von Nettesheim ging allein, lehnte entsetzt die Verpflichtung zu so entscheidenden Prophezeiungen ab, wußte man doch seit der Leberbeschau und den geworfenen Knöchelchen, daß man Könige oder ihre Armeen nicht entmutigen durfte. Und es kam denn auch das absolut Unerwartete, der große gemeinsame spanisch-österreichische Ansturm auf die Ewige Stadt, der die auf ihren Sold wartenden Landsknechte entschädigen sollte. Und auf einer der ersten und höchsten Sturmleitern stand der Connetabel von Bourbon, nicht irgendwo auf einem Feldherrnhügel, sondern seine Brust einem Schuß aus einer Hakenbüchse bietend, eine gnadenlose Kugel, die mit geringer Verzögerung, am 6. Mai 1527, die Rache der verschmähten Geliebten vollzog.

Agrippa von Nettesheim verlor alle Protektionen aus dem Haus Valois. Er hatte seine eigene Vermengung von Astrologie und Alchemie zur Maxime gemacht, vielleicht auch den Marsilio Ficino gelesen, der wohl nicht nur seinem Freund Jacopo Bracciolini gegenüber die Meinung vertrat, »daß wir unsere Seele einmal dem Ewigen und einmal dem Zeitlichen zustreben sehen, eben weil sie aus zwei Wesensarten besteht. Dem oberen Teil der Seele wies unser Platon seinen Wohnsitz im Reich des Saturn, das heißt der Vernunft und der Vorsehung zu, den niederen Teil hingegen im Reich des Jupiter, das heißt des Lebens und des Schicksals. Deshalb hat unsere Seele wie ein Januskopf scheinbar ein doppeltes Antlitz, nämlich ein goldenes und ein silbernes; mit dem einen blickt sie nach dem saturnischen, mit dem anderen nach dem jovialischen (Jovi = Jupiter).«

Es war eine Seelenlage, in der tiefgreifende Zweifel über die eigene Existenz Agrippas Macht gewannen. Die erste Notwendigkeit war die der Flucht, denn am Hof der Valois fackelte man nicht lange, und Agrippas einstige Beschützerin, die Königinmutter Louise, hatte eigene Verfehlungen so erfolgreich anderen in die Schuhe geschoben, daß an der Loire einige Köpfe rollten. Hort einer gewissen Freiheit war schon damals Holland. Milde Fürstenschwestern, erst eine Margarete, danach Maria von Ungarn, waren hier Statthalterinnen für den späteren Kaiser Karl V., und die Niederlande hatten ihre beste Zeit, was in einem so reichen Land viel besagen will. Quellen dieses Reichtums waren die großen Seestädte mit ihren Judengemeinden und Fernhandelshäusern, und dieses hyperaktive Volk, dem es im wieder katholisch gewordenen Spanien nicht so gut ging wie einst an der Seite der Muslimen, hatte seine Handelsleute, aber auch Gelehrte und Schwarmgeister aus vielen Nationen an die Schelde entsandt. Wo Brillanten geschliffen, wo Kolonialwaren umgeladen wurden, da war der Tisch für viele gedeckt.

Agrippa von Nettesheim nahm wohl in dem großen Entsetzen, das dem *Sacco di Roma* folgte, die Bestürzung der Christenheit zum Anlaß einer Flucht, die nicht allzu lange Wege gestattete. Aus Paris floh man mit Vorliebe nach Brüssel, aus den Loire-Residenzen über Burgund und die Vogesen an den Rhein. Im Gepäck hatte der Astro-Alchemist ein brisantes Manuskript, in das die Enttäuschungen und Verbitterungen seiner höfischen Zeit eingegangen waren, mit so mancher Beobachtung und Überlegung, für die ihm der königliche

Angstmann in Orléans gewiß den Kopf vor die Füße gelegt hätte. Es wurde Agrippas bekanntestes und erfolgreichstes Werk, umfangreich, schwierig, aufregend zu lesen und doch noch in den wenigen Jahren, die Agrippa noch blieben, nicht weniger als viermal aufgelegt. Der Titel, unter dem es Johannes Graphaeus in Antwerpen auf den Markt brachte, war ebenso lang wie anspruchsvoll und nicht ganz frei von jener Eitelkeit, die Agrippa mit diesen beiden Bänden bekämpfen wollte: *De Incertitudine et Vanitate scientiarum et artium et de excellentia verbi Dei*, was aus dem Neulateinischen übersetzt etwa heißen soll: ›Über die Unsicherheit und Eitelkeit der Wissenschaften und Künste und über die Vortrefflichkeit der Worte Gottes‹. Die Verneigung vor dem Gotteswort war nicht nur als Absicherung gegen die Inquisition gedacht, die in den Niederlanden im Unterschied zu Spanien oder Italien nicht allzuviel zu sagen hatte, sondern entsprang nach geistigen und chemischen Experimenten der Einsicht Agrippas, daß die Worte der Bibel die einzige Zuflucht des irrenden Geistes seien. Agrippa hatte inzwischen eine Reihe mehr oder weniger berühmter Lehrer in ihren Vorlesungen und ihren Schriften kennengelernt, und da der Humanistenstreit um die Jahrhundertwende eben auf einem Höhepunkt angelangt war, fiel es ihm nicht schwer, Zitate beizubringen, die Widersprüche der Weisesten offenbarten, Widersprüche zur eigenen Lehre, Widersprüche zu anderen Autoritäten. Von den solchermaßen angegriffenen Berühmtheiten reagierten einige scharf und böse wie Erasmus, der beinahe denunziatorisch behauptete, das Buch Agrippas sei ein Angriff auf die Religion. Andere Herren, Theologen, die an der berühmten Universität von Leuven beisammensaßen, nahmen das Buch weniger ernst, man war schließlich an die seltsamsten Käuze gewöhnt, und solange dieser inzwischen recht bekannte Schwarzkünstler nicht zündelte und allzu laut experimentierte, durfte man ihn ebenso dulden wie so manchen anderen Geheimniskrämer in Antwerpen, Rotterdam oder in den stillen Winkeln von Brabant.

Will ein Autor die Eitelkeit und die Unsicherheit der Wissenschaften einem größeren, nicht durchweg gelehrten Publikum vor Augen führen, so ist die Alchemie der dankbarste aller spekulativen Bereiche. Das Ziel ist hoch, das Streben nach dem Erfolg, also dem synthetischen Gold, durchaus begreiflich, und die unausbleibliche Enttäuschung steht in einem allen Lesern verständlichen krassen Gegensatz zu dem erträumten Erfolg.

Die Enttäuschung, die Agrippa an den Höfen der Valois erfahren hatte, wog schwerer als die Einsicht, daß auch hochrotes Pulver, feinst geriebene Salze und dazu das allerweltstaugliche Quecksilber kein noch so kleines Klümpchen Gold hervorzubringen vermöchten. An solchen Unmöglichkeiten gescheitert, fühlte man sich kaum anders als ein friedlicher Esel, welch sanftes Tier mit seiner durch die Welt getragenen Last unserem enttäuschten Universalgelehrten zum Trost wurde, nicht zuletzt, weil man dem Drucker Graphaeus die Exemplare aus der Hand riß. Bis 1535 soll es vier genehmigte Auflagen und sechs Raubdrucke gegeben haben.

Aus den Briefen des Mediceerkreises, jener kostbaren Sammlung selbstgefälliger und von vorneherein wohl zur Publikation bestimmter Lehrmeinungen und Gedankensprünge, läßt sich der Sinneswandel ablesen, der sich hinsichtlich eines so irdischen Themas, wie es Gold und Reichtum sind, gleichsam als Randerscheinung des humanistischen Sinnierens vollzogen hat. Das unter seiner Sündenlast gebückt verharrende Mittelalter hatte wohl gelegentlich eine Münze vom Boden aufzuheben gewagt, der berufliche Umgang mit Geld und Gold, die Anlage, Investition, vor allem aber das Verleihen von Geld gegen Zinsen waren aber Aktivitäten, über denen die Kirche mit besonderem Argwohn zu Gericht saß. Das ohne Arbeit entstehende Einkommen der Zinsen, schon gar, wenn diese hoch waren, wurde nicht nur als Sünde empfunden, die man mit sich selbst abzumachen habe, sondern als ein offener Affront gegen die Gebote der Kirche. Aus dieser Haltung, die mehr oder weniger strenge strafrechtliche Folgen auch im weltlichen Bereich haben konnte, resultierten verschiedene, zum Teil durchaus ingeniöse Lösungen, die das wirtschaftliche Leben Europas nachhaltig, ja zum Teil bis heute beeinflußten.

Die bekannteste Folge dieser Ächtung der Geld- und Zinsgeschäfte war, daß sie Nichtchristen überlassen blieben, was im europäischen Bereich, wo Mohammedaner rar waren, das Geldwesen und die Judengemeinden in einen schicksalhaften Zusammenhang brachten und etwa dazu führten, daß die Päpste in Rom, also die obersten Exponenten der Christenheit, mit jüdischen Bankhäusern zusammenarbeiteten, und das durch Jahrhunderte. Benjamin von Tudela hatte auf seiner Reise zu den Judengemeinden mit großer Befriedigung festgestellt, daß in Rom einflußreiche jüdische Familien in Geschäften und in den Wissenschaften tätig seien, und am ausführlichsten ist der Historiker Gregorovius, der das Ghetto von Rom und das jüdische Leben Roms noch vor den großen Veränderungen im neuen Königreich Italien hatte studieren können:

Im Anschluß an die von Benjamin von Tudela stammende Feststellung, daß die Rabbiner Daniel und Jechiel im Papstpalast ein- und ausgingen und praktisch als Minister des Papstes fungieren, sagt Gregorovius: »Noch merkwürdiger ist, daß der Gegenpapst Anaklet II. (gestorben 1158) ... eines getauften Juden Enkel war. Sein Geschlecht spielte in Rom als eine der angesehendsten Patrizierfamilien eine glänzende Rolle, und das durch lange Jahrhunderte. Dies Volk, von der Natur und durch den Widerstand, welcher den Witz verschärft, mit Talenten wie noch heute reich begabt, bei aller Unterwürfigkeit frech und aufdringlich, wußte sich also bis in die Aula des Papsttumes gleichsam einzuschmuggeln. Während Judenweiber in den Häusern des Adels wahrsagten und in geheimer Nacht verschmachtenden Edelfrauen Liebestränke brauten, gingen Juden frank und frei bei den geldbedürftigen und verschuldeten Päpsten aus und ein, ihre Wechsler und Bankiers, endlich (auch) ihre Ärzte.«

Diese Zeilen hat der große ostpreußische Gelehrte im Jahr 1853 geschrieben, so daß seine historischen Vorbehalte mit dem späteren Rassenantisemitismus nicht verwechselt werden dürfen. Papst Anacleto war nicht ein Enkel, sondern ein Urenkel des angesehenen römischen Juden Baruch Benedikt, und die Sippe der Pierleoni blieb tatsächlich durch viele Generationen höchst einflußreich, als eines von vielen Beispielen für die Tatsache, daß das Geld damals sehr wohl noch einen üblen Geruch hatte. Es waren durchaus christliche Vorbehalte, die dazu führten, daß sehr viel Umlaufgeld des Mittelalters sich in jüdischer Hand befand (Grundbesitz durften sie in vielen Ländern nicht erwerben, sie blieben also Geldhändler par excellence). Geld und Gold schienen zu wissen, wer mit diesen Medien umzugehen verstand. Samuel Bernard wurde der einzige Nichtkatholik, den Ludwig XIV. seines persönlichen und freundschaftlichen Umgangs würdigte; Leffman Behrens, Samuel Oppenheimer, Berend Lehman, Samson Wertheimer und der legendäre Jud Süß wurden historische Figuren als »Hofjuden«, ein deutscher Begriff, den auch die Geschichtsschreibung der Nachbarländer wörtlich übernahm.

Die große Konkurrenz für das jüdische Wechselstuben-, Bank- und Kreditbriefsystems des späten Mittelalters wurde der Orden der Tempelritter. Seine vielen Niederlassungen auf dem europäischen Festland, im Nahen Osten und auf den Inseln des Mittelmeeres machten es möglich, Geld- und Kreditbriefe zirkulieren zu lassen, und das Volk vertraute den Rittern, die ja als Beschützer der Pilger begonnen hatten. Daß die Templer bei diesen Geschäften schließlich so reich wurden wie die jüdischen Bankiers, führte zu königlichen Begehrlichkeiten und endlich zum Untergang des Ordens, dem eine ganze Reihe schwer zu beweisender und noch schwerer zu widerlegender Verbrechen zur Last gelegt wurden: Homosexualität als glaubhaftester Vorwurf in Männergemeinschaften, Teufelsbündelei zur Goldherstellung, Magie zur Abwehr von Konkurrenten und Kontrolleuren.

Der dritte Weg, das christliche Verbot der Zinsennahme zu umgehen, war der genialste: Die Fürsten waren selbst Bankiers, die Bankiers wurden *en famille* zu Fürsten und zu Päpsten: Das Haus Medici, in dessen Wappen man Goldstücke zu erkennen glaubt, stieg aus den Kontoren in die Paläste auf; sie wurden von Verleihern zu Mäzenen, ja in gewissem Sinn zu Staatsgründern wie die anderen großen Räuber des Mittelalters, die Normannen in der Normandie und auf Sizilien.

Es gibt aber auch eine Deutung, die in den drei runden Rätseln inmitten des Medici-Wappens nicht Münzen erkennen wollen, sondern Pillen, was die ersten Medici, die Ahnherren des großen Geschlechts, zu Apothekern, Alchemisten und Erfindern von Zaubertränken machen würde. »Als daher Lorenzino de' Medici 1536 (ein Jahr nach dem Tod des Agrippa!) aus Elementen verschiedener plautinischer Komödien ... seine *Aridosia* kontaminierte, mußte der Held schon deshalb unglaubhaft wirken, weil Lorenzino ihn soziologisch falsch, nämlich im Adel angesiedelt hatte« (aus: Elisabeth Frenzel, ›Motive der Weltliteratur: Goldgier‹). Die Sonderrolle von Geld und Gold in der Gesellschaft, die Abtretung des Umgangs mit diesen Werten an Randgruppen wie Juden und Templer, führte nicht nur bei Agrippa zu der großen Skepsis gegenüber dem Reichtum und seiner zentralen Rolle im gesamten Dasein.

Auch in Agrippas großem kritischen Werk sind Goldgier und Geiz nur noch lächerlich, wobei er allerdings einräumt, daß dabei ebensoviel Selbstbetrug wie Betrug am Werke ist. Der gesundheitsgefährdende Umgang mit den Quecksilberdämpfen, die tägliche Enttäuschung der leeren Tiegel seien als eine Art Dauerstrafe für den Alchemisten anzusehen, noch ehe sich die weltliche Gerichtsbarkeit oder aber die himmlischen Instanzen seiner annehmen. Und man darf sicher sein, daß Agrippa in so manchem bis heute rätselhaft gebliebenen Portrait zeitgenössischer Goldmacher auf sein eigenes gescheitertes Lebensschiff anspielen will. Dabei hatte sich Antwerpen seiner zunächst mit einer gewissen Freundlichkeit angenommen, man brauchte in den lebhaften niederländischen Hafenstädten viele Ärzte, und vor allem die erfahrenen unter ihnen, jene, die eine Beulenpest aus Kalkutta schon erkannten, ehe der betroffene Seemann von Bord gegangen war, hatten genug zu tun.

In das zaghafte Glück jenes Neubeginns hatte der Tod von Agrippas junger Frau hart eingegriffen, sie hatte sich nach einer schweren Geburt nur sehr langsam erholt und war nach Rückfällen verstorben, als das Kind erst sechs Monate zählte. Im frühen sechzehnten Jahrhundert waren die europäischen und asiatischen Hafenstädte nie ganz frei von Pest und anderen schlimmen Seuchen; die Quarantäne konnte gegen Bestechungsgelder umgangen werden, Agrippa verlor nach seiner Ina Lovisa auch noch Personen aus dem Gesinde und sandte mit den Überlebenden seine Kinder ins gesunde Binnenland. Da ihm selbst das Arztsein verleidet war, hatte er doch der eigenen Frau nicht helfen können, suchte er abermals die Nähe der Höfe, lehnte eine Berufung nach England ab, akzeptierte aber ein ruhiges Amt als Hofhistoriograph der Statthalterin der Niederlande, einer Tochter Kaiser Maximilians I., meist Margarete von Österreich oder auch von Savoyen genannt. Diese milde Mäzenin hatte leider nicht mehr lange zu leben; sie starb im Dezember 1530 in Mecheln, und die Welt bewundert bis heute ihr Hochgrab in der Kirche von Brou-en-Bresse, in der Franche-Comté.

1530 war also eine wichtige Beschützerin Agrippas verstorben und im Jahr darauf eine hartnäckige Gegnerin, nämlich Louise von Savoyen; beide Damen schuldeten ihm, als sie starben, einiges an Geld, zumindest nach der Auffassung des Philosophen und Hofdichters, Historiographen und Arztes, aber der Neffe Margaretes, den sie über das Taufbecken gehalten hatte, war nun König, und der Sohn der Savoyardin Louise verfolgte Agrippa immer noch mit seinem Haß.

Obwohl Karl V. mit seinem Weltreich andere Sorgen hatte als diesen immer deutlicher Luther zuneigenden Schwarmgeist, fühlte Agrippa sich im großen Habsburgerreich bedroht und ließ sich nach Frankreich locken. Es muß wohl eine Falle gewesen sein, wie sie August der Starke oder Friedrich der Große später ebenso perfekt aufbauen ließen wie 1534 Franz I. Denn Agrippas Verhaftung folgte auffällig schnell seinem Grenzübertritt. Derlei funktionierte damals nur bei minutiöser Vorbereitung, gab es doch noch keine schnelle Nachrichtenübermittlung. Der Abtrünnige, der Unheilsprophet wurde offensichtlich erwartet, und wenige Stunden später saß er in Lyon in einem Gefängnis. König Franz mag diese Stadt ausgewählt haben, weil hier wenige Jahre zuvor ein Provinzial-Konzil stattgefunden hatte, auf dem Erzbischof Franz von Rohan jegliche Art von Häresie auf das schärfste verdammt und die Sittenverderbnis durch die neuen Denkweisen verurteilt hatte. Zweifellos rechnete der König mit einer Verurteilung, bei der er sich gegenüber einem inzwischen in ganz Europa bekannten Philosophen und Magier nicht selbst zu exponieren brauchte; die lebenslangen, oft bewiesenen abergläubischen Ängste des Königs haben dabei wohl eine Rolle gespielt.

Als sich die Tore des Kerkers von Lyon für Agrippa öffneten, war er erst neunundvierzig Jahre alt, aber ein gebrochener Mann. In den Wochen, die folgten, suchte er Erholung im französisch-schweizerischen Grenzgebiet, im gesunden Grenoble, einer sympathischen Kleinstadt, die schon mehr Schweizer Charakter als französisches Flair hat und deren Bevölkerung man gewisse Sympathien für die Reformation nachsagte. In der Brückenstadt an der Isère, die hier durch ein breites Tal fließt, hätte auch ein so unruhiger Geist wie Agrippa Frieden finden und sein Leben zu Ende leben können; es gab eine Bibliothek, es gab hübsche Plätze, es gab unter der Eglise Saint-Laurent sogar eine geheimnisvolle Krypta, wenn den Magier nach Versenkung gelüsten sollte. Aber der Februar ist auch an der Isère feucht und rauh, und am 18. Februar 1535, als in Venedig schon die Masken über den Markusplatz promenierten, ging Agrippa in ein Jenseits ein, von dem er insgeheim noch weniger gehalten hatte als von der Erdenwelt.

Mit diesem Augenblick begann ein neues Leben, für das man nur die Bezeichnung einer alchemistischen Post-Existenz wählen kann: Während zwischen Lyon und Antwerpen der hochverdiente Aufklärer Johannes Weyer aus Grave in Nordbrabant für ein ehrenwertes Gedächtnis des Verblichenen sorgte, trat Agrippa oder Cornelius Agrippa, feierlich von Nettesheim genannt, den Abflug in die Legende an, die ihn weiter trug als so manchen anderen, der möglicherweise ein besserer Mensch gewesen.

Auf der Waagschale zugunsten des großen Magiers lagen ein paar hundert gerettete Pestkranke, denen Agrippa noch von eigener Hand hatte helfen können, und einige tausend, denen nachkommende Kollegen erfolgreich beisprangen, weil Agrippa neben sehr viel bedenklichem Unsinn und unbrauchbar-tiefsinnigen Erörterungen eine kleine, konzise Schrift über die Behandlung der Pest verfaßt hatte, die ihn an die Seite des zweiten großen Pestarztes der Zeit stellt, nämlich neben Michel de Nostredame, genannt Nostradamus. Agrippas *Antidota securissima contra pestem* bekämpften nicht nur die Pest, sondern bedeuteten auch einen Fortschritt der praktischen Medizin und der Technik der Seuchenbehandlung.

Von allen Historikern der Alchemie, die sich mit dem Nachleben des Kölner Astro-Alchemisten beschäftigten, hat mein langjähriger Freund und Mitarbeiter Reinhard Federmann die eindrucksvollste und überzeugendste Wiederbegegnung Agrippas mit unserer Zeit imaginiert. In seinem Werk über ›Die königliche Kunst‹, das er unter langen Mühen schrieb, gelang ihm eine überzeugende Konfrontation des Cornelis Agrippa von Nettesheim mit Otto Weininger, dem Typus eines frühvollendeten Genies, der 1903, erst dreiundzwanzig Jahre alt, in Wien Selbstmord beging. In seinem kurzen, intensiven Leben war Weininger ebenso, wie wir es von Agrippa gehört haben, davon überzeugt, daß der Mensch sich eine höhere Kraft zu geben vermag, eine Ausstrahlung, die ihn dem »Stein der Weisen« entgegenträgt und zum Herrn über die Materie macht. »Wenn Zauberer Schaden stiften wollen, so vermögen sie durch den festen Blick die Leute in höchst verderblicher Weise zu bezaubern. Dieser Meinung sind auch Avicenna und Aristoteles. Offenbar kann nämlich der Körper von dem Dunst eines anderen kranken Körpers sehr leicht angesteckt werden, was wir bei der Pest und dem Aussatz deutlich sehen. Nun liegt in den Dünsten der Augen eine solche Kraft, daß dies den Nächsten bezaubern und anstecken kann ... Daher warnen die Philosophen vor dem Umgang mit schlecht gesinnten und unglücklichen Menschen, da ihre von schädlichen Strahlen erfüllte Seele auf eine unheilvolle Weise ihre Umgebung ansteckt. Dagegen soll man die Gesellschaft guter und glücklicher Menschen aufsuchen.« Schlichte Weisheiten, formuliert von Agrippa, nacherlebt und propagiert im zwanzigsten Jahrhundert von Weininger, der sich augenscheinlicher Beweise bedient und auf das bekannte ›Versehen‹ hinweist, auf die durch vielfache Erfahrung belegte Tatsache, daß eine Schwangere auf starke optische Eindrücke und vor allem auf unerwartete Begegnungen mit Veränderungen oder Entstellungen der Leibesfrucht reagiert:

»Es gibt ein ›Versehen‹, und die Wissenschaft sollte trachten, es zu erklären, statt es als schlechterdings unmöglich in Abrede zu stellen.« Und zu der oben von Agrippa dargelegten Lehre von den Dünsten der Augen, womit die Kraft des Blikkes gleichsam alchemistisch umschrieben wird, schreibt Weininger (›Geschlecht und Charakter‹), daß es um den Augenblick geht, da Mann und Frau einander in entscheidender Weise begegnen, weswegen zum Beispiel die Bibel auch von erkennen spricht, wenn sie den (ersten) Beischlaf meint. »Die Geburt eines Menschen müßte im idealen Falle, in den Augenblick verlegt werden, wo eine Frau ihn, den Vater ihres Kindes, zum erstenmal erblickt oder auch nur seine Stimme hört.« Das ist jene pure Magie, mit der das Mineral sich dem ersten Leben öffnet, der Stein zu sprechen und zu leben beginnt. Seit Weininger hat schließlich die Iris-Diagnose eine ungeahnte Entwicklung genommen, was Agrippa und Weininger noch imaginierten, füllt heute farbenprächtige Atlanten.

Dabei hatte Agrippa am Ende seines Lebens dafür gesorgt, daß auch seine dankbarsten und gläubigsten Jünger nicht Wunderdinge von ihm erwarten: »Was man von der unbesiegbaren Gewalt der magischen Kunst, von den wunderbaren Vergleichen der Astrologen, den Verwandlungen der Alchemisten und jenem gepriesenen Stein, durch welchen man, Midas gleich, alle Metalle in Gold verwandelt, Erstaunliches erzählt und niederschreibt, wird als nichtig, erdichtet und falsch erfunden (d. h. befunden) werden, so oft man es wörtlich nimmt ... Wer möchte behaupten, daß die Überlieferungen großer und ernster Philosophen, die über solche Dinge geschrieben haben, falsch seien? Es wäre durchaus Unrecht, sie der Lüge zu zeihen, nur ist der eigentliche Sinn sehr oft ein anderer, als die nackten Buchstaben ihn angeben. Wir dürfen das Prinzip großer Operationen nicht außerhalb von uns suchen: es wohnt ein Geist in uns, der sehr gut vollbringen kann, was immer die Mathematiker, Magier, Alchemisten und Nekromanten Wunderbares und Erstaunliches zu leisten imstande sind.«

Das Wort von den großen und ernsten Philosophen zielt in erster Linie auf Platon, wo Agrippa sich mit Weininger trifft, der die Polarität der Geschlechter in einem asexuellen Idealmenschen aufheben möchte. Die geschlechtliche Bindung halbiert den Menschenbegriff und schränkt seine Kräfte soweit ein, daß die Vollkommenheit, die zur Erlangung des Steins der Weisen unerläßlich ist, nicht mehr erreicht werden kann. Als geschlechtslose Kugelmenschen lebten wir paradiesisch, ehe Zeus die Kugelmenschen entzweite, ehe er sie in zwei Teile zerschnitt. Ihre Sehnsucht gilt dem verlorenen, nicht wirklich erinnerbaren Zustand. »Platons phantastischer Eros gilt als ein Versuch, aus der endlichen Welt der Dualität hinauszukommen, den Urzustand wieder herzustellen« (aus: Andrea Bramberger, ›Die Kindfrau‹).

Der Glaube, daß die sexuelle Enthaltsamkeit die schöpferischen Kräfte des Menschen steigere, ihn gleichsam über sich selbst hinaus wachsen lasse, ist in allen alten Kulturen sehr verbreitet und speist sich aus der Erfahrung, daß langer Verzicht auf den natürlichen Geschlechtsakt in vielen Fällen zu Visionen, ekstatischen Zuständen und jedenfalls absonderlichen Eingebungen führe. Der Alchemist, der sich Besonderes, ja eigentlich Unmögliches vorgenommen hat, muß alle seine Kräfte sammeln, und so wie manchem mit dem zweiten Gesicht begabten Indianermädchen diese Fähigkeit mit der Zerstörung der Jungfernschaft abhanden kommt, so erlischt die Wunderlampe, die den Stein der Weisheit in der tiefsten Höhle aufleuchten läßt, wenn der Adept nicht enthaltsam gelebt hat, sondern einer Versuchung allzu irdischer Art erlegen ist.

Agrippa steht mit Verheißungen und Zweifeln in uralten Traditionen nicht nur der gelehrten Denkweisen, sondern auch des Volksglaubens, doch ist er als Gestalt nie volkstümlich geworden, sondern hat viele dieser populären und glaubhaften Eigenschaften an andere Gestalten abgetreten, nicht wenige aber auch von ihnen empfangen, worin wir typische Fluktuationen des hohen Mittelalters erblicken dürfen. Da sich die wunderbare Elisabeth Frenzel in ihren kenntnisreichen Büchern über die Motive und die Stoffe der Weltliteratur eine janusköpfige, in allen Erscheinungen rätselhafte Persönlichkeit wie Agrippa entgehen ließ, hat Dr. Michael Kuper seiner Biographie des Kölner Magiers zwanzig Seiten mit glücklichen Funden Nettesheimischen Nachhalls gefüllt, umfassend, überraschend und mit dem wohlverdienten Ende einer ›bis dato letzten literarischen Bearbeitung‹ Kupers eigener Feder entstammend, ein semidokumentarischer Roman, der hundert Tage aus dem Alltagsleben Nettesheims darstellt mit dem Hauptgewicht auf jenem Hexenprozeß in Metz, ohne den Agrippa ein leichteres Leben gehabt hätte und vielleicht weiter gekommen wäre, wenn auch wohl nicht bis zum »Stein der Weisen«.

Ein einzigartiges, dem deutschen Geist eigentümlich entsprechendes Fortleben wurde Agrippa in einer Gestalt zuteil, von der man so wenig weiß, daß sie nach suggestiven Inhalten geradezu verlangte – in der Verschmelzung mit Doktor Johann Faust, der uns auch mit dem Vornamen Georg entgegentritt. Weder Robert Petsch (›Faustsage und Faustdichtung‹) noch Albrecht Schöne in seinem 1140-Seiten-Kommentar zu Goethes Faust haben sich über die Wolken besorgt gezeigt, die das Gedächtnis des historischen Faust verdunkeln und vernebeln und ihm vergleichsweise wenig Raum gewidmet. Der sehr junge Johann Wolfgang Goethe, damals noch ohne »von«, wenn auch als Sohn eines kaiserlichen Rates in durchaus angenehmen Verhältnissen, war aber durch einen kuriosen Freund des Hauses zu Agrippa geführt worden, als sein ›Faust‹ in ihm noch schlummerte. Es mögen diese ersten Gespräche zwischen dem sechzigjährigen Juristen Hofrat Hüsgen und dem wißbegierigen Johann Wolfgang über Agrippa gewesen sein, die ein Samenkorn in die Knabenseele legten. »Da er (Hüsgen) sich nur bedeutender Rechtsfälle annahm, so hatte er Zeit genug, sich auf andere Weise zu beschäftigen und zu unterhalten. Ich hatte nicht lange um ihn gelebt und seine Lehren vernommen, als ich wohl merken konnte, daß er mit Gott und der Welt in Opposition stehe. Eins seiner Lieblingsbücher war Agrippas *De vanitate scientiarum*, das er mir besonders empfahl und mein junges Gehirn dadurch eine Zeitlang in ziemliche Verwirrung setzte. Ich war im Behagen der Jugend zu einer Art von Optimismus geneigt und hatte mich mit Gott oder den Göttern ziemlich wieder ausgesöhnt ... auch was die Menschen taten und trieben, sah ich läßlich an und fand manches Lobenswürdige, womit mein alter Herr keineswegs zufrieden sein wollte. Ja als er einmal mir die Welt ziemlich von ihrer fratzenhaften Seite geschildert hatte, merkte ich ihm an, daß er noch mit einem bedeutenden Trumpfe zu schließen gedenke. Er drückte, wie in solchen Fällen seine Art war, das blinde linke Auge stark zu, blickte mit dem anderen scharf hervor und sagte mit einer näselnden Stimme: ›Auch in Gott entdeck ich Fehler!‹« (aus: Goethe, ›Dichtung und Wahrheit‹).

Die wenig beachtete Stelle aus Goethes ›Dichtung und Wahrheit‹ setzt dem kunstsinnigen Juristen Wilhelm Friedrich Hüsgen (auch Huisgen geschrieben) ein Denkmal; er hatte schon 1790 eines seiner Werke, ein ›Artistisches Magazin‹, Goethe gewidmet, und Goethe wiederum hat sich bei der Abfassung seiner Jugenderinnerungen wiederholt der Namen und Daten bedient, die Hüsgen zwischen 1776 und 1780 in verschiedenen Schriften festgehalten hatte. Eingeprägt aber hat sich dem Knaben Goethe neben der Persönlichkeit des sehr viel älteren Privatgelehrten dessen souveräner Umgang mit Glaubensdingen. Der Name Agrippa von Nettesheim tritt erstmals in Goethes Leben, aber auch die Erscheinung Gottes in jenem ironischen Licht, mit dem Mephisto am Ende des Prologs im Himmel (›Faust‹, Erster Teil) die hehre christliche Vorstellung umgibt, ohne ihre Einzigartigkeit wirklich anzutasten:

»Mephistopheles (allein):
Von Zeit zu Zeit seh' ich den Alten gern,
Und hüte mich, mit ihm zu brechen.
Es ist gar hübsch von einem großen Herrn,
So menschlich mit dem Teufel selbst zu sprechen.«

Vier Zeilen voll von sublimer, souveräner Ironie, die Goethe zu Agrippas Zeiten auf den Scheiterhaufen gebracht hätte.

In der Folge, in der Weiterentwicklung der Faust-Dichtung, ist Agrippa in Goethes Versen sehr viel gegenwärtiger, als der halb sagenhafte Dr. Johannes Faust, ja in einer entscheidenden Szene versieht Goethe seinen Helden gar mit dem Vornamen Heinrich des Heinrich Cornelius Agrippa von Nettesheim. Der Vorname, der für den historischen Faust nirgends belegt ist, fällt in der Kerkerszene, als der seither oft mit komischem Unterton zitierte Ausspruch »Heinrich! Mir graut's vor dir.« (Im

›Urfaust‹, von Schöne ›Faust, Frühe Fassung‹ genannt, klingt es ruhiger: »Mir graut's vor dir, Heinrich.«)

Indessen gibt es, trotz gelegentlicher Zweifel, eine historische Figur, von einer Autorität wie Albrecht Schöne akzeptiert und mit dem wohlklingenden Namen Georgius Sabellicus oder auch Johannes Faust versehen, in der Ausgabe eines Volksbuches um Dr. Faust von 1587 erstmals greifbar und seit wenigen Jahren gar mit einem sehr bekannten Autor in Verbindung gebracht, nämlich dem württembergischen Dichter und Philologen Nicodemus Frischlin. Er wurde 1547, also zwölf Jahre nach dem Tod Agrippas, im idyllischen Balingen geboren und starb schon 1590 in Hohenurach, das heißt im Kerker, passender Abschluß eines Lebens, das selbst für jenes eifrig polemisierende Jahrhundert in einem erstaunlichen Maß mit Streit, Prozessen, Ungerechtigkeiten und Ungeschick angefüllt war. Adalbert Elschenbroich, der kurz vor seinem Tod noch eine ausführliche Würdigung von Nicodemus Frischlin verfaßte, sieht die Hauptbedeutung des umtriebigen Mannes in seinen Dramen, aber es wurden gute Gründe dafür ins Treffen geführt, daß er sich durch ein populäres Buch über den Doktor Faust und das Sammeln aller ihn betreffenden Mären und Gerüchte zusätzliche Einnahmen verschaffen wollte. Da er sich in bekannten Schriften gegen Schwarmgeister und Sektierer gewandt hatte, ist die Beschäftigung mit dem berühmten, aber im Kern unbekannten Schwarzkünstler seinen Interessen angemessen. Retten konnten ihn weder Magie noch Fluchtzauber: Als er versuchte, seiner strengen Kerkerhaft auf Hohenurach zu entrinnen, tat er einen tödlichen Sturz.

Damit haben Agrippa und Frischlin beinahe bewegtere Schicksale als Johannes Faustus, soweit sich dessen Lebensgang erschließen läßt. In den kargen Zeugnissen der Zeitgenossen taucht Faust zwischen 1507 und 1539 auf, muß also um 1480 zur Welt gekommen und damit ein genauer Mitlebender des großen Cornelius Agrippa gewesen sein. Ähnlich wie Frischlin, und eben darum vielleicht für diesen interessant, stammte Faust aus Schwaben, und zwar aus Knittlingen (nahe Maulbronn mit seinem berühmten Kloster aus dem Jahr 1146). Nicht selten haben im dichtbesiedelten Schwaben die kleinsten Nester die kuriosesten Geister hervorgebracht und lebenslänglich immer wieder angelockt bis hin zu Ernst Jüngers Wilflingen in unseren Tagen. Melanchthon, eine der großen Gestalten der Reformation und eifriger Briefschreiber dieser bewegten Jahre, scheint den Doktor Faust gut gekannt zu haben; seiner Auskunft verdanken wir den Geburtsort, aber auch die Hinweise auf Universitäten wie Krakau und Ingolstadt, wo der unruhige Schwabe sich gebildet habe. Weniger gewogen war ihm Johannes Trithemius, der im Mai 1506 auf der Reise von Brandenburg nach Heidelberg in einem Gelnhausener Gasthaus auf Faust gestoßen sein will, angesichts der geringen Zahl von tauglichen Herbergen und der langen Reisezeiten mit vielen Nächtigungen ein denkbarer Zufall: »Auf dem Weg nach Heidelberg kam es dann in Gelnhausen zur vielleicht denkwürdigsten Nicht-Begegnung in der deutschen Literaturgeschichte«, schreibt Dr. Michael Kuper in seiner Monographie ›Johannes Trithemius. Der schwarze Abt‹ und setzt fort: »Wie sich Trithemius nämlich in dem ein Jahr später abgefaßten Brief an den Mathematiker und Astrologen Johann Virdung vom 20. August 1507 erinnerte, wäre es in einem Gasthof zu Gelnhausen fast zu einem Zusammentreffen zwischen ihm und einem gewissen Doktor Faustus gekommen. Dieser sei ein aufgeblasener Scharlatan, habe in derselben Wirtschaft logiert und sei sofort geflüchtet, nachdem er von der Anwesenheit des Trithemius erfahren habe.«

Die folgenden Verurteilungen des Faust sind so hart, beschimpfend und gleichsam ohne Bodenhaftung formuliert, daß Kuper mit Recht vermutet, diese Ausfälle sollten eigentlich Trithemius selbst von dem oft geäußerten Verdacht der Zauberei und Schwarzen Magie distanzieren: »Ein Wundermann duldet nur selten einen zweiten neben sich, vor allem, wenn dieser marktschreierisch geheime Künste anpreist, popularisiert und profaniert« (zitiert nach Michael Kuper).

Es war die Zeit, da solche und verwandte Geister sich auf anhaltenden Wanderschaften im reformatorisch aufgewühlten Deutschland befanden; es gab tolerante Städte wie Straßburg, es gab angenehme und geduldige Länder wie die Niederlande, wo – ähnlich wie heute in der Schweiz – eigentlich nur nach dem Geld des Fremden gefragt wurde. Begehrt waren namhafte und hochmögende Beschützer in solch unsicheren Zeiten und schnell wechselnden Verhältnissen, und irgendwie muß es dem Johannes Faust gelungen sein, Franz von Sickingen für sich einzunehmen und von ihm Zusagen von Schulmeisterstellen, erst in Würzburg und später in Kreuznach, zu erhalten, wo er es wenigstens nicht weit in die so manchen Schwarmgeist beschützende Stadt Straßburg gehabt hätte. Nun war Sickingen wohl ein tapferer Reichsritter, zu jener Zeit vor den großen Ereignissen von 1525 und 1527 aber noch keineswegs berühmt und sicherlich auch noch kein Lutheraner, das wurde er erst 1520. Johannes Faust, Doktor vieler nicht näher bekannter Wissenschaften und Künste, traf in Sickingen auf einen jungen Mann, der mit Worten zweifellos leicht zu beeinflussen war, und Faust hätte bei passendem Auftreten und Leistungen seine Ämter wohl behalten können, habe sich jedoch des ihm entgegengebrachten Vertrauens ganz unwürdig erwiesen.

Acht Jahre nach dem Gelnhausener Beinahe-Treffen ist Doktor Faust in Erfurt nachgewiesen, zweifellos nicht zum erstenmal, es scheint einer seiner Lebensmittelpunkte gewesen zu sein, vielleicht durch verwandtschaftliche Beziehungen. Das Aufenthaltszeugnis stammt von einer einwandfreien Persönlichkeit, dem Kanonikus Mutianus Rufus, der aber offensichtlich nicht verhindern konnte, daß 1520, also abermals sieben oder acht Jahre später, Doktor Faust sich mit den Barfüßern anlegte, einem Orden, der auch Albertus Magnus viel Lebenszeit gekostet hatte. Ein Mönch, den wir sogar kennen – er hieß Klinge –, erreichte es um 1520, daß die Stadtväter von Erfurt den inzwischen schon recht bekannten Schwarzkünstler aus ihrer Stadt verwiesen. Faust reiste nach Bamberg, was darauf schließen läßt, daß er der Reformation zuneigte, denn Bischof Georg III. Schenk von Limburg, ein vermögender Herr, der schon mit dreizehn Jahren seine ersten Pfründen erhalten hatte, und Johann Freiherr von Schwarzenberg, der die berühmte Bambergische Halsgerichtsordnung geschaffen hatte, regierten gemeinsam die schöne alte Stadt im Sinn Luthers und verboten päpstliche Sendschreiben. Sie scheinen dabei selbst aber nicht ganz frei von Aberglauben gewesen zu sein, denn Schenk von Limburg ließ sich von Doktor Faust ein großes Horoskop ausarbeiten. Honorieren wollte er es nicht, damit hätte er sich zur Astrologie bekannt, aber er ließ dem inzwischen bekannten Wandergelehrten ein Geschenk in harten Talern überreichen. Da der Bischof schon zwei Jahre darauf starb, hatte Johannes Faust entweder nicht alles gesagt oder nicht alles gesehen, denn den nahen Tod verkündende Voraussagen ermuntern den Betroffenen im allgemeinen nicht zu großzügigen Geschenken.

In den danach anbrechenden unruhigen Jahren starben Franz von Sickingen und Ulrich von Hutten, Murners wüste Streitschrift gegen Luther erschien, Johannes Faust wird überall gesehen und kann doch nicht an allen genannten Orten gewesen sein, da etwa Auerbachs Keller in Leipzig als Haus, Hof und Keller erst 1530 entstand. Hingegen sind anhaltende Besuche und Aktivitäten in Heidelberg sicher, wurde der Magier doch in jener Zeit auch Faustus Heidelbergensis genannt. Die Spur von seinen Erdentagen besteht im Wesentlichen aus Daten städtischer Gerichtsbarkeit über Ausweisungen des gelehrten, aber doch eben zu unruhigen und zu lauten Mannes: Kurfürst Johann von Sachsen, genannt der Beständige, ließ den Doktor aus Wittenberg hinausweisen, was darauf hindeutet, daß Melanchthon, auf den der Kurfürst stets hörte, sich für den Schwarzkünstler nicht mehr einzusetzen wagte. Am 17. Juni 1528 verzeichnen die Ratsprotokolle von Ingolstadt einen ähnlichen Vorgang. 1532 aber wird Faust, beinahe zeitgleich mit Agrippa von Nettesheim, vom Kölner Erzbischof Hermann von Wied eines läßlichen Asyls gewürdigt.

Der Graf aus einem alten Dynastengeschlecht war persönlich unangreifbar, hatte Karl V. zu Aachen gekrönt und bewegte sich souverän in den Wirren der Reformation, ohne sich ihr zu verschreiben, berief aber ihre besten Köpfe wie Bucer und Melanchthon nach Köln. Faust und Agrippa erscheinen in den zwanziger Jahren des sechzehnten Jahrhunderts als die Vorzeigekuriositäten eines erzbischöflichen Musenhofes, und während Agrippa dies nicht zu schätzen wußte und nach Frankreich in seinen Untergang wanderte, hatte Doktor Faust hier seine ruhigste Phase, wird als Person achtungsvoll kommentiert und in einen Brief vom 13. August 1536 hochgelobt, den kein Geringerer als Camerarius geschrieben hat, nach allgemeiner Ansicht der bedeutendste Altphilologe des Jahrhunderts. Um 1540 soll Faust in Staufen im Breisgau gestorben sein, jedenfalls gibt es aus späteren Jahren keine verläßlichen Zeugnisse seiner Existenz mehr.

An den Gerüchten über seine Teufelsbündelei ist er in erster Linie selbst schuld gewesen, hat er sich doch zauberischer Fähigkeiten gerühmt, behauptet, auf Weltereignisse wie die Schlacht von Pavia und die Plünderung Roms Einfluß genommen zu haben, und sich somit in den Dunstkreis des Bösen begeben. Viele Einzelhinweise zu Person und Leben des rätselhaften, aber in allen Phasen seiner Existenz interessanten Mannes entstammen dem Raum Erfurt, wozu sich einige Anekdoten aus Nürnberg und Heidelberg gesellen; hingegen fehlen, ganz anders als bei Agrippa, Zeugnisse von großen Reisen und vom Besuch berühmter ausländischer Universitäten wie Krakau, Wien, Padua oder Paris. »Angeblich soll Luther 1537 erklärt haben, daß dieser Faustus ›den Teufel seynen Schwoger hies, und hat sich lassen hören, wenn ich, Martin Luther, ihm nur die Handt gereicht hätte, wolt er mich vertorbet haben‹ (aus ›Luthers Tischreden‹, zitiert nach Albrecht Schöne). Schöne findet Faust auch in der Zimmerschen Chronik: »Auf Grund von allerhand Anzeigungen und Vermutungen hätten viele vermaint, der bös Gaist, den er in seinen Lebzeiten nur sein(en)

Schwager genannt, habe ine (ihn) umbbracht« (im Kommentarband zu Goethes ›Faust‹).

Das Teufelsbündnis scheint dem historischen Doktor Johannes Faust anzugehören, denn wenn die Legende gelegentlich Agrippa mit Höllenhunden ausstattet und insbesondere seine alchemistischen Kunststücke als Teufelswerk verurteilt, so hat er doch zweifellos nie den Teufel seinen Schwager genannt, schon weil in den Ländern, in denen Agrippa sich bewegte, solche Verwandtschaften auf dem Scheiterhaufen zu enden pflegten.

Mephisto also und damit auch die Wette verdankt Goethes unsterbliches großes Gedicht einem »offenbar als Sterndeuter und Wahrsager agierenden Wandermagier ... unter den Zeitgenossen durchaus als ein marktschreierischer Scharlatan mit höchst anrüchigem Lebenswandel ausgemacht oder hingestellt« (Schöne). Treten wir jedoch mutig in Goethes Weltgedicht ein, so verflüchtigt sich das anstößige Rüchlein, und wir stoßen überall, wo wir Faust suchen, im Kern und Wesensgrund auf Agrippa, der Goethe schon so früh begegnete und dessen Gestalt den Dichter offensichtlich nicht mehr losließ. Goethes Magister und Doktor bekennt:

»Es möchte kein Hund so länger leben!
Drum hab ich mich der Magie ergeben,
Ob mir, durch Geistes Kraft und Mund
Nicht manch Geheimnis würde kund.«

Das magische Denken der Renaissance, aus Italien in die deutschen Gelehrtengehirne gelangt, war auf alchemistische Vorgänge und ihre Übertragung auf das menschliche Seelenleben gerichtet. Menschen- und Himmelskunde, Geisterwelt und Wirklichkeit sollten durch magische Praktiken und alchemistisches Altwissen wieder eins werden wie in den Träumen eines Platon. Die Kirche duldete die Weiße Magie, verdammte und bestrafte allerdings die Schwarze Magie, weil bei ihr Höllenmacht im Spiel war. Das Buch freilich, dessen sich Goethes

Dramenheld für seine Geistergespräche und Zitationen bedienen will, stammt nicht von Agrippa, sondern »Von Nostradamus' eigner Hand«. Gemeint sind also die *Centurien*, die berühmten Prophezeiungen, die aber keine magischen Techniken enthalten oder gar lehren wollen und überdies erst 1555 im Druck erschienen sind, so daß sie dem 1540 von der Bildfläche verschwundenen historischen Faustus noch nicht zugänglich gewesen sein können, ein Anachronismus, auf den Wilpert hinweist, während Albrecht Schöne an Goethes Interesse für den Geisterseher Swedenborg erinnert, einen schwedischen Naturforscher und Mystiker, der mit einer Lebenszeit von 1688 bis 1772 noch in Goethes Frankfurter Jahre hineinragt und den jungen Dichter anhaltend beschäftigte.

Das eigentliche Thema der Faustischen Bemühung und der Geistergespräche bleibt der »Stein der Weisen« der Alchemisten, auch wenn er gelegentlich die »Weltformel« genannt wird oder »Salomonis Schlüssel«.

»Wer sie nicht kennt
Die Elemente
Ihre Kraft
Und Eigenschaft
Wäre kein Meister
Über die Geister!«

Das ist aus Goethes Mund wieder purer Agrippa, der nicht als erster, aber anhaltend und deutlich die Formel geprägt hat: »Es gibt vier Elemente, ohne deren vollkommene Kenntnis wir in der Magie keinerlei Wirkung hervorbringen können ... aller Dinge Bindung und Lösung, auch die Austreibung böser Dämonen und die Anziehung guter Geister hängt von diesen ab.«

In Marthens Garten schließlich, als Faust uns als Heinrich entgegentritt, ist die Nähe zu Agrippa am nächsten, eben weil Goethes Faust in Albrecht Schönes trefflicher Formulierung ohnedies eine synthetische Figur ist. Der Name Johann schien

Goethe als sein eigener und als häufiger Name für Hausdiener wenig passend. Schon der schwarze Pudel (»dies also ist des Pudels Kern«) verwies auf die Nettesheim angedichteten Höllenhunde, die ihn zumindest in seinen letzten Lebensjahren, also in der Kölner Zeit, begleitet haben sollen. Christopher Marlowe, Autor der bedeutendsten nichtdeutschen Faustdichtung, hatte diese 1588 erstaufgeführte *Tragedy of Doctor Faustus* mit dem Bekenntnis eröffnet: »Ich will nun werden, was Agrippa war/des(sen) Namen ganz Europa noch verehrt«, eine Feststellung, die fünfzig Jahre nach Agrippas Tod offensichtlich noch zutraf.

Den Astro-Alchimisten Agrippa bemüht Goethe im Ersten Akt von Faust II, als es um eine Geldbeschaffungsaktion geht, die freilich eher kriminalistische als alchemistische Züge hat, weswegen sich Mephistopheles eines gelehrten Astrologen bedient, aus dessen Mund die Ratschläge wissenschaftlicher und harmloser klingen, aber doch sehr nahe dem bleiben, was wir seit dem hohen Mittelalter in Lehrbüchern der Goldmacherei lesen:

»Die Sonne selbst, sie ist ein lautres Gold,
Merkur, der Bote, dient um Gunst und Sold,
Frau Venus hat's euch allen angetan,
So früh als spat blickt sie euch lieblich an;
Die keusche Luna launet grillenhaft,
Mars trifft er nicht, so dräut euch seine Kraft.
Und Jupiter bleibt doch der schönste Schein,
Saturn ist groß, dem Auge fern und klein.
Ihn als Metall verehren wir nicht sehr,
An Wert gering, doch im Gewichte schwer.
Ja! wenn zu Sol sich Jupiter gesellt,
Zum Silber Gold, dann ist es heitre Welt.«

Hinter dem scheinbar sibyllinischen Text steht die alte alchemistische Doppelrolle der Gestirne, in der die Sonne natürlich für Gold steht, Merkur für Quecksilber, der Mond mit Luna, der Mondgöttin, für das Silber. Es geht aber noch weiter: Venus steht für Kupfer, Jupiter für Zinn und Mars für Eisen, dies wieder eine naheliegende Beziehung durch das Eisen der Waffen. Schwer, aber nicht wertvoll ist das Blei, dem Saturn zugeordnet. Die wohlklingenden, aber geheimnisvollen Formeln hat man als Geldzeugung gedeutet, und zwar unter gleichgeschlechtlichen Wesen!

Obwohl die köstliche Szene, in der dem Kaiser schließlich die verborgenen Reichtümer seines eigenen Reiches verkauft werden sollen, sich auf die noch nicht gehobenen Schätze, also vergrabenes Gold oder Silber bezieht, bringt Goethe sie durch die Planeten-Metalle-Gleichung und den Jargon der Alchemisten mit der Goldmacherei in Verbindung, Bemühungen, die sowohl dem historischen Faust als auch Agrippa nachgesagt werden. In der Szene ›Vor dem Tor‹ läßt Goethe seinen Faust in erster Person über seine Herkunft sprechen, von der man bekanntlich bis heute nur höchst vage Kunde hat:

»Mein Vater war ein dunkler Ehrenmann,
Der über die Natur und ihre heilgen Kreise
In Redlichkeit, jedoch auf seine Weise,
Mit grillenhafter Mühe sann;
Der in Gesellschaft von Adepten,
Sich in die schwarze Küche schloß,
Und nach unendlichen Rezepten,
Das Widrige zusammengoß.
Da ward ein roter Leu, ein kühner Freier,
Im lauen Bad der Lilie vermählt
Und beide dann mit offnem Flammenfeuer,
Aus einem Brautgemach ins andere gequält.
Erschien darauf mit bunten Farben
Die junge Königin im Glas,
Hier war die Arzenei, die Patienten starben,
Und niemand fragte: wer genas?«

Ist dies bis dahin Alchemistengeschwätz in absichtlich verhüllenden Bezeichnungen für undurchsichtige Vorgänge und ihr Mißlingen unter Qualen, so kommt wie ein Donnerschlag die deutlichste Verurteilung, die Goethe seinem Helden und dessen Zunft zuteil werden läßt:

»So haben wir, mit höllischen Latwergen
In diesen Tälern, diesen Bergen
Weit schlimmer als die Pest getobt.
Ich habe selbst den (sic) Gift an Tausende gegeben:
Sie welkten hin, ich muß erleben,
Daß man die frechen Mörder lobt.«

Die auffällige Härte dieser Aussage ist ein direkter und kaum zu übersehender Hinweis auf Goethes eigenes Verhältnis zur Alchemie im weitesten Sinn, wobei er eine poetische Alchemie und eine medizinische unterscheidet. Als Leipziger Student lebenslustig, wie es in seinen Verhältnissen üblich war, hatte Goethe vom Oktober 1765 bis Ende Juli 1768 in der Stadt, in der auch sein Vater studiert hatte, »nichts ausgelassen« (Heiner Lauterbach) und seiner Figur Frosch das seither geflügelte Wort in den Mund gelegt: »Mein Leipzig lob' ich mir, es ist ein Klein-Paris und bildet seine Leute.« Doch war der spätere Olympier, der das Alter mit Grandezza trug, damals noch ein zarter Jüngling und erkrankte schwer mit einem lebensgefährlichen Blutsturz und Lungenaffektionen, die eine sehr lange Rekonvaleszenz in Frankfurt und seelische Langzeitwirkungen zur Folge hatten. Der den Sohn des kaiserlichen Rates mit Hingabe behandelnde Arzt, ein Dr. Metz, arbeitete mit selbstbereiteten und entsprechend geheimnisvollen Arzneien, die Gero von Wilpert als illegal bezeichnet, was dahingestellt bleiben muß, da die Zulassungskontrollen jener Tage kaum viel verläßlicher waren als die pharmakologischen Kenntnisse der Ärzteschaft. Vor allem in der Krise vom 7. Dezember 1768 setzte Dr. Metz ein geheimnisvolles Salz ein und bestand im übrigen darauf, daß ein bestimmtes laszives Mädchenbild, geschaffen von Frankreichs galantem Hofmaler François Boucher, aus dem Zimmer des sterbenskranken Neunzehnjährigen entfernt werde, woraufhin Goethe genas. Goethe schildert den Arzt, sooft er auf ihn zurückkommt, positiv und neigte wohl auch zu der Ansicht, daß sexuelle Spannungen die entscheidenden Kräfte des Leibes mindern. In Fausts beredter Klage gegen die Ärzte, die Tausende vergiften, schwingt gleichwohl und nachträglich erhebliches Bedenken gegen die »Chymisterey«, die Experimente mit unerprobten Medikamenten und die Illusion eines Universalmittels mit. Als ein solches erschien Galenos, wie dargelegt, der Theriak, bei Goethe Latwergen genannt, ein seinerzeit verbreitetes Heilmittel, in dem allerlei zusammengerührt wurde, angeblich bis zu siebzig Substanzen, von denen man wohlwollend sagen kann, daß nicht wenige unter ihnen völlig wirkungslos waren oder nicht schaden konnten wie Tamarindenmark, Honig und Molke. Goethe legt die Kritik am »Stein der Weisen«, in dem man unter den Alchemisten auch das geheimnisvolle Allheilmittel verstand, bezeichnenderweise nicht einem geläuterten Faust in den Mund, sondern Mephistopheles, dem »Geist, der stets verneint«:

> »Wie sich Verdienst und Glück verketten,
> Das fällt den Toren niemals ein;
> Wenn sie den Stein der Weisen hätten,
> Der Weise mangelte dem Stein.«

Da ist das Gold in den Bergen doch die bessere Chance, nicht zuletzt, weil der Dichter sich für die Schätze in Berg und Tal zuständig fühlt. Schon als Knabe etwa am Kohleabbau interessiert, bewahrte sich Goethe sein Interesse für Mineralogie und das ganze unendliche Reich der Steine edlen und unedlen Charakters ein Leben lang. Vermutlich auf eigenen Vorschlag wurde der in Weimar willkommene Dichter, dem man ja irgendein Amt geben mußte, von Herzog Karl August an die Spitze der

Bergwerkskommission berufen. 1777 war das Jahr jener wichtigen und an Eindrücken starken Harzreise, die bis in die ›Gotische Walpurgisnacht‹ im Ersten Teil des ›Faust‹ nachwirkt, ja einmal wäre der noch nicht Dreißigjährige in Clausthal von einer Gesteinslawine erschlagen worden, hätte ihn nicht ein Begleiter vor dem herabstürzenden Geröll beiseite gerissen. Die Entdekkung reicher Steinsalzvorkommen kann sich Goethe als Verdienst zumessen lassen, aber dem Kaiser, den Mephistopheles für seinen Schützling Faust einnehmen will, ist derlei profanes Gut natürlich nicht attraktiv genug. Wissend, daß es sich um Lügenschäume (welch eine Wortbildung!) handelt, treibt Seine Majestät Teufel und Gelehrte zur Tat:

»... Was will das Düstre frommen?
Hat etwas Wert, es muß zu Tage kommen.
Wer kennt den Schelm in tiefer Nacht genau?
Schwarz sind die Kühe, so die Katzen grau.
Die Töpfe drunten voll von Goldgewicht,
Zieh an dem Pflug, und ackre sie ans Licht.«

Zuletzt aber verweist Mephistopheles Arbeit und Verantwortung an den Kaiser selbst, und der Vorgang gewinnt die Dimensionen einer hochmodernen Gold- und Geldbeschaffungsaktion, wie sie zu Goethes Zeiten noch in aller Gedächtnis war. Erdacht hatte sie der Schotte John Law (1671–1729), der in den Jahren 1716 bis 1718 mit Erlaubnis des Regenten Philipp von Orléans Aktien ausgab, deren Deckung die in den französischen Kolonien jener Zeit vorhandenen oder vermuteten Bodenschätze sein sollten. Der Regent, hochintelligenter Sohn der Elisabeth Charlotte von der Pfalz, brauchte große Summen, um die unter dem 1715 verstorbenen Sonnenkönig Ludwig XIV. ins unermeßliche gewachsene Staatsschuld zu tilgen, und hatte auch jahrelang weitgehend legale Erträge aus den Erwartungen, die sich vor allem in Louisiana, also dem Umland von New Orleans, schnell zu erfüllen schienen. Papiergeld wurde ausgegeben, Metallgeld verboten, es war eine vorher nie beobachtete Spekulationswut, die 1721 in sich zusammenbrach und Law zur Flucht zunächst nach Brüssel nötigte. Von seinem Vermögen konnte er so wenig retten, daß er schließlich in Venedig in bedrängten Verhältnissen starb.

Von einem zweiten, weniger bekannten Vorgang mochte Goethe durch die Gräfin Elisa von der Recke erfahren haben, der Stiefschwester der Herzogin von Kurland. Die geistvolle, sehr empfindsame Dame hatte den angeblichen Goldmacher und Magier Cagliostro in ihrer Residenz in Mitau empfangen und ihm, von seiner derben sizilianischen Männlichkeit angezogen, wohl mehr als nur Sympathie entgegengebracht, was ihre menschliche Enttäuschung bei näherem Kennenlernen besonders bitter machte und sie veranlaßte, in der Berlinischen Monatsschrift vom Mai 1786 den berühmten Enthüllungsaufsatz zu veröffentlichen (›Nachricht von des berüchtigten Cagliostro Aufenthalt in Mitau im Jahre 1779‹).

Etwas klüger hatte sich ein anderer Abenteurer, nämlich Giacomo Casanova in Mitau benommen, als er auf der Reise nach Petersburg in der kleinen kurländischen Residenz Station machte. Man war damals, hundert Jahre vor der Eisenbahn, auf das trostloseste vom Kern Europas abgeschnitten, auch Casanova als erfahrener Reisender hatte gelegentlich zur Durchquerung dieser Gegenden besonderes Ingenium entwickeln und einen Riesen-Reisewagen mit Küche und dergleichen benutzen müssen. Diesmal nun, in Mitau, empfing ihn der Herzog von Kurland vertrauensvoll und nicht ohne Erwartungen. Der gebildete Schwadroneur machte sich anheischig, Kurlands Erträge aus den Bodenschätzen erheblich zu steigern, und es kam tatsächlich zu einer Besichtigungsfahrt von vierzehn Tagen, bei der fünf Bergbaugebiete besucht wurden, vor allem Eisen- und Kupfergruben. »Ich brauchte kein Fachmann zu sein, um überall das eine oder andere an Vorschlägen zu notieren … Ich vermerkte, was ich als überflüssig ansah, empfahl an einer anderen Stelle die Vermehrung der Arbeiterzahl, und an einer besonders wichtigen Mine regte ich an (Casanova schreibt: *»j'ai ordonné«*, also »ich befahl«), einen kleinen Kanal zu graben, der sich aus einem Flüßchen speisen konnte und bei drei Schleusen genug Wasserkraft liefern müsse, um die Arbeitskraft von zwanzig Männern zu sparen ... Mit den Entwürfen für andere Kanäle waren ausgedehnte Täler zu bewässern, was zur Gewinnung von Schwefel und Vitriol führen mußte, woran diese Ländereien offensichtlich reich waren ... Ich kehrte nach Mitau zurück in der glückhaften Stimmung, mich niemandem aufgedrängt zu haben; ich hatte eine Gabe in mir entdeckt, die mir nicht bewußt gewesen war« (aus: *Hostorie de ma vie*).

Casanova führte alles schriftlich aus und legte Zeichnungen bei. »Der Herzog, ein weiser alter Herr, fragte mich, ob ich für meine Ratschläge lieber in einem Schmuckstück entlohnt würde oder aber in dessen Geldgegenwert (ein Zeichen, daß man von Casanova in Mitau nicht allzuviel wußte). Daraufhin gab er mir eine Anweisung an die herzogliche Kasse, mir 400 Albertstaler auszubezahlen« (die beliebten Silberdukaten blieben in Lettland, Kurland und Semigallien, also im ganzen Baltikum, bis 1810 im Umlauf und hatten 26 Gramm Feinsilbergehalt).

Goethe hatte sich über die Gräfin von der Recke gelegentlich ihres ersten Aufenthaltes in Weimar im Winter 1784/85 noch ziemlich mokant geäußert, sie allerdings später häufig, ja fast regelmäßig bei seinen Kuraufenthalten in Karlsbad getroffen. Mephistos Anregungen für den Kaiser, die Ideen, statt des schwer herzustellendes Goldes das verborgene Gold staatlicher Latifundien auszugraben, waren also Ideen des achtzehnten Jahrhunderts; sie lagen in der Luft, und sie machten dem sehr unsicheren und undurchsichtigen Versuch Konkurrenz, wie die Jahrhunderte vorher mithilfe der Astrologie und der Lehren aus Antike und Mittelalter in Goldküchen das Edelmetall herzustellen. Der alte Hofrat Hüsgen starb 1766, also lange, ehe das große Werk über den Doktor Faust vollendet wurde, das »Hauptgeschäft«, wie Goethe die Dichtung in seinen letzten

Lebensjahren nannte. Aber der ein Leben lang wißbegierige, auf der Jagd nach Kuriositäten glücklich von seinen großen Fällen abgelenkte Jurist hatte den Keim Alchemie, die wuchernde Alraune der Schwarzen Künste in die junge Seele des Frankfurter Goethe eingepflanzt mit allem, was daran hing: der Begriff der Sternstunde, der diesem entgegenstehenden Skepsis, die tiefen Zweifel und die Ahnung, daß es doch mehr Dinge zwischen Himmel und Erde gebe, als der Menschengeist sich träumen läßt.

Nicht mehr Faust selbst, sondern Wagner experimentiert im zweiten Akt des zweiten Faust-Teiles weiter, zwischen »weitläufigen, unbehülflichen Apparaten zu phantastischen Zwecken«, wie Goethe in seiner Regieanweisung für den Monolog des unerträglichen, aber unentbehrlichen Famulus sagt, der schon im Volksbuch vom Doktor Faust und auch bei Marlowe anzutreffen ist. Sein Ziel ist, die unwürdige geschlechtliche Vereinigung der Menschen zum Zweck der Zeugung durch das wissenschaftliche Experiment zu ersetzen: ein Ziel der Alchemisten (nur der jungfräuliche Mensch ist des »Steins der Weisen« würdig), wenn auch aus naheliegenden Gründen nicht mit derselben Energie und Ausdauer verfolgt wie die Versuche, unedle Metalle in Gold oder Silber zu verwandeln. Als Mephisto die große Szene stört, besinnt sich Wagner, bleibt aber höflich:

»Willkommen zu dem Stern der Stunde,
Doch haltet Wort und Atem fest im Munde,
Ein herrlich Werk ist gleich zu Stand gebracht.«

Denn es sind die Sterne, die Gunst oder Ungunst des Augenblicks bestimmen. »Über diesen Einfluß der Gestirne und ihre himmlische Kraft heißt es bei Agrippa von Nettesheim ... daß dabei das Untere mit dem Himmlischen wie Weibliches und Männliches zur Befruchtung verbunden wird« (aus: Albrecht Schöne). Was folgt, ist die köstliche Phantastik der Homunkulus-Erschaffung, teils souveräner Spott eines reifen Skeptikers über die wundergläubige Wissenschaft, teils aber ahnungsvoller Zweifel, bange Frage, wozu der Menschengeist sich wohl noch aufschwingen, was die Wissenschaften künftig noch wagen würden. Im Zeitalter der Retortenschöpfung leuchtet uns Goethes Homunkulus prophetisch entgegen, als sei nicht Nostradamus oder Agrippa mit der Gabe der Voraussicht begabt gewesen, sondern Altmeister Goethe in seinem schlichten Haus am Frauenplan:

»Es leuchtet! seht! – Nun läßt sich wirklich hoffen,
Daß, wenn wir aus viel hundert Stoffen
durch Mischung, denn auf Mischung kommt es an,
Den Menschenstoff gemächlich komponieren,
In einen Kolben verlutieren
Und ihn gehörig kohobieren,
So ist das Werk im Stillen abgetan.«

Die Goetheforschung sagt zu Wilhelm Friedrich Hüsgen, der sich als timonischer Mentor des Dichters verstand, es sei ihm nicht gelungen, seinen sehr viel jüngeren Freund und in gewissem Sinn Schüler die eigene pessimistische Weltsicht beizubringen, vor allem, da diese Einstellung mit abgrundtiefer Menschenverachtung verbunden gewesen sei. Aber Timon von Athen, über Plutarch und Lukian zu Shakespeare und Pope gewandert, ist nicht einfach ein Misanthrop, er ist eine so merkwürdige und widersprüchliche Schöpfung des britischen Dramatikers, daß sich an ihm lange Kontroversen über die Textüberlieferung und die Bearbeitungen der Spielbücher entzündet haben, um die Peripetien der Handlung und die Rätsel des Persönlichkeitsbildes daraus zu erklären. In allen Gedichten und Dramen um den reichen Athener spielt das Gold an sich eine zentrale, ja magische Rolle, neben dem zweiten Motiv der großen Desillusionierung, wenn die Gäste an der prächtigen Tafel entdecken, daß ihnen nur heißes Wasser vorgesetzt wurde, das ihnen der Hausherr obendrein noch höhnisch ins

Gesicht gießt. So löst sich nicht nur das alchemistische Streben in Alltägliches, Nichtswürdiges auf, sondern Timon selbst, der im vierten Akt einsam, verarmt und menschenfeindlich im Wald nach Wurzeln gräbt und dort, als wäre er Midas, auf das ihn verfolgende Gold stößt, schmäht das Gold, das nicht von ihm lassen kann.

Als Alkibiades, begleitet von zwei Buhlerinnen, auf den Einsamen stößt und ihn in der Verwahrlosung nicht erkennt, gibt Timon die Auskunft: *»I am Misanthropos and hate mankind«*, das heißt, er sieht sich als die Verkörperung der Menschenfeindlichkeit. Er belädt nicht nur das Gold mit Flüchen, sondern verpflichtet auch die Dirnen, die angesichts des gefundenen Schatzes freundliches Entgegenkommen zeigen, möglichst vielen Menschen, also wohl Männern, Verderben zu bringen. In dem Stück, das als eines der schwächsten Shakespeares gilt und doch sein gedankenreichstes ist, vereinigen sich für den der Renaissance aufgeschlossenen Engländer Goldmythen ältester Herkunft: Gold als Fluch, Gold als Brücke zu den Ausschweifungen und als wirksamstes Instrument des Bösen.

Bei Goethe, zumindest in den ›Paralipomena‹ zum ›Faust‹, klingt dies timonisch deutlich und doch aus dem Mund Satans:

»Satan lincks gewendet:
Für euch sind zwey Dinge
von köstlichem Glanz
das leuchtende Gold
und ein glänzender Schwanz
Drum wißt euch ihr Weiber
am Gold zu ergötzen
und mehr als das Gold
noch die Schwänze zu schätzen«

(Zitiert nach Albrecht Schöne, ›Goethes Faust‹). Es geht dann eher mephistophelisch denn timonisch weiter, als der Teufel sich in heuchlerischem Mitgefühl eines jungen Mädchens annimmt, wie schon im Faust-Text selbst der scheuen Margarete:

»Was weinst du? artger kleiner Schatz
die Thränen sind hier nicht am Platz
du wirst in dem Gedräng wohl gar zu arg gestoßen?

Mädchen:
Ach nein, der Herr dort spricht so gar kurios,
von Gold und Schwanz von Gold und Schoos,
Und alles freut sich, wie es scheint!
Doch das verstehn wohl nur die Großen?

Mephisto:
Mein liebes Kind, nur nicht geweint.
Denn willst du wissen, was der Teufel meynt,
so greife nur dem Nachbar in die Hosen.«

Das souveräne Schlußwort zu dieser in die Dichtung schließlich nicht aufgenommenen Szene auf dem Blocksberg spricht der Oberteufel selbst, und man sieht förmlich den braven Eckermann erbleichen, weil er ja irgendwann auf diese handschriftlichen Blätter gestoßen sein muß, von denen Goethe an Schiller schrieb, sie sollten »zu männiglicher Verwunderung und Entsetzen wie eine große Schwammfamilie aus der Erde wachsen. Sollte aus meiner Reise nichts werden, so habe ich auf diese Possen mein einziges Vertrauen gesetzt« (Weimar, den 1. Juli 1797. Mit der Reise ist die dritte Schweizer Reise gemeint). Goethe gesteht dem kongenialen Freund seine große innere Unruhe und empfindet die ›Possen‹, also die anzüglichen, satirischen, erleichternden Reimereien der ›Paralipomena‹ als Therapie, weswegen wir manche köstlich-freche Ansprache im fertigen Ersten Teil und seiner Walpurgisnacht nicht wiederfinden:

»Satan grad aus: Ihr Mägdlein ihr stehet
hier grad in der Mitten

Ich seh ihr kommt alle
auf Besmen (Besen) geritten
Seyd reinlich bei Tage
und säuisch bey Nacht
so habt ihrs auf Erden
am weitsten gebracht.«

Aus der Fülle der Kommentare, die diese Funde im Lauf der Jahrzehnte auf sich gezogen haben, interessiert uns die von Agrippa aus humanistischen Gedankengängen und Schriften aufgenommene Beziehung zwischen dem Gold und dem Geschlecht. Das gleißende Metall, Ziel aller alchemistischen Sehnsüchte, hat nicht nur als Mittel zum Zweck, zum lustvollen Leben Erosgewalt in sich, es ist auch Inbild, Inbegriff und reinste Form orgiastischer Befriedigung, wie sie in dem Augenblick eintritt, da sich als Ergebnis eines Experiments das reine Gold als eine Göttergabe zeigt. Die Sonne, Jupiter, alle Begriffe für allerhöchste Gipfel der Schöpfung treten in wesenhafte Verbindung zum Gold, womit die Alchemie als die große Suche selbst geadelt erscheint. Mit ihr gelingt es Agrippa von Nettesheim, zumindest in einigen Phasen seines Lebens, die Weiße Magie mit der schöpferischen Existenz des Renaissance-Menschen zu vereinen, beneidet, geschmäht, aber durch das große Weltgedicht Goethes in eine exemplarische Figur gegossen.

Äbte, Ärzte, Astrologen

Gewöhnt, Goethes geheimrätliche Existenz in Weimar als die ihm gemäße Fügung und Erfüllung anzusehen, liest man mit einer gewissen Überraschung von der kaum zu bezwingenden inneren Unruhe, die den Dichter so sehr erfüllt, daß sein Ich in die Phantasien rund um den Blocksberg flüchtet und die Mauern des Hauses am Weimarer Frauenplan sich unversehens weiten, um Studierstuben, Laboratorien, Hexenküchen Platz zu machen.

Mußte es sein, daß ein weiser Franzose namens Paul Valéry, einer von jenen, die ihren morgendlichen Dämmerzuständen mehr vertrauten als dem Tageslicht, seine Goethe-Vorlesung an der Sorbonne damit beschloß, daß er *»Ce petit Weimar«* als *»une sorte de Saint-Hélène délicieuse«* für Goethe bezeichnete? – und daß er mit dieser Anspielung auf die einsame Napoleoninsel recht hatte?

Als Goethe zum erstenmal und noch besuchsweise in Weimar eintraf, hatte die Stadt 6000 Einwohner, als er starb 10 000, was einen bedeutenden Zuwachs zeigt und eine Blüte beweist – eine Blüte, die man wohl dem Umstand zuschreiben darf, daß sich die winzige Residenz dank ihres geistigen Lebens zu einer attraktiven Metropole dessen entwickelt hatte, was man damals den deutschen Geist nennen durfte. Daß Goethe dennoch immer wieder an Ausbrüche dachte und, wie man weiß, nicht nur dachte, sondern Nacht-und-Nebel-Fluchten mit allen Folgen auf sich nahm, beweist uns gleichsam topographisch die tiefe Kluft zwischen dem manifesten, sichtbaren, in Schulen und Hochschulen abgesicherten Geistesleben und dem tiefen Mehrverlangen der schöpferischen Naturen. Valéry, von dem es einen Faust gibt, nennt Goethe *»ce vivant terriblement vivant«* (diesen Lebenden, so fürchterlich lebendig), worin er nicht der einzige der deutschen Geistesgeschichte war, und überblickt man von Cäsarius von Heisterbach bis Athanasius Kircher, von Trithemius und Agrippa bis Hamann jene Genien, die sich in atemberaubenden Kämpfen mühsam selbst bändigten, dann versteht man die Geheimwissenschaften als ein Tor in die Freiheit. Dies wird wichtig, weil die Alchemie der Renaissance sich von den alten Göttern gelöst hat und dem Menschen vertraut, den Menschen sucht, der aus eigenem Allwissen über den »Stein der Weisen« gebietet und ihn nicht als Geschenk des experimentellen Zufalls erwarten muß. Der »schrecklich lebendige Lebende« existiert in der Renaissance so plötzlich, als sei er vom Himmel gefallen. Der *uomo universale* bewegt sich frei und souverän in der Schöpfung, und dort, wo er ihre Grenzen erkennt, bedient er sich aus eigenem Entschluß und Wagnis der Magie und wird zum Magus: Er überschreitet die Grenzen der christlichen, geschützten, gottwohlgefälligen Welt und begibt sich in jenes Niemandsland, in dem niedere Dämonen, aber auch Mephistopheles, Satan und Lilith ihre Macht ausüben oder, wenn man es sehr gläubig formulieren will: ihre Macht ausüben dürfen. Besondere Exemplare des Menschengeschlechts sind dabei die kostbarste Beute: »Es mußte das höchste Ziel des Bösen sein, nicht bloß einen beliebigen Christen, sondern einen Priester zu verführen, ja womöglich Gott seinen Liebling zu rauben« (aus: Robert Petsch, ›Faustsage und Faustdichtung‹). Denken wir an die Zeile aus dem Prolog im Himmel, in der Gott sich trotz der Millionen Menschenseelen in der Schöpfung gleich des Doktors Faust erinnert und ihn als seinen Knecht bezeichnet. In den Papstfabeln des Mittelalters werden selbst die Oberhirten der Christenheit der Versuchung des Teufelsbündnisses ausgesetzt, und der wegen seiner Ausschweifungen und wegen der Verbrechen seiner Kinder bis heute exemplarische sechste Alexander aus dem spanischen Haus Borgia soll sich mit Satan auf »elf Jahre und acht« geeinigt haben, was Papst Alexander sich als insgesamt neunzehn Jahre deutete, Satan aber als elf Jahre und acht Monate (tatsächlich nicht einmal soviel, denn das Pontifikat währte vom 11. August 1492 bis zum 18. August 1505).

Nach allem, was wir in der ägyptischen Antike, bei den Arabern und aus der Geschichte von Pharmazie und Medizin wissen, wundert es uns nicht, die Renaissance-Alchemie in den Armen der magischen Menschen- und Seelenverwandlung wiederzufinden, aus denen sie sich allerdings nie überzeugend gelöst hat. »Es ist der Geist, dem natürliche und magische Operationen zugeschrieben werden«, behauptet unverdrossen Giordano Bruno, bis man ihn am 17. Februar 1600 auf dem Campo dei Fiori in Rom lebendig verbrannte. »Von Geisteskraft her rührt das Anlocken der unsichtbaren beseelten Wesen, daher auch die Räucherungen, die Luft-, Wasser-, Feuergeister und Dämonen anlocken. Weswegen mit einem gewissen Recht behauptet wird, daß Donner und Blitze hervorgerufen werden, wenn man auf der Höhe eines Daches Zaubermittel aus verbrannter Chamäleonsleber zubereitet; ebenso werden Gewitter und Donner ausgelöst, wenn man Zaubermittel aus der Kehle oder dem Kopf desselben Tieres zubereitet, die aber mit Eichenholz verbrannt werden ... Ebenso bekannt und berühmt ist auch die Tatsache, daß sich die Dämonen scharenweise einfinden, wenn man Rauch aus Koriander, Knoblauch, Bilsenkraut mit Schierling macht, weshalb sie im Volksmund Geisterkräuter genannt werden.« Joan P. Culianu, dem ich den Hinweis auf diese Stelle verdanke, setzt sarkastisch hinzu: »Mit Rezepten dieser Art wäre es tatsächlich unmöglich, *nicht* seltsame Wesenheiten zu sehen« (aus: ›Eros und Magie in der Renaissance‹).

Leider beschränkte sich der starke und umfassende Geist Giordanos nicht auf solche und ähnliche Rezepte, und selbst seine Versuche, mit Hilfe der althergebrachten Metalle und Mineralien und neuen, einfallsreichen Zaubersprüchen Gold zu machen, hätten kaum den Zorn der Kirche soweit erregt, daß ihm dieser qualvolle Tod zugemessen wurde. Wir erkennen aus seinem Schicksal und dem etwa des Miguel Serveto, daß die Einbindung von Geheimlehren in religiöse Reformideen für den Adepten weit gefährlicher geworden war als die Alchemie selbst. In den dicken Mauern des Mittelalters lange Zeit von der Öffentlichkeit abgeschieden, erlangten Ideen, Methoden und Hoffnungswahn durch den Buchdruck nun einen Grad von Öffentlichkeit, der die angegriffenen Institutionen zum Einschreiten veranlaßte, ja gleichsam nötigte.

Dieses Einschreiten hatte als gesetzliche Grundlage eine Beinahe-Identität von Kirche und Staat, wie sie heute nur noch im Islam existiert, aber es gab graduelle Unterschiede. Frankreich betonte seit Ludwig XI., der ihm nicht gehorchende Kardinäle in Käfigen spazieren führte, eine deutliche Distanz bei gleichzeitigem Bekenntnis zur Religion als solcher. Spanien bediente sich der Inquisition als einer Art Geheimpolizei in einer Konstruktion von doppelter Verlogenheit: Verstieß etwa ein getaufter Jude gegen das Verbot, seine angestammte Religion insgeheim weiterzupflegen, so schickte ihm die Kirche nicht etwa bewaffnete Dominikaner ins Haus, sondern überantwortete ihn der königlichen Justiz. Noch im hohen achtzehnten Jahrhundert war Francisco de Goya, Hofmaler und Freund des Königs, in Lebensgefahr, und das durch Monate und trotz mächtiger Fürsprecher, weil seine bekannte Darstellung der splitternackten Herzogin von Alba (›Die nackte Maja‹) nicht nur gegen die guten Sitten verstieß, sondern gegen religiöse Gebote der Dezenz. Casanova geriet in Spanien in höchste Gefahr jahrelanger Kerkerhaft, weil er einen Sonntagsgottesdienst nicht besucht hatte und weil er sein Hotelzimmer von innen verschlossen hatte (aus gutem Grund).

Es kam für den Schwarzkünstler, den Magier und den Alchemisten also auch darauf an, wo er seinem gefährlichen Drang nach dem geheimsten Wissen und der sublimsten Erkenntnis nachhing. »Agrippa stellte sich vor, gleichzeitig Magier und fromm sein zu können, Held und Esel. Leider trug er stets die falsche Seite zur Schau in Situationen, in denen er die andere Seite hätte zeigen müssen: Wäre er in Metz Kabbalist gewesen und in Pavia fromm, so hätte er sich vermutlich niemandes Haß zugezogen.«

Was Joan P. Culianu mit diesen Beispielen seines geistvollen Buches sagen will, ist, daß die großen Schwarzkünstler dank des allgemein herrschenden Aberglaubens mit leidenschaftlicher Neugierde verfolgt und beobachtet wurden, bei dem Prozeß in Metz, als Nettesheim eine Hexe rettete, die von den Jesuiten unbedingt dem Hexenglauben geopfert werden wollte, und im Prophezeiungstheater am Hof Franz I., als Agrippa das Desaster von Pavia voraussah, sich dazu aber nicht zu äußern wagte. Auch die Gegner trauten ihm alles zu, der tapfere, energische und selbstherrliche Connetable von Bourbon bot Agrippa eine Befehlshaberstelle in seiner Armee an, weil er an die besonderen Kenntnisse des Magiers in der Fortifikationstechnik und der Nutzung von Feuerspielen glaubte. Agrippa beruhigte den Stürmischen, indem er ihm den Sieg und die

Erstürmung Roms verhieß; ob er absichtlich verschwieg, daß der Connetable just am Tag seines höchsten Triumphes auf einer Sturmleiter den Tod finden würde, oder daß er solch ein Ereignis nicht für möglich hielt, hat Agrippa selbst in seinem großen Werk über die Unsicherheit und Eitelkeit der Wissenschaften nirgends auch nur andeutungsweise beantwortet. Sein Problem bestand nämlich darin, seinen Zeitgenossen klarzumachen, daß auch ein Magier und Teufelsbündler gelegentlich irren könne. Man traute ihm alles zu, und was davon nicht geschah, das wurde eben erfunden und in der Weitererzählung zur tradierten Wirklichkeit:

»Von Agrippa von Nettesheim erzählte man sich im siebzehnten Jahrhundert, in seiner Abwesenheit sei einmal einer seiner Tischgenossen im holländischen Leuven in sein Zimmer geschlichen, habe den Teufel gerufen und sei von diesem erwürgt worden. Als Agrippa heimkehrte, sah er viele Raben auf dem Dach seines Hauses versammelt, merkte sofort, was geschehen war, und veranlaßte den Teufel, in den Leib des ermordeten Studenten zu fahren, auf dem Marktplatz der Stadt spazierenzugehen und dort plötzlich aus dem Toten auszufahren, als sei dieser vom Schlage getroffen worden« (aus: Robert Petsch), das Ganze, damit man den Toten in seinem Haus nicht ihm, Agrippa, anlasten könne.

Die Mechanismen sind keineswegs verwunderlich und funktionieren bis heute: Das besondere Ereignis, der unerwartet glückhafte oder bestürzend traurige Vorfall rufen die Magie auf den Plan, das Verlangen, hinter den Spiegel zu schauen, das Geheimnis zu ergründen, den Schleier vor dem Bild zu Sais zu lüften. Da die Zahl der wunderlichen Gegebenheiten unendlich ist und sich in jedem Jahrhundert wiederholt, ist das pure Gold am Boden des Tiegels, ist die Auffindung des »Steins der Weisen« nur *ein* Ziel der gelehrten Hexenmeister, nur *ein* mögliches Ergebnis aus dem Wagnis des Teufelsbündnisses:

»Im Juli 1940 hielt ich mich in Dinard auf und erfuhr durch einen Zufall urplötzlich, daß meine Söhne und mein Schwiegersohn gesund und unverletzt dem großen Debakel entronnen seien und sich auf wundersame Weise alle in Clermont-Ferrant getroffen hätten. Mir fiel ein Stein vom Herzen, und ich fühlte mich plötzlich in der Stimmung, ohne erkennbares Motiv, ohne viel zu planen, einen Dialog zwischen Mephistopheles und Faust zu schreiben, ein halb und halb unseriöses Gespräch, das heißt seriös im Urgrund, locker in der Form ... Das Unerwartete in reinster Gestalt wird ein Teil dessen, das wir mit soviel Unbehagen vorausgesehen haben. Ein Rest von Gefühl wird in Fausts Sekretärin Lust versammelt, die für ihn eine einzigartige Leidenschaft empfindet ... Mephistopheles hingegen wird eher ausgetrickst, ja Faust behandelt ihn als einen Unterlegenen und weist ihm nach, daß die Geister in ihrer wohldefinierten Übermacht an sich geistlos sind.«

Paul Valéry tendiert bei aller Intelligenz, trotz aller konkreten Informationen über das Geschehen im zweiten Kriegsjahr, sofort zur Annahme nicht etwa höherer Mächte, sondern bemüht Geisterscharen, Mephisto und Dämonen, denen er sich in *Mon Faust* dann überlegen fühlt. Den durch das ganze Land dröhnenden deutschen Panzerdivisionen ist, da es sie nun einmal gibt, die Macht nicht zu nehmen, doch reduziert sich ihr tatsächliches Vermögen angesichts der so überraschend günstigen Fügung auf die Panzerplatten. Es handelt sich um Notizen, die der Dichter selbst auf einen Bogen mit der Maschine geschrieben hat, eine Sofortreaktion poetischer, aber zweifellos auch magischer Natur auf *l'Imprévu*, das stets mögliche Unerwartete (Cahiers, Ed. Pleiade, Bd. I 1459).

»Die Darstellung des literarischen Produktionsprozesses ist bei Valéry gereinigt von romantischen Implikationen und wird mit großer Willenanstrengung vollzogen. Im Vergleich zum lyrischen Werk, zu dem die dramatische Skizze *Mon Faust* spät hinzukam, sind theoretische Abhandlungen über die Kombinationsfähigkeit des artistischen Bewußtseins ungleich umfangreicher« (aus: Winfried Engler, ›Lexikon der franz. Literatur‹). Kompositionen aber, die Mischung, die Mixtur, die Vereinigung vom Reinen mit dem Unreinen, vom edlen Metall der gesuchten Ader mit dem tauben Gestein, sie lösen bei dem hohen Anspruch des Suchens und Verlangens Verachtung, Abneigung, ja Haß aus. Das Wort »Kombination«, gar erst »Komposition« erregte Goethe bisweilen maßlos: »Es ist ein ganz niederträchtiges Wort, das wir den Franzosen zu danken haben und das wir so bald wie möglich wieder loszuwerden suchen sollten. Wie kann man sagen, Mozart habe seinen Don Juan komponiert! Komposition, als ob es ein Stück Kuchen oder Biskuit wäre, das man aus Eiern, Mehl und Zucker zusammenrührt! Eine geistige Schöpfung ist es, das Einzelne wie das Ganze aus einem Geiste und Guß und von dem Hauche *eines* Lebens durchdrungen.«

Gleichwohl hat Goethe das in dieser Aufwallung verurteilte Wort selbst oft verwendet, wenn auch nur in Briefen und in Tagebuchaufzeichnungen; was hätte er zu den Mischungen gesagt, die wir bei Giordano Bruno gelesen haben? Im Hexeneinmaleins des ersten Faust-Teiles macht er sich über den Kessel mit seinen gräulichen Ingredienzien lustig, aber daß er in seiner Rekonvaleszenz in Frankfurt gemeinsam mit der um ein Vierteljahrhundert älteren Susanna Katharina von Klettenberg hermetische Schriften las und in einer kleinen Laborküche alchemistischen Experimenten viel Zeit und Energie widmete, das hat er sein Leben lang nicht vergessen und im zweiten Teil von ›Dichtung und Wahrheit‹ mit unverkennbarer Anteilnahme geschildert.

Der gewaltig und unbesiegbar in die Faust-Gestalt vordringende und in ihr überlebende Magier und Astro-Alchemist Agrippa von Nettesheim ist nur einer von vielen Beweisen, daß die durch die Jahrhunderte allgegenwärtige Suche nach wissenschaftlicher Allmacht und dem Stein des Allwissens mehr ist als die Tragödie eines Menschheitsirrtums – mehr und etwas anderes. Eher müßte man das prometheische Prinzip bemühen, mit dem die Griechengötter den Mann – wenn auch nicht die Frauen – ausgestattet haben, während der Keltenhimmel von weisen Frauen wimmelt. Und wenn ein Trieb zutiefst eingeboren ist, wenn er durch die neuen Kommunikationsmittel des braven Gensfleisch von Gutenberg mit einemmal europaweit sichtbar und gegenwärtig wird, dann ruft dies naturgemäß nicht nur die wahren Adepten auf den Plan, die wie Albertus Magnus, wie Marsilius Ficino, wie Agrippa oder Reuchlin die Menschen an sich ziehen und die Gemüter in vielen Zentren bewegen, sondern es entstehen auch, entzündet von den verbreiteten Schriften, kleine Feuerstellen der Nachahmung, der Nachfolge, der einsamen Suche im Bestreben, in den großen Strom der neuen Wissenssuche einmüden zu dürfen.

Wir haben gesehen, daß sie oft aus winzigen Orten kamen, aus abgelegenen Dörfern, aus dem Schatten der Klöster; sie waren davongelaufene Lateinschüler, entpflichtete Ärzte, verzweifelt zweifelnde Priester, und sie waren zahllos. Sie wären vergessen in ihrer einsamen Suche und Experimentiersucht und isolierten Überzeugung, das Richtige zu tun, hätte sich nicht eine der merkwürdigsten Figuren in der ganzen Geschichte der Alchemie ihrer angenommen: der Schulinspektor Karl Christoph Schmieder, 1778 geboren, 1850 in Kassel gestorben, gestorben in der Überzeugung, die unablässige alchemistische Bemühung habe den Beweis für die Möglichkeit der Transmutation erbracht, »in alter Art geheimnisvoll, deshalb auch nicht erleuchtet von dem grellen Licht moderner Forschung« (aus: Hermann Schelenz, ›Geschichte der Pharmazie‹).

Ginge es in der Geschichtsschreibung nach Gründlichkeit und emsigem Bemühen, so wären die deutschen Oberlehrer wohl allen anderen überlegen, sie sind längst über die Grenzen unseres Landes hinaus zum Begriff geworden. Nimmt man hinzu, daß Schmieder in Eisleben zur Welt kam, dem Lutherstädtchen, und daß er im Tierkreiszeichen des Schützen geboren wurde, dann hat man die Ausgangsposition für ein Leben der getreulichen Hingabe mit dem einzigen saturnischen Drohzeichen der Unbeirrbarkeit. Als Schmieder, zweifellos nach ausgiebigen Studien, in Kassel Rektor einer Bürgerschule und zugleich Schulinspektor wurde, gehörte das Ländchen zum neugebildeten Königreich Westfalen und wurde von Napoleons Bruder Jerôme Bonaparte regiert, also einem erst achtundzwanzig Jahre alten Korsen, der von Deutschland herzlich wenig wußte. Aber schon im November 1813 kehrte Kurfürst Wilhelm I. auf den Thron zurück, den ihm der inzwischen geschlagene Kaiser Napoleon geraubt hatte. Es waren also bewegte Jahre, und für einen Gymnasiallehrer, der alljährlich jungen Menschen gegenüberstand und viele Fragen beantworten mußte, mögen es schwere Zeiten gewesen sein, die dazu beitrugen, daß Professor Schmieder sich weniger für die glanzvoll anlaufende Befreiung der deutschen Länder interessierte als für die Naturwissenschaften, und dies, obwohl man ihn keineswegs in der mitteldeutschen Provinz zum Doktor gemacht hatte, sondern in der Metropole Berlin.

Schmieder begann mit dem, was ihm niemand nehmen oder übelnehmen konnte, er mineralogisierte zunächst in Halle, wo er noch einfacher Realschullehrer gewesen war, arbeitete über die sehr junge Wissenschaft der Geognosie, also über Zusammensetzung und Bau der festen Erdrinde, und machte sich erstmals einen Namen mit einem auf den praktischen Nutzen ausgelegten Lehrbuch der ›Gemeinnützigen Chemie‹, das in Freiberg in Sachsen erschien, dem Ort der damals berühmtesten Bergakademie. An ihr hatte so manche Größe der romantischen Schule studiert, zum Beispiel Friedrich von Hardenberg, der sich als Dichter Novalis nannte. Vermutlich hat Schmieder in Freiberg mehr als ein Kolleg des genialen Mineralogen Abraham Gottlob Werner (1750–1817) gehört, eines begnadeten Lehrers von bezwingendem Charisma, der seinen Schülern allerdings einiges Verständnis abforderte, als er den Neptunismus begründete, die Lehre von den Ozeanen als Quell und Hort jeglichen Lebens und aller Bildungen der Erde.

Solchermaßen aus der Bahn herkömmlichen Denkens geworfen, schrieb Schmieder in den Freiberger ›Gemeinnützigen Nachrichten‹ ausführlich über Meteorsteine. Danach wirkt sein Oeuvre-Katalog wie die Liste eines gut im Geschäft liegenden Sachbuchautors von heute, das heißt, er schrieb über jene Gegenstände, deren Behandlung guten Absatz beim mitteldeutschen Buchhandel versprach, und kehrte in die phantastischen Regionen der Ozeane und Meteore erst gegen Ende seines Lebens zurück, als er die Mythologie der Griechen und Römer zum Nutzen der Museumsbesucher und Kunstliebhaber übersichtlich darstellte. Das geschah in einem mehrfach aufgelegten Werk, das bis zu den zwei Bänden ›Griechische Mythologie‹ von Robert von Ranke-Graves im Gebrauch blieb.

Schmieders ›Geschichte der Alchemie‹ blieb von allem, was er mit enzyklopädischer Umsicht und teutonischem Bienenfleiß zu Papier gebracht hatte, am längsten im Gebrauch, denn er hatte dieser abseitigen Wissenschaft die Menschen zugeordnet, die sich ihr widmeten, und nicht geruht, bis er neben den Experimenten in ihrer unvermeidlichen Monotonie die Biographien ermittelt hatte, die ja das eigentlich bunte Element der Alchemiegeschichte geblieben sind. Selbst wenn man von der Goldmacherei an sich nicht sonderlich fasziniert ist, empfindet man den besonderen Wert der Schmiederschen Forschung, die so viele verschüttete Gelehrtenexistenzen vor dem Vergessenwerden bewahrte und die Geschichte des deutschen Geistes um viele bizarre Persönlichkeiten bereicherte. Der Schlüssel zu Schmieders bemerkenswertem und in gewissem Sinn auch verdienstlichem Vordringen in die Grenzwissenschaften, für seinen Wagemut, das gesicherte und ausstudierte mineralogische Terrain zu verlassen, ist in Freiberg zu suchen und beleuchtet die Rolle dieser Akademie in der gesamten Geschichte der Alchemie.

In den langen Kriegszeiten zu Beginn des neunzehnten Jahrhunderts hatte die seit Jahrzehnten in ganz Europa berühmte Akademie für jedes ihrer Fächer nur ein paar Dutzend Hörer. Die unterschiedlichsten Begabungen gerieten dabei aneinander und gelangten zu einem Miteinander, und selbst sehr junge Genies schufen eine Atmosphäre, in der Neues und Vertieftes gedieh. Schmieder muß in diesen Jahren – die meisten seiner

Schriften wurden in Freiberg gedruckt – an Friedrich von Hardenberg, also an den Dichter Novalis geraten sein, und wenn man von Schmieder auch sagen muß, er sei bei allem ehrlichen Bemühen doch eben kein Schriftsteller gewesen, so gilt von Novalis, daß er unter den Dichtern der deutschen Romantik die intensivste Beziehung zu den geistigen Grundlagen der Naturwissenschaften hatte. »Er darf wohl der neben Goethe naturwissenschaftlich kompetenteste Dichter jener Zeit genannt und bezüglich seiner philosophischen Qualifikation in die Nähe des jungen Schelling gerückt werden. Unter den Romantikern hat kein zweiter eine so gründliche und vielseitige Ausbildung genossen und so intensiv an einer Poetisierung der Wissenschaften gearbeitet wie Novalis. Seine poetischen Texte, vor allem die Lehrlinge zu Sais … sind voller Anspielungen auf Ergebnisse, Modelle und Theorien der zeitgenössischen Wissenschaften und der Naturphilosophie« (aus: Herbert Uerlings, ›Novalis‹).

Schmieders oft kritisiertes unkritisches Vertrauen in den Fortschritt der Suche und in die Zielsetzungen der Alchemie finden sich bei seinem Kommilitonen Friedrich von Hardenberg (›Fragmente‹) schlicht und glaubhaft formuliert:

»Wie man in der Mathematik durch regelmäßiges Functioniren bekannter Glieder und Theile der ganzen Gleichung die Unbekannten sukcessive findet und construirt, so findet und construirt man in allen Wissenschaften die Unbekannten, die fehlenden Glieder und Theile des wissenschaftlichen Ganzen durch Functionirungen der bekannten Glieder und Theile.«

Diese Überzeugung kapitulierte auch nicht vor den ältesten Menschheitsträumen, obwohl einem wohlausgebildeten Naturwissenschaftler wie dem jungen Freiherrn von Hardenberg die zweieinhalb Jahrtausende vergeblichen Strebens bekannt, ja vertraut waren:

»Jede Wissenschaft hat ihren Gott, der zugleich ihr Ziel ist. So lebt eigentlich die Mechanik vom Perpetuo mobili und sucht zur gleichen Zeit als ihr höchstes Ziel ein Perpetuum mobile zu konstruiren. So die Chymie mit dem menstruo universali und dem geistigen Stoff oder dem Stein der Weisen.«

Das verschleierte Bild zu Sais begegnet uns neben Novalis bei Schiller und noch anderen, natürlich weniger bedeutenden Autoren der Epoche; überall aber ist es eine Erinnerung an das ägyptische Altertum und die wissenden Priester jener Zeit. Friedrich von Hardenbergs Leben, wir wissen es, wird sehr bald durch die Liebe geprägt, durch den Schmerz um die früh verstorbene, nach entsetzlichen Leiden von seiner Seite gerissenen Geliebten gezeichnet sein, und er wird in seinen unerschöpflichen ›Fragmenten‹ den Satz notieren, daß man Gott unter den Menschen suchen müsse: »In den menschlichen Gegebenheiten, in menschlichen Gedanken und Empfindungen offenbart sich der Geist des Himmels am hellsten.«

Im Grund seines Herzens wird er den Geheimwissenschaften nicht untreu und schreibt in einem Brief das köstliche Wort: »In manchen älteren Schriften klopft ein geheimnisvoller Pulsschlag und bezeichnet die Berührungsstelle mit der unsichtbaren Welt, ein Lebendigwerden. Goethe soll der Liturg (= Vorsänger, Priester) dieser Physik werden, er versteht vollkommen den Dienst im Tempel.« Die Empfängerin dieser plakativen Formulierung ist etwas verdutzt, wenn sie gewiß auch nicht zufällig als Adressatin solcher Bekenntnisse im Kreis der Romantiker figuriert; es ist Caroline Schelling, verwitwete Böhmer, geschiedene Schlegel. Sie antwortet am 4. Februar 1799 in der Art, mit der die Damen jener Salons zwar nicht auf Poesie, Ästhetik und auf politische Gegenstände eingingen, wohl aber auf die insgeheim gärenden Naturwissenschaften und die Nachtseiten der eben aufkommenden Seelenkunde:

»Sie glauben nicht, wie wenig ich von eurem Wesen begreife, wie wenig ich eigentlich verstehe, was Sie treiben. Ich weiß im Grunde doch von nichts etwas als von der sittlichen Menschheit und der poetischen Kunst. Lesen tu ich alles gern, was Sie von Zeit zu Zeit melden, und ich verzweifle nicht daran, daß der Augenblick kommt, wo sich das Einzelne auch für mich wird zusammenreihen und mich Ihre Äußerungen nicht bloß darum, weil es die Ihrigen sind, erfreuen. Was Ihr alle zusammen da schaffet, ist mir auch ein rechter Zauberkessel. Vertrauen Sie mir für's erste nur soviel an, ob es denn eigentlich auf ein gedrucktes Werk bei Ihnen herauskommen wird ... Sehen Sie, man weiß sich das nicht so ausdrücklich zu erklären aus Ihren Reden, wenn Sie ein Werk unternehmen, ob es soll ein Buch werden, und wenn Sie es lieben, ob es die Harmonie der Welten oder eine Harmonika ist.«

Friedrich Wilhelm Schelling (1775–1854) war einer der bedeutendsten Denker der Epoche, seine Ideen die fruchtbarsten auch in ihrer Wirkung auf ein neues Verhältnis zu den Wissenschaften. Sie berührten sich eng und oft mit Gedanken aus der Kabbala und aus den altgriechischen Mysterien, in denen die Götter als Symbole mächtiger, tiefverborgener Kräfte angesehen wurden. Schellings zeitweise ausgesprochen pantheistische Lehre, also eine Theorie der Allbeseelung der Natur, wirkte in den Kreis von Freiberg hinein und naturgemäß auf alle Weisheitssucher, die, an der anorganischen Materie verzweifelnd, die Metalle zu verwandeln trachteten. Der brave Schmieder reichte in diese Regionen wohl nicht hinauf, aber er legte die Fliesen des Bodens, auf dem sie standen, auf dem sie ihren Zauberkessel etabliert hatten, wie Caroline Schelling es keineswegs ungeschickt formuliert hatte. Wo es Zauberküchen gibt, dürfen die Hexen und der Teufel nicht fehlen, und selbst der lautere Geist des Novalis kam in manchen Grübeleien nicht ohne ihn aus, was wir als seinen Beitrag zu Goethe und Paul Valéry doch als ein alchemistisches Gleichnis zu verstehen wagen:

»Sollte der Teufel als Vater der Lüge selbst nur ein notwendiges Gespenst sein? Trug und Illusion steht allein der Wahrheit, Tugend und Religion entgegen.

Dem freien Willen steht die Grille, die sklavische Willkür, der Aberglauben, die Laune, die Verkehrtheit, die durch lauter Zufälligkeiten bestimmte Willkür gegenüber: daraus geht die Täuschung hervor.

Für Gott gibt's gar keinen Teufel – aber für uns ist er ein leider sehr wirksames Hirngespinst.

Jedes Willkürliche, Zufällige, Individuelle kann unser Weltorgan werden. Ein Gesicht, ein Stern, eine Gegend, ein alter Baum und so weiter kann Epoche in unserem Inneren machen.«

(aus: Novalis, ›Die Fragmente‹)

Mit den späteren Kapiteln seiner ›Geschichte der Alchemie‹ nähert sich Karl Christoph Schmieder seiner eigenen Zeit und Umwelt und erfreut uns mit der etwas überraschenden Tatsache, daß der vermeintliche Stubengelehrte an die faktendichte Geschichte seiner Wissenschaft aus früheren Zeiten eine lebhafte Sittengeschichte der alchemistischen Bemühungen anschließt, auf gesellschaftliche Umstände, ja sogar Skandale eingeht, nicht nur Adepten preist, sondern vor Persönlichkeiten zweifelhaften Lebenswandels warnt und sich als wohlorientiertes Kind seiner Zeit entpuppt. Er greift in seinen Berichten, die deutlicher als bei den früheren Abschnitten den Stempel der Authentizität tragen, oft und ausführlich über die Grenzen Deutschlands hinaus und bringt insbesondere aus Wien und der Donaumonarchie Schicksale und Abläufe, die sich in österreichischen Geschichtswerken nur gelegentlich und auszugsweise finden – Abschnitte, bei denen man allerdings die genauere Auskunft über Schmieders Quellen manchmal schmerzlich vermißt. Klar war hingegen die Quelle für die Berichte aus Halle, wo Schmieder sich jahrelang selbst aufgehalten und erste Arbeiten verfaßt hat und die ihn schon damals interessierenden Fakten sammeln konnte.

In Halle war es in der zweiten Hälfte des achtzehnten Jahrhunderts zu sogenannten Transmutationen gekommen, zu von verschiedenen Experimentatoren mit mehr oder weniger deutlichem und nachprüfbarem Erfolg vollzogenen Veränderungen und Veredelungen von Metallen, über die 1774 erstmals ausführlich berichtet wurde. Der zunächst unbekannte Verfasser dieser Berichte erwies sich als eine bis heute unumstrittene

Autorität der Botanik, als der spätere Kriegs- und Domänenrat, zudem Berg- und Salinendirektor Friedrich Wilhelm von Leysser (1731–1815) aus einem alten braunschweigischen Adelsgeschlecht mit einer gräflichen Linie, das auf steiermärkischen Adel zurückging und im fünfzehnten Jahrhundert in Zwetthal und anderen Orten auch Äbte gestellt hatte. Seinen Namen leitete es von den Schlössern Ober- und Nieder-Leyss her. Bei der ersten Türkenbelagerung Wiens hatten sich nicht weniger als fünf Freiherren von Leysser durch besondere Tapferkeit ausgezeichnet; den wissenschaftlichen Ruhm erwarben dann aber vor allem Mitglieder der sächsischen Linie, neben dem Botaniker vor allem Polycarpus von Leysser, königlich-britischer Hof- und Leibarzt, gestorben 1795.

Schmieder bezeichnet den Doktor von Leysser als einen väterlichen Freund, der ihm seine Bibliothek zur Verfügung stellte, und bekennt freimütig, den Älteren zunächst falsch beurteilt zu haben. Seit Abraham Gottlob Werner hatten die Naturwissenschaften ja ein anderes Gesicht und Gewicht. In der Polemik um jene Transmutation aber vollzog sich bei Schmieder offenbar die Wendung zum unbedingten Glauben an die Alchemie und ihre Möglichkeiten: »Diese Hallesche Transmutation liefert unstreitig einen der wichtigsten Beweise für die Wahrheit der Alchemie. Nichts ist da mit einigem Erfolg in Zweifel zu stellen. Da ist kein Anschein von Täuschung oder Betrug« (zitiert nach Karl Christoph Schmieder). Statt den verschlungenen Wegen der von Schmieder nachgezeichneten Beweisführung hier noch einmal Raum zu geben, erinnern wir nur an die Geistes- und Seelenlage, die jenen Glauben möglich machte, ja mit herbeiführte.

Es entspricht durchaus den Anfängen und den Bedingtheiten der alchemistischen Bemühungen, daß jenes neue Naturverständnis gleichsam von den Steinen ausging, vom Gestein, den Erzadern, den Erzgruben, dem Leben rund um die Hütten, den Knappen und Steigern, die aus dem Herzen Deutschlands schon im Mittelalter in alle Welt ausgeschwärmt waren, weil man sie überall brauchte, wo man nach den Schätzen in den Schründen und Stollen schürfte und suchte. Verhältnismäßig spät wurde aus diesem handwerklichen Wissen ein Zentrum der Lehre und der Überlegungen, wo sonst als im Erzgebirge »diesem Höhenzug, der zu einem Wetterwinkel mystischer Strömungen geworden war, die sich in immer neuen Schlägen über Mitteldeutschland entluden ... Hier war rings um die Grubenmündungen der Stollen neuer Erkenntnisse eine hohe Schule entstanden, in der die Jugend des Abendlandes und Morgenlandes, der Alten und der Neuen Welt sich die Natur und ihre Geheimnisse deuten ließ. Denn 1765 war die Bergschule Freiberg begründet worden« (aus: Josef Nadler, ›Literaturgeschichte des deutschen Volkes‹).

»Es bleibt mir unvergeßlich, wie ich an einem schönen Herbsttage von Dresden über Tharandt ging, dessen Buchen schon entfärbt waren, dann durch den unheimlichen Grüllenburger Wald. Tritt man aus diesem heraus, so sieht man in der Ferne den grünen Turm von Freiberg und die breit gewölbten, kahlen, unfreundlichen Berge des Erzgebirges mit ihren düsteren Halden.«

Man ging noch zu Fuß, auch wenn man von Adel war wie der Verfasser dieser Zeilen; Karl Georg von Raumer, Geologe und Geograph, jüngerer Bruder des berühmten Historikers. Karl Georg von Raumer studierte in Freiberg, schrieb ein geistvolles und bisweilen mystisches Buch über Kristalle und verfaßte schließlich eine Monographie über die Erziehung der Mädchen als Beweis, wohin die Geheimnisse aus dem Erzgebirge und die Beschäftigung mit den Graniten letztendlich führen können. Freiberg wurde zum Brennpunkt einer generellen Rückbesinnung auf die Geheimnisse, die der angeblich so toten Materie, der anorganischen Substanz der Erdoberfläche, schon nach Meinung der Ägypter innewohnte. Der Vorgang wird sich bis heute oftmals wiederholen; die moderne Weltsicht ist schon lange ohne die Einbeziehung der Naturwissenschaften nicht mehr möglich, so mancher Nobelpreisträger für Physik, Chemie oder auch der Wirtschaftswissenschaften konnte zu Gesamtdarstellungen unseres Daseins ansetzen, wie sie früher eine

Domäne der Reinen Philosophie und der Theologie waren. Der Mann, der die tragfähige Brücke aus der solipsistischen Monotonie des Geistes zu den Wundern der Schöpfung schlug, war – zumindest in diesem Jahrhundert und für Deutschland – jener schon kurz erwähnte Abraham Gottlob Werner (1750–1817), den man nicht nur den Erzieher der deutschen Naturforscher nennen kann, sondern auch den Vordenker eines bis heute tragfähigen, die Wunder durchaus mit einbeziehenden Naturverständnisses.

Seine Familie war seit Generationen im Hüttenwesen tätig; das ist im Erzgebirge nicht selten, die Genealogien reichen in Annaberg und anderen Erzgebirgsorten bis ins fünfzehnte Jahrhundert zurück, gerade bei bürgerlichen Familien, bei den Knappen oder den Grubeneignern. Werners Vater leitete die Hüttenwerke von Wehrau und Lorzendorf in der Lausitz, so daß es bei den Werners eine zweite Sprache gab, das Sorbische, und damit eine Brücke zu den anderen slawischen Sprachen. Nach 1775, als Lehrer in Freiberg, beginnt Werner neben den Vorlesungen mit Experimenten, er begründet eine Art chemischer Mineralogie und lehrt die jungen Bergingenieure dazu die alten Sprachen und das, was Ägypter, Araber, Römer und Etrusker über ihre Bergwerke und deren Schätze wußten. Und so, wie er von der ganzen Alten Welt sprach, kamen sie alle nach und nach zu ihm, der aus der Naturwissenschaft eine Kunst und aus den Geheimlehren ein neues Wissen gemacht hat: »Die Erde ist mit seinen Schülern bedeckt«, schreibt Josef Nadler, »und von einem Pol bis zum andern befragt man die Natur im Namen eines einzigen Mannes.«

Für Werners vielen rätselhaften, sichtlich vertrauten Umgang mit den Steinen hat man den Ausdruck Wahlverwandtschaft geprägt. Er prüfte die Wirkung seiner Steine keineswegs nur durch das Auge, auf das optische Urteil hin, sondern bemühte alle Sinne, erlebte das Gewicht, imaginierte einen Geruch, eine Aura und ordnete diese Eindrücke alle so unbeirrbar, als sei er sicher, am Ende der Reihe den »Stein der Weisen« leuchten zu sehen. Er besaß in höchstem Maß die Gabe des freien Vortrags und riß seine Hörer hin, um so mehr, als sich das Geheimnis im Wort ja zwingender fortbewegt als in der Schrift. »Dieser flachsblonde und blauäugige Seher im tiefsten Sinn des Wortes schien mit der Natur in magischer Beziehung zu stehen« (aus: Josef Nadler).

Es war eine Faszination, die zur richtigen Weltstunde kam, denn am Ende dieses Jahrhunderts der Vernunft war nach sehr viel zerstörender Skepsis handfester Gewinn aus Forschung und Experiment zu verzeichnen. Vieles reifte, was Jahrhunderte zuvor zaghaft und tastend begonnen hatte, neben sehr viel anderem zum Beispiel die Bemühung des Arztes und Alchemisten Leonhard Thurneysser zum Thurn aus Basel, im Juli 1596 in Köln verstorben. Der Mann, den viele nur als betrügerischen Alchemisten sehen, weil man ihn aus dem ehrsamen Basel hinweggewiesen hatte, war ein exzellenter Kenner des Berg- und Hüttenwesens, hatte ausgedehnte Informationsreisen selbst zu den kahlen Orkney-Inseln unternommen und eine umfangreiche Naturaliensammlung angelegt, für seine Zeit eine Sensation. Salpeter, Alaun und zahllose Heilpflanzen wurden durch ihn beschrieben, eingesetzt, in den Wirkungen erklärt. Er ist als Person in seiner Vielseitigkeit, dem Wechsel von spektakulären Erfolgen und blamablen Mißerfolgen ein kurioser Widerpart des großen Paracelsus, den er verehrte, und er war einer jener Wundermänner, denen es gelang, hochgeborene Frauen – in seinem Fall die Kurfürstin – in seinen Bann zu ziehen, ja für das alchemistische Experiment zu begeistern.

Priesner und Figala haben in ihrem hervorragenden Alchemie-Lexikon, in dem sie die Alchemie als eine hermetische Wissenschaft bezeichnen und behandeln, das überraschend ergiebige Stichwort der Fürsten-Allchemie, in dem weniger die aktiven Alchemisten unter den hohen Herren aufgeführt sind als die ungleich zahlreicheren, die den naheliegenden Gedanken hatten, die künstliche Goldherstellung durch Vorfinanzierung und durch den Schutz des Schwarzkünstlers den Staatseinnahmen dienstbar zu machen. Die Fürsten waren, sofern sie überhaupt geistige Interessen hatten, nicht in der besten Position, sich ein Bild von den Fortschritten der Wissenschaften zu machen, denn ihre Ausbildung war dem Herkommen und den künftigen Aufgaben gemäß in erster Linie militärisch mit ein wenig Allgemeinbildung für die Konversation und der nötigen Heraldik, Genealogie und religiösen Grundunterweisung, um den eigenen Platz im großen Geschehen einigermaßen begreifen zu können.

Das ging überall eine ganze Weile gut, bis jenes achtzehnte Jahrhundert kam, das ja keineswegs nur in Universitäten, Bergakademien und gelehrten Gesellschaften viel Neues brachte, sondern das die Welt mit einemmal neu erklärte. »Ungeahnte Entdeckungen jagten einander. Lavoisier brachte den völligen Umsturz der Chemie. Die Entdeckung des Sauerstoffes ließ das Atmen als ein Verbrennen erscheinen, und immer kühner suchte man die innere Gleichheit aller Naturvorgänge und einen einzigen Grund dafür zu erkennen« (aus: Josef Nadler). Die Fürstenerzieher waren mit dieser Entwicklung überfordert und im allgemeinen auch die Fürstengehirne, und beides ist entschuldbar, waren doch die bestürzenden, die am schwersten zu begreifenden Ereignisse und Erkenntnisse nicht selten Zufällen zu verdanken, also nicht das Ergebnis schrittweise und konsequent forschender Bemühung.

Der italienische Naturforscher Luigi Galvani (1737–1798) hatte am 6. November 1790 durch einen Zufall den zu Recht nach ihm benannten Galvanismus entdeckt, die bei der Berührung (Zusammenführung) ungleichartiger Stoffe sich entwickelnde Elektrizität. Graf Alessandro Volta (1745–1827) experimentierte nicht mit gehäuteten Froschschenkeln und Zitterrochen, sondern mit Metallplatten, baute die berühmte Voltasche Spannungsreihe auf und überzeugte durch Versuchsanordnungen, die ebenso einfach wie durchdacht waren. Da er dabei Zink, Blei, Zinn, Eisen, Kupfer, Silber, Gold und Platin einsetzte, horchten die Alchemisten auf. Eine Technik, die man schon im alten Sudan als Zufallsergebnis ungewollter Berührungen festgestellt und zu den Wundern altägyptischer Alchemiekünste gezählt hatte, trat nun voll und erfaßbar ins Licht der Öffentlichkeit, die Galvanoplastik, das heißt die Kunst, Metalle aus den wässerigen Lösungen ihrer Salze durch den galvanischen Strom in gleichförmigem, dichtem, zähem und gut gefärbtem Zustand auszuscheiden, um Gegenstände der Ornamentik und Plastik zu vervielfältigen oder um Metallwaren mit einem dünnen Überzug eines anderen, edleren Metalls zu versehen.

Es begann eine Entwicklung, die weniger die echten, hingebungsvollen Alchemisten faszinierte als jene, die schon jahrelang experimentiert hatten und ungeduldige Geldgeber mit Fürstenmacht hinter sich wußten. Technik ist nicht zu bremsen, sie mutet zwar oft geheimnisvoll an, aber im Unterschied zu den hermetischen Bereichen der Alchemie vollzog sich die Nachfolge der Herren Volta und Galvani fortan in allen Industrieländern: Mit einem Mr. Spencer in Liverpool, mit Elkingtons Fabrik in Birmingham, so lange, bis 1840 ein Chemiker namens Wright die Abscheidung von Gold und Silber aus Lösungen ihrer Doppel-Cyanide durchführte. Damit war man bei Jupiter, der Sonne, dem Gold, und was Monsieur Charles Christofle daraus in großem Stil machte, bewundern wir noch heute: Er erreichte bei der galvanischen Vergoldung und Versilberung ungeahnte Effekte mit Kunstbronzen und emaillierten Arbeiten und nutzte sein nicht allzu langes Leben (1805–1863) auch zu aufschlußreichen Veröffentlichungen, die den goldenen Schimmer erläuterten und manchen Scharlatan entlarvten.

Es war ein wenig, als hätte man die großen Dunkelmänner der frühneuzeitlichen Alchemie spiritistisch befragt. Auf einmal war vieles klar, erklärt und nachzuahmen, was die Zeitgenossen des Albertus Magnus, des Agrippa von Nettesheim und des Abtes von Sponheim mit der Aura des Teufelsbündnisses umgeben hatten. Der Zufall, der Mesmer, Galvano und Volta so gefällig bediente, konnte ja durchaus schon Johannes Trithemius beigesprungen sein wie der Teufel aus der Schachtel. Für eine große, breit angelegte und systematische Ehrenrettung wußte man von den Toten des fünfzehnten, sechzehnten und siebzehnten Jahrhunderts zu wenig, auch sind geistige Exhumierungen nie sonderlich spektakulär, und darum ist der sonst so ehrbewußte Karl Christoph Schmieder beim Abt von Sponheim auffallend wortkarg. Offensichtlich ist es eines wahren Alchemisten unwürdig, statt des eigenen Verstandes die Künste des Satans zu bemühen. Wir aber dürfen der Ordnung halber jenem »schwarzen Abt« ein paar Zeilen gönnen. Joan P. Culianu, den wir schon einige Male dankbar zu Rate ziehen konnten, hat einen Trithemius-Fachmann entdeckt, der allerdings im sechzehnten Jahrhundert lebte und als Bekämpfer des Hexenwahns so sehr um sein Leben fürchtete, daß er seinen wahren Namen verschwieg, sich unverdächtig Augustin Lerchheimer nannte und zu seinen Lesern keinen geringeren als Martin Luther zählte. Lerchheimer will Johannes Trithemius (1462–1516) mehrfach getroffen haben. Dabei konnte er auch den dienstbaren Unterteufel beobachten, der als unterwürfiger Höllengeist für Speise und Trank sorgte, auch wenn andere nichts dergleichen vor sich stehen hatten. Stärkeren Zauber verlangte es, die eben verstorbene Maria von Burgund ihrem trauernden Gatten, dem Kaiser Maximilian, noch einmal vor Augen zu führen. »Sie spazierte fein säuberlich vorüber, der lebendigen und wahren Maria so ähnlich, daß gar kein Unterschied war und nicht das geringste daran mangelte« (zitiert nach Culianu, der betont, daß Luther in den *Tischreden* auf den Vorgang einging).

Der Vater des großen Trithemius schrieb sich noch von Heydenberg, doch kennt der sonst so genaue Kneschke kein Adelsgeschlecht dieses Namens und Gauhen erst recht nicht. Die pommerschen Heydenburg sind im vierzehnten Jahrhundert ausgestorben und hatten wohl auch keine Chance, aus ihrem damals noch kargen Land bis an die freundliche Mosel zum Besitzerwerb vorzustoßen. Johannes von Heydenburg verlor seinen Vater, ehe er zwei Jahre alt wurde, das war ein schweres Schicksal, und die Geburt im Wassermann am 1. Februar 1462 erklärt eine umgetriebene Jugend unter einem Stiefvater, der an den erworbenen Kindern sparen wollte oder sparen mußte. Einkehr, Introspektion, nächtliche Fluchten in Träume und Pläne sind die Folge solcher Situationen und um so intensiver, je stärker der Geist ist, dem sie die Tore öffnen. Materielle Hilfe leistet ein Onkel aus dem Geschlecht derer von Heydenburg durch bezahlten Unterricht, bald aber kann Junker Johannes sich selbst hinreichend bewegen, um Bildungsstätten aufzusuchen, zuerst im nahen Trier, der antiken Hochburg frühesten Christentums auf Römerboden, später in Heidelberg, wo die noch nicht hundert Jahre alte Universität sich in einem lamentablen Zustand befand. »Die Universität mußte sich sagen lassen, daß sie ihre Güter schlecht verwalte, ihre Häuser verfallen lasse ... und daß die Magister ihre Disputationen vernachlässigten und wie Irrung, Zwietracht, Widerwillen, Neid und Haß unter ihnen herrsche ... Der Kurfürst forderte die Abstellung der Mißbräuche« (aus: Georg Kaufmann, ›Geschichte der deutschen Universitäten‹), einer der Umstände, der in Trithemius ein tiefes Mißtrauen gegen die Kathedergelehrtheit begründete.

Das entscheidende Erlebnis aber war nicht diese Enttäuschung, sondern, nach all diesen Umtrieben, die durch einen Schneesturm erzwungene Einkehr des jungen Herrn von Heydenburg im Januar 1482 im Kloster von Sponheim (oft Spanheim geschrieben) auf dem Gebiet der ausgestorbenen Grafen dieses Namens. Eine Woche erzwungener Einkehr genügte, um Johannes den Entschluß einzugeben, sich dem Klosterfrieden anzuvertrauen. Die wahren Gründe kennen die Biographen allesamt nicht, hingegen gibt es Indizien: Das alte, aber arme Kloster hat nur fünf Insassen, und nach der Erledigung der übergeordneten Grafschaft herrschen rundum Zustände, die einem Interregnum gleichen. Es ist eine Situation, wie sie Abälard in der Bretagne vorfand, nur daß Trithemius aus freien Stücken kam, daß er jung, lebhaft und gebildet genug war, den alten Mauern neues Leben und den unbotmäßigen Mönchen neues Gottvertrauen einzuhauchen. Abälard wäre von seinen Mitbrüdern um ein Haar ermordet worden, Trithemius wurde schon im November 1483 ihr Oberhaupt und geistert seither als der »schwarze Abt von Sponheim« durch die Geschichte der Magie, der Alchemie, der Naturgeschichte und des Hexenglaubens. Fest steht, daß der Neuling in nur acht Jahren die Angelegenheiten des Klosters ordnete, die halbverfallenen Bauten renovierte, eine Bibliothek beschaffte und seine Mitbrüder für gelehrte Studien zu interessieren vermochte. Daß sie unter seiner strengen Zucht ächzten, ist eine Legende: Alle Insassen hatten ihren Anteil an dem neuen und unerwarteten Ruhm des kleinen Klosters, das bald Zulauf aus verschiedenen Gegenden des westlichen Europa erhielt und wohlhabend wurde. Zweitausend Bände – eine für jene Epoche außerordentlich hohe Zahl – sollen die Klosterbibliothek international attraktiv gemacht haben und verschlangen offensichtlich so viel von den Einkünften des Klosters, daß Johannes Trithemius nach beinahe einem Vierteljahrhundert konsequenter und erfolgreicher Herrschaft über Sponheim nicht von einer Obrigkeit, sondern von seinen murrenden Mitbrüdern abgewählt wurde.

Zweifellos war es eine Lebenskrise, wenn der inzwischen berühmte Abt eines durch ihn ebenfalls berühmten Klosters seine Wirkungsstätte aufgeben mußte, aber auch in diesem Fall sind verschiedene Deutungen für den Wechsel möglich, denn in Würzburg, wohin Trithemius nun ging, regierte als Erzbischof Lorenz von Bibra, seit Jahren Verehrer des nun in der Blüte seiner Jahre stehenden Gelehrten und fortan in der Lage, sein Gönner zu werden. Kirchliche Quellen sprechen nämlich ausdrücklich von einer Berufung des Trithemius nach Würzburg, und das angeblich bescheidene Kloster Sankt Jakobus, dessen Abt er nun wurde, hatte Bischof von Bibra in jahrelanger Arbeit und unter dem Einsatz großer Geldmittel baulich erneuert und reorganisiert. Es war ein Kloster der britischen Benediktiner, die sich in Deutschland Schottenbrüder nannten und Regensburg unterstanden. Im Unterschied zu mancher anderen deutschen Bischofsstadt hatte Würzburg am Vorabend der Reformation eine deutliche Blüte zu verzeichnen, aber da Stadt und Bistum in der Abwehr der Reform von der Gesamtkirche allein gelassen wurden, da der Bauernaufstand des Armen Konrad und Bauernrevolten bis hin nach Franken Unruhen auslösten, war es mit dem großen Frieden, den Trithemius zu genießen hoffte, nicht weit her, und der glanzvolle Lebenslauf eines hochbegabten Gelehrten verdüsterte sich.

Daß er in seiner Chronik der Abtei Hirschau in Württemberg eine Reihe von Klerikern anführte, die seine Neigung zu den Geheimwissenschaften teilten, kann noch als dokumentarische Basis seiner diskutablen Bemühungen verstanden werden, es war eine Auftragsarbeit durch den Hirschauer Abt Blasius und entstand mit Hilfe eines gelehrten Mönches namens Nikolaus Baselius. Aber das *Tractatus de lapide Philosophorum* sieht Trithemius mit vollen Segeln auf die Ziele der Alchemie zusteuern, in einer Zeit, da Erasmus von Rotterdam seine wohldurchdachten und rationalen Anweisungen für das Sprachenstudium veröffentlichte und Niccolò Macchiavelli sein berühmtes Buch vom Fürsten, *Il Principe*. Unverständlich aber bleiben des Trithemius verfälschende Bearbeitungen, vor allem aber die Erfindung von Gewährsmännern, die angeblich zu ihm gesprochen haben, in Visionen, in Einflüsterungen, in Begegnungen der dritten Art. Die in weiten Teilen höchst verdienstliche Chronik von Hirschau will Trithemius teilweise einem Mönch Meginfried verdanken, den es vermutlich nie gegeben hat, was Pater Braunmüller O. S. B. in Herders Kirchenlexikon zu der Bemerkung veranlaßt: »Was aber Trithemius von dieser ersten Blütezeit des Klosters, von seinen Äbten und gelehrten Mönchen des weiteren erzählt, hat keine andere historische Gewähr als dessen eigene Autorität; nicht einmal die Namen der Äbte können sonstwie sicher nachgewiesen werden. Ebenso fehlt jede anderweitige Beglaubigung für die Nachricht, im Jahr 988 seien Abt Hartfried und mehr als sechzig Mönche an der

Pest umgekommen.« Trithemius hat sich auch den Chronisten Hunibald erfunden, seinen Gewährsmann für die (unvollendeten) *Annales de origine Francorum*, also die Chronik von den Ursprüngen der Franken. Es ist nicht auszuschließen, daß es diese erfundenen Helfer waren, die zu den Sagen über geheimnisvolle Unterteufel führten, die dem über alle Maßen kenntnisreichen Kirchenmann Fakten zutrugen, von denen sich andernorts keine Spur fand.

Es gibt keine schriftlichen Zeugnisse über diese Vorgänge, nur über die Ergebnisse. Wir sehen, daß Trithemius sich mit Geheimschriften beschäftigte und daß er, von Fragern und Jüngern in die Enge gedrängt, wohl irgendwann von Zauberwelten und geheimen Kräften zu sprechen begonnen hat. »Die plausibelste Hypothese ist, daß sich Trithemius auf Grund der Mitwirkung mächtiger Planetendämonen (sic) für fähig hielt, künftige Ereignisse vorherzusehen ... Um nicht die Sünde der Ketzerei zu begehen, vernichtete er eigenhändig den letzten Teil des Manuskripts der Steganographia (Traktat von den geheimen Schriften und Zeichen), der logischerweise mit der Wahrsagekunst zusammenhängen mußte« (aus: Culianu). Joan P. Culianu zitiert auch eine lange Beschreibung des Verfahrens, durch das die Planetendämonen ihrem Herrn und Meister Trithemius zu Hilfe kamen, wenn er sie etwa folgendermaßen rief: »Höre mir zu, Orifiel, Fürst des Sternes Saturn: kraft des allmächtigen Gottes gehorche mir. (Die Botschaft wird ausgesprochen) ... Hülle danach diese beiden vereinigten Bilder in ein Stück purpurroten Stoffes, das in reinem Wasser gewaschen wurde, und lege sie in eines dieser Gefäße, welche die indischen Weisen *pharnat alronda* nennen. Streue sorgsam über das alles geraspelte Rinde und stelle das ganze in den Eingang eines geschlossenen Hauses, wohin du willst ... Dein Wunsch wird gewiß innerhalb von vierundzwanzig Stunden erfüllt werden.«

Das unschätzbare ›Handwörterbuch des deutschen Aberglaubens‹ birgt in seinen neun Bänden eine große Zahl ähnlicher Vorschriften, im hier von Culianu zitierten Fall würde man, wie der gelehrte Rumäne bemerkt, anstatt einer beliebigen Stelle im Flur das Vergraben unter der Schwelle des Hauses erwarten. Wie auch immer: Es sind Planetenkräfte, die in unser Leben hereinwirken, und es ist nicht einzusehen, warum sich diese Macht nur nach den Linien des Nativitäts-Horoskopes vollziehen sollte. Trithemius vollzog den Schritt in dieser Richtung in einer für das eigene Denken folgerichtigen Weise, aber seine Umgebung, selbst seine Freunde, vermochten so weit nicht mehr zu folgen und führten zu ihrem besseren Verständnis das ein, woran man damals so fest glaubte wie wir heute an Viren und Föhn: die Höllenhunde, die dienstbaren Teufel, die Krankheitsdämonen. Dankbare Schüler wie Johannes Butzbach und der große Cornelius Agrippa von Nettesbeim übernahmen es, selbst die absurden Wendungen in den Werken des »schwarzen Abtes«, vor allem aber diesen selbst gegen Kritik und Verleumdung zu schützen, und wir werden nie mehr erfahren, ob sie dies in Schülertreue taten oder wahrhaft überzeugt. Michael Kuper, der Trithemius eine knappe, aber schlüssige Studie gewidmet hat, weiß zu berichten, daß Trithemius am 13. Dezember 1516 just in dem Augenblick gestorben sei, da er über das fromme Wunder berichtete, dem es gelungen war, einem blinden Knaben das Augenlicht wiederzugeben, ein Passus, der vermutlich einen wahren Vorgang reportiert, hatte doch auch Mesmer hysterische Blindheit zumindest zeitweise zu heilen vermocht. »Im Nachlaß des berühmten wie umstrittenen Trithemius fand man einhundert Gulden Bargeld, Musikinstrumente, drei prunkvolle Rosarien, Edelsteine, Ringe, Becher und Ehrenpokale, medizinische Gläser, astronomische Instrumente, einen reichverzierten, bequemen Sessel und sogar ein Schwert unbekannter Herkunft« (aus: Michael Kuper: ›Johannes Trithemius‹). Nimmt man an, daß Schmuck, Schwert und Pokal Ehrengaben waren, weil mancher Patient und astrologisch Beratener diese Art der Honorierung dem baren Geld vorzog oder vorziehen mußte, dann ist der große Schwarzkünstler nicht gerade als reicher Mann gestorben, wenn auch nicht in bitterer

Not. Von einem Laboratorium, gar einer Hexenküche und Goldkochereien, ist nichts bekannt geworden, und das aus gutem Grund: Trithemius hatte in den letzten Jahren seines Lebens, als die Reformation an die Pforten des Würzburger Bistums nicht mehr nur klopfte, sondern schon hämmerte, alles vermieden, was Zweifel an seiner Rechtgläubigkeit hervorrufen konnte. Es war einem Wissenschaftler allerlei möglich und auch gestattet, aber der Geruch von Ketzerei und Hexenglauben war gefährlich. Zwar waren Giovan Campanella und Giordano Bruno ihren schweren warnenden Gang noch nicht gegangen, aber die Inquisition, von Papst Honorius IV. den Dominikanern anvertraut, hatte von Jahrhundert zu Jahrhundert an Macht gewonnen, und eine einzige unvorsichtige Schrift, und sei sie auch noch so schmal und kryptisch, konnte zumindest lange Polemiken und Verhöre nach sich ziehen. So wie Reuchlin Hebräisch gelernt hatte, um den Geheimnissen des auserwählten Volkes nahezukommen, so hatte Trithemius, je enger es um ihn wurde, sich immer deutlicher in seine eigensten Schöpfungen geflüchtet, seine Geheimschriften und Umschreibungen. Klaus Arnold sagt in seinem Trithemius-Buch von 1971 ohne Einschränkungen: »Trithemius gebührt das Verdienst, die erste umfassende Arbeit auf dem Gebiet der modernen Kryptographie veröffentlicht und damit Vorbild und Anregung für die weitere Entwicklung gegeben zu haben.« Erstaunlich viele Trithemius-Interessenten haben ihre Untersuchungen eben an diesem Thema festgemacht.

Nicht wenige berühmte Tagebuchschreiber haben sich für ihre Aufzeichnungen Geheimschriften erfunden, ob sie nun schlichte Notare waren wie Nicolas Versoris mit seinem *Journal d'un bourgeois de Paris* oder Staatssekretär im Marineministerium wie Samuel Pepys, denn Geschriebenes war gefährlich, es konnte gegen den Schreiber zeugen, und es ließ sich nicht zurückholen. Es verflog nicht in der Luft wie das gesprochene Wort! Wer Heikles zu schreiben wagte und dennoch überlebte, hatte in der Regel einen mächtigen Beschützer wie jener Doktor Johann Weyer, Leibarzt des wohlhabenden Herzogs von Jülich, Kleve und Berg, der schon 1550 für seinen Fürsten schwarz auf weiß niederzulegen wagte:

»Unsrer finstern Zeit will ich die helle Wahrheit zeigen ohne aufzuhören. Beispiele von ungeheurer Grausamkeit hat unsere Zeit gesehen und sieht sie jammervoller Weise täglich in den Unruhen, welche wegen der Religion entstanden sind. Die zertretene und begrabene Wahrheit wird auferstehen, euch ins Antlitz springen und um Rache schreien für eure Mordtaten, ihr harten Tyrannen, ihr blutdürstigen, entmenschten und erbarmungslosen Richter.«

Als Doktor Weyer dies schrieb, waren seit dem Tod des Trithemius und auch seit dem des Agrippa von Nettesheim Jahrzehnte vergangen. Die Religion, wie der große Arzt kurz sagte, hatte sich gespalten, aber sowohl Protestanten wie Katholiken jagten die Hexen, und auch bei den Jüngern des klugen Doktor Martin Luther gab es Unholde wie jenen Professor Carpzow, der sich rühmte, eine fünfstellige Zahl von Todesurteilen gegen Hexen und Hexenmeister ausgesprochen zu haben. Darin zeigt sich, daß die Glaubenskämpfe die Gehirne nicht durchgelüftet hatten. Forschen blieb eine Gratwanderung, und am sichersten waren noch jene mediokren Gemüter, denen nur das Übliche gelang, die bei der angestammten Medizin und bei der schlichtesten Religionsausübung blieben und sich alle Ideen von der Goldmacherei, der Metallveredelung, dem Allheilmittel oder gar dem »Stein der Weisen« aus dem Kopf schlugen.

Bald verboten, bald widerwillig gestattet, hatte die Alchemie die Kirche nie wirklich interessiert, glaubten die römischen Katholiken doch steif und fest an ihren Teufel und die Hölle mit deren wohlsortiertem Gesinde, und wenn es diese Heerscharen gab, dann war doch das chemische Feuer, das Experiment im geheimen, die Reaktion in der Phiole nichts Rätselhaftes mehr, sondern einfach Teufelswerk und als solches zu behandeln. Die heutigen Historiker der Alchemie unterscheiden darum zwischen den hermetischen Alchemisten, das sind jene, die an den esoterischen, zauberischen, den Adepten vorbehaltenen Weg zur Erkenntnis glaubten, und den konsequenten Chemikern, die sich überlegsam und experimentell in die Geheimnisse der Natur vorarbeiteten, wohl aber an diese als ein großes, geschlossenes, wundersames Geheimnis glaubten.

Die hermetische Alchemie war mit Arnald von Villeneuve auf einen Höhepunkt gelangt und damit an das Ende ihrer Möglichkeiten, was den meisten jedoch verborgen blieb. Man rannte mit dem Kopf gegen die Wand, man rieb sich die Stirn, und man machte weiter, denn dort, wo eine Lösung im sublimen Endsieg ohnedies nicht möglich war, mußte der Weg als das Glück gelten. Das Heureka am Ende vieler Forschungsjahre hat mehr Köpfe verwirrt als die emsige stufenweise Verfolgung einer Überzeugung, und sei sie noch so unsinnig. »Was die Geistesverfassung des Alchemisten angeht«, schreibt Hans-Werner Schütt in seinem Buch über die Suche nach dem »Stein der Weisen« unter Berufung auf William R. Newman, »so ist es wichtig, daß der Alchemist ein gutes Temperament hat und sich wenig von Ärger hinreißen läßt, damit er nicht in einem Wutanfall sein gerade angefangenes Werk beschädigt und zerstört.«

Wir kennen solche Wutanfälle bei Agrippa, wir dürfen sie bei Trithemius vermuten, sonst hätte er sich nicht von der Alchemie der Kryptographie zugewendet; Goethe zeigt sie uns bei Faust, und der historische Doktor Johannes Faustus exerziert sie mehrmals in seinem Leben.

Der Weg zu Paracelsus

Was zumindest die kleinen und die mittleren Geister aus der Schar der Goldmacher auf dem Weg zu ihrem glänzenden und wertvollen Ziel zu trösten vermochte, war der Umstand, daß auch den Berühmten der sogenannte Durchbruch noch nicht gelungen war. Allesamt appellierten sie an Planeten, Sibyllen und Propheten, kurz an die Himmelsmächte, was gegenüber den Teufelsbündnissen den Vorteil hatte, von der Inquisition nicht verfolgt zu werden. Ganz genauso unsinnig wie die Verschwörung mit der Hölle, war die Anrufung der himmlischen Kräfte und Dämonen wenigstens risikolos. »Alles, aber auch alles deutet ihm an, daß er im nachhinein Bestätigung finden wird für all seine Mühen, eine herrliche, eine geradezu übermenschliche Bestätigung. Und daß er's bisher nicht geschafft hat, das lag nicht an der fehlenden Gnade, die sich doch auch jetzt schon, wenn auch verhüllt gezeigt hat, das lag daran, daß Tag und Stunde nicht die richtigen waren, das lag daran, daß ihm im letzten, im entscheidenden Augenblick dieser Kolben da zerbrochen ist ... Im übrigen hat er das Gold, das Rot doch schon einmal aufschimmern sehen, er hat es gesehen ...«, dies die ironische Coda von Professor Hans-Werner Schütt, der die letzten vier Worte zur besseren Einfärbung kursiv setzen läßt.

Den letzten großen Angriff auf den gesunden Menschenverstand, in jenen Jahrhunderten ohnedies in sehr schwachen Bastionen verschanzt, ritten die Rosenkreutzer, und das erste Frühlicht eines gesunden Verhältnisses des forschenden Menschen zu den Geheimnissen der Natur wies, zumindest was die deutschen Länder betraf, ein Arzt namens Theophrastus Bombastus von Hohenheim. Danach, so scheint es, darf die Neuzeit anbrechen, in die wir an der Hand des Großen von Weimar und des Feingeistes Novalis vorwitzig schon vorgedrungen waren. Die Rosenkreutzer immerhin, sie tauchten im sechzehnten Jahrhundert auf und waren in Gestalt des Illuminatenordens und der Freimaurerloge ›Anna Amalia‹ auch im Weimar des Geheimrats Goethe noch nicht völlig von der Bühne verschwunden, somit eine Brücke bildend.

Fällt eine Schar von Adepten gleichsam vom Himmel, wie es im Fall der Rosenkreutzer geschehen ist, so müssen wir darin selbst für die an seltsamen Ereignissen wahrlich nicht arme Geschichte der Alchemie einen bizarren Vorgang erblicken. Ist ein Phänomen so überdeutlich, so folgenreich und dennoch unerklärlich, so sagen die Kommentare mitunter mehr, als sich beweisen läßt, weswegen das Auftreten des Bundes oder Geheimbundes der Rosenkreutzer zu Beginn des blutigsten Jahrhunderts der deutschen Geschichte heute von niemandem mehr als ein purer geistesgeschichtlicher Zufall angesehen wird.

Als ich vor einem halben Jahrhundert zum ersten Mal über den Orden und seinen unfreiwilligen Begründer schrieb, sah ich seine Entstehung im Zusammenhang mit einer verbreiteten Weltuntergangsstimmung, die sich gegen Ende des sechzehnten Jahrhunderts der europäischen Öffentlichkeit bemächtigt hatte:

»In Mitteleuropa duckte die Menschheit sich angsterfüllt und vom Religionshader ratlos gemacht unter der Knute finsterer Vorhersagen. Zwar war die Sintflut nicht eingetroffen, die Johann Stoffler für das Jahr 1524 angekündigt hatte (und an die man so fest geglaubt hatte, daß da und dort Archen gebaut worden waren), nun aber hatte kein Geringerer als Cyprianus Leovitus, der Hofmathematiker des Kurfürsten Otto Heinrich von der Pfalz, aus den Sternen den Weltuntergang für das Jahr 1584 vorhergesagt ... Zahlreiche Flugblätter mit Mahnungen und Warnungen sind uns erhalten und lauteten zum Beispiel so: ›Wer im 85er Jahr nit wird verderben und im 86er nit tut sterben, im 87er nit wird erschlagen und im 88er Jahr nit wird vergraben, der mag wohl im 89er Jahr dann von guten Tagen sagen‹« (zitiert nach Hermann und Georg Schreiber, ›Geheimbünde‹).

Nun waren diese Jahre tatsächlich in mancher Hinsicht bemerkenswert, und aufmerksame Beobachter mochten sich an der Schwelle einer großen Wende sehen, als Iwan IV., der Schreckliche, starb (1584), als in Frankreich ein auf gotteslästerliche Weise der Männerliebe verfallener König wie Heinrich III. seinen Hugenottenkrieg führte, als 1586 der Kurfürst August von Sachsen, der aufrechteste Anhänger Luthers, das Zeitliche segnete und im Jahr darauf der katholischen Königin von Schottland, der schönen Maria Stuart, im Tower zu London der Kopf abgeschlagen wurde, einer Königin, einer frommen Fürstin, der schönsten Frau ihrer Zeit.

Was für eine seltsame, bestürzende Zeit dies war, offenbarte sich der europäischen Christenheit 1588, als die mächtigste Kriegsflotte, die man jemals auf den Meeren gesehen hatte, von Englands protestantischem Wind und zwei tüchtigen Admiralen der Ketzerkönigin Elizabeth über die ganze Nordsee verstreut wurde, so daß man noch im hohen Schottland Gelegenheit hatte, gestrandete Papisten niederzuknüppeln und den Señores die Golddublonen aus dem Gewand zu holen. 1589, das Jahr, in dem dann alles gut werden sollte, brachte mit der Ermordung des schönen und an seine Jünglinge hingegebenen Heinrich III. von Frankreich immerhin eine teilweise Wiederherstellung der moralischen Verhältnisse auf diesem heiligen Thron und mit Heinrich IV. von Navarra den Frieden zwischen Katholiken und Hugenotten in dem Land, auf das ganz Europa zu blicken gewohnt war.

In diesen Jahren hatte, nicht sonderlich beeindruckt von den Kriegsläuften, der britische Dramatiker Christopher Marlowe seine *Tragical History of Doctor Faustus* geschrieben, und in Herrenberg im Württembergischen war am 17. August 1586 Johann Valentin Andreae geboren worden, einer der inzwischen schon ziemlich zahlreichen, allzu lebhaften Sonderlinge, die uns die kleinen und kleinsten Orte Württembergs immer wieder beschert hatten. Johann Valentin hatte einen berühmten und hochverdienten Großvater, den lutherischen Theologen Jakob Andreae, der innerhalb der verschiedenen Strömungen des Protestantismus, aber auch im Verhältnis zur alten römischen Kirche sehr viel Streit geschlichtet und schließlich die erlösende Konkordienformel zustande gebracht hatte. Nicht erst seit Thomas Bernhard und Johannes Freumbichler wissen wir, was Großväter für einen begabten Enkel bedeuten können; Johann Valentin ist einer der überzeugendsten Fälle.

In einem Jahrhundert wilder Polemik und heftigster Nutzung des neuen Mediums Druck heben sich nur wenige Pamphletisten aus dem allgemeinen Gezänk heraus, das ganze Universitäten lahmlegte, so manchen verdienten Mann um Amt und Würden brachte und nicht selten jahrelang um Nichtigkeiten kreiste. Unser Theologenenkel Johann Valentin Andreae, am 17. August 1586 in das große Wortgebraus hineingeboren, scheint zunächst weniger an religiösen Streitfragen interessiert gewesen zu sein als an der Unzufriedenheit seiner Mitmenschen mit den Herren über das Schwabenland, den Herzögen Friedrich I. und Johann Friedrich. Immerhin studierte er im stillen Tübingen Theologie und ward dann, wie damals üblich, Hofmeister in adeligen Familien, eine Laufbahn, die nach ihm Kant, Herder, Lenz und viele andere Berühmte als ersten Schritt ins Leben nicht verschmäht hatten. Auf diese Weise, als Begleiter junger Kavaliere auf der traditionellen *Tour d'Europe*, sah er viel von Deutschland, dazu wie üblich die italienischen Kunststätten und zur Belohnung für all die Mühen auch ein weniges von der Stadt Paris. Mit 28 Jahren wurde er Diakon zu Vaihingen, 1620 Superintendent in Kalw, 1639 Hofprediger in Stuttgart und 1650, nur noch vier Jahre von seinem Ableben entfernt, als Generalsuperintendent von Bebenhausen und Abt von Adelberg einer der höchsten protestantischen Würdenträger im südlichen Deutschland, eine Karriere also, angesichts deren Stationen man niemals Aufrührerisches, Geheimes, Provozierendes vermuten würde. Und doch gab es diese zweite Existenz, die geheimen Publikationen, den schwelenden Aufruhr, weil Andreae offenbar eines Ventils bedurfte, um ein gesitteter Lutheraner bleiben und seine Ämter zur allgemeinen Zufriedenheit ausüben zu können.

Erst Jahre nach der Niederschrift seines ersten explosiven ›Satiricons‹ gestand er, der Verfasser einer anonymen Schrift zu sein, die 1616 in Straßburg unter dem Titel ›Chymische Hochzeit Christiani Rosencreutz. Anno 1459‹ im Druck erschienen war. Die Verfasserschaft wurde noch bis 1910 bezweifelt, der angesehenen Ämter und der Lebensführung des Valentin Andreae wegen, inzwischen steht aber durch deutsche und französische Spezialforschung fest, daß die rosenkreutzerischen Schriften zwar aus einem personell wechselnden Tübinger

Freundeskreis in Umlauf kamen, daß die ›Chymische Hochzeit‹ aber ausschließlich das Werk Andreaes sei, allerdings nicht erst 1616 geschaffen, sondern seit 1602 in Handschriften gleichsam wie in Versuchsballons losgelassen.

Zunächst als Studenten- oder Gelehrtenulk konsumiert und kommentiert, weckte gerade diese Schrift doch bald eine echte Neugierde, weil dem einigermaßen kundigen Leser bald klar war, daß dahinter nicht schlichter Unsinn stecke, sondern daß althergebrachtes Geistesgut aufgefunden, neu beleuchtet und geistvoll kommentiert worden sei. Zum Beispiel fanden sich Lebensläufe kaum bekannter Alchemisten glaubhaft rekonstruiert; es fanden sich ganze Partien aus der Kabbala, die damals den Theologen nicht so fremd war wie dies heute der Fall ist (das Hebräische war bis an die Wende zum zwanzigsten Jahrhundert noch theologisches Pflichtfach). Das Werk skizziert den Rahmen eines Lebenslaufes für den Ritter Christianus Rosenkreutz, der 1378 geboren worden sei und sich berufen fühlte, eine Bruderschaft zu begründen. Die Wohlgesinnten – heute würde man einfach sagen ›die Guten‹ – sind angesichts der Nöte in der Welt zum Zusammenschluß aufgerufen, und in der ›Chymischen Hochzeit‹ unterziehen sie sich, wie wir es später in der ›Zauberflöte‹ miterleben, einer Reihe von Prüfungen, wobei die endliche Errettung nie zweifelhaft ist. Wie für die Mitglieder eines Mönchsordens galt unbedingte Sittenreinheit als oberste Verpflichtung, weswegen die Hochzeit auch nur ›chymisch‹, das heißt nach Art der ihr Ziel nie erreichenden Alchemisten zu vollziehen beziehungsweise anzudeuten sei.

Wir wissen nicht, ob Roger Vadim das seltsame Werk, das auch in Frankreich großen Widerhall fand, jemals in einer der moderneren Ausgaben gelesen hat; jedenfalls ist das, was er Jane Fonda als Barbarella erleben läßt, nicht weit von dem entfernt, was der bei den ersten Entwürfen zu seiner Satire erst siebzehnjährige Andreae den Ordensbrüdern zumutet. Er hat selbst seine Arbeit als ein *Ludibrium*, als einen literarischen Scherz, dargestellt, fordert jedoch in manchen der entworfenen Gespräche ein erneuertes, vertieftes, ja mystisches Christentum und zielt dabei vor allem auf den Protestantismus, dessen Schwäche im Vergleich zum römischen Katholizismus, aber auch gegenüber der griechisch-orthodoxen Kirche, darin liegt, daß die Gläubigen sich einer gleichsam skelettierten Lehre gegenübersehen, in manchen Strömungen durch Bilderfeindschaft gekennzeichnet und arm an Farben, Klängen und Prunk.

»Der Bericht dessen, was dem Erzähler, dem Eremiten Christianus Rosenkreutz selber, der sich auf Weisung eines Traumes aufgemacht hat, in einem königlichen Schlosse widerfährt, erstreckt sich über sieben Tage. Zuletzt wird er, nachdem er mancherlei Prüfungen überstanden hat, samt einigen Gefährten mit gebräuchlicher Solennität (Feierlichkeit) zu Rittern installiert und unter anderen Privilegien über Unverstand, Armut und Krankheit gesetzt, mit denselben unsers Gefallens (sinnvoll) zu handeln« (aus: ›Kindlers Literaturlexikon‹).

So versteht Friedhelm Kemp, der große Kenner französischer und deutscher Literaturen, die Lehren und Hinweise dieses fruchtbaren Musters, dessen sich später der Bundesroman bedienen wird und auf das selbst die Romantik – etwa Achim von Arnim – zurückgreift. Wie viele Freunde an dem Werk mitdachten, weiß man nicht; geschrieben hat es mit seiner satirischen Feder nur Andreae, dem dies aber so gut gelang, daß das Werk ernster genommen wurde, als ihm lieb sein konnte. Zeitweise hatte er Vorwürfe und Verfolgungen wegen Häresie zu fürchten, da sich aus jeder Satire leicht Abweichungen vom Glauben konstruieren lassen. Vor allem aber hatte er mit seinem soliden Verstand die Rechnung ohne den Wunderglauben seiner Leser gemacht. Sie schienen auf die Wiederauferstehung der Wundergeschichten von Chemie und Alchemie nur gewartet zu haben! Sie warfen sich erlöst nach all dem Theologengezänk, von dem sie nichts verstanden hatten, einem munteren Erzähler in die Arme, der ihnen eine alte Geschichte neu und zugänglich servierte. Warum sollte man es auch nicht ernst nehmen, wenn ein Buch die Goldmacherei als die tauglichste Waffe gegen die allgemeine Armut empfahl:

»Die Fama (ein Kapitel des Buches) verkündete ja, daß es nicht apex und fastidium (Krone und Dünkel) des Ordens sei, dem gottlosen und verruchten Goldmachen nachzustreben, das so viele verlaufene handwerksmäßige Lecker mit großer Büberei betrieben und vieler Vorwitz und Kredulität (guten Glauben) mißbrauchten, daß es aber den wahren Philosophen, Gold zu machen ein geringes, ein Parergon sei. Ja, die wahre oder vorgebliche Mitgliedschaft wurde von den Goldmachern der Folgezeit häufig genug als Ausweis für ihr Wissen und Können ... den Namen beigesetzt. Rosenkreutzertum ... galt als gleichbedeutend mit Alchemistentum, und es erschien eine Menge Erläuterungs- und anderer Schriften, die sich mit dem Windei Rosenkreutzerei eingehend beschäftigten. Auf der anderen Seite allerdings fanden sich zahlreiche einsichtige Köpfe, die den wahren Sachverhalt ahnten und die neuen Ordensbestrebungen nach Gebühr benannten und behandelten.«

Diese ruhige Stellungnahme stammt, es überrascht uns nicht, von Hermann Schelenz und beweist uns, daß auch die Geschichte der Pharmazie sich mit dem Rosenkreutzertum auseinandersetzen mußte, waren doch Chymie und Alchemie damals noch wichtige Kerngebiete einer allgemeinen naturnahen Weltsicht. Friedrich der Große, an sich eher ein skeptischer Denker, ließ sich rosenkreutzerische Schriften besorgen, Leibniz würdigte den Orden immerhin einiger Fußnoten, und unter den Augen Goethes erschien in Fortsetzungen zwischen 1777 und 1798 gleichsam als Antwort auf die ›Chymische Hochzeit‹ eine ›Historisch-kritische Untersuchung der Alchemie oder der eingebildeten Goldmacherkunst von ihrem Ursprung sowohl als Fortgange, und was von ihr zu halten sei‹, verfaßt von dem Apotheker Johann Christian Wiegleb, der zugleich Ratsherr in Langensalza war. Da jede kritische Schrift gegen die Alchemie sogleich deren Verteidiger auf den Plan rief, bescherte uns die Wieglebsche Untersuchung eines der interessantesten proalchemistischen Werke aus dem entfernteren Umkreis der rosenkreutzerischen Gedankengänge, nicht so erfolgreich wie die unterhaltsame ›Chymische Hochzeit‹, aber von intensiver Wirkung auf empfindsame Geister. Es handelt sich um das *Opus Mago-Cabbalisticum ET Theosophicum* eines Georg von Welling, das in einer frühen, kaum verständlichen Form schon 1725 erschienen war und von den Gegnern des skeptischen Wiegleb nun als willkommene Hilfe aufgegriffen und vereinfacht neu aufgelegt wurde.

Welling (1632–1727) war auch einer der im Lauf der Jahrhunderte kaum noch zu zählenden grüblerischen Schwaben und in gewissem Sinn ein Kollege des Geheimrats Goethe als Leiter des Bau- und Bergamtes in Baden-Durlach. Am Ende seines Lebens führte er den Titel eines Konsistorialpräsidenten, worunter man eine hohe Position in kirchlichrechtlichen Streitfällen verstehen darf. Um so unerklärlicher ist der Umstand, daß dieser amtlich in einem fort mit Schriftstücken und Sachverhalten befaßte hochgebildete Herr sich in seinem *Opus Mago-Caballisticum* nicht klarer ausdrückt. Dabei wendet er sich ausdrücklich gegen die »sophistischen« Alchemisten, eine Wortwahl, die heute im Englischen noch häufig anzutreffen ist *(sophisticated)* und die uns Dr. Johann Christian August Heyse in seinem unschlagbaren Tausendseiten-Fremdwörterbuch so übersetzt: »Als Sophist (griechisch *Sophistes*) galt ursprünglich ein lebens- und staatskluger Mann, ein Weltweiser; später und jetzt gewöhnlich ein Vernünftler, Afterweiser, Klügler. Sophisterei ist die Trugweisheit, Spitzfindigkeit.« Welling gibt sich als gläubiger Anhänger der Goldmacherkunst zu erkennen, verdammt aber all jene, die aus der Suche nach dem »Stein der Weisen« eine Philosophie und alleinseligmachende Betätigung machen. Sie seien »Unvernünftige, goldbegierige Sudelköche, die durch verblümte Reden ihr Eigendünkel und ihre Goldbegierde erklären und dadurch sich selbst und andere Gold-Geiz-Besessene in zeitliches und ewiges Verderben stürzen.«

Da er sich in Mineralogie und Metallurgie bestens auskannte, setzt er gegen die Phantasten, Sophisten und Philosophen die gläubige Alchemie und die selbstlose Hingabe an den »Stein der Weisen« gleichsam als Dogma, eine Grundhaltung, in der Julian Paulus, der sich eingehend mit Welling beschäftigt hat, die Einflüsse des Dichters und Philosophen Jakob Böhme zu erkennen meint, eine allerdings hochachtbare Patenschaft aus dem besten Kern schlesischer Mystik. Sein Bekenntnis formulierte Welling in den Forumulierungen des Giovanni Aurelio Augurelli (1441–1524) und dessen ›Großer und kleiner Golderziehungskunst‹ von 1716 (deutsch von Welling):

»Hingegen wer sich ganz der Weisheit Zucht ergibt
Nichts höher in der Welt als seinen Schöpfer ehret,
ihn mehr als Gold, ja selbst mehr als den Himmel liebt,
und mit Herz, Sinn und Seel sich gänzlich zu ihm kehret,
der kann sich ganz getrost an diese Arbeit wagen,
die Weisheit, der er dient, wird ihm kein Glück versagen.«

Das ist zwar nicht der schlichte Silbengang von Goethes ›Faust‹, aber man meint den Großen von Weimar aus den Zeilen herauszuhören; tatsächlich hat Goethe Welling gelesen, nicht mehr in Weimar, wohl aber als junger Mann und Rekonvaleszent in Frankfurt am Main, wo Susanna Katharina von Klettenberg ihm die Texte und Lehren des astrologiegläubigen, im übrigen aber naturwissenschaftlich hochgebildeten Konsistorialpräsidenten nahebrachte. Wichtig ist der Versuch, die Alchemie mit der Kirche zu versöhnen und die Goldsucher vom Odium der Hexenmeisterei zu befreien. Darin traf sich Welling mit dem vor ihm lebenden Johann Valentin Andreae, der wie Goethes Zauberlehrling die Geister, die er gerufen hatte, nicht mehr loswurde. Kein »in die Ecke, Besen, Besen« half gegen die Mundpropaganda, die in diesem Fall mehr Wirkung zeitigte als das gedruckte Wort, das zu kaufen und zu lesen gelegentlich zu Schwierigkeiten oder auch beim bloßen Besitz zu Strafen führen konnte. Zwar gab es die Schlösser, die Andreaes Held Rosencreutz staunend besuchte, ebensowenig wie die noch prächtigeren Ordensburgen, die von den Anhängern Andreaes erdacht und beschrieben wurden, aber da die Verbindung von Alchemie, Staatsutopien und Geheimbündelei schon vor Andreae in Frankreich und England das eine oder andere Werk getragen hatte, wogten die Ideen über die Grenzen und kehrten erneuert und verstärkt zurück.

Die Kernsymbolik ist in allen Ländern dieselbe. Das Gold oder auch der goldene Stein symbolisieren das Ziel der menschlichen, der irdischen Sehnsüchte. Es nimmt die Stelle jenes »Steins der Weisen« ein, der schon die ägyptischen Magier beschäftigte. Daneben aber spielt das Blut eine zentrale Rolle, beinahe mehr der roten Farbe wegen als in der Funktion als Lebenssaft, denn die Rosenkreutzer beschäftigen sich mit dem Weg durch das irdische Jammertal mehr als mit dem unvermeidlichen Ende. Vom Rot des Blutes zum Rot der Rosen war nur ein Schritt zurückzulegen, die Vereinigung des fern leuchtenden Sterns im Rosenhag und die Dornen, die das Blut ungefährlich-lockend aus weiblichen Rosenfingern treten lassen, das war die pure Suggestion und als solche kaum wissentlich erdacht. Als Ensemble entsprachen die Symbole dennoch den geheimsten Sehnsüchten dieser Jahrzehnte, der bangen Erwartung vor dem blutigsten Krieg, den man je erlebt hatte, von einem Kaiser vom Zaun gebrochen, dessen man als oberste Autorität der weltlichen Christenheit dennoch dringend bedurfte. Beim Prager Fenstersturz waren die Betroffenen noch weich gelandet, dann aber starben einundzwanzig deutschböhmische und tschechische Herren in einem Willkürakt, nach dem es nur noch Jahrzehnte des Blutvergießens geben konnte.

Andreae war Lutheraner und mehr, als Enkel des großen Versöhners und Ordners und Schöpfers der Konkordienformel von 1574/76 mag er, zumindest als er selbst berühmt wurde, die Verpflichtung empfunden haben, das Seine zu dem großen Werk beizutragen, das in der Nachfolge Luthers Frieden stiftete und eine klare Grenze gegenüber den Reformierten zog. Zwanzig Herzogtümer hatten außer Kursachsen, Kurbrandenburg und der Kurpfalz diese Formel angenommen, dazu 24 Grafschaften und nicht weniger als 35 reichsunmittelbare Städte. Damit durfte Andreae der Jüngere auf eine Einigung hoffen, wie sie das aufgespaltene und zerfallene Deutschland nicht nur im Religiösen brauchte, und fühlte sich zu seinem utopischen Entwurf eines idealen Staatswesens ermutigt, in dem der ernsthaften Forschung keine Grenzen gesetzt werden, und ginge es auch tief in die Astrologie, die Magie und die Alchemie hinein. Von den Entartungen seiner Ideen spricht ihn nicht nur der sorgsam abwägende ›alte Meyer‹ frei, ein Lexikon, das wie wenige andere an Andreae festhält, sondern auch ein kompromißloser Fachmann wie Hermann Schelenz, der uns darauf aufmerksam macht, daß etwa in einer stets als etwas beschränkt geltenden Provinz wie Kassel gleich drei nicht unbedeutende Männer »von demselben trügerischen Schein geblendet und verführt wurden«: der große Anatom Samuel Thomas von Sömmering, der Weltreisende und Polyhistor Johann Reinhold Forster und *last but not least* jener Freiherr von Knigge, der durch sein Buch über den Umgang mit Menschen auch die geistvollsten Rosenkreutzer überlebte. Er war Mitglied eines Konkurrenzordens, der Illuminaten, nannte sich dort Philo und erfüllte sein kurzes Leben dank materieller Unabhängigkeit mit einer Reihe von Büchern, aus denen spätere Erfolgsautoren wie etwa Dale Carnegie noch viel Honig saugten.

Welch krause und grausige Blüten die Gegnerschaft zu den alchemistisch bemühten Rosenkreutzern trieb, zeigt uns das 1600 in Straßburg gedruckte Buch eines Benedictus Figulus (= Töpfer), der die von niemandem ernsthaft behauptete Herstellung künstlichen Goldes aus tierischen Stoffen überzeugend widerlegt. Vollends absurd wird sein Pamphlet *Rosarium Olympicum* durch die Anregung, Gold aus Judenleichen zu gewinnen, da bekanntlich die Judenschaft den intimsten Umgang mit Geld und Gold habe und sich auf das Edelmetall aufgrund uralter kabbalistischer Anweisungen am besten verstehe. Er fügt diesem hoffentlich von niemandem ernstgenommenen Gedankengang sogar Berechnungen hinzu, denen zufolge aus jeweils hundert eingesammelten und verwerteten jüdischen Leichnamen bis zu 1248 Lot Gold zu gewinnen seien (je nach Definition des Lots also bis zu sieben Kilogramm).

Der verdächtige Biedermann soll aus dem fränkischen Utenhofen nach Frankfurt und Straßburg und damit ans Licht der Öffentlichkeit geraten sein, wobei er die damals noch nicht sehr bedeutende Stadt am Main gewählt haben muß, weil das ganze Hessen, mitten im Reich gelegen und von allen Grenzen abgeschnitten, sich zu einem besonderen Kochtopf für alchemistische Gerüchte entwickelt hatte. Derlei wirkt meist von oben nach unten, in diesem Fall durch den 1567 auf den Thron gelangten Wilhelm IV., genannt der Weise (seine Vorgänger hatten eher mehrdeutige Beinamen geführt: der Freimütige, der Großmütige, der Mittlere, sein Nachfolger war Moritz der Gelehrte).

Ob Wilhelm selbst den Geheimwissenschaften zuneigte oder sich von seiner Gemahlin Sabine auf diese dunklen Pfade führen ließ, ist nicht ganz klar; jedenfalls bemühte sich das hohe Paar erfolgreich um den Erwerb der damals berühmtesten Spezialbibliothek im Hause von Dörnberg, in dessen Familiengeschichte Alchemie und Magie eine besondere, nie völlig aufgeklärte Rolle gespielt hatten: Unter Landgraf Heinrich III. von Hessen kam ein damals berühmter Goldmacher nach Marburg; er hieß Ludwig, stammte aus dem schlesischen Neisse und führte dem Landgrafen, ja dem ganzen Hof die erstaunlichen Fähigkeiten seiner roten Tinktur vor. Da der Landgraf lieber jagte als regierte, nahm sich Ritter Hans von Dörnberg, graue Eminenz des hessischen Hofes, der Angelegenheit an und bemühte sich mit den Methoden seines Jahrhunderts, dem Schlesier sein Geheimnis zu entreißen. Da die aus der Steiermark nach Hessen gekommenen Freiherren ein besonders kriegerisches Geschlecht bilden, Ehen mit sechs Söhnen im

Stammbaum haben, sich unter anderem bei Quatrebas und Waterloo mit Waffenruhm bedeckten und in hochgewachsenen Linien bis heute blühen, drücke ich mich behutsam aus und berichte unter Berufung auf Hermann von Schelenz, der in der Dörnbergschen Alchemistenbibliothek viele ertragreiche Stunden zubrachte, unter allen Vorbehalten: Jener Schlesier dachte nicht daran, dem hessischen Sachwalter sein rotes Geheimnis preiszugeben, woraufhin Hans von Dörnberg ihn im Jahr 1483 oder wenig später in den Kerker werfen ließ. Nicht zum eigenen Nutzen, sondern zu dem der landgräflichen Staatskasse wurde Ludwig von Neisse sodann gefoltert, und als auch das nichts brachte, hörte man auf, sein Kerkerstübchen mit Nahrungsmitteln und Getränk zu versorgen. Neben Karl Christoph Schmieder, der ja beinahe alles weiß, sind es der Hessen-Historiker Dietrich Christoph von Rommel und der große Leopold Gmelin in seiner ›Geschichte der Chemie‹, die dafür gesorgt haben, daß der Unglückliche von der Neisse nicht zu allem irdischen Leid auch noch vergessen wird. Das Geheimnis seiner roten Tinktur, das ihn das Leben kostete, muß eine hochwirksame Formel gewesen sein, denn ein Teil des roten Rätselstoffes vermochte sechzehn Teile Quecksilber in pures Gold zu verwandeln. Landgraf Heinrich weilte zum Zeitpunkt dieser Untat nicht mehr unter den Lebenden, sein Sohn war noch unmündig, die Verantwortung für alles Geschehene lag damit bei Hans von Dörnberg, Hofmeister und Sachwalter am landgräflichen Hof.

Schmieder läßt mit Ludwig von Neisse (nicht aus Neuß am Rhein, wie man gelegentlich lesen kann) die lange Reihe fahrender Alchemisten beginnen, das heißt jener vagabundierenden Gelehrten, denen der beträchtliche Anteil von Marktschreiern und Schwindlern einen bis heute üblen Ruf bescherte. Ihr unsteter Lebenswandel hatte die verschiedensten Gründe, von denen nicht alle ehrenwert waren. Recht häufig mußte der Veranstalter eines erfolgreichen Experiments unmittelbar nach diesem Triumph die Szene wechseln, wenn man ihm allzu deutlich mit Dörnbergschen Methoden drohte oder, was häufiger war, wenn man entdeckt hatte, daß er auf irgendeine Weise das angeblich produzierte Gold vorher in einem doppelten Boden oder Glastäschchen des Gefäßes untergebracht hatte. Sieht man von solchen Mißgeschicken ab, so bleiben immer noch die echten Wahrheitssucher und Lernbegierigen, die sich überallhin aufmachten, wo ein tüchtiger Lehrer gerühmt wurde und einen verläßlichen Weg zum »Stein der Weisen« verhieß. Einer dieser charismatischen Reisenden geheimer und weniger geheimer Wissenschaften war wieder einmal ein Schwabe aus einer im Raum Stuttgart begüterten Ministerialenfamilie, die sich von Hohenheim nannte; die Welt kennt ihn später und bis heute als Paracelsus (1493–1541).

Das Stammschloß Hohenheim, nach dem die seit dem zwölften Jahrhundert bekannten Bombaste sich nannten, wurde Wilhelm, dem Vater des Paracelsus, nicht zur wirklichen Heimat, vielleicht, weil er tatsächlich unehelicher Geburt und erst nachträglich als Bombast von Hohenheim anerkannt war, vielleicht aber auch, weil durchaus gleichgültige Umstände ihn bei Verwandten auf Schloß Riet aufwachsen ließen. Zu erwähnen ist dies nur, weil schon damit die Mythenbildung einsetzt, die so vielen der wirklich Großen die umstrittene, gefährdete, rätselhafte Geburt andichtet. Sicher ist, daß Wilhelm Bombast von Hohenheim in Tübingen Medizin studierte, daß er später als kundiger Metallurg auftrat, nur daß er keine anderen Berufsmöglichkeiten sah, als den Bader – also den Barbier und Badstubenbesitzer – im Wallfahrtskloster von Einsiedeln abzugeben, das vermag ich Franz Geerk bei aller Sympathie für Art und Stil seiner biographischen Erzählung nicht zu glauben. So, wie die Badstuben damals beschaffen waren und wie sie etwa beim Konstanzer Konzil im gleichen Jahrhundert betrieben wurden, übte der Bader einen der sogenannten unehrlichen Berufe aus, mochte er als Person noch so ehrlich sein – er galt nicht viel mehr als ein Bordellwirt. Andererseits ist natürlich ein Wallfahrtsort, dem Kranke und Leidende aller Couleur aus verschiedenen Ländern zuströmen, gleichsam ein riesiges Wartezimmer, in dem ein Arzt nicht nur stets Patienten und Hilfsbedürftige vorfinden wird, sondern auch Anschauungsmaterial jeder Art. Für Geerks Vermutung spricht nur, daß der Gastarzt aus Schwaben eine Leibeigene des Klosters heiratete. Das war, da sie seinen eigenen Status als freier Adeliger gefährdete, zweifellos eine echte Liebesheirat, die freilich in einem autonom geführten und regierten Kloster abgesichert werden konnte, nicht zuletzt, weil dieses Kloster in einem sehr spät besiedelten Hochtal der Innerschweiz seine durchaus eigene Geschichte hat:

»Als dritten Abt erwählten die Klosterleute (um 965) Gregor, des englischen Königs Eduard (natürlicher) Sohn, der bis nahe an den Schluß des Jahrtausends 33 Jahre lang seine Würde bekleidete. Unter Abt Gero aus dem Hause der Grafen von Froburg vernahm die damalige Welt zum ersten Mal, daß es eine Landschaft gebe, welche Schwyz heiße. Die Menschen zogen von den Ufern des Vierwaldstättersees in die Berge hinauf, an deren jenseitigen Abhang die Einöde grenzte, welche Kaiser Heinrich II. ohne weitere Bestimmung der Marken (Grenzen) dem Kloster zu Anbau und Nutzung verliehen hatte ... Die Landleute wollten weder vor ein geistliches Gericht sich laden lassen noch das schwäbische der schwäbischen Großen anerkennen, ebensowenig wie dem Spruch des Kaisers sich fügen und ließen sich weder durch die kaiserliche Acht noch durch den kirchlichen Bann schrecken ... Fast zwei Jahrhunderte dauerte der Streit ...«

Das Zitat aus jenem unvergeßlichen Herder-Lexikon von 1882 bis 1901, das noch Raum für Legenden und Geschichten hatte, zeigt uns, daß der Sohn Theophrastus dieses so ungleichen Paares, eines adeligen Akademikers und einer leibeigenen Klostermagd, in eine Welt hineingeboren wurde, die eigentlich schon paracelsisch genannt werden konnte, ja mußte: so gut wie unberührt, ja wild in ihrer Natur! Heidnisch noch, als ringsum schon die Kirchenglocken läuteten, unbotmäßig gegenüber allen Herren, den großen wie den kleinen, den nahen wie den ferneren in Rom und den kaiserlichen Pfalzen. Neunhundert Meter hoch, von noch höheren Bergen umgeben, nur von Norden zugänglich und zu jenen Zeiten des Verkehrs der Karren und Ochsen eine Oase des Mittelalters in einer sich widerwillig erneuernden und bis heute ein wenig absonderlichen Gruppe von Stämmen und Landschaften.

Wo sonst sollte ein heller Junge frei aufwachsen? Wo sonst hatte ein junger Mann des Recht, sich auf seinen Vater zu verlassen, nur ihm zuzuhören und sich im Herzen stets an seine Mutter zu wenden, wenn es an Wärme fehlte, gibt es doch in der Arzneigeschichte kein deutlicheres, überzeugenderes Bekenntnis zur Mutterbindung als wir es von diesem sonst so lauten und selbstsicheren Mann besitzen. Ist es dann noch wirklich wichtig, welche Universitäten er besucht hat? Erinnern wir uns an Maxim Gorki, einen der großen Weisen des vergangenen Jahrhunderts, und den höhnischen Titel ›Meine Universitäten‹, den er seiner Beichte über die jungen Jahre gab. Sicher ist, daß Wilhelm Bombast seinem Sohn von Anfang an nicht mit den Einzelheiten kam, sondern mit dem Ganzen, daß er ihm erst die Weltsicht nahebrachte und dann die großen und die kleinen Wege in die Welt. Da man sich mitten in den Bergen bewegte, spielten Minerale und Fundstellen eine große Rolle bei den Unterweisungen; das Medizinische wuchs ihm in Basel zu, obwohl bezweifelt wird, das der sehr junge Studiosus hinreichende Lateinkenntnisse hatte, um den Vorlesungen zu folgen. Irgendwann muß er rheinabwärts bis Koblenz gewandert sein, um im schon berühmten Kloster Sponheim den Abt Trithemius zu hören und den dortigen Bücherschatz zu konsultieren. Es gab zwar – erstmals 1501 und im entlegenen Rostock nachgewiesen –- schon Vorlesungen in deutscher Sprache, aber auch die Gespräche mit dem »schwarzen Abt« liefen gewiß in der beiden vertrauten oberdeutschen Ausdrucksweise ab, und es ist nicht so ohne weiteres zu verstehen, daß ein so gut unterrichteter Spezialforscher wie Michael Kuper die persönliche Bekanntschaft der beiden Geistesverwandten mit dem Argument des Altersunterschiedes abstreitet. Dieser nämlich ist mit dreißig Jahren für das übliche Lehrer-Schüler-Verhältnis durchaus nicht ungewöhnlich, sondern normal. Angesichts der Enge des Raumes zu beiden Seiten des Rheins und im nordschweizerischen Einzugsgebiet dieses soviel Kultur bindenden Flusses ist es geradezu selbstverständlich und liegt durchaus in den Gebräuchen der Zeit, daß berühmte Lehrer aufgesucht werden, und koste es auch viele Tagereisen. Das blieb so bis in Goethes Zeiten als die mangels anderer Kommunikationsmittel dem Lernenden und Suchenden vorgegebene Möglichkeit. Nicht jeder hatte dabei Glück, so manche Begegnung schlug völlig fehl; Agrippa von Nettesheim stieß in Paris nicht nur auf Freunde, und Paracelsus machte sich schon in einer frühen Phase seines Lebens, nämlich in Basel, ohne Not so manchen Feind.

Weniger geklärt ist der unmittelbar vor der Basler Zeit liegende Übergang und Wandel seiner Interessenrichtung von der Mineralogie und Montanwissenschaft zur Medizin, denn in Villach, wohin Vater von Hohenheim mit seiner Familie von Einsiedeln aus gezogen war, wurde der spätere Arzt noch in durchaus allgemeinen, will sagen religiösen und ethischen Gegenständen unterrichtet, nicht nur an einer Grundschule, sondern von einem Bischof, von dem wir sogar den Namen kennen: Es war Erhart Baumgarten von Lavant, dessen besonderes Interesse der Schreibschule von Sankt Paul galt, einer Gründung aus dem zwölften (!) Jahrhundert, die uns veranlaßt, näher auf die Kärntner Bildungsbasis des später so berühmten reisenden Arztes einzugehen. Villach war nämlich – ob man es nach dem heutigen Augenschein glauben kann oder nicht – bei knapp dreitausend Einwohnern eine blühende Handelsstadt und Knotenpunkt des Verkehrs auf den Balkan und zur Adria.

Beinahe zugleich mit den Bombasten von Hohenheim besuchte nämlich ein intelligenter und schreibfreudiger Italiener Kärnten, nicht einmal, sondern mehrmals, und gibt uns ein lebhaftes und vielfach bestätigtes Bild jener Städte und Landschaften, die der Junker von Hohenheim vorfand, als sein Vater 1501 oder 1502 nach Villach zog. Es handelt sich um Paolo Santonino, Sekretär des Patriarchen von Aquileia, zu dessen Verantwortung die Oberaufsicht über Kärnten gehörte, gleichsam als Erbe norisch-frühchristlicher Zeiten. Santonino begleitete seinen Herrn wiederholt auf Visitationsreisen, erstmals 1485, also wenige Jahre vor der Geburt des Paracelsus. Der Kärntner Archäologe Rudolf Egger hat die Tagebücher des allen Genüssen sichtlich aufgeschlossenen Mannes aus Udine mit Können und Freude an den Schilderungen übersetzt, eben weil sie keineswegs nur pflichtgemäße Notate sind, sondern die wachen Sinnes getroffenen Beobachtungen eines Mannes von Welt, die Essen, Trinken, Gastlichkeit, Sittlichkeit, Kleidung und Begegnungen aller Art einschließen. »Besonders lobend drückt er sich über Villach aus. Die Stadt sei ein Kreuzungspunkt verschiedener Straßen, die von Italien nach Deutschland führen; hier hätten sich wegen der Gunst der Verkehrslage viele Händler, und zwar reiche, angesiedelt. Santonino schreibt über die gut gebauten Häuser der Stadt mit Höfen und Obstgärten, er ist voller Bewunderung für das wohlorganisierte kirchliche Geschehen … Er spricht vom Armen- und Pilgerhospital und von den vielen Kirchen im Villacher Bereich. Anerkennend äußert er sich über das hohe Bildungsniveau des Adels und die soliden Kenntnisse der Handwerker« (aus: Claudia Fräss-Ehrfeld, ›Geschichte Kärntens‹).

Die Historikerin, deren achthundert Seiten über Kärnten im Mittelalter eine wahre Pionierleistung sind, sagt nach dieser Schilderung anhand von Santoninos Tagebüchern wörtlich: »Ein Paracelsus konnte sich unter solchen Bedingungen entfalten« – es war allerdings ein Paracelsus, der bei seinem Abschied von Villach spätestens im Jahr 1509 noch ein Jüngling war, wenn auch in dem Alter, in dem begabte Studenten zu jenen Zeiten zum erstenmal inskribierten. Immerhin hatte er in der freundlichen, sonnenreichen Stadt mit den vielen Fremden aus dem ganzen Südalpenbereich ein paar begüterte und aufgeschlossene

Bürgerfamilien kennengelernt, das Milieu, das im sechzehnten Jahrhundert begann, die Entwicklung der städtischen Kultur und des Wirtschaftslebens zu tragen und zu bestimmen. Die Stadt hatte eine Malschule. Der Stadtrichter war ein Bildhauer von Rang, hieß Thomas Artula und war lange Zeit nur als Thomas von Villach bekannt, als Meister einer wunderbaren Schutzmantelmadonna in Altenmarkt im Gurktal. Es gab kundige Metallverarbeiter und Gießer, aus Nürnberg zugewandert, Hämmer- und Hüttenwerke und einen transalpinen Handel mit Chemikalien wie Kupfervitriol. Daß die Fugger, die größten Händler jener Tage, einen Hüttenfachmann und Metallurgen aus Villach in ihr Kernbergbaugebiet nach Schwaz holten, war nur noch eine Frage der Zeit.

»In den Fuggerschen Bergwerken von Schwatz (sic) und anderen Orten Tyrols wurde der junge Theophrastus in Chemie und Metallurgie eingeführt und naturgemäß in die alles beherrschende Alchemie. Es ist wohl begreiflich, daß das Verfolgen des Übergangs der Roherze in reine, der Läuterungsprozeß, die Phantasie des Jünglings mächtig erregte und den Grund zu Ansichten legte, die er später aussprach und verfocht.«

Dies ist die Meinung des Pharmazie-Historikers Hermann Schelenz, der vom Gesichtspunkt seiner Wissenschaft aus das Recht hat, die Erweckung des Theophrastus Bombastus zum Forscher und Finder in die Erzadern der Fuggerschen Bergwerke zu verlegen. Es ist eine jener Äußerungen, die unsere Großväter noch ahndevoll nannten, weil mehr in ihnen steckte, als man zunächst vermuten durfte. Denn Schwaz war damals mit etwa dreißigtausend Einwohnern ein echtes Zentrum, volkreicher als Nürnberg und in gewissem Sinn wohl die erste Hochschule für den jungen Mann, der das Ungewöhnliche suchte und am Üblichen so oft kein Genüge fand.

Für keinen anderen Ort der Alpen gilt das Wort von der Zukunft, die in den Bergen lag, in dem Maß wie für Schwaz. Der Schwazer Dolomit, dessen auffällige Formen sich bis Brixlegg verfolgen lassen, birgt quecksilber- und silberhaltiges Kupferantimonfahlerz, kurz meist Schwazit genannt. Über ein Drittel dieses Vorkommens war Kupfer, und aus 100 Kilo Kupfer entfielen 1250 Gramm Silber. Das ergiebigste Abbaurevier lag am Falkenstein in Höhen zwischen 550 und 750 Metern, es wurde in zweihundert (!) Stollen gearbeitet, der Ertrag an Silber von damals bis heute wird auf 1800 Tonnen des edlen Metalles geschätzt.

Die Erzvorkommen von Schwaz waren schon in der Bronzezeit, also um 1500 vor Christus, bekannt, der systematische industrielle Abbau wurde jedoch erst aufgenommen, als es um Geschützrohre ging, als große Mengen Kupfers nötig waren, um das aufrüstende Europa mit dem Gießerei-Rohstoff für die Fabrikation von Kanonenrohren zu versorgen. Theophrastus von Hohenheim sah sich aus der Einsamkeit, der Bergwiesenidylle von Einsiedeln und dem Bürgerfrieden von Villach, mitten hineingestellt in eine Betriebsamkeit, die um 1500 und bis 1600 wie eine Zukunftsvision wirken mußte. Der junge Adelige sah Tausende von Schichtarbeitern in die Gruben fahren, er erlebte organisierte Knappschaften, und er lernte ein ausgeklügeltes Kontrollwesen kennen, ohne das der Weltkonzern der Fugger nicht, von den Anden bis nach Siebenbürgen, den Bergbau hätte dirigieren können.

»Die Schmelzhütten von Wattens bis Kundl standen im Dienst der Schwazer Betriebsamkeit. All die Menschen, die im Schwazer Revier so oder so beschäftigt waren, mußten wohnen und leben, und das Berg- und Schmelzwerk, ihre Anlagen und Geräte brauchten Lieferung und Betreuung, so daß Gewerbe, Handel und Verkehr eine unerhörte Entwicklung genommen hatten. In den steilen und gewundenen Gäßchen zu beiden Seiten des oberen Lahnbachs und wohl auch im Pirchanger werden wir die bescheidenen Behausungen der Knappen zu suchen haben, während die ›Großen‹ in der Stadtgasse wohnten. Das Heiliggeistspital – der Versorgung der alten und siechen Menschen einer so großen Gemeinschaft dienend – ward nach jenseits des Flusses verlegt, wo noch heute die um 1500 erbaute

Heiliggeistkirche steht ... Das Schwazer Bergbuch von 1556, vom Bergschreiber Ludwig Lessl verfaßt, gibt uns eine Vorstellung vom Bergwerksbetrieb und seinen Einrichtungen, aber auch von Knappenaufständen, dem lebhaften Echo, das die evangelische Bewegung bei den Bergleuten fand, von Epidemien und Versorgungsnöten« (aus: Franz Huter, ›Historische Städtebilder aus Alt-Tirol‹).

Man kann sagen, daß Theophrastus von Hohenheim in Schwaz in eine andere Welt, mit Sicherheit aber in eine andere Zeit hineingeworfen wurde. Vieles, was schon wenige Jahre später an seinen Schriften und in seiner Sehweise neu, ja revolutionär anmuten wird, hat in den Knappengassen und den Kupferstollen von Schwaz seinen Ursprung. Ob er einen Knappenaufstand selbst miterlebte, wissen wir nicht. Was er aber in Schwaz täglich sah, waren die Kontrollmechanismen, die jenen der heutigen Diamantengruben in Südafrika offensichtlich nicht nachstanden. Nur das Kupfer blieb in der Hand der Bergleute, das Silber mußte in eine Sammelstelle, zu dem sogenannten Silberbrenner gebracht werden, wo es chemisch geprüft und in ein eigenes Silberregister eingetragen wurde. Dieses Register enthielt neben Datum und Silbermenge auch den Namen des Bergmanns, der dafür den sogenannten Silberzettel erhielt. Dieser Beleg sicherte den Mann gegenüber dem Berggerichtsschreiber und gegenüber dem Münzmeister in Hall in Tirol – wer wäre da nicht auf den Gedanken gekommen, jenes begehrte und sorgfältig gewogene Edelmetall selbst herzustellen?

Aus Gründen, die wir heute logistisch nennen würden, beherrschten das Silber und seine Gewinnung, aber auch der Kupferbergbau und die Metallverarbeitung das Leben im ganzen Land Tirol von der Etsch bis zu den Karawanken in einem heute nicht mehr vorstellbaren Ausmaß. Noch gab es ja nur die allerprimitivsten Hilfsmittel! Werte von ungeheurer Kaufkraft wurden auf ächzenden Karren zwischen Schwaz, Hall, Innsbruck und anderen Orten hin und her gefahren; endlose Wiegevorgänge, Listenführungen, Packvorgänge erfüllten das ganze Unterinntal mit einer Geschäftigkeit, die von bis zu dreißigtausend Knappen getragen wurde, aber mit deren Familien ein ganzes Volk ernährten. Wenn der sonst vor allem biographisch interessierte Paracelsus-Forscher Karl Bittel auf das frühe Erwachen des sozialen Bewußtseins bei Theophrastus hinweist, so ist dies in erster Linie der Einbindung in einen proletarischen Lebenskreis zu verdanken, dem man damals allenfalls noch in ein paar erzgebirgischen Gruben und in Siebenbürgen begegnen konnte: »Sein medizinisches Schrifttum ist beherrscht von der Hilfe für die Armen und die Notleidenden. Man erinnere sich an das frühe Spitalbuch, worin das schöne Paracelsuswort von der Liebe als dem tiefsten Grund aller ärztlichen Kunst geschrieben steht, wo er die Lieblosigkeit an den verlassenen Armen in den Spitälern schildert *und lassent den Armen liegen under der Streu, daß ihm die Hunde mehr Liebe beweisen dann (als) wir, wir Christenmenschen,* wie er ausdrücklich hinzufügt. Nicht nur Gottesgesetz ist für Hohenheim jede soziale Hilfe, sondern ein ganz allgemeines Naturgesetz« (Bittel in Frank Geerk, ›Paracelsus, Arzt unserer Zeit‹).

Das Leben in den dichtgedrängten Bergknappensiedlungen, zwischen Menschen, deren Existenz die allgemeine Sozialorganisation noch keineswegs entsprach, hatte seine düsteren Seiten. Der Gewaltbegriff war der des Mittelalters, das Bildungsniveau zeigen uns die mühsamen, ungelenken, phonetisch orthographierten Schreibereien selbst der Bergleute in gehobenen Positionen. Wenige Jahre nach dem Aufbruch des jungen von Hohenheim aus Schwaz wird es in der Stadt zwanzig Hinrichtungen geben, nämlich die der Wiedertäufer, weil die Herren des Silbers keine Unruhen brauchen können, keine Sekten, keine Aufklärung ihrer täglich genügsam einfahrenden Arbeiterschaft. Nördlich des Inn-Flusses, am Fahrweg nach Stans, lag das Hochgericht; der Bildstock, der daran erinnert, hieß das ›Galgenmarterl‹ und existiert heute nicht mehr, aber es wurde dafür gesorgt, daß die Holzbalken des Galgens zeitgerecht erneuert wurden. Als sie nach dem zweiten Neubau wieder morsch wurden, erhielt Schwaz einen gemauerten Galgen! Im nahen Hall amtierte seit dem 1. Juli 1503 der Scharfrichter Stefan Ruef für einen Jahreslohn von 100 Gulden, der in Quartalsraten ausbezahlt wurde. Er war ein vielbeschäftigter Mann, denn das Silberland Tirol war zu wichtig für die Habsburger. Selbst einem Festungskommandanten namens Hans Pienzenauer wurde der Kopf abgeschlagen, weil er in Kufstein nicht gutgetan hatte. Ruef erhielt eine Gehaltserhöhung und mußte fortan auch noch in Kitzbühel, Kufstein und Rattenberg richten und hatte zudem noch den Ärger mit den Abdeckern von Schwaz, die sich nämlich der Körper der Selbstmörder bemächtigen durften. Das sind Vorgänge, die in der Enge des Inntals nicht verborgen blieben, düstere Sensationen, die auf die Phantasie eines jungen und sehr wißbegierigen Mannes mächtig anziehend wirkten. Noch hatten alle Ärzte Schwierigkeiten, sich zum Studium oder zur Demonstration Leichname zu verschaffen; selbst der große Galenus hatte Hunde seziert und es nicht einzugestehen gewagt. Die Selbstmörder aus den ärmsten Schichten Tirols waren so zahlreich, daß es Aufrufe gab, gegen dieses Unwesen einzuschreiten, aber dazu hätte es eben besserer Löhne und Lebensbedingungen bedurft.

Als der junge Hohenheimer aus Schwaz oder Hall in die Welt aufbrach, war er erst zwanzig Jahre alt, aber wesentliche Überzeugungen hatten sich schon damals in ihm gefestigt, denn das Genie lernt nun einmal schneller als unsereiner. Der unverbrauchte Ahnenstamm der leibeigenen Magd, die seine Mutter war, mit Liebe, Zärtlichkeit, Verständnis und Kraft, war dabei förderlich und fügte sich gesund befruchtend zu der Kraft der Hohenheimer, dies um so mehr, als Wilhelm, der Vater des Theophrastus Bombastus von Hohenheim, selbst auch nicht in der ehelichen Pflicht gezeugt, sondern ein Kind der Liebe gewesen war. Hier trafen Erbmuster aufeinander, die für diese Begegnung geschaffen schienen, denn Theophrastus besticht uns in allen seinen nun einsetzenden Lebensäußerungen nicht nur durch Originalität, durch Mut zum Neuen, sondern vor allem durch Kraft und Vertrauen in die eigene geistige Leistung.

Angesichts dieser Konzentration seltener Fügungen und Gaben in einem fortan einsamen Denker, Sucher und Praktiker ist es zwar nützlich, aber nicht unbedingt notwendig, die verschlungenen Wanderwege des Paracelsus im einzelnen zu ergründen und auszuleuchten. Es ist geschehen, die Forschung hat sich redlich bemüht und hat jeder einzelnen Station ausschweifende Untersuchungen gewidmet, denen zu folgen in einer summarischen Darstellung der Alchemiegeschichte nicht möglich ist – nicht möglich, aber wohl auch nicht notwendig. Denn Frank Geerk schreibt in ›Paracelsus, Arzt unserer Zeit‹ offen und zutreffend nach seiner eigenen oft hypothetischen Nachzeichnung der frühen Wanderwege:

»Inwieweit alle diese Vermutungen über die Studienaufenthalte des Paracelsus, die ich immerhin aufgrund von Textstellen angestellt habe, wirklich zutreffen, ist wohl nie endgültig zu entscheiden. Als wichtigstes und unbestreitbares Fazit können wir jedoch aus diesen Originalzitaten entnehmen, daß sein akademisches Studium mit Ausnahme der Jahre in Ferrara eine herbe Enttäuschung gewesen sein muß.«

Was ihn die Patrizier von Villach und im Gegenbild die Bergknappen von Schwaz gelehrt hatten, war zweierlei. Erstens, daß die Welt nicht so aussah, wie sie der Abt von Einsiedeln in seiner gottseligen Abgeschiedenheit seinen Schäflein, dem Klostergesinde und den Wallfahrern überzeugt vor Augen gestellt hatte, und zweitens, daß der nackte tote Mensch, wie man ihn vom Hochgericht in Schwaz und Hall abgeschnitten hatte, anders aussah als die Leichen, an denen Galenus und Celsus ihren Wissensschatz gewonnen und damit die abendländische Medizin für eineinhalb Jahrtausende zugemauert hatten. Insbesondere das Lehrbuch des Celsus, bestrickend geordnet, nicht so voll eigenen Ruhmes wie die Schriften des Galenus, hatte die Medizin von Sevilla bis Krakau und von Uppsala bis Salerno beherrscht; vielleicht sollte ein Para-Celsus nun darüber hinauskommen und zur leiblichen, furchtbaren Anschauung des kranken, leidenden, seinem Schicksal ausgelieferten Menschen zurückkehren.

Der sicherlich im Wesen zutreffenden Geerk-Übersicht ist wohl nur Trithemius einzufügen, von dem schon die Rede war und den Paracelsus, wenn überhaupt, vor der Tour durch Europas Universitäten gleichsam als pilgernder Scholar aufgesucht haben muß. Trithemius bedeutet in diesem Wissensspektrum die Altersweisheit, die Geheimwissenschaft der magischen Techniken, den Schritt von der Metallurgie zur Alchemie, deren Basis die Silbertechniken in Schwaz gelegt hatten. Tirol aber war auch ein Stück Österreich, und Österreich bedeutete die damals strahlende Autorität des Doktors Watt oder Vadianus, an der vorüberzugehen leichtfertig gewesen wäre. Außerdem gab es zwischen Joachim von Watt (1484–1551) und den Hohenheimern über Jahre hinweg sich in kurzen Abständen wiederholende Begegnungen. Nur acht Jahre älter als Theophrastus, hatte der aus dem Sankt Gallener Patriziat stammende von Watt nach der Lateinschule seiner Heimatstadt schon 1501 die Universität Wien bezogen, 1504 finden wir ihn nun als *Baccalaureus in artibus* noch in Wien mit dem Recht, Vorlesungen zu halten, ohne allerdings den Status des Scholaren hinter sich zu lassen. 1506/07 ist von Watt in Villach nachgewiesen, zu einem Zeitpunkt, wo Wilhelm, der Vater des Paracelsus, an der Fuggerschen Metallstraße von Tirol nach Aquileia noch als Ingenieur tätig ist.

Auffällig kurz ist das Gastspiel, das von Watt an der doch so berühmten Universität Padua gibt: Schon 1508 ist er wieder in Wien, studiert weiter und wird *Magister Artium*, das heißt, er hat die Sieben Freien Künste studiert und bewältigt und sieht sich noch als Humanist, obwohl er schon damals Medizin und andere naturwissenschaftliche Fächer belegt haben muß. 1512 wird er Ordinarius in Wien, nicht als Arzt, sondern auf dem Lehrstuhl für Humanismus: die junge, aufgehende Wissenschaft einer nun wirklich fruchtbaren Wiederbegegnung mit der antiken Kunst und Philosophie. Paracelsus hat also genassauert, er hat neben seiner Medizin, neben Mineralogie und Chemie den suggestiven Vorlesungen des Sankt Gallers gelauscht, der damals ein aufgehender Stern war und als Generationsgenosse des Paracelsus naturgemäß Vorbild und Ansporn für den Hohenheimer. Es ist eine Bekanntschaft, die eine entscheidende Weitung des Blickes und der Interessen nach sich zieht, die aus dem Naturwissenschaftler Theophrastus von Hohenheim einen Weltgelehrten macht, dem durch Joachim von Watt der Geist des damaligen Europa, die Wissensessenzen und das Lebensgefühl des habsburgischen Weltreiches zuströmen:

»Seine ganze Ausbildung als Schüler und Lehrer verdankt Watt allein der Wiener Hochschule. Mit dem geistigen Schaffen der neuen Habsburger Großmacht war er vielfältig verbunden. Auf Reisen hatte er sie zum besten Teil kennengelernt. Sein Briefwechsel zeigt ihn fast im Mittelpunkt der neuen Bildung. Führende Humanisten aus allen Ländern wandten sich an ihn. Die Mährer, Ungarn, Siebenbürger stehen dabei obenan ... Dieser seltene Mann war es, der seinen Wiener Zuhörern im Winterhalbjahr 1512 auf 1513 die ersten Vorlesungen über deutsche Literatur hielt ... Es ist der erste Versuch, zeitgenössisches Schrifttum zu schildern, und bietet im Wortlaut die älteste Vorlesung über deutsche Literaturgeschichte an einer deutschen Hochschule ... Kurz ehe er Wien verließ, fiel ihm die höchste Ehre der Hochschule zu, er wurde von 1516 auf 1517 Rektor.«

Es ist ein Lob aus berufenem Munde: Josef Nadler hat Joachim von Watt in seiner legendären Literaturgeschichte nicht nur viel Raum gewidmet, er macht uns auch klar, was es für einen Hörer an einer der allesamt noch jungen deutschen Hochschulen bedeuten mußte, solch einem Lehrer zu begegnen. Für Paracelsus öffnete der nur wenig ältere und so schnell zu akademischem Ruhm gelangte Joachim von Watt einen ganzen Horizont. Der Arbeiterarzt aus Tirol, dem die soziale Verantwortung des Gebildeten für eine ganze breite Schicht von

Unmündigen aufgegangen war, erkannte in Wien den leuchtenden Hintergrund all seiner Bemühungen, die umfassende, die künstlerischen und literarischen Äußerungen der Zeitgenossen einschließende Weltsicht als Motiv des Denkens, des Tuns, der Suche nach der großen Wahrheit. Und er empfing ein Vorbild an Selbsterkenntnis und Selbstbescheidung in jenem Joachim von Watt, der nach Jahren des Ruhms ins stille Sankt Gallen zurückkehrte, um dort Stadtarzt zu werden, und der seinen traurigen Schülern in Wien Abschiedsworte gewidmet hat, die in ihrem Tenor auch von Paracelsus hätten stammen können:

»Im Begriff, morgen in meine Heimat abzureisen, habe ich dem Drängen der Drucker nachgegeben und alles, was ich eilfertig und nächtens gesammelt habe, Hals über Kopf abgeschlossen. Es wird die Sache eurer redlichen Gesinnung sein, mit geneigtem Herzen das anzunehmen, was an meinem Werk wesentlich ist, eingedenk der Tatsache, daß es dem Menschen nicht immer möglich ist, gut und getreulich vorzutragen, gleichzeitig aber wohlgeordnet und fein abzuwägen, und so habe ich mich dem Wagnis des Irrtums gestellt, gleichermaßen überzeugt wie im Ungefähren.«

Für Paracelsus war es Italien, das die Erlösung aus dem Ungefähren brachte, und schon die Reise dorthin, vorbei am vertrauten Spittal an der Drau mit seinen Adelspalästen, war ein Vorgeschmack, nur warum er nicht über Villach und Tarvisio weiterreiste wie Santonino und die anderen Reisenden zwischen Italien und Kärnten, sondern auch am damals noch schwierigen Brennerpaß sich Gefahren und Mühen aussetzte, ist eines der weniger wichtigen Rätsel dieses verschlungenen Lebensweges.

Das Italien jener ersten Jahrzehnte des sechzehnten Jahrhunderts war weit davon entfernt, ein friedliches Reiseland zu sein, in dem die Fremden willkommen geheißen wurden. Ohne auf die Peripetien der einzelnen Kriege und Schlachten einzugehen, in die schon Agrippa von Nettesheim verwickelt war, dürfen wir doch daran erinnern, daß Spanien wie Frankreich über große, ziemlich plötzlich beschäftigungslos gewordene Armeen verfügten. In Spanien war am Ende des fünfzehnten Jahrhunderts die Rückeroberung der Halbinsel abgeschlossen worden, doch hatten die großen Kolonialfeldzüge erst einige Tausend Soldaten hinter den Konquistadoren her in die Neue Welt befördert. Die Armee, mit der Hernando Cortez das ganze Aztekenreich erobert hatte, zählte mit Troß und Schiffsbesatzungen keine dreitausend Mann, woraus folgt, daß die Sieger der Reconquista auf neue Aufgaben warteten, über das westliche Mittelmeer transportiert wurden und in Mittelitalien auf die bis dahin siegreichen Franzosen trafen, die Genua erobert und die reichen Medici aus Florenz vertrieben hatten.

Paracelsus gelangt jedoch in eine der verhältnismäßig ruhigen Oasen, denn an dem jungen Herzogtum Ferrara, das von seinem Handel auf dem Flusse Po lebte, zogen die Heerscharen östlich und westlich vorbei. Seit 1391 hatte Ferrara dank Alberto d'Este eine Hohe Schule, die sich schnell zu einer anerkannten Universität entwickelte, und als 1438/39 in der Stadt gar ein ökumenisches Konzil tagte, war das ganze Ländchen aufgewertet und wurde schließlich durch Papst Paul II. zum Herzogtum erhoben. Es war die Zeit der größten Papstmacht. Ein Sohn Alexanders VI. diente als Feldherr den Franzosen und erhielt von ihnen zur Belohnung ein Herzogtum auf französischem Boden, sein Vater hatte auf einem großen Globus die soeben und endlich nun vollends entdeckte Erdkugel zwischen den Seemächten Spanien und Portugal geteilt, und eine Tochter des Borgia-Papstes war jene Lucrezia, die den Herzog Alfonso I. aus dem Haus Este aus einem trägen und vergnügungssüchtigen und im übrigen vollkommen unbedeutenden Provinzfürsten zu einer Größe des Renaissance-Italien gemacht hatte. (Ihr Bruder Cesare hatte Alfonsos Vorgänger in ihrem Bett, ihren zweiten Gatten, ermordet.)

Ferrara blühte schnell auf; schon 1474 zählte man an der Universität fünfundvierzig gutbesoldete Professoren. Die Stadt hatte trotz der Nähe der Druckerstadt Venedig ihre eigene Offizin. Michele Savonarola, der Großvater des berühmten Bußpredigers, war als einer der ersten bedeutenden Ärzte von Padua nach Ferrara abgewandert, und ähnlich wie Joachim von Watt in Wien behandelte der aus Vicenza stammende Nicolo Leoniceno neben der Medizin auch mathematische Gegenstände und die Reine Philosophie, so daß »zu seinen Füßen die später berühmtesten Gelehrten und Dichter Italiens saßen. Er war noch der Stolz Ferraras, als Lucrezia Borgia hierherkam, während der große Mathematiker Domenico Maria Novara damals in Bologna lehrte, wo Copernicus sein Schüler war« (aus: Ferdinand Gregorovius in seinem Buch über Lucrezia Borgia).

Paracelsus war also gut beraten, diese Stadt für seine weiteren Studien zu wählen, sie blühte und rivalisierte mit Rom bei freierem Geist.

Und er war, eben rechtzeitig, dem dichten Dunstkreis eines so starken Geistes wie Joachim von Watt entronnen, denn wenn die Reformation auch noch jung war in diesen ersten Jahrzehnten des sechzehnten Jahrhunderts, sie war eben darum noch ungezügelt, in den Zielen ihrer Angriffe und Verdammnisse nicht wählerisch, und sich eindeutig festzulegen wäre für die freie Bewegung eines jungen Arztes und Schwarzkünstlers im mitteleuropäischen Raum hinderlich, wenn nicht gar lebensgefährlich gewesen. Denn Paracelsus hatte schon vor dem Entschluß, über die Alpen nach Süden zu gehen, die eigene Entscheidung für die Totalität seiner Wissenschaften getroffen. »Wie darf der Faule sagen, er habe kein Glück, dieweil er nichts tut, als hinter dem Ofen sitzen, in der Meinung, es gebe ein Glück, das komme über das Feld daher und er brauche nur darauf zu warten?« Mit Watt und Paracelsus hatte auch Huldreych Zwingli in Wien studiert, die Verbindung Joachims von Watt mit dem Schweizer Reformator wurde immer enger, Korrespondenzen zwischen Watt und Luther kamen hinzu, es war eine Welt, aus der heraus der Weg ins katholische Italien schwer und gefährlich geworden wäre – auch wenn vieles erst später offenbar wurde, als Joachim von Watt seine Autobiographie unter dem verschlüsselten Titel ›Ekloge Faustus‹ veröffentlichte.

Frank Geerk und vor ihm Gregorovius haben auf das günstige Bildungsklima in Ferrara hingewiesen; es ging dabei aber nicht nur um die bedeutenden Ärzte und Medizinlehrer wie Niccolo Leoniceno und Giovanni Manardi, sondern um eine Atmosphäre der Toleranz, die man besser ein *Laisser-aller* nennt, denn sie hatte durchaus bedenkliche Ursachen in dem seit dem zehnten Jahrhundert in diesem Grad nicht mehr festgestellten moralischen Niedergang des Papsttums. Zwar war Alexander VI., der große Borgia-Papst, 1505 gestorben, aber sein gewalttätiger Sohn Cesare war durch einen kühnen Handstreich seines jüngeren Bruders Jofré aus dem Desaster nach dem Tod des Papstes befreit worden, Lucrezia saß auf dem Thron von Ferrara, und ganz Italien war überzeugt, es sei die Hand Gottes selbst gewesen, die das Gift, mit dem der Papst den reichen Kardinal Adriano töten wollte, statt dessen ihm selbst und Cesare, dem Schrecken des Jahrhunderts, kredenzt habe.

Die Renaissance war ein Menschenalter hindurch langsam aufgeblüht, sie hatte Gut und Böse beglückt, sie hatte vom ärmsten Stubengelehrten bis zu den mächtigsten Fürsten ein Italien geschaffen, das auf die Schwarmgeister des übrigen Europa zu warten schien. Schon Jahre zuvor hatte Aeneas Sylvius Piccolomini (als Papst Pius II.) an den jungen Herzog Siegmund von Österreich geschrieben und auf Fürsten hingewiesen, »die das Staatswesen verwalten und dennoch die Beschäftigung mit der Wissenschaft nicht außer acht lassen. Leonello, Markgraf von Este, schreibt so vorzüglich, daß Du keinen Unterschied zwischen Ciceros und seinen Briefen finden könntest … Die Söhne des Markgrafen von Mantua sind ebenso bewandert im Spiel der Waffen wie in der Literatur.«

Die Familie Este, die Grafschaft Mantua, das alles war damals Ferrara, und darüber gab es die schönste Frau des Abendlandes, Lucrezia Borgia, als Paracelsus nach Ferrara kam noch keine dreißig Jahre alt. Sie war ein Wunder an Selbststilisierung, aber nächtlicherweile von den Alpträumen heimgesucht, die ihr die Mordtaten von Vater Papst und Bruder

Cesare ins Ehebett schickten. Die schwache Gesundheit der schönen Fürstin führte dazu, daß Ferrara zu einem Dauerkongreßort der damals führenden Ärzte geworden war. Als Alexander noch lebte, hatte er ihr den Dottore Bongiovanni geschickt, seinen Arzt, den er kurz zuvor zum Bischof gemacht hatte. Cesare hatte aus Urbino Gaspare Torella herbeibefohlen, der allerdings Wundarzt war und nicht Internist und von dem rätselhaften Dreitagefieber, das in Ferrara grassierte, vermutlich nicht allzuviel verstand. Und in Ferrara selbst mühte sich Ludovico Carri, der Leibarzt des Hauses Este, um die schöne Kranke, die immer, wenn es ihr etwas besserging, ohne Rücksicht auf Diätvorschriften gebratene Rebhühner zu essen verlangte. Um ihre Gesundheit bangte jedoch nicht nur Cesare, nicht nur der Gemahl aus dem Hause Este, sondern auch einer der stärksten Geister der Zeit, der Dichter Pietro Bembo, durch viele Jahre der Geliebte der Lucrezia bis zu seinem Abgang nach Rom, wo kirchliche Würden auf ihn warteten.

Für Paracelsus war der literarische Kreis an der Universität von Ferrara nicht sosehr wegen der poetischen Produkte wichtig; mit Staunen verfolgte er, wie dank Bembo und Aretino neben dem Lateinischen eine zweite, gleichberechtigte Sprache heranwuchs, das Italienische. »Bembo wurde durch sein Plädoyer für die Gleichberechtigung beziehungsweise Überlegenheit der Volkssprache zum großen Lehrmeister des literarischen Lebens. Seine überragende Wirkung erstreckte sich vor allem auf die ersten drei Jahrzehnte des Jahrhunderts, als die politische und wirtschaftliche Krise noch nicht ganz Italien erfaßt hatte, das Klima eines allgemeinen kulturellen Optimismus noch weitgehend ungetrübt und auch Venedig noch eine große europäische Macht war« (aus: Manfred Hardt, ›Geschichte der italienischen Literatur‹).

Man braucht nicht viel Phantasie, um sich vorzustellen, welche Wirkung die ersten italienisch schreibenden großen Dichter, ein Petrarca, ein Ariosto, ein Bembo, auf die Studentenschaft ausübten, vor allem, da der Schritt vom Lateinischen zum Italienischen ja winzig war verglichen mit der Kluft, die alle Studenten aus den deutschen oder slawischen Ländern vom lateinischen Lehrbetrieb trennten. Dieser Lehrbetrieb befaßte sich dank Leoniceno nicht mehr zuvörderst mit dem Erbe der antiken Wissenschaften, sondern antwortete auf aktuelle Anforderungen, an denen es in der bewegten Gegenwart des nördlichen und mittleren Italien nicht fehlte. Der eine Grund, aus den Hörsälen auszuschwärmen und Bewährung in der Wirklichkeit zu suchen, war die Franzosenkrankheit, die ihren Namen damals erhielt, weil es die Armeen Karls VIII. und Ludwigs XII. waren, die sich über die italienischen Ebenen und in die Städte ergossen. Obwohl Niccolo Leoniceno andeutete, daß die praktische Behandlung solch unappetitlicher Krankheiten unter seinem eigentlichen akademischen Auftrag liege, war er doch einer der ersten, der wirksame Gegenmittel oder mindestens taugliche Behandlungsmethoden zur Milderung der Begleiterscheinungen der Syphilis entwickelte, neben und nach ihm Girolamo Fracastoro (1483–1553), der die Behandlungsmethoden in poetischer Form darstellte und dabei den Namen *Morbus Gallicus*, also Franzosenübel, verwendete.

Bei beiden Ärzten, vor allem aber bei ihren Nachahmern und bei Kurpfuschern, gewannen durch die Syphilis eine Reihe von Metallen eine neue Bedeutung. Das Quecksilber, jedem Alchemisten vertraut, wurde mit mehr oder weniger Wirkung zur Bekämpfung der Krankheitskeime eingesetzt; Kupfervitriol, ebenso alltägliches Hilfsmittel der alchemistischen Metallurgie, wurde herangezogen, weil man vom Ausbrennen der Geschwüre Heilung erhoffte. Weniger gefährlich, und darum von den besonnenen Ärzten eingeführt, war die Behandlung mit tropischen Rinden, Hölzern und Wurzeln und mit ihnen angesetzten Flüssigkeiten, zunächst die Guajakharzsäure, später – angeblich schon seit 1536 – der Absud der Smilaxwurzeln, genannt Sarsaparilla, aus Mittelamerika. Bedenkt man, daß die Länder auf dem Isthmus erst wenige Jahre zuvor erobert worden waren, dann verrät der Versuch mit so exotischen und natürlich unerprobten Heilmitteln die in Europa herrschende Panik, die sich so weit steigerte, daß man wegen des vorherrschenden Gesprächsthemas begann, von einer Sarsaparilla-Gesellschaft zu sprechen.

Ob Paracelsus noch in Ferrara weilte, als die ersten Syphilis-Todesfälle im Hochadel Aufsehen erregten, ist nicht mit Sicherheit zu sagen. Aber er erlebte die große Verzweiflung mit, die sich nach dem Abklingen der Pest nun angesichts einer neuen Seuche der Menschen bemächtigte, war doch nicht sofort und nicht so ohne weiteres klar, daß zur Übertragung der Syphilis unmittelbare Kontakte als Voraussetzung nötig waren. Wenn es stimmt, daß Paracelsus – wie Geerk annimmt – hier in Ferrara mit den alten, geheimnisvollen und tieferes Wissen versprechenden Schriftensammlungen des ›Corpus Hermeticum‹ bekannt wurde, dann hat das neben dem natürlichen Interesse für die Alchemie, das mit dem chemischen Forschen einhergeht, seinen tiefsten Grund sicherlich in der obwaltenden Unsicherheit über den Nutzen der ganzen Heilkunde angesichts immer neuer Krankheiten und deren Verbreitung auf bislang unverdächtigen Wegen.

Paracelsus begegnete der neuen Geißel der Menschheit nach allem, was wir wissen, als Alchemist. Wer immer damals in Italien Medizin studierte oder praktizierte oder lehrte, war mit dieser geheimnisvollen neuen Krankheit konfrontiert, die ja noch keineswegs als sexuell transmittierte Krankheit erkannt war. Paracelsus wird später die Bezeichnung ›venerische Krankheit‹ einführen, zunächst aber setzte er, wie viele andere, auf das Quecksilber, dem die alte Medizin seit Jahrhunderten besondere Heilkräfte andichtete, und behandelte mit einer Salbe aus Quecksilber und Schweineschmalz, während einige seiner Kollegen – allerdings weniger die Italiener als die Spanier und Franzosen – das anwandten, was man heute Hyperthermie nennt. Dazu kamen, wie erwähnt, die Hölzer und Wurzeln aus der Neuen Welt jenseits des Ozeans, in der nicht unbegründeten Annahme, daß dort, wo eine Seuche entsteht, auch die Gegenmittel zu Hause sind. Der Irrtum des Paracelsus ist erklärlich, weil naturgemäß zunächst die äußeren Erscheinungen beobachtet und zur Erkenntnis des Leidens gedeutet wurden, und das waren eben Ausfluß, Beulen und geschwollene Lymphknoten.

Daß Paracelsus in Ferrara regulär studierte, steht für zwei bis drei Studienjahre fest, und es ist nicht recht einzusehen, warum der regelrechte Abschluß dieser Studien bezweifelt wird, bezeichnet sich der immerhin adelige Arzt doch wenig später selbst und ausdrücklich vor einem Schweizer Gericht als Doktor der Medizin von der Hohen Schule zu Ferrara. Hinter den Zweifeln steht der uneingestandene Wunsch, dieses Jahrhundertgenie der Schulmedizin zu entreißen und ihn als genialen Autodidakten vor den Armeen späterer Naturheiler hermarschieren zu lassen. Dem war aber nicht so! Er hatte seine anatomischen Vorprüfungen mit Glanz erledigt, ohne daß wir wissen, ob seine Studien unter dem Haller Hochgericht dabei hilfreich waren; er wurde als Chirurg promoviert, was damals nicht viel mehr bedeutete, als daß man ihn als Feldscher hätte losziehen lassen. Und schließlich errang er auch den Hut der internen Medizin, die noch immer ein Geheimnis war und als eine Art medizinisches Priestertum galt.

Bei all dem war allerdings auch ein wenig Glück im Spiel. 1391 hatte der Markgraf Alberto d'Este mit päpstlicher Zustimmung die Universität Ferrara gegründet (es war kein Gründungs*versuch*, wie man lesen kann), starb aber schon zwei Jahre darauf. Unter dem Eindruck seines Todes wurde die Universität geschlossen, nicht aufgelöst, und nahm unter Niccolò III. Este und Leonello aus demselben Geschlecht ihren allerdings sehr eindrucksvollen Aufschwung. Vor allem Leonello (1407–1450), ein natürlicher Sohn Niccolòs III. (der selbst auch ein natürlicher Sohn war), tat für die Hochschule dieser Residenz ebensoviel wie für das Leben der Künste. Die Maler, die er nach Ferrara rief, sind die größten der Epoche (Mantegna, Jacopo Bellini, Piero della Francesca), aber daß er Leone Battista Alberti nach Ferrara holte, den reinsten Typus des universal gebildeten

Renaissancemenschen, das wurde für das Wiederaufblühen der Universität entscheidend und machte sie zu einem der bedeutendsten Kulturzentren ganz Italiens – dank Lehrern wie dem Humanisten Guarino Guarini oder auch dem Arzt Ugo Benzi. Benzi war einer der Ärzte, die zwar nicht mehr lebten, als Paracelsus nach Italien ging, die aber als Legende weiterexistierten, weil alle italienischen Universitäten sich um sie als Lehrer bemüht hatten.

Der Sienese Benzi (1376–1439) hatte seinen Doktor in Pavia gemacht, danach seine Aktivitäten auf verschiedene medizinische Fakultäten verteilt und mit seiner außerordentlichen Allgemeinbildung jenen Typus eines Arztes verkörpert, der nicht nur das Weltwissen als Ganzes zu überblicken versucht, sondern auch den Menschen als psychophysisches Phänomen zu erkennen wagt. Als einer der letzten, die sich noch auf die arabische Medizin stützten, schlägt er die große Brücke vom Mittelalter zur empirischen Medizin des Humanismus. Paracelsus und seine Zeitgenossen haben mit großem Gewinn sein Buch *Consilia saluberrima* benützt, eine genaue Beschreibung seiner klinischen Fälle. Engstens mit den Arbeiten und Empfehlungen des Paracelsus berührt sich Ugo Benzis *Tractato utilissimo circa la conversazione de la sanitade* (Höchst nützlicher Ratgeber für die Beibehaltung der körperlichen Gesundheit), in Mailand bereits in der italienischen Volkssprache für Studenten, Ärzte und Pfleger gedruckt – ein Hygienehandbuch mit bis heute gültigen und das Zeitalter treffend charakterisierenden Einzelhinweisen. 1503 bis 1505, also kurz vor Paracelsus, studierte Kopernikus nach dem Besuch anderer italienischer Hochschulen in Ferrara und machte dort seinen Doktor in Kirchenrecht.

Um der Gerechtigkeit willen muß man allerdings sagen, daß diese Blüte der Universität von Ferrara nicht allzulange anhielt. Da die besser dotierten Lehrkanzeln einem Kreis adeliger Familien vorbehalten waren, wählten bedeutende Lehrer bald Padua oder Bologna als Wirkungsstätte, andererseits vermochten sich die hochadeligen Professoren von Ferrara besser gegen die Inquisition zur Wehr zu setzen, die, aufgeschreckt von den publizistischen Erfolgen der Reformatoren, nach ein paar Jahren erstarrten Zauderns um so gnadenloser zuschlug. Den Respekt vor ihrer Macht lesen wir selbst aus weniger wichtigeren Büchern des Paracelsus heraus, der sich ja mit erstaunlichem Mut zwischen allen religiösen Strömungen seiner Zeit als selbständiger Geist behauptete; nach einer bewegenden Aufforderung, sein Buch aufmerksam zu lesen, sei er überzeugt, seine Leser würden ihn »für einen eifrigen Christen und nicht für einen Ketzer halten und erkennen, daß mich meine Widersacher, die vermeintlichen Theologen, aus bloßem Unverstand beschuldigen. Denn nicht allein bin ich in der Heiligen Schrift ebensogut und besser als sie erfahren, sondern ich habe auch vom Licht der Natur und von den beiden Philosophien, der göttlichen wie der natürlichen, vollkommene Erkenntnis, so daß ich das Falsche und den Betrug und das Gerechte wohl unterscheiden kann. Darum will ich hier nichts schreiben, als was der Heiligen Schrift gemäß, dem Licht der Natur nicht entgegen und aus göttlicher wie natürlicher Philosophie wohl begründet ist« (aus: ›Vom Fasten und Casteyen‹, zitiert nach Katharina Biegger, die 1989 in Zürich über Paracelsus und sein Verhältnis zur Muttergottes dissertiert hat).

Die wenigen Zeilen machen klar, daß die Bibel für Paracelsus und nicht nur für ihn zur Rückzugsposition geworden war. Im Gezänk der Reformationsströmungen untereinander und angesichts der raffinierten Wortdeutereien der Inquisitoren gab es nur noch eine Sicherheit, das Bibelwort, selbst wenn man noch so viel akademischen Ruhm und medizinische Lorbeeren geerntet hatte. Vorbei ist die Freiheit, mit der ein Enea Sylvio Piccolomini – noch nicht Papst, aber hoher geistlicher und kaiserlicher Geheimschreiber – sich zur freien Liebe bekennen durfte, zur Magie, zur Zauberei und zu den Venusbergen in dem ganzen herrlichen Land Italien (die er alle kennt: Porto Venere bei La Spezia, den Berg Herix auf Sizilien, Norcia im

Herzogtum Spoleto), Hörselberge, in denen die Kunst der Zauberei gelehrt wird.

Die Doppelrolle des Wilhelm Bombastus von Hohenheim als Arzt und Naturwissenschaftler, als Hygieniker und Mineraloge, wächst Paracelsus, dem Sohn, zweifellos schon in Ferrara zu, wo er, von den erlauchtesten Geistern der Zeit umgeben, Villach und Schwaz wohl nicht vergißt, aber den glanzvollen Sternenhimmel des Humanismus allnächtlich und an jedem Studientag für sich aufgehen sieht. Wenn er Ferrara 1515 verließ, so geschah dies auf dem Höhepunkt des syphilitischen Schreckens. Feldherren, die in einem Halbdutzend Schlachten unversehrt geblieben waren, erliegen der heimtückischen Krankheit; ein Übel, das ein paar Dutzend Landsknechte über den Ozean gebracht haben, hat sich mit teuflischer Schnelligkeit bis nach Indien verbreitet.

Würde derlei heute geschehen, man würde annehmen, in einem amerikanischen Armeelabor für eine neue, furchtbare chemische Waffe sei ein Glasbehälter geplatzt. Zu Beginn des neuen, des sechzehnten Jahrhunderts suchte man nach der großen Sünde, die den Herrgott zu solch einer Geißelung der Menschheit veranlaßt haben mochte, und fand, zumindest in der römischen Deutung der Ereignisse, die Herren Luther, Zwingli und Calvin, ganz zu schweigen von einer Reihe anderer, weniger erfolgreicher Prediger, die man leichter als die drei genannten auf einen Scheiterhaufen stellen und verbrennen lassen konnte. In solchen Zeiten ist es nicht gut, lange an einem Platz zu verweilen, und so finden wir, ungeachtet aller europäischen Kriege und fürchterlichen Schlachten, den eben mit dem roten Mantel ausgestatteten ferraresischen Doktor nicht nur in beinahe ganz Europa, sondern selbst in Nordafrika, damals die Barbarei genannt, weil die Hafenstädte der Berber in der Hand von Lokaldiktatoren mit kleinen Seeräuberflotten waren – die Barbareskenstädte, in gewissem Sinn Horte der Gesetzlosigkeit. Aber sie verhandelten, wenn erbeutete Sklaven aus großen Familien freigekauft werden sollten oder wenn der

Bey einen guten Arzt brauchte. Hatte man dem Piratenfürsten und Großhehler freilich dank eines vollständigen christlichen Sieges den Kopf abgeschlagen, half keine ärztliche Kunst mehr.

Es gibt nichts Reizvolleres, als solch ein Roadmovie aus dem frühen sechzehnten Jahrhundert nachzuzeichnen, und mancher Paracelsus-Forscher ist denn auch der Versuchung erlegen und hat seinen Scharfsinn an Stationen vergeudet, die letztlich ohne Bedeutung für den Menschen, den Arzt und erst recht für den Alchemisten Paracelsus geblieben sind. Festzuhalten ist, daß der in Ferrara graduierte Arzt von seinen Metallen nicht läßt, daß er den Regeln des ›Hermes Trismegistos‹ noch nicht zu entsagen wagt und daß sein Weltbild von dem Grundsatz bestimmt ist, daß der Makrokosmos sich im Mikrokosmos spiegele und umgekehrt. Die Welt und die Welten bestimmte eine Kraft, sie ist jene göttliche Macht, die im Alchemisten und durch ihn wirkt, und wenn die Alchemisten ›Erde‹ sagen und denken, so meinen sie die Gesamtheit der Materie: Die Erde ist das grobe Element, auch oft nur ›das Grobe‹ genannt, das Feuer das subtile. »Die Seele des Alchemisten steigt durch die Planetensphären auf und ab und nimmt deren Eigenschaften auf« (aus der *Tabula Smaragdina*).

Da Paracelsus so früh noch nichts veröffentlicht hatte, sind diese Überlegungen nur indirekt zu belegen, etwa aus der Vorgangsweise seines großen Zeitgenossen und Kollegen Girolamo Fracastoro (1478–1553), der Seite an Seite mit allen bedeutenden Ärzten der Zeit gegen die neue Plage der Syphilis kämpfte und in seiner berühmten Abhandlung *De Contagione et contagiosis morbis* alle damals bekannten Infektionskrankheiten beschrieb. Als Leibarzt Papst Pauls III. wurde er so berühmt, daß Kaiser Karl V. einmal, um ihn konsultieren zu können, auf einer seiner Reisen einen beschwerlichen Umweg machte. »Das Studium der Sterne war seine Leidenschaft … In seinen Mußestunden widmete er sich gerne der Kosmographie, in seinem Landhaus in der Nähe von Verona ist sein berühmtes Lehrgedicht über die Syphilis entstanden. Er schrieb die neue

Krankheit allerdings einer besonderen, unheilvollen Konstellation der Gestirne zu. Die Astrologie wurde damals durchaus als eine zuverlässige Wissenschaft angesehen, und die Ärzte nahmen sie recht oft zu Hilfe, um Naturgeschehnisse zu erklären, deren Ursachen der menschliche Verstand noch nicht zu deuten wußte« (aus: Maurice Pignot).

Der Professor der Sorbonne zitiert in seinem Aufsatz über Fracastoro auch drei sensationelle Zeilen aus dem erwähnten Lehrgedicht:

> »Ich sah recht oft, wie von des Lasters Pfaden weit entfernt
> in einem noch jungfräulichen und doch schon unheilbaren Busen,
> der Same dieser Gottesgeißel ganz von selbst aufging und ohne äußeren Grund«,

was nichts anderes heißen kann, als daß Fracastoro das Mammakarzinom als eine Form der Syphilis ansah. Bedenkt man dieses Nebeneinander, diesen Überfall auf die Menschheit, wie ihn eine besonders widerliche Krankheit damals rund um das Mittelmeer vollzog und dabei gerade die sonst kerngesunden Männer und Frauen der jüngeren und mittleren Lebensjahre heimsuchte, dann versteht man die tiefe Unsicherheit und Wissenssehnsucht, die den jungen Paracelsus durch eine von Kriegen und Seuchen betroffene Welt trieb.

Von den vielen nachgewiesenen oder zu vermutenden Stationen dieser medizinisch-alchemistischen Wanderung steht ein Aufenthalt in Schweden fest, aber auch ein Besuch auf der Insel Kos, der Heimat des großen Hippokrates (was allerdings erst 1902 zweifelsfrei erwiesen wurde). Wertvolle Aufschlüsse über praktische klinische Arbeit wurden dem Reisenden auf der Insel Zypern zuteil, der Insel der Caterina Cornaro, die diese bemerkenswerte Fürstin an die Republik Venedig verkauft und dafür ihr berühmtes Retiro in Asolo bei Bassano eingetauscht hatte. Auf Zypern, das noch bis 1570 venezianischer Besitz blieb, hatte der Johanniterorden ein vorbildliches Spital für Seeleute, Kreuzfahrer und Heimatlose eingerichtet, in dem sich beinahe alle Krankheiten des Erdkreises und ihre Behandlung am lebenden Modell studieren ließen.

Als Paracelsus über Dalmatien und Villach, wo sein Vater noch lebt, den Übergang in die Seßhaftigkeit sucht, ist er erfüllt von Eindrücken, unter denen die Bilder von Armut, Elend und Hilflosigkeit überwiegen, was uns zu erklären vermag, daß er in der Stadt Salzburg seine Patienten in Kreisen findet, die im allgemeinen nicht die Mittel haben, einen richtigen promovierten Arzt aufzusuchen und zu bezahlen. Was Paracelsus nicht ahnen konnte, war der Unfrieden unter den Augen der Oberhirten. Kurz ehe Paracelsus eintraf, hatte Erzbischof Leonhard II. alle Juden aus Stadt und Diözese ausgewiesen, es hatte eine Adelsverschwörung gegeben, und ein Jahr nach dem Eintreffen des Weltwanderers, 1525, brach unter Erzbischof Matthäus Lang ein Bauernaufstand aus, den die Truppen das Schwäbischen Bundes niederschlugen. Daß die Sympathien des Zuzüglers bei den Bauern waren, reichte ihm noch nicht, er fühlte sich auch bemüßigt, eine theologische Schrift zu verfassen, in der er die von ihm besonders verehrte Muttergottes als ebenfalls göttlichen Ursprungs darstellte mit dem Ergebnis, daß er Salzburg bei Nacht und Nebel eilends verlassen mußte:

»Ein Indiz für seine überhastete Flucht ist die Tatsache, daß er seine Habe zurückließ. In einem Gerichtsprotokoll, übrigens die älteste erhaltene Urkunde aus seinem Leben, können wir nachlesen, worin seine Habe bestand. Es handelte sich um ein Bildnis seines Vaters, das noch heute in Salzburg gezeigt wird, ferner zwei Feuerbänke, einunddreißig Bücher, zwei Trinkgläser, einen Messingleuchter ... usw. Bei den Kleidungsstücken befanden sich zwei Kamelhaargewänder, die Paracelsus offenbar besonders schätzte« (aus: Frank Geerk, ›Paracelsus, Arzt unserer Zeit‹).

Dennoch war dieses turbulente Salzburger Gastspiel kein Fiasko, ja es scheint trotz aller Kürze Paracelsus einen gewissen vagen Ruhm eingebracht zu haben, da die hohe Geistlichkeit viel Mundpropaganda betrieb durch Visitationen und Zusammenkünfte. Es ist in diesem Zusammenhang zu bedauern, daß Paracelsus so schnell und unter bedenklichen Umständen aus der Stadt scheiden mußte. Die Bauern hatten nichts von seinen auch schriftlich geäußerten Sympathien (während Luther sich bekanntlich gegen die Aufständischen aussprach), die Bischofsstadt aber hätte einen umfassend gebildeten, welterfahrenen und engagierten Praktiker wie Paracelsus sehr gut gebrauchen können, denn es war um die Heilkunde und die medizinische Versorgung in Salzburg nicht gut bestellt. Zwar gab es schon 1364 eine erste Apotheke in Salzburg, hundert Jahre später waren es dann zwei, und die alte fürsterzbischöfliche Hofapotheke läßt sich beinahe in paracelsische Zeiten zurückverfolgen. Aber die anderen medizinischen Einrichtungen waren noch im achtzehnten Jahrhundert keineswegs mit jenen anderer westlicher Residenzen zu vergleichen, herrschte so nahe unter dem Krummstab doch die Meinung vor, Krankheiten seien die Strafen für Sünden und Heilungen setzten die Besserung des Christenmenschen voraus. Eine Universität war zwar 1622 gegründet worden, aber erst 1804 erhielt sie eine medizinisch-chirurgische Fakultät, als Paracelsus längst auf dem Sankt-Sebastians-Friedhof in Salzburg ruhte.

Dennoch hatten die Salzburger Zeiten ausgereicht, den nunmehr Flüchtigen mit einem Ruhm auszustatten, der dann in einem bis heute selbstwirksamen Verfahren die Legenden und Gerüchte anzieht, bis der Wundermann selbst tun und lassen kann, was er will; er wird beobachtet, kommentiert, gerühmt und, ohne daß er noch viel tun müßte, in die Himmel seiner Wissenschaft gehoben. Was zweifellos half, was Paracelsus schon auf den nächsten Stationen, also in Ingolstadt und Tübingen, mit der fortan sehr beständigen Aura des Wunderdoktors umgibt, ist das offensichtlich vorhandene Charisma, die Ausstrahlung, die Überzeugungskraft, die bei nervösen oder hysterischen Beschwerden tatsächlich Wunder wirkte.

Als Doktor der Medizin einer angesehenen Universität durfte Paracelsus nach damaligem Brauch Gastvorlesungen halten, wobei es sich nicht immer um etablierte Universitäten handelte und vor allem niemals um längere Zeiträume, einmal, weil Paracelsus ein ziemlich unduldsamer Zeitgenosse war und seine Überzeugung, im Recht zu sein und Neues zu bringen, nicht mit der gebotenen Höflichkeit, sondern meist recht unverblümt vernehmen ließ. Immerhin aber wissen wir aus Echo, Mitschriften und späteren Druckwerken, daß seine Erfolge schon damals, auf den Wanderungen durch Süddeutschland, ganz konkrete Ursachen hatten, die sein Auftreten und die ersten aufsehenerregenden Heilungen naturgemäß potenzierten – noch war das Land ja nicht sonderlich dicht bevölkert, noch kannte man einander in den kleinen Gemeinwesen.

Der erste und verläßlichste Fundus für seine Heilungen waren die Erfahrungen, die er auf seinen Reisen rund um das Mittelmeer und in Nordeuropa mit Heilpflanzen gemacht hatte. In Schriften, die seit 1526 entstanden, beschrieb Paracelsus die Wirkung von Pflanzen und Pflanzengruppen, in einer eigenen Studie aber auch die vielseitige Verwendbarkeit des Honigs innerlich und äußerlich. Erstaunlich ist eine Klassifizierung einer ganzen Reihe von deutschen Heilquellen, weil die Möglichkeiten, die Zusammensetzung der warmen und kalten Quellen zu analysieren, damals noch sehr beschränkt waren, weswegen bekanntlich der Gebrauch starker Quellen oft gefährlich übertrieben wurde. Seine dritte, besonderes Aufsehen erregende Technik schildert Professor Walter Pagel, London, wie folgt:

»Es ist ein Leben ... im Zeichen eines typischen und immer wiederkehrenden Erlebnisses: Paracelsus trifft ein und wird sofort von Kranken umringt, die für unheilbar erklärt worden waren. Paracelsus heilt oder bessert sie sogleich mit Hilfe unorthodox erscheinender Methoden, besonders was die Behandlung chronischer Geschwüre betrifft. Solche Methoden umfassen die weitgehende Anwendung chemischer Mittel (im

Gegensatz zu den damals üblichen pflanzlichen Pharmaka) und besonders von Metallverbindungen. Diese waren keineswegs ganz unbekannt, aber Paracelsus hat sie populär gemacht, durch sorgsame Ausarbeitung der verträglichen Dosen und Entgiftung zum Beispiel von Arsen durch Mischung mit Salpeter oder durch Umwandlung von Sulfiden, zum Beispiel von Eisen, in ungiftige Sulfate. Alles das verschaffte ihm großes Ansehen und einflußreiche Freunde.«

Damit bestätigt uns ein Fachmann von Rang den Einfluß des alten alchemistischen Wissens, wie Paracelsus es in Hunderten von Schriften und bei seinen ferrareser Kollegen vorfand, auf die praktische Medizin des sechzehnten Jahrhunderts. Was Pagel im einzelnen anführt, war zum großen Teil schon der antiken Alchemie bekannt: die Oxidation, die Reduktion im chemischen Sinn, das Schmelzen, Legieren, kurz der Umgang mit den Metallen, den Säuren und die Experimente mit den die Metalle angreifenden Chemikalien, die nützliche oder schädliche Salze bilden. Manches war bekannt und wurde vergessen wie das Destillieren von Wein. Georg Luck vermutet in seinem Buch über Magie in der Antike, daß schon ein ägyptischer Alchemist das Destillieren von Wein entdeckte, also den ersten Weinbrand herstellte, seine Erfindung jedoch geheimhielt, weswegen das Destillieren im Mittelalter neu entdeckt werden mußte und so manchem Kloster zu bleibendem Ruhm verhalf.

Es gab in der Vielzahl der reichsunmittelbaren deutschen Städte eine, die sich besonderer Toleranz rühmen durfte und diesem Grundsatz selbst treu blieb, als die Reformation in Sekten und Wiedertäuferbewegungen ausartete, das war Straßburg. Zweihundert Jahre vor dem Handstreich des Sonnenkönigs, der dieses einzigartige Stadtgebilde an Frankreich brachte, war Straßburg eine deutsche Stadt in besonderer Grenzlage, wobei französische und Schweizer Einflüsse einander damals noch die Waage hielten. Es gab eine verbreitete Meinung, daß ein Vergehen, für das man im ganzen Reich am Galgen büßen müsse, in Straßburg mit ein paar Stockschlägen und der Ausweisung geahndet würde, was allerdings zur Folge hatte, daß viele unruhige Geister und so manches verfolgte Genie die Stadt zum Aufenthaltsort wählte. Vermutlich wußte Paracelsus schon damals, was der große Erasmus von Rotterdam über Straßburg gesagt hatte, sicherlich aber war ihm der Ruf der Stadt und ihrer vernünftigen Oberhäupter bekannt, über denen Erzbischof Wilhelm III. von Honstein die Stadt durch die stürmischen ersten Jahrzehnte des sechzehnten Jahrhunderts steuerte. In Briefen an Beatus Rhenanus, an Nicolas Gervel und andere hatte Erasmus das Klima von Straßburg gerühmt, die Gastfreundschaft und die literarisch interessierte Bürgerschaft. Die Straßburger Mönche, in dieses Lob nicht mit einbezogen, rächten sich durch das Gerücht, der große Erasmus habe sich durch seinen Freund Scheurer so große Mengen elsässischer Weine liefern lassen, daß ihm der Blick getrübt worden sei.

Eine Paracelsus besonders interessierende Attraktion der straßburgischen Aktivitäten war die dort früh blühende Drukkerkunst. Nach den Wanderjahren hatte er den begreiflichen Wunsch, sein Wissen und seine Erfahrungen schriftlich niederzulegen und damit einem großen Kreis bekannt zu machen. Vorbereitung und Durchführung solcher Publikationen brauchen Zeit. Paracelsus scheint sich auf eine lange Zeit straßburgischen Lebens eingestellt zu haben, wurde Bürger der Stadt und erwarb oder mietete ein Haus. Die Zunft, der er beitrat, entsprach nicht ganz seinem Rang, sie vereinte Müller und Getreidehändler, also eine nicht sonderlich angesehene, des Kornpanschens verdächtigte Berufsgruppe, mit einigen Feldärzten oder Wundärzten, die von den wissenschaftlich höher gebildeten promovierten Ärzten über die Schulter angesehen wurden. Von den hier entstandenen Büchern des Paracelsus ist *De mineralibus*, also »Vom Gestein«, besonders originell. Im Grunde aber war die Stadt eine Hochburg der anatomischen Forschung, eben, weil hier ein freierer Geist herrschte und der Wissenschaft wenig Fesseln angelegt wurden. Als Oberhaupt einer unmittelbar dem Kaiser unterstehenden Stadt war Jacob Sturm kein simpler Bürgermeister, verstand sich aber nicht als Fürst eines Gemeinwesens, sondern als geistiger Führer Straßburgs in unruhigen Zeiten. Daß Paracelsus sich mit diesem bedeutenden Mann nicht verständigen konnte, ist verwunderlich, hatte Sturm doch selbst für sehr ungebärdige Geister wie Melchior Hoffman Verständnis, der Straßburg für das neue Jerusalem hielt und seine letzten zehn Lebensjahre in Straßburg in einem offenen Kerker zubrachte, den zu verlassen er sich weigerte. Der große Reformator Bucer, der allseits verehrte Erasmus von Rotterdam, das waren Geistesgrößen, die Straßburg hinter sich hatten, die andererseits aber den örtlichen intellektuellen Milieus besondere Maßstäbe nahegelegt hatten. Paracelsus entsprach den Ansprüchen allenfalls hinsichtlich der Originalität seiner Ideen, nicht aber, was die Form seines Auftretens und die Universalität seines medizinischen Wissens betraf.

Bis heute rätselt die große Gemeinde, die Paracelsus immer noch besitzt, wie es zu jener blamablen Konsultation kam, bei der die Ärzteschaft der Stadt Straßburg Paracelsus Lücken im Wissen um die Anatomie nachweisen konnte. War der Leichnam präpariert, da man gerade in Straßburg schon länger als in anderen Städten Leichen öffnete und nach Todesursachen forschte? War es, wie Geerk vermutet, eine religiöse Hemmung, die den Klosterzögling die falschen Schnitte machen, die irrigen Benennungen aussprechen ließ? Stiegen in der Stunde der Anspannung die Schwazer Gehängten vor seinen Augen auf?

Es war wohl so, daß innerhalb der eindrucksvollen Ärztefülle von Ferrara und den Nachbaruniversitäten die Anatomie mit lokalen Berühmtheiten besetzt gewesen war, so daß Paracelsus sich in seine chemisch-alchemistisch-astronomische Ecke abgedrängt fühlte. Berengario da Carpi (1470–1550) hatte in Ferrara schon erfolgreich einen Uterus entfernt, von den Blinddarmoperationen ganz zu schweigen; Giovanni da Vigo (1450–1525) hatte ein Lehrbuch verfaßt, das vierzig Auflagen erlebte und die Gefäßchirurgie in eigenen Kapiteln behandelte; Pierre Franco aus der Provence hatte in der Schweiz erfolgreiche Krebsoperationen durchgeführt – und Marc Antonio della Torre galt überhaupt als ein Zauberer mit dem chirurgischen Werkzeug, das ihm zum Teil von seinem Freund Leonardo da Vinci hergestellt worden war.

Paracelsus kapitulierte und wählte als nächste bedeutende Station seines Lebens die Stadt, die im Jahr 1531, als Straßburg noch seine Wiedertäufer bekämpfte, in gewissem Sinn eine Metropole des neuen Europa zu werden schien: Basel am Dreiländereck, Basel am Rhein.

Paracelsus traf hier auf eine Universität, die von Pius II., dem Humanisten auf dem Thron der Päpste, 1460 ins Leben gerufen worden war, also auch eine Hochschule mit guten Vorzeichen für ihn, ähnlich wie Straßburg. Wieder aber stieß er die Professoren vor den Kopf, als er die Stelle eines Stadtphysikus antrat, ohne die medizinische Fakultät um Zustimmung zu bitten. Sein Gönner in Basel war der bedeutende Drucker Johannes Froben, dessen Beinleiden Paracelsus in früheren Jahren erfolgreich und in konservativer Weise, mit einem den berühmten Patienten sehr schonenden Vorgehen geheilt hatte, doch starb der große Drucker, allerdings schon siebenundsechzig Jahre alt, im Herbst 1527 unerwartet und unerklärlich, was den viel besprochenen Erfolg der paracelsischen Behandlung wieder zunichte machte. Im gleichen Jahr 1527 verbrannte Paracelsus vor seinen Studenten das medizinische Hauptwerk des großen arabischen Arztes und Alchemisten Avicenna. Eine erfolgreiche Darmkur eines sehr reichen Patienten, der die Domäne eines ansässigen und geachteten Arztes gewesen war, verstärkte die allgemeine Abneigung gegen den zugereisten und allzu auffällig auftretenden Kollegen, aber Frank Geerk tut recht daran, die zahlreichen Einzelheiten, die kaum noch zu rekonstruierenden Vorfälle nicht der natürlichen Aversion gegen einen Eindringling zuzuschreiben, sondern auch Paracelsus selbst ein wohlgerütteltes Maß an Schuld beizumessen. Zweifellos bestand zwischen seiner eigenen Einstellung zur Heilkunde, zwischen seinem Sendungsbewußtsein und wohl auch seinem Wissen auf der einen, der geschäftigen Routine der meisten anderen Baseler Ärzte auf der anderen Seite ein nicht unbeträchtliches Gefälle. Aber Theophrastus von Hohenheim, lange durch die Welt gereist und oft ungerecht beurteilt, tat auch im harmlosen Alltag nicht das für seinen Stand selbstverständliche. Er trank, bramarbasierte in der Öffentlichkeit, pflegte wohl nicht immer aufzutreten, wie ein Professor der angesehenen Hochschule sich betragen und gebärden sollte. Tausend Kleinigkeiten, von denen ein Gutteil leicht vermeidbar gewesen wäre, waren es im Verein mit einer letzten ungerechten Gerichtsentscheidung in einer Honorarfrage, die Paracelsus zum Jahresende 1527 aus der Stadt vertrieben, nicht der große Haß, nicht ein wirkliches Kesseltreiben. Abermals blieb sein Besitz zurück, was aber weniger auf Lebensgefahr hinweist als auf Schulden, und das Ziel der Flucht war auch keineswegs fern und geheimnisvoll, sondern nahm in Gestalt der freundlichen Stadt Colmar den Rastlosen für ein halbes Jahr erträglichen Friedens auf.

Das Kolmar, später dann Colmar geschrieben, das Paracelsus antraf, ist für uns noch heute weitgehend sichtbar, etwa die malerische Gasse, die heute Rue des Marchands heißt. Das berühmte Maison Pfister wurde eben erbaut, als Paracelsus durch das Baseler Tor in die Stadt zog, deren Oberhäupter der Reform zuneigten, während ein Augustiner-Prior namens Johann Hoffmeister wütend gegen sie kämpfte. Luthers Schriften konnten in der Stadt frei verkauft werden, die Einhaltung der katholischen Fastengebote wurde nicht mehr kontrolliert, und es gab auch eine ausgezeichnete Druckerei, begründet von Michael Friburger und erfolgreich weiterbetrieben von Ulrich Gering und Martin Crantz, die sogar Verbindungen nach Paris unterhielten. Paracelsus versuchte, hier seine Methoden und Erfahrungen zur Behandlung der Syphilis drucken zu lassen, aber die örtliche Konkurrenz scheint zu stark gewesen zu sein, oder aber es fehlten die Mittel. Wir kennen aus der Zeit, die Paracelsus in der kleinen, so schönen Stadt zubrachte, sogar Bücher von Baseler Professoren, Kräuterkunden, Botanisches, einen Bericht über den Bauernkrieg in lateinischer Sprache (*Elegia de bello rustico*) und vor allem Arbeiten des angesehenen Hieronimus Boner, Ratsherr in Colmar, Übersetzer der Schriften von Herodot, Plutarch, Orosius und anderer ins Deutsche – aber es gelang Paracelsus nicht, Boner für seine medizinischen und alchemistischen Arbeiten zu interessieren.

Ein Arzt, der sich nicht niederlassen, der sich keine Anhängerschaft von Patienten schaffen kann, bildet auch kein Vermögen, und die kurzfristigen Aufenthalte, denen mehr oder weniger dramatische Fluchten folgten, deprimierten den nicht mehr jungen Feuergeist, ja trübten vielleicht sogar sein Zutrauen zu der erwählten Wissenschaft. Es war ein Jahrhundert, in dem viele echte oder vermeintliche Größen von einer Stadt zur anderen zogen, und wenn sie jeweils ihre Rechnungen bezahlten, dann hatte auch niemand etwas dagegen. Zum Lebensunterhalt zusätzlich noch Druckkosten aufzubringen war bei einer so unsteten Existenz jedoch ebensowenig möglich wie den Ertrag der Buchverkäufe abzuwarten und geordnet abgerechnet zu erhalten. Auf diesem an Ärgernissen und wohl auch Leiden reichen Weg erscheint erst Sankt Gallen als eine Zweijahrespause, die es ermöglichte, das große Werk ›Paramirum‹ (1531) vom Manuskript zum Druck zu befördern. Es kam dann freilich doch nicht so weit, es blieb wie bei der ersten seiner großen Traktatsammlungen bei Teilausarbeitungen, und die maßgebenden Druckfassungen liegen für das Buch ›Paragranum‹ wie für das Buch ›Paramirum‹ erst 1565 beziehungsweise 1562 vor, doch sind beide Werke in ihren wesentlichen Teilen in der Wanderzeit nach Basel und in der Ruhezeit in Sankt Gallen entstanden. »Die beiden ersten Bücher des Buches *Paramirum* halten sich mehr oder minder an die Absicht des Ganzen, Ursprung und Herkunft der Krankheiten darzulegen … Gemäß seiner philosophischen Auffassung der Medizin kann er die Frage nur auf dem Weg einer positiven Darstellung seiner Naturphilosophie behandeln … Wie der Makrokosmos ist der Mensch ein chemisches Verhältnis der drei Grundelemente oder Prinzipien Sulphur, Sal und Mercurius – des Körperlichen schlechthin, des verfestigenden und des Flüssigen« (aus: Harald Landry, in ›Kindlers Literaturlexikon‹).

Das Buch ›Paragranum‹ hingegen hatte Paracelsus binnen eines einzigen Monats verfaßt, im Februar und März 1550, nur war es eben auch Manuskript geblieben. Was ihm so schnell von der Hand ging, war die Aufrichtung der sogenannten neuen Monarchie, die Abkehr von den alten Autoritäten der Medizin, also vor allem Galenus und Aristoteles, und die Hinwendung zu den Grundpfeilern, auf die Paracelsus fortan bis an sein Lebensende immer wieder zurückkommen wird: Die Astronomie, die Alchemie, die Tugend (*Virtus*), alle überragt von der Philosophie. In der Alchemie sieht Paracelsus mit einem in diesem Werk wiederholt auftauchenden Begriff die Waffenschmiede für Arbeit und Tat, also nicht etwa eine friedliche Studierstube. Dem Individuum wohnt nach Paracelsus eine grundsätzliche Lebenskraft inne, er nennt sie *Archeus*, vom griechischen *arche*, Anfang. Das griechische *Archaios* heißt übersetzt ›uranfänglich‹. Aufgabe des Arztes sei, mit seinem Rüstzeug diesen *Archeus*, die Lebenszelle, immer wieder freizukämpfen. (Das Buch ›Paramirum‹ erschien in erster vollständiger Druckfassung 1562 im elsässischen Mulhouse, damals Mühlhausen, als Herausgeber zeichnete A. von Bodenstein. Das Buch ›Paragranum‹ kam, ebenfalls von Bodenstein herausgegeben, drei Jahre später in Frankfurt am Main ans Licht der Welt; beide Werke sind vereint in der Sammelausgabe von Huser 1589 in Basel. Danach trat eine jahrhundertelange Pause ein bis zu den Leipziger Neuausgaben 1903/04.)

Sankt Gallen war also eine wichtige Station, wichtiger wohl als Basel, wenn auch nicht so bewegt, denn die Gesamtlage war für Paracelsus aus verschiedenen Gründen vergleichsweise günstig. Sein Wiener Studienkollege und Freund Joachim von Watt war nach seiner Heimkehr nach Sankt Gallen dort sehr schnell zu bedeutendem Einfluß gelangt; er hatte die Stadt zunächst dem lutherischen Gedankengut geöffnet, dann aber den Ideen des Huldreych Zwingli, mit dem Watt eine tiefe Männerfreundschaft verband. In verschiedenen Lagern angesiedelt, empfanden der Geistmensch und Gelehrte von Watt und der Krieger und streitbare Reformator Zwingli doch, daß es eine Weltstunde sei, die sie zusammengeführt hatte. Watt, der sich als Humanist Vadianus nannte, wurde Bürgermeister von Sankt Gallen und führte als solcher die reformierte Opposition gegen das Kloster, das, alt und berühmt, bis auf vier junge Patres katholisch geblieben war. Als ein neuer Abt feierlich in langem Zug durch die Stadt ins Kloster eingeführt werden sollte, riet Vadianus seinen Bürgern, die Läden der Fenster und die Geschäfte geschlossen zu halten.

Im Oktober 1531 hatten fünf katholisch gebliebene Schweizer Orte sich gegen Zürich zusammengetan, das ihnen die Lebensmittelzufuhr gesperrt hatte. Zwingli war mit seinen Zürchern in die Schlacht gezogen, obwohl er nicht mehr das Stadtoberhaupt war, als Feldprediger in der Rüstung. So fiel er mit sechsundzwanzig seiner Ratsmitglieder nach einem wuchtigen Schlag auf seinen Helm, wonach ein Söldnerführer aus Unterwalden, der ihn nicht erkannte, ihm den Todesstreich versetzte. Erst der Leichnam wurde erkannt, gevierteilt und verbrannt, ein schwerer Schlag für Joachim von Watt und ein grausiges Novum in den Auseinandersetzungen zwischen Kirche und Reform, hatte man sich doch gegenüber Luther und Calvin bis dahin mit akademischen Streitgesprächen begnügt.

Die Schlacht von Kappel und das grausame Schicksal eines tapferen und integeren Mannes wie des Huldreych Zwingli hatten das Klima in Sankt Gallen verändert. Der Ruhm der Stadt war ihr altes Kloster mit seiner beinahe tausendjährigen Rolle in Europas Geistesgeschichte; dieses Kloster aber war und blieb der römischen Kirche treu, Joachim von Watt regierte gleichsam eine geteilte Stadt. Ob dies oder natürliche Ärzterivalitäten für Paracelsus und seinen Sankt Galler Umkreis entscheidend wurden, ist heute nicht mehr zu klären. Geerk berichtet in seiner vorsichtig abwägenden Biographie von vergleichsweise geringfügigen Zwischenfällen wie mißlungenen oder verzögerten Kuren, die man Paracelsus zur Last legte, und von einem alchemistischen Laboratorium, das der Hohenheimer einem reichen Patrizier der Stadt einrichtete, zweifellos mit den nötigen Unterweisungen. Jedenfalls traf in jenem zweiten Halbjahr 1531 mehr an bedeutenden und rätselhaften Ereignissen zusammen, als dem immer zum Aberglauben neigenden Teil der Stadt- und Landbevölkerung zuzumuten war: am 23. Juli das von Papst Martin V. einberufene Konzil von Basel, das bald wieder auseinandergehen mußte, weil der neue Papst Eugen IV. feststellte, daß kaum ein Zehntel der angereisten Teilnehmer Bischofsrang habe; der damals noch nicht identifizierte Halleysche Komet erschien im August am Schweizer Himmel und löste eine Woge von Flugblättern aus, die zumindest Seuchen und Unwetter, zum Teil aber auch den Untergang der nunmehr religiös gespaltenen Menschheit ankündigten, und wenige Wochen danach noch der grausame Tod Zwinglis!

Große Künstler starben beinahe zugleich in diesem seltsamen Jahr mit der Quersumme zehn: Tilman Riemenschneider, Andrea del Sarto und im nahen Augsburg Hans Burgkmair, noch keine sechzig Jahre alt, ein Mann, den seine religiösen Bilder und viele gelungene Portraits berühmt gemacht hatten. Als auch noch in der erdbebenarmen Schweiz Täler und Berge unversehens zu zittern begannen, machte Paracelsus sich wiederum auf, durch das damals lebhaft Handel treibende Tirol ins betriebsame Memmingen, nach Ulm, nach Augsburg, dabei immerzu schreibend, als gehe es nicht um ganze Bücher, sondern um Flugblätter, sosehr drängte es den Polyhistor und allweisen Philosophen, sich zu allem zu äußern, was vorfiel, vom Kometen bis zu den Erdbeben, von der Pest bis zu den Regenbogen am Himmel.

Und dann kam schließlich doch der große Verkaufserfolg eines Buches, an dem eigentlich nur verwunderlich ist, daß Paracelsus nicht früher an solch ein Vorhaben gelangt war, denn seine zwei Bücher von der ›Großen Wundarzeney‹ hauen in eine Kerbe, mit der zu Beginn des Jahrhunderts mindestens ein Dutzend verschiedener Ärzte große Vermögen verdient hatten: Jan de la Ruelle (1474–1537) mit seinem Übersichtswerk *De natura stirpium* (Von den Ursprüngen, der Herkunft), Marsilio Ficino (1433–1499) mit seiner ›Hygiene der geistigen Arbeit‹ und Otto Brunfels, Hieronymus Bock oder auch Leonard Fuchs mit ihren enzyklopädischen Werken über Heilpflanzen. Bis heute können populäre, gut zu lesende und verläßliche Ratgeber zu Krankheiten und Heilmitteln mit großen Auflagen rechnen, und auch die Arzneibücher des Paracelsus waren binnen weniger Wochen verkauft, sein Name zwischen Stuttgart und Prag wieder in bestem Ansehen. Bei einigem Geschick im Umgang mit den Fürstlichkeiten der habsburgischen Erblande hätte Paracelsus auch im vorgeschrittenen Alter noch Aussicht auf eine ruhige und einträgliche Leibarztstelle gehabt. Einmal wurde er zu einem Statthalter in Mährisch Kromau gerufen, der aber wohl kein wirklich großer Herr war, so daß ein anderes Dokument besonderes Interesse verdient, der in tschechischer Sprache von einem ungenannten Höfling verfaßte Bericht über unmittelbare Audienzen des Theophrastus bei Kaiser Ferdinand I. (1503–1564) in Wien. Den Ruhm der Entdeckung dieses einzigartigen Berichtes teilen sich der Paracelsus-Biograph Georg Sticker, der schon vor 1899 um die Unterscheidung zwischen echten und unechten paracelsischen Arbeiten bemühte Karl Sudhoff und Frank Geerk, der den Wert des kuriosen Textes erkannt und ihm in seiner Paracelsus-Anthologie die gebührende Verbreitung verschafft hat.

Die von Sticker veranlaßte Übersetzung aus dem Tschechischen des sechzehnten Jahrhunderts in den höfischen Sprachgebrauch der theresianischen Epoche verstärkt den Eindruck der Authentizität beinahe bis zum Eintreten einer Vision; man sieht den aus Kärnten herbeigeeilten Arzt in seiner Reisekleidung, die die empfangenden Diener verwirrt, und man erlebt einen Dialog mit, der zu Herzen geht, weil in ihm der Kaiser nichts anderes ist und sein will als ein kranker Mensch, der Hilfe braucht. Paracelsus ist autoritär, aber bleibt ehrerbietig, zeigt wenig Achtung für die Wiener Kollegenschaft und besiegt die Krankheit, die man sich als eine Kette vernachlässigter Kongestionen denken kann, durch sein *Aurum potabile*, also trinkbares Gold, verabreicht in einem Glas Malvasier, wobei der Arzt zu sich nimmt, was er der Majestät verabreicht, um von vorneherein den Verdacht der Vergiftung auszuschließen. Nach dem starken Medikament ruht der König, gerät in Schweiß, wird vor Ablauf der dritten Stunde von Paracelsus geweckt und – obwohl Ferdinand keinen Appetit hat – zur Einnahme einer kräftigenden, aber leichten Mahlzeit veranlaßt. Danach kommt, und dies ist die einzige Partie des Berichtes, die Zweifel an seiner vollständigen Echtheit weckt, eine längere paracelsische Ergießung über die Alchemie, über ›Hermes Trismegistos‹ und die vier Elemente. Wer immer dieses Gespräch mit angehört hat, kann sich schwerlich all diese für die meisten Menschen eher verwirrenden Gedankengänge, Theorien und Behauptungen eingeprägt haben, die zudem ziemlich nahe dem Kern rosenkreutzerischer Glaubensbekenntnisse liegen. Hier ist eine spätere Interpolation zu vermuten, die den Hang der Geheimwissenschaften durch die Nähe zum König ebenso erhöhen soll wie die persönliche Geltung des Paracelsus, dem eine blitzschnelle, souveräne und rundum erfolgreiche Heilung des obersten Herrn der damaligen Staatenwelt zugeschrieben wird.

Echt und kostbar sind alle Umstände, die vielen Namen bis hinunter zur mittleren Kammerherrenebene und daß der unbekannte Verfasser offen bekennt, nicht selbst der Ohrenzeuge gewesen zu sein, sondern eineinhalb Jahrzehnte nach dem Tod des Kaisers, in durchaus plausibler Frist, dies alles erfahren zu haben. Der wichtigste Name, den der Anonymus unter seinen Gewährsleuten nennt, ist Eustachius Freiherr von Althann (im tschechischen Text »Altham«, ein entschuldbarer und häufiger Schreibfehler). In dieser Verbindung ist auch der überzeugendste Beweis für die Echtheit dieser im besten Sinn sensationellen

Überlieferung zu erblicken. In der Familie der Grafen Althann war nämlich durch Generationen das Amt der ›Fräuleinhofmeisterin‹ in besten Händen. Sie hatten die für den Hofdienst geeigneten jungen Damen des ganzen österreichisch-böhmisch-ungarischen Adels zu empfangen, ihre Eignung in Gesprächen zu erkunden, die Verbindung zu den Familien zu pflegen, die oft weit weg von Wien lebten. Die Hofmeisterinnen blieben jahrzehntelang in Verbindung mit ihren Schützlingen, hörten und sahen alles und mußten ihre Ohren überall haben, denn jedes Versäumnis, jede Lücke in ihren Kenntnissen hätte bei einer Ehe, bei der Betrauung mit Verantwortung zur Katastrophe führen können.

Unser wißbegieriger Anonymus hatte vier Althann-Söhne unter seinen Schülern, da er nicht deutsch sprach vielleicht als Fechtmeister; wie auch immer: Er hatte Zugang zu einem Kreis, in dem man sehr viel wußte. Und dieses Weiberwissen, wie die alten Chroniken es gerne nennen, das beinhaltete sehr oft Ereignisse und Vorkommnisse, die sich in den offiziellen Chroniken nicht finden. Wenn der tschechische Bericht behauptet, Paracelsus hätte vom Kaiser zwar gerne und mit Dankesworten eine große Kette angenommen, nicht aber ein Honorar, so mag das für die Spätzeit, da Paracelsus mehr von den Konkurrenten und Gerüchtemachern bedrängt war als von Geldsorgen, durchaus zutreffen, vor allem, da gerade die Wiener Ärzteschaft sich gegenüber dem Wanderdoktor mit der in Metropolen bis heute üblichen Arroganz betrug.

Dennoch hat Paracelsus, auch von dieser Audienz abgesehen, deutliche Spuren in Wien hinterlassen. Das maßgebliche ›Historische Lexikon der Stadt Wien‹ von Felix Czeike verzeichnet in seinem vierten Band einen Wienaufenthalt des Hohenheimers für den Winter 1537/38, wobei er von der Wiener Ärzteschaft laut Czeike boykottiert worden sei. Mehrere Audienzen bei Kaiser Ferdinand I. fanden statt, die Abreise von Wien erfolgte wieder in Richtung Villach, woher er gekommen war, wie der anonyme Bericht behauptet. Selbst das Haus, in dem

Paracelsus in Wien Wohnung genommen hatte, scheint bekannt zu sein; es hat, wie viele alte Häuser, einen malerischen Namen: ›Zum Küßdenpfennig‹, es hatte zwei Ordnungsnummern und Eingänge (Griechengasse 3 und Franz Josefs Kai 21 im Ersten Wiener Gemeindebezirk, heute ›Innere Stadt‹ genannt). Bis 1741, als das Haus abgerissen und durch einen Neubau ersetzt wurde, gab es eine Inschrift, in der behauptet wurde, Paracelsus hätte den Wirt Wangler mit einer Messingmünze bezahlt und, als dieser protestierte, das Geldstück in eine Goldmünze verwandelt.

In den Jahren 1538 und 1540 entstanden authentische Bildnisse des großen Arztes, beide von dem aus Nürnberg stammenden, aber in Wien lebenden Maler Augustin Kirschvogel, der eigentlich mehr als Kupferstecher und Radierer hervortrat als durch seine Portraits. Wirklich berühmt wurde er allerdings erst als Kartograph und durch die Erfindung zweckdienlicher Projektionen. Im XXI. Bezirk, im Donaupark, gibt es ein Paracelsus-Denkmal, das jedoch nicht die Wiener bezahlt haben, sondern die Stadt Salzburg. Die Paracelsusgasse, die Wien sich gleichwohl leistet, liegt im Osten der Stadt im III. Bezirk, in der sogenannten Weißgerber-Vorstadt leidlichen Ansehens (Mietshäuser von 1910 mit barockisierendem und sezessionistischem Fassadendekor. Ein Eckhaus mit auffälligem Turm, das sogenannte ›Palais des Beaux Arts‹, hebt die Gegend ebenso wie ein Mosaik mit dem Thema ›Spielende Knaben‹, das Mea Bartusch 1953 für eine der Fassaden schuf). Heimisch wurde durch diese dürftigen Huldigungen Paracelsus an der Donau nicht und hatte es auch nicht mehr nötig: In der Karwoche 1540 war einer seiner Erzfeinde, vielleicht sogar der Mächtigste unter ihnen, im 71. Lebensjahr gestorben, Matthäus Lang, Kardinal und Erzbischof, Herr von Salzburg und dem Bistum Gurk, der Dompropsteien Augsburg und Konstanz und anderer schwer zu überblickenden Pfründen. Seit dem Juni 1519 Erzbischof von Salzburg, hatte er den Aufruhr seiner Stadtbürger im Jahr 1523 blutig unterdrückt, 1525 hatte er gemeinsam mit den Söldnern des Schwäbischen Bundes den großen Bauernaufstand von 1525 niedergeschlagen, mit den bekannten Massenhinrichtungen an verschiedenen süddeutschen Orten, für die in den Geschichtsbüchern immer nur Georg Truchseß von Waldburg verantwortlich gemacht wird, nicht aber die Gruppe weltlicher und geistlicher Fürsten, die hinter seinen Landsknechten und den grausam wütenden 2500 Reitern stand. Daß Paracelsus, der das Elend der Landbevölkerung kannte, damals für die Bauern im Voralpenland eingetreten war, hätte ihn in Salzburg um ein Haar vor Gericht gebracht. Das war nun vorbei, Matthäus Lang war tot, der neue Herr von Salzburg war Ernst, Herzog von Bayern. Er hatte im Bauernkrieg eine versöhnliche Rolle gespielt und war Paracelsus gewogen.

Ernst von Bayern war ein Sohn der Kaiserstochter Kunigunde und hatte somit Friedrich III., einen weit unterschätzten, hochgebildeten Monarchen zum Großvater. Dennoch war seine Betrauung mit der Administration des korrupten Bistums Nassau 1517, als der Prinz noch ein Jüngling war, arg verfrüht. Als Vermittler im Bauernkrieg war er Mitte Zwanzig, die priesterlichen Weihen hat er nie empfangen, weswegen er 1554 die österreichische Herrschaft Glatz mit einer Festung an der heutigen polnisch-tschechischen Grenze erwarb und dort bis zu seinem Tod 1560 ein zurückgezogenes Leben führte. Für Paracelsus hatte er in dem einen Jahr, das dem Hohenheimer noch vergönnt war, nicht viel mehr tun können, als dem todkranken Mann ein wenig Frieden zu schaffen.

Paracelsus hatte es gewiß in hohem Maße sich selbst zuzuschreiben, daß er seinen Vater nur um wenige Jahre überlebte. Zwischen dem doch wahrscheinlichsten Geburtsjahr 1493 und dem Todesdatum, dem 24. September 1541, liegt nicht einmal ein halbes Jahrhundert; heute würde man als Endvierziger noch einmal zu leben beginnen, Paracelsus aber war verbraucht. Das tat nicht der Geist, derlei vollbringt nicht der Gedanke, denn er hält im Gegenteil den Funken und den Lebenswillen fest.

Ähnlich wie sein größeres Vorbild, der jüdische Astrologe und Arzt Michel de Nostredame, fühlte Paracelsus die Präsenz des Todes genau und zutreffend, diktierte am 21. September 1541 seinen Letzten Willen und starb am 24. September, im gleichen Jahr wie eines der schlimmsten Monstren, die sich jemals als Menschen bezeichneten, wie Francisco Pizarro, in der Neuen Welt vom Schweinehirten und Bandenführer zum Diktator des eroberten Inka-Reiches aufgestiegen durch Treubruch, Massenmord und Gier. Das war die Welt des sechzehnten Jahrhunderts, die noch nicht die schlimmste neuerer Zeiten war. Den großen Krieg um Zeilen und Buchstaben der neuen Glaubenssätze wird erst das nächste Jahrhundert bringen.

Was hatte Paracelsus seiner Zeit gebracht? Ist es ein Zeichen, daß er in dem Jahr abtrat, da Ignatius von Loyola General der Jesuiten wurde und zweihundert Jahre lang Düsternis verbreiten wird, wo Paracelsus für Erleuchtung sorgen wollte? Stimmt es versöhnlich, daß den Massenmörder Pizarro der Tod im selben Jahr ereilte wie den großen Heiler Paracelsus? Wäre er bei einem längeren Leben zu mehr Selbstzucht, Weisheit und Ruhe gelangt?

Nimmt man, was man überall über ihn lesen kann, als Maxime, dann war es die Einführung anorganischer Stoffe in die Heilkunde, die seine Pioniertat wurde, das heißt, er war der große Alchemist unter den Ärzten seiner Zeit, er rief Planeten und Mineralien, Himmelsgesetze und geologische Geheimnisse als Nebengötter zu Hilfe, sobald er eine empirische Grundlage für dieses Wagnis geschaffen hatte nach dem Muster des Galenus, der akribisch Buch führte und von jedem Patienten lernte. Aber er war auch ein genauer Zeitgenosse des großen Kopernikus, der über alle Erfahrung der Vorbeter und Vorbilder hinausging und gesagt haben soll, »er hoffe das unbegreiflich Scheinende seiner Lehre dem mathematisch Denkenden klarer zu machen als das Sonnenlicht«.

Bei diesem großen, kurzen Leben ging es nicht um das eine oder andere Medikament, um das Glück einer gelungenen Kur, um das Mißgeschick einer mißratenen Behandlung, es ging um Erziehung. Paracelsus warb für ein Weltbild, für den Horizont des Erdenmenschen, von denen ja nur ein Bruchteil begriff, was die Schöpfung sei und wie man ihr begegnen müsse. »Der Arzt sieht in der Krankheit ein soziales Problem, mit dem weiten, modernen Aspekt des Einflusses des Milieus, des Selbstverschuldens, des ungenügenden Genesungswillens, der Ausschaltung des Kranken aus dem Kreis der Gesunden und Schaffenden; Paracelsus sieht den Arzt als Erzieher ... Seine Arzneimittel mußten dynamisch und chemisch wirken. Er ist der erste Chemotherapeut ... Auf chemischem Weg bemühte er sich, aus den zur Verwendung kommenden Naturkörpern den schädlichen, giftigen Anteil zu beseitigen. Damit wurde er zu einem großen Förderer der Pharmakologie« (aus: Paul Diepgen).

Daß dieser Mann, der in gewissem Sinn im Kosmos zu Hause war und sich ein Leben lang bemühte, auf die Erde als ein Ganzes herabzublicken, in all seinen schweren Lebensjahren der Religion nicht abschwor; daß er bei allem Elend der Zeit und der Familien und der Kriege, das er beinahe tagtäglich in seiner Offizin sah, nicht verzweifelte und weiterhin an einen Gott glaubte, war in gewissem Sinn sein Glück: Er sah nicht links, nicht rechts, nicht nach Rom, nicht zur Wartburg, nicht zu Calvin nach Genf. Sein Gott ließ die Planeten kreisen und die Kräfte des Himmels herabwirken, ob es nun Sonnenflecke waren oder Mondfinsternisse, Erdbeben oder das Nordlicht. Jupiters Gold leuchtete aus allen Winkeln des großen Ganzen, Ergebnis einer tieferen Alchemie, die sich dem Kundigen anbot, so wie sie sich dem Skeptiker verweigerte.

Goldmacher in der Goldenen Stadt

Stirbt ein Großer vor der Zeit, so war man in jenen Jahrhunderten, da die Borgia oder auch die Medici über die ersten nicht nachweisbaren Gifte verfügten, schnell mit dem Gerücht bei der Hand, es sei bei diesem Sterben nicht mit rechten Dingen zugegangen, schon gar, wenn der Leichnam eines großen Kirchenmannes nach dem Tod noch ein so grausig-höllisches Leben entwickelte wie im Fall Alexanders VI., der aufgedunsen schließlich so breit wie hoch war, entsetzlich stank und von den Totengräbern, die sich nasse Tücher vor die Nasen gebunden hatten, fluchend, mit Püffen und Tritten in den plötzlich zu kleinen Sarg gezwungen wurde. Bei Theophrastus von Hohenheim gab es zwar nichts von alledem; er hatte zudem friedlich sein Testament gemacht, den Tod also erwartet, es waren nur zu viele Zunftgenossen an seinem Lebensweg aufgetaucht, die ihm nicht wohlwollten, und sie alle verstanden viel zuviel von Giften, um *eo ipso* als unschuldig gelten zu können. Indes war es im Fall des Paracelsus wohl so, daß all diese Gerüchte die Zurückbleibenden eigentlich nur mit einem ungerecht frühen Tod versöhnen wollten, wie ein Jahrhundert darauf, als die sprühend lebendige, wunderschöne Henriette, Schwägerin des Sonnenkönigs, unversehens aus dem Leben gerissen wurde oder als gegen Ende des Dreißigjährigen Krieges die strahlende Erscheinung eines Bernhard von Weimar eines ungeklärten Todes starb.

Paracelsus war in einem friedlichen Salzburg friedlich hinübergegangen, aber zehn Jahre nach seinem Tod ließ der Kaiser, dem er mit dem flüssigen Gold in Malvasiertropfen das Leben gerettet hatte, die Jesuiten nach Wien kommen als die diskreteste, geheimnisvollste und gefährlichste Waffe gegen die inzwischen vielerorts siegreiche Reformation. Die Jünger des charismatischen Ignatius von Loyola bekämpften die Reformatoren nicht mit inquisitorischer Grausamkeit, sondern mit den Mitteln, die Humanismus, Reformation und Neuheidentum zum Erfolg geführt hatten: mit subtiler Bildungsarbeit, die auch vor den Schlafzimmern der Fürsten nicht haltmachte, sondern die Damen beeinflußte, um die sich bis dahin niemand gekümmert hatte. Die Jesuiten bauten Schulen und verbreiteten die Gegenreformation schon unter den Kindern. Sie spähten nach

Begabungen, gleichgültig, ob diese in ärmlichen Verhältnissen lebten oder aus dem wohlhabenden Bürgertum kamen, bei dem die Jesuiten übrigens die wenigsten Erfolge erzielten.

Denn die Welt hatte sich durch Cristoforo Colombo und Magellanes nicht nur geweitet, sie hatte sich auch gewandelt. In die dicken Köpfe der hansischen Kaufleute war nach und nach ein wenig von jener Glut eingesickert, die aus den italienischen Handelsstädten und aus den spanischen und portugiesischen Schiffahrtszentren ein Netz der Weisen, des Warenverkehrs und der Erschließungen geknüpft hatten, das Netz, das seit Römerzeiten in den Händen von Arabern, Juden und Syrern gewesen war, mit ein paar Griechen und Maltesern als Mittelsmännern. Der Christenmensch hatte ja keine Zinsen nehmen dürfen! Der verdiente Taler brannte im Handteller der Frommen als Unterpfand der Sünde, und der spanische Hidalgo von höchstem geistigen Rang wie Miguel de Cervantes-Saavedra verhungerte in seiner Finca, weil es dem Adel nicht gestattet war, anders als im Staatsdienst oder in der Verwaltung seinen Lebensunterhalt zu verdienen. An Geld und Gold haftete das Odium der Sünde und der Höllenangst, und es gab im Abendland, zumindest in seinem offenbaren, für alle sichtbaren Leben, nur zwei Ausnahmen von diesen vielfach geschriebenen und noch unbarmherzigeren ungeschriebenen Regeln – eine heroische und eine geduldete. Die heroische Ausnahme billigte dem meernahen französischen Adel, also den Familien der Normandie und der Bretagne, das Recht zu, Reeder zu werden, Schiffe zu bauen, Kaperfahrten durchzuführen und Kolonien zu gründen. Und die geduldete Ausnahme, das waren im ganzen alten Europa die längst über den kleinen Kontinent verstreuten Juden in ihren Gemeinden. Es hatte begonnen, als es die Christen und das Gebot, keine Zinsen zu nehmen, noch gar nicht gab. In der Handelsgeschichte des Altertums, die auf den Römerstraßen vom Hadrianswall bis zum Niger ein halbes Jahrtausend lang erstaunliche Beispiele vom Einfallsreichtum und von den Wagnissen einzelner Händler verzeichnet, finden sich die ersten Fernhändler großen Stils als der jüdischen Religion zugehörig beschrieben. Hundert Jahre lang unterschieden die römischen und griechischen Historiker nicht immer zwischen Juden und den frühesten Christen, aber es wird doch deutlich, daß die kühnen Großorganisationen des Sklavenhandels nur mit dem Scharfsinn und dem logistischen Ingenium der Juden funktionierten; Kaiser Otto der Große empfing einen jüdischen Sklavenhändler, der sich einen arabischen Namen zugelegt hatte, und ließ sich von ihm über die Verhältnisse östlich der Elbe berichten (es reiste sich im zehnten Jahrhundert am einfachsten als Araber, diese nämlich fanden eine ausgebaute Welthandelsorganisation mit einheitlichem Recht und allgemein verständlicher Sprache vor).

Als Ibrahim Ibn al Jakub, wie er sich nannte, in Mitteldeutschland von den Wikingern erbeutete Mädchen und junge Männer ankaufte, um sie ins arabische Spanien zu bringen, wo die Herren von Cordoba und Granada einen großen Bedarf an Palastpersonal hatten, ließen sich die ersten Juden in Prag nieder, der einzigen bedeutenden Handelsstadt, in der dieser Menschenhandel nicht verboten war und in der die Beteiligten sich treffen konnten (gebilligt hat ihn die Kirche auch in Deutschland nicht; man lese dies bei Thietmar von Merseburg nach, aber da einige hohe Herren an den Sklavenzügen verdienten, blieb Prag als Begegnungszentrale ebenso unangetastet wie Verdun als Hauptumschlagplatz).

»Reisende jüdische Geschäftsleute trieben im neunten und zehnten Jahrhundert in Prag und Böhmen Handel – sie kamen und gingen mit Wagenzügen und verkauften Gewürze, Seide und andere Luxuswaren an den Adel, die höhere Geistlichkeit und den Hof, um umgekehrt aus dem slawischen Osten Sklaven, Waffen, Lederwaren und Bienenwachs in den Mittelmeerraum und in den Orient zu exportieren. Die verläßlichsten Hinweise auf die Geschäfte jüdischer Händler, die auf den Märkten eine führende Stellung einnahmen, sind in der sogenannten Zollordnung von Raffelstetten von etwa 905 zu finden, welche den Verkehr zwischen Ostfranken, Böhmen und dem Großmährischen Reich regelte.«

Was hier gesagt ist, kann nicht beanspruchen, wirklich neu und überraschend zu sein; es stammt von keinem Mittelalter-Historiker und noch weniger von einem Alchemisten, sondern von Peter Demetz, dem bedeutenden Germanisten, der die schweren Schicksale seiner böhmischen Heimat von Amerika aus verfolgte und nun, als Emeritus, sich mit Eifer und Liebe über die Themen beugt, die ihm das Glück der Heimkehr bereiten. In dem Buch ›Prag in Schwarz und Gold‹ spricht er, obwohl er die Bezeichnung nicht sonderlich liebt, vom »magischen Prag«, vom Mythos dieser einzigartigen Stadt, und mußte feststellen, daß bei seiner Wiederbegegnung mit Prag nach dem Fall des Eisernen Vorhangs niemand von Masaryk oder von Stalin sprach, sondern daß die Themen des heutigen Prag der geheimnisvolle Rabbi Löw und sein Geschöpf, der Golem, sind. Das Mysterium der Stadt hängt auf das engste mit seiner alten Judengemeinde zusammen, und Autoren verschiedener Nationen haben sich in den letzten Jahren in dem Bemühen vereint, den Rätseln der Goldenen Stadt auf den Grund zu gehen: Slawisten wie Karel Krejci, der Italiener Angelo Maria Ripellino (*Praga magica*) oder Josef Wechsberg, Österreicher aus Mährisch-Ostrau und 1983 in Wien verstorben (*Prague, the mystical city*).

Es war eine besondere Konstellation, die das Wachstum und die Eigenart der Slawenstädte begünstigte: Die Vielgötterreligionen der Ostseeslawen waren bunt und wild, aber sie waren tolerant. In den Hafenorten an der Ostsee und den Umschlagplätzen an den großen ostmitteleuropäischen Flüssen hatten die Moskowiter und andere Händlergruppen ein primitives, aber klaglos funktionierendes Niederlagsrecht für Waren aus allen Himmelsrichtungen durchgesetzt, und wenn die Ware sicher war, dann war es auch der Kaufmann. Das schnelle Anwachsen des Warenumschlags außerhalb der christlichen Handelsgebiete ergab sich daraus, daß sich keiner der reisenden Händler um die Ankömmlinge anderer Nationen, Rassen und Religionen kümmerte. Die örtliche Obrigkeit mußte nur bei einem Streit, bei Trunkenheit, bei kriminellen Vorfällen eingreifen, sonst war der Händler, gleichgültig, woher er kam, unantastbar. Die wenigen christlichen Missionare, die sich in diese pulsierenden Städte wagten, berichteten verblüfft von Warenumsätzen, dicken Geldbeuteln, großen Herren in Pelzen und von ganzen Scharen von Sklaven, sofern sie nicht bei unvorsichtigen Versuchen, diese selbstzufriedenen Kiezbürger zum Christentum zu bekehren, von Pomeranen oder Pruzzen erschlagen wurden. (Diese Siedlungen hatten, wie z. B. das slawische Liubice, Vorgängerstadt von Lübeck, Tausende von Einwohnern, aber die NS-Geschichtsschreibung sprach den Slawen die Fähigkeit der Stadtgründung mit dem Hinweis auf das fehlende Statut römischen Rechtes ab.)

Prag sonnte sich in der Sünde und wurde immer reicher. Der Chronist Cosmas von Prag überliefert uns ein böses Sendschreiben der Fürstin Wirpirk, Gemahlin des Konrad von Brünn, an den Herzog von Prag. Sie verwahrt sich gegen seine Plünderungszüge nach Mähren mit der Begründung, er habe doch ohnedies allen Reichtum, den man sich nur wünschen könne, in den Kassen der Prager Judenschaft bei der Hand, ja in seinem Eigentum (da die Juden geschützt, aber unfrei waren). Wenzel II. wird später diesen nicht sehr menschlichen Rat befolgen, obwohl sein Vater, Ottokar II., ein umfassendes Judengesetz zum Schutz dieser für die Fürsten so nützlichen Minderheit erlassen hatte.

Obwohl man sich heute auf dem alten jüdischen Friedhof in Prag nicht mehr so frei zwischen den Gräbern bewegen darf wie noch vor einigen Jahren, obwohl nicht Heydrich und nicht Himmler die alte verwinkelte, kaum passierbare und schlecht durchlüftete Judenstadt radikal saniert haben, sondern – in bester hygienischer Absicht – Kaiser Franz Joseph I., weht uns das alte Geheimnis dieser Stätten an, nicht nur in der Altneusynagoge, der ältesten Europas, nicht nur vor dem angeblichen

Grabstein des Rabbi Löw. Prag ist nach dem Prinzip des menschlichen Gehirns konzipiert mit seinem Gewirr von winkeligen Gassen, dunklen Wegen, düsteren Toren und Durchhäusern, die alle irgendwohin führen oder auch nirgendwohin. Das steht nicht bei Kafka und nicht bei Meyrink, sondern in Francis Marion Crawfords Schauerroman ›Die Hexe von Prag‹, für dessen Vorstudien an Ort und Stelle der sprachbegabte und vielreisende Autor sogar Tschechisch gelernt hatte, und mit diesem Vergleich sind wir eigentlich schon mitten in der bis heute populärsten aller Prager Sagen und Geschichten, in der Legende vom Golem, einer Lehmfigur, die durch die Kraft des besonderen jüdischen Verstandes zu Frankensteinschem Leben erweckt und zum Diener des großen Rabbi Löw ernannt wird.

Juda Löwe ben Bezalel (etwa 1525–1609) wurde den Prager Juden in einer besonders schweren Zeit geschickt. 1541, im Todesjahr des Paracelsus, war die Stadt von einem verheerenden Brand heimgesucht worden; selbst die imposante Burg, der Hradschin, war beschädigt, wertvolle Archive verbrannt, und ein Verdächtiger, ein Jude, hatte auf der Folter gestanden, der Brandstifter gewesen zu sein. Es kam zu dreißig Jahren vielfacher Not, in der die Fürsten das große, blutige Pogrom nur durch ein Ausweisungsgesetz vermeiden konnten, und erst 1571 zeigten sich Maximilian II. und seine Gemahlin Maria in einem festlichen Zug durch die Prager Judenstadt, in die Vertriebene und Überlebende wieder hatten einziehen dürfen.

Die Belebung der toten Materie – und was könnte toter sein als ein Batzen Lehm – zählt zu den höchsten Zielen der alchemistischen Forschung, weil nur der »Stein der Weisen« den Adepten ermächtigt, die Grenze zwischen Leben und Tod zu überschreiten. Die große Judengemeinde der Stadt Prag hatte schon unter Kaiser Karl IV., dem Luxemburger, vom Aufblühen der Stadt in Handel, Kunst und Kultur stärker profitiert als die christliche Bevölkerung. Später hatten dann Kaiser Ferdinand I. und sein Sohn, Maximilian II. den österreichischen Zweig der Habsburger, Europas erster Familie, aus der Abhängigkeit von

Spanien gelöst. Während in Wien spanische Elemente, gleichsam Inseln besonderer iberischer Traditionen, zurückblieben, begann in Prag das eigene Leben, in dem die Stadt nicht nur an die Renaissancestimmung Karls IV. anknüpfte, sondern auch an ihre ureigene heidnisch-slawische Frühzeit.

Brände waren neben den Seuchen die schlimmsten Katastrophen der gesamten Stadtgeschichte bis an die Schwelle des zwanzigsten Jahrhunderts, als die maschinelle Bekämpfung von Feuersbrünsten möglich wurde. 1541 war von den Prager Stadtteilen vor allem die Kleinseite heimgesucht worden, ein Stadtteil, in den nach den Hussitenunruhen vor allem deutsche Handwerker, Bürger und Hofbeamte eingewandert waren und ihn wiederaufgebaut hatten. Es war trauriger Brauch in ganz Europa, für Heimsuchungen jeder Art Minderheiten verantwortlich zu machen und durch ihre Bestrafung die eigene Not und Betroffenheit vergessen zu lassen. Es ging dabei nicht immer um die Juden, es wurden auch Wohn- und Geschäftsviertel von Griechen oder kampierende Zigeuner überfallen; aber bei den Juden kam hinzu, daß bei ihnen etwas zu holen war und daß man unter dem Vorwand der Vergeltung Gläubiger und Geldverleiher töten konnte.

Während das kleine jüdische Volk betete, sprachen die Großen, die reichen Juden, bei den Fürsten vor, und diese milderten meist gegen gutes Geld die Maßnahmen, die der Volkszorn forderte. Das wiederholte sich zwischen Speyer im Westen und Wolhynien im Osten immer wieder und in hundert Formen, denn es ging ja noch nicht um den simplen, auf den Rassenwahn begründeten Antisemitismus, sondern um eine uralte Aversion, in der zunächst viel Furcht mitschwang, dann die Gier und schließlich auch der eigene Christenglaube und Jesu Tod am Kreuz. Dies alles brach in Katastrophen auf, galten die Juden doch schon seit hellenistischer Zeit, also in den letzten vorchristlichen Jahrhunderten, als Wissende, die über Zauber geboten und besondere Macht hatten. Wer Städte in Brand stecken kann, vermag auch Krankheiten auf ein Volk herabzurufen oder eine große Dürre, wie einst, als die Ägypter durch die sieben Plagen heimgesucht wurden.

Das, was den großen christlichen Nationen oft übel ausging, das plötzliche Auftauchen eines Retters aus dem Nichts, aus Korsika oder aus Orléans, wandte sich für die Juden zum Heil der bedrohten Gemeinden, und so kam – über das Jahr ist die Historie uneins – in den Jahren schlimmster Bedrängnis der Prager Juden der Landesrabbiner von Mähren, der auch Rektor einer Talmudschule war, in die geprüfte Stadt Prag. Stimmt das Geburtsjahr 1525, so müßte er ein junger Rabbi gewesen sein, um bald nach dem Brand und vor der Versöhnung von 1571 einzutreffen; stimmt es aber, daß er im Jahr 1609 im Alter von 104 Jahren gestorben sei, dann war er im besten Mannesalter, als er ein kleines Haus in der Breiten Gasse bezog und seine Lehrtätigkeit in der Klaussynagoge aufnahm. Als nun Frauen seiner Gemeinde zu ihm kamen und ihm von ihren Ängsten berichteten, daß sich das große Osterpogrom aus dem vierzehnten Jahrhundert wiederholen könne, versprach der hohe Rabbi, den Prager Juden einen Beschützer zu erschaffen, das heißt, er griff auf eine uralte ägyptische Vorstellung zurück, daß aus dem Element Erde in feinster und reinster Gestalt (also nicht aus irgendwelchem Staub) mit Hilfe der anderen drei Elemente ein besonderes Wesen mit übermenschlichen Fähigkeiten und Kräften erschaffen werde könne:

»Nicht ganz mit Unrecht hat man die außerhalb des Judentums weitverbreitete Vorstellung von lebenden Statuen mit dem Kreis der Golemsage in Verbindung gebracht. Parallelen, mit denen freilich nur das rein Magische, nicht die tellurischen Elemente in diesen Traditionen überhaupt getroffen werden. In den in dieses Gebiet schlagenden jüdischen Überlieferungen tritt vor allem ein Motiv auf, das zweifellos mit manchen Formen der Golemsage zusammenhängt: die magische Belebung durch den Gottesnamen.«

Gershom Scholem führt uns mit diesem Zitat aus seinem Buch über die Kabbala und ihre Symbolik zum Kernmotiv der

Sage. Rabbi Löw, sein Sohn und sein Schwiegersohn machten sich zu dritt an die Erschaffung des Golems, jeder stand dabei für ein Element, und der reine Lehm aus einem Hügel bei Prag erbrachte das vierte Element. Sie waren zu dritt weggegangen, sagt die Sage, und kehrten zu viert heim, wobei dieser vierte der sorgfältig aus Lehm geformte Golem war, dem ein Pergamentröllchen mit der kabbalistischen Zauberformel im Mund steckte und ihm Leben gab und soweit auch Verständnis, daß er Befehle vernahm und ausführte. Die tellurische Kraft des Denkens und Sprechens jedoch besaß er nicht. Da die Tora sagt, daß man heilige Gefäße nicht für unheilige Dienste verwenden dürfe, ging dies alles, die tägliche kräftige Hilfe durch den Golem, nur so lange gut, bis Perla, die Frau des hohen Rabbi, dem Golem befahl, Wasser zu holen: Er ging und lief und holte und goß aus, und als der Rabbi zu Hilfe geholt wurde, schwamm die halbe Judenstadt, und der Rabbi mußte seinem Geschöpf eilends das Pergamentröllchen aus dem Mund nehmen, worauf die Lehmfigur zu Boden fiel und zerbarst.

Das ist eine der vielen Versionen der zahlreichen Golem-Sagen, die aber wiederum nur einen Teil des Rabbi-Löw-Sagenkreises bilden. Denn wer künstliche Menschen erschaffen kann, dem steht auch das Gold zu Gebote, denn das große Arkanum ist unteilbar. Nächst dem Golem ist darum das Gold das häufigste Motiv in den Gegenden rings um die Prager Judenstadt. Die Sagen sind zum Teil so bizarr, daß sich die Ursprünge nicht mehr ermitteln lassen, zum Teil aber auch dem jüdischen Leben im engen Ghetto ganz nahe. So wird eines Tages der hohe Rabbi von Kaiser Rudolf II. selbst zum Richter angerufen wegen eines Sackes von Goldstücken, auf die sowohl ein Trödler als auch ein Metzger Anspruch erheben. Löw ben Bezalel bat den Kaiser, einen großen Topf bringen zu lassen, mit Wasser zu füllen und zum Kochen zu bringen. In das wallende Wasser schüttete der Rabbi dann die Goldstücke, denen dies ja nichts anhaben konnte, ließ das Feuer löschen und betrachtete dann die Wasseroberfläche, auf der sich ein deutlicher Fettfilm gebildet hatte. »Eure Majestät«, sagte der Rabbi und verbeugte sich, »da es zwei Juden sind, um die es geht, habt Ihr gestattet, daß der Rabbi Recht spricht. Nun seht bitte diese Fettschicht über dem Gold. Sie stammt von den Händen des Metzgers, denn ein Altkleiderhändler hat kein Fett an den Händen. Der Dieb ist also der Metzger.«

Da man dem Kaiser vorwarf, allerlei Gelichter an Pseudogelehrten in die Stadt zu rufen, fürchteten die eifrigsten Händler der Stadt, also die Juden, nichts so sehr wie falsches Gold, in irgendeinem düsteren Laboratorium zusammengebraut. Ein reicher Jude hatte sich die Zähne dabei ruiniert, daß er auf die Münzen biß, um echt und unecht zu unterscheiden, und hatte darum einem Jahrmarktsartisten einen mächtigen Affen abgekauft, der mit seinen kräftigen Zähnen auf zweifelhaften Münzen herumbiß, bis er eines Tages aus unerfindlichen Gründen starb. Man schnitt dem Tier, das viele Prager noch nie gesehen hatten, den Leib auf, und heraus purzelten kiloweise Münzen jeder Art, weil der Affe offenbar nicht nur auf sie gebissen, sondern nicht wenige auch verschluckt hatte.

Eines aber wird aus all diesen Geschichten, ob sie nun vom Rabbi Löw handeln oder von den Prager Juden im allgemeinen, immer wieder auf eine überraschende Weise deutlich: Der Kaiser, der am 7. September 1575 erst dreiundzwanzig Jahre alt im herrlichen Veitsdom zum König von Böhmen gekrönt worden war, hielt auf eine Weise Verbindung zu den Großen des Ghettos und zur Prager Judenschaft, wie dies vor ihm kein Herrscher getan hatte und wie es auch in Wien oder Rom oder Madrid nie gesehen worden war.

»Der Hof Rudolfs stand in- und ausländischen Einflüssen offen. Ein Beispiel eines solchen Nebeneinanders von Kulturen innerhalb Prags ist das Verhältnis zum Judentum, mit dem der Hof Rudolfs in direkten Kontakt kam. Als Hauptgläubiger der Regierung und als Unternehmer spielten die Juden zu dieser Zeit eine wichtige Rolle in der Wirtschaft Böhmens. Auch ihre große Zahl spricht für eine relative Toleranz und dokumentiert den Pluralismus in Osteuropa. Das jüdische Ghetto in Prag war nicht nur eines der größten in Europa, sondern auch eines der kreativsten: Es war offen für die Wiederbelebung des jüdischen Mystizismus, der auch christliche Zeitgenossen anzog. Auf der anderen Seite verstanden hier einige jüdische Denker – lange vor Glaubensgenossen, die anderswo lebten – die Bedeutung der Renaissancekultur für ihre eigenen geistigen Traditionen.«

R. J. W. Evans, von dem diese Zeilen stammen, hat Rudolf II. und seine Zeit in verschiedenen zumeist in Oxford erschienenen Werken studiert und spielt mit seinen letzten Sätzen insbesondere auf David Gans (1541–1613) an, den in Lippstadt geborenen, hebräisch schreibenden Gelehrten, der, nach Prag berufen, als erster deutscher Jude exakte Wissenschaften betrieb, allem voran Astronomie und Mathematik, was zu freundschaftlichen Beziehungen zu Johannes Kepler und Tycho de Brahe führte. Er war keineswegs der einzige bedeutende Mann, den der Kaiser, so jung er war, nach Prag berief, sehr zum Unwillen vieler seiner österreichischen Ratgeber und seines Bruders Matthias. Eine zeitgenössische Beschwerde, die wir in gemildertem Original-Deutsch wiedergeben, wagte in absolut unhöfischer Deutlichkeit den Umgang des vorurteilslosen und wißbegierigen Monarchen wie folgt zu rügen:

»So ist wohl zu bedenken, wieweit Ihro Majestät kommen werden, daß Sie von Gott ganz und gar verlassen keinen Einspruch nicht hören noch dergleichen leiden noch dulden wollen, danebens aber nur Zauberer, Alchimisten, Kabbalisten und dergleichen kommen lassen und diesbezüglich keinerlei Unkosten scheuen, damit Sie die Geheimnisse wissen und ungebührlich mit Ihren Freunden zum Widerstand gegen den Glauben gebrauchen könnten.«

Da dem Schreiber dieses Protestes bei der Abfassung nicht ganz wohl war, ist das Ganze auch nicht sonderlich klar geworden, aber das Unbehagen gegen Fremde, seien sie nun Künstler oder Gelehrte, hatte schon andere Monarchen viele Sympathien gekostet; selbst Peter der Große wurde, als er noch Jahrhunderte später in einem aufgeklärten Europa deutsche und französische Fachleute nach Petersburg holte, von weiten und einflußreichen Kreisen des eigenen Adels dafür verurteilt.

Rudolf forderte die Kritik heraus, weil die Prager ihn nicht verstanden. Er war in Spanien aufgewachsen, wie viele Habsburger, er war in den Sprachen und Kulturen des Abendlandes bewandert, sprach aber nur die paar Worte Tschechisch, die bei Zeremonien gesprochen werden mußten. Er heiratete nicht, so daß man einen Hofstaat mit Familie und Prinzen hätte beobachten und bewundern können, und hatte von verschiedenen zum Teil sehr eindrucksvollen Mätressen nicht weniger als sechs Kinder, wozu sein Anblick und sein Auftreten kamen: »Er hatte sehr blitzende Augen, unter dickbewachsenen finstern Augenbrauen und ein so majestätisches Ansehen, daß öfters Gesandte, die an vielen Höfen ihre Geschäfte glücklich ausgeführt hatten, bei den Audienzen verstummten und nur mit Mühe durch sein leutseliges Zureden wieder in die nötige Fassung gebracht wurden«, eine Äußerung des Höflings Franz Christoph von Khevenhüller, die eine von verschiedenen möglichen Erklärungen für die Schwierigkeiten liefert, die sein Volk, aber auch die über ihn urteilenden Zeitgenossen mit diesem Monarchen hatten.

Auf die Probleme der Gegenseite weist Evans hin, wenn er betont, daß Böhmen mit seiner überwiegend tschechisch sprechenden Bevölkerung für Rudolf und seinen Hof eine Begegnung mit exotischen Verhältnissen bedeutete. Gewiß, der heidnische Umschlagplatz Prag war inzwischen eine christliche Stadt, aber sie war von Menschen bevölkert, die man nicht verstand, deren Idiom in die östliche Welt wies, die zwischen 500 und 1500 kurzerhand über einen Kamm geschoren wurde, nicht zuletzt wegen der exotischen Auftritte der moskowitischen Gesandtschaften mit Tausenden von Eichhörnchenfellen und Pelzen und anderen Kuriositäten. Angesichts einer Konfrontation dieser Art müssen Legenden und Gerüchte entstehen, muß das Magische, Verwunderliche, Absurde für naheliegend und wirklich gehalten werden, nicht zuletzt, weil Prag eben seit Jahrhunderten an den Kreuzwegen in eine unbekannte, geheimnisvolle und unergründliche Welt lag.

Warum Rudolf nicht in Wien residierte, warum er auch vor dem Ausbruch seiner Magenkrankheit und den daraus zu erklärenden melancholischen Zuständen nicht die große, helle Stadt an der Donau als Residenz erwählte, wird meist mit der Türkengefahr erklärt, und tatsächlich waren ja die Türken zweimal nahe an Wien herangekommen, 1526, als sie die Ungarn bei Mohacs an der Donau gegenüber der Margareteninsel besiegten, und zum zweitenmal 1529, als nur eine Reihe glücklicher Umstände die Türken vor Wien scheitern und wieder abziehen ließen. Rudolf herrschte ja nicht nur über die österreichischen Länder, er war Kaiser eines Reiches, das sich von Norditalien bis zur Ostsee erstreckte, und da lag Prag mit den Straßen nach Sachsen und Schlesien ungleich günstiger als die Donaustadt.

»Schließlich erwählt er Prag zu seiner Residenz und machte die Stadt zum Wunder seiner Zeit. Denn er legte in selbiger große Tiergärten, botanische Gärten, Naturaliensammlungen und Kunstkammern an und zog durch Belohnungen und Jahrgelder die berühmtesten Gelehrten, Maler, Sänger und andere Künstler an seinen Hof ... Er verwandte sehr große Summen auf kostbare Gemälde, chymische Untersuchungen, Uhrwerke, astronomische Werkzeuge und Edelgesteine und unterhielt einen Briefwechsel mit vielen Gelehrten und neugierigen und gereisten Leuten, die seine Wißbegierde befriedigen konnten.«

Die Kenntnis dieses Textes und viele bislang unbekannte Fakten aus dem geheimen Leben dieses selbst innerhalb der bizarren Habsburgergeschichte einzigartigen Monarchen verdanke ich Dr. Christian Sapper, Direktor des österreichischen Staatsarchivs und Sohn des unvergeßlichen Poeten Theodor Sapper, dem buntesten Vogel in der Szene der Strohkoffer-Bohème. Wir mußten allabendlich lange auf ihn warten, denn er verdiente sich ›ein paar Wetsch‹ (etwas Geld) als Feuerschutzmann im Wiener Burgtheater und konnte erst nach der Vorstellung zu uns stoßen. Sein Sohn geht in einer vom ersten bis zum letzten Wort sensationellen Untersuchung der geheimen Doppelexistenz Rudolfs II. nach (›Kinder des Geblüts. Die Bastarde Kaiser Rudolfs II.‹).

Nirgendwo in neuerer Zeit hat die Alchemie eine solche Aufwertung erfahren wie am Hof Rudolfs II., nirgendwo hat es seit der hochmittelalterlichen Blüte der Pariser Universität eine solche Ballung von Gelehrsamkeit, eine so intensive Förderung des einzelnen und der Gelehrtengruppen gegeben wie in Prag in der zweiten Hälfte des sechzehnten Jahrhunderts, und das alles unter dem drohend aus Rom, Wien und der Steiermark heraufziehenden Gewitterwolken der Gegenreformation. Rudolf war wegen seiner guten Beziehungen zu beiden religiösen Lagern in Rom schlecht angeschrieben, was sich aber nicht unmittelbar auswirkte, da der religiöse Streit ja überall in Europa brannte. Als im August 1572 – Rudolf war eben zwanzig Jahre alt geworden – in der Pariser Bartholomäusnacht in der Hauptstadt etwa viertausend und in den französischen Provinzen Tausende weiterer Protestanten (Hugenotten genannt) in wohlorganisierten nächtlichen Überfällen abgeschlachtet wurden, feierte Papst Gregor XIII. das blutige Ereignis mit einem *Te Deum* und mit Dankgottesdiensten. Sein Nachfolger Sixtus V. hatte mit dem Räuberunwesen im Kirchenstaat so viel zu tun, daß ihn Prag nicht interessieren konnte (nach Tausenden von Hinrichtungen und schwersten Strafen für die adeligen Hintermänner der Briganten war das Gebiet des Kirchenstaates so nachdrücklich befriedet wie nicht mehr bis hin zu Mussolini). Danach kamen drei Päpste, die jeweils nur einige Monate regierten. Und Klemens VIII., ein Aldobrandini mit glanzvoller Hofhaltung, hatte mit dem Ketzerkönig Heinrich IV. von Frankreich und dem Alchemistenkönig Jakob I. von England und Schottland so viel zu tun, daß er die Habsburger sich weitgehend selbst überlassen mußte.

Tatsächlich hatte sich in Wien schon unter Rudolfs II. Vater Maximilian II. eine Gelehrtengemeinschaft gebildet, die eine Art

Stillhalteabkommen in religiösen Dingen als den Wissenschaften förderlich ansah. Es gab den Arzt und Polyhistor Johannes Crato von Crafftheim, der mit Melanchthon befreundet war, sich für die Geheimmittel des Paracelsus einsetzte und gegen Maximilians Leibarzt Bartholomäus Carrichter polemisierte, dessen ›Buch von den höchsten Geheimnissen‹ er *imperitus* nannte (unkundig, unerfahren). Eine Art alchemistischer Botanik schuf sich in bedenklichen Versuchen Charles de l'Ecluse (1525–1609), kaiserlicher Gartendirektor in Wien, geadelt und in dem Sinn ein kühner Pionier, als niemand vor und neben ihm die Botanik mit mehr Entdeckungen bereichert hat als er. (Er ging aber nicht nach Prag, sondern an die damals berühmte Universität Leiden in den Niederlanden.) Ein dritter schon in Wien zu Ansehen gelangter dieser Adepten war der Tscheche Tadeas Hajek, Chemiker und Alchemist aus einer Gelehrtenfamilie, aber gemeinsam mit Andrea Matthiolis auch in der botanischen Forschung tätig. Hajek nahm an den Krönungsfeierlichkeiten für Rudolf teil und traf bei dieser Gelegenheit den zwanzig Jahre jüngeren Tycho de Brahe – wie Zdenek Horsky meint: keineswegs zufällig. Beide Herren hatten etwa gleichzeitig einen neuen Stern im Sternbild der Cassiopeia entdeckt, zu dem es allerdings schon eine Studie des großen Kopernikus gab. »Hajek und Tycho de Brahe schlossen in Regensburg eine Freundschaft, die durch ihren Briefwechsel auch über die Jahre bis zu Tychos Ankunft in Böhmen aufrechterhalten blieb« (aus: Zdenek Horsky, ›Die Wissenschaft am Hofe Rudolfs II. in Prag‹).

Die Vereinigung der Wissenschaften, wie sie sich in Prag durch glückliche personelle Konstellationen herausbildete, ähnelt dem, was im achtzehnten Jahrhundert von der Bergbauakademie in Freiberg und vom Erzgebirge her ausgehen wird, denn Böhmen brauchte die angewandte Chemie, die Metallurgie und den Vorstoß in Richtung neuer Metallbearbeitungen, wie sie die Alchemie auf ihr Banner geschrieben hatte, für den aufkommenden Bergwerksbetrieb. Georg Agricola hatte nach ausgedehnten Reisen in Schlesien und Mähren sein grundlegendes Werk *De re metallica* verfaßt, in dem er von fünf Stoffgattungen ausgeht, den Erden, den Steinen, den Erzen, den *susti concreti* (festen Gemengelagen) und Mischungen, die er kurz *mista* nennt. Bei Albertus Magnus waren es noch drei Kategorien gewesen, bei Avicenna vier. Näher an das Gold rückte Lazarus Ercker heran, der oberste Bergmeister des Königreichs Böhmen, der auch das Münzwesen überwachte. Dessen grundlegende Arbeiten erschienen – da er ja ein Fachmann, aber kein Gelehrter war – in Prag in deutscher Sprache im Druck; verfaßt wurden sie im sogenannten wälschen Hof, in der königlichen Burg und Münzstätte zu Kuttenberg, und blieben, in verschiedene Sprachen übersetzt, für Münzen fremder Länder ebenfalls maßgebend. Man arbeitete ähnlich wie in Schwaz oder Annaberg oder im salzburgischen Hallorenwesen nach örtlich entstandenen, fachlich erprobten und für jenes Jahrhundert erstaunlich fortschrittlichen gesellschaftlichen Ordnungen, die sich allerdings um Kaiserreich und Papst herzlich wenig kümmerten. Es war eine eigene religiös emanzipierte Welt, die denn auch unter stärksten wirtschaftlichen Nachteilen für Tausende von Menschen und zahlreiche Siedlungen verkümmerte und zugrunde ging, als die Gegenreformation, das heißt die Rekatholisierung Böhmens durchgeführt war.

Prag hatte als Handelsmetropole geblüht, solange Händler und Reisende ihren Bräuchen und Konfessionen ungehindert nachgehen konnten, und es blühte nach den Unruhen der Hussiten wieder auf, als deren gemäßigte Überbleibsel, die sogenannten Utraquisten, sich mit Lutheranern und der Toleranz am Hof eines geistig hochstehenden Monarchen ebenso gut vertrugen wie mit den Juden oder völlig fremden Gelehrten, die anderswo als Ketzer behandelt worden wären.

»Diese so weitgehende Toleranz bezog sich hier gerade auch auf die Wissenschaft. Niemand wurde wegen seiner neuen, bahnbrechenden Ideen verfolgt. Kepler konnte sich in Prag bei der Weiterentwicklung des kopernikanischen Planetensystems völlig sicher fühlen. Aber auch Wacker von Wackenfels, ein Anhänger Giordano Brunos, konnte nach dessen Verurteilung und Feuertod im Jahre 1600 am Hofe Rudolfs als geheimer kaiserlicher Rat tätig sein, ohne mit irgendwelchen Repressalien rechnen zu müssen, auch nicht, nachdem Wackers Überzeugungen durch eine Unvorsichtigkeit Keplers in der Öffentlichkeit bekannt geworden waren. Prag war damals gewissermaßen ein ruhender Pol mit einem geistigen Klima, das der Entfaltung neuer, nicht traditioneller Konzepte außerordentlich förderlich war.«

So wie Zdenek Horsky (›Prag um 1600‹) die Lage an der Moldau schildert, glich sie dem glücklichen Klima etwa der Stadt Granada, wo islamische, christliche und jüdische Gelehrte so lange friedlich und fruchtbar zusammenarbeiteten, bis 1492, also etwa hundert Jahre vor Rudolf, die Truppen von Isabella und Ferdinand von Aragon im Furor der christlichen Reconquista das ersprießliche Neben- und Miteinander der Gelehrten und Studenten beendeten und die Inquisition ihr schreckliches Haupt erhob.

Die Situation war einmalig, und beinahe möchte man meinen, sie strahlte mit ihrer Fruchtbarkeit weiter durch die Jahrhunderte bis 1918. Vor dem Anbruch des blutigsten und längsten binneneuropäischen Krieges hatte Prag neben der Gelehrtenkonzentration des Hofes die Talmudschulen der Juden mit hochgebildeten Rabbinern, die beinahe alle in Deutschland, in Polen, ja sogar in Ägypten studiert hatten. Es bestand die alte utraquistische Universität weiter, die ohne viel von sich reden zu machen das hussitische Gedankengut weiterpflegte. Dazu war auch noch eine Jesuitenschule gekommen, in Sankt Klemens eingerichtet, während die kleineren Talmudschulen sich in der ganzen Judenstadt verteilten. Einen Triumph dieses Mit- und Nebeneinanders berichtet uns der jüdische Historiker David Gans in seiner Chronik vom 13. Februar 1592: Der Kaiser habe den hohen Rabbi zu sich in die Residenz geladen und dort mit ihm ein langes und vertrautes Gespräch – wie wir heute sagen würden: auf Augenhöhe und jedenfalls von gleich zu gleich – geführt. Keiner der beiden hätte nachher Auskunft über Inhalt und Gegenstände des Gespräches gegeben, doch sei es zweifellos um Geheimnisse gegangen. Peter Demetz verweist in seinem Kommentar zu diesem Bericht auf die Tatsache, daß auch die Kaiser Maximilian I. und Karl V. sich wiederholt mit Häuptern der Judenschaft über Rechtsfragen, Existenzprobleme und Bitten der jüdischen Gemeindemitglieder unterhalten hätten. Der Beichtvater Rudolfs, der vom Luthertum zum katholischen Glauben konvertierte Johannes Pistorius (1546–1608), war ein ausgezeichneter Kenner der Kabbala, der von seinen Gegnern der Teufelsbündnisse beschuldigt wurde und nach seinem Tod zweimal von einem christlichen Gottesacker ausgespien worden sei …

Solche und andere Gerüchte zeigen uns, daß der Kreis der Gelehrten, Künstler und Experimentatoren rund um den Kaiser mit Neid und Argwohn beobachtet wurde, aber auch mit simplem Mißverstehen, war die zu einem treffenden Urteil nötige Allgemeinbildung doch noch keineswegs verbreitet. Zwar gab es auf den Adelssitzen von Böhmen und Mähren kleine Bildungszentren, die dem Mangel an Schulen abhelfen wollten, und es gab reiche Familien wie die Zierotin oder die Rosenberg, die es sich leisten konnten, namhaften Lehrern verlockende Angebote zu machen. Die gräfliche Residenz Rosenberg am linken Moldau-Ufer hatte wiederholt wandernde Alchemisten zu Gast, so wie es sogar in der Stadt Prag Alchemisten gab, die aus verschiedenen Gründen gar keine Verbindung zum Hof suchten: Die alchemistische Werkstatt des Simon Hajek, Vater von Tadeas, war um 1550 in der ganzen Stadt berühmt und hatte oft wohlhabende Juden zu Gast, die sich beraten ließen. Horsky weiß zu berichten, daß in diesem Haus, also einem bürgerlichen Zentrum der verschiedensten geheimen Vorgänge, neben Goldmachern und Chemikern auch Spiritisten lebten, wenn sie auf ihren Rundreisen nach Prag gelangt waren (lange blieben sie alle nicht, weil nach der Aufdeckung ihrer Täuschungstechniken eilige Abreise angezeigt war). Im einzelnen sind für solche auch den Kaiser sehr beeindruckende Experimente Edward Kelley und John Dee bekannt. Josef von Hammer-Purgstall, einer der solidesten und allen Schmähungen abholden österreichischen Historiker, schreibt in diesem Zusammenhang über Rudolf II.:

»In mathematischen und physischen Wissenschaften bewandert, verirrte er sich in Astrologie und Alchymie. Er umgab sich mit Gelehrten ... aber auch mit Magiern wie dem Engländer John Dee, an dessen Geistererscheinungen Rudolf zuletzt wirklich glaubte, ihn und sich selbst für Zauberer haltend wie so viele Hexenmeister, die sich im sechzehnten Jahrhundert übernatürlicher Kräfte wähnten ... Dee hat dem Kaiser ein Horoskop gestellt, seine nächsten Verwandten trachteten ihm nach Thron und Leben.«

In den Jahren 1583 bis 1589, die Dee mit seinem Adlatus Kelley in Polen und vor allem in Prag zubrachte, brauchte man allerdings kein Hellseher zu sein, um zu erkennen, daß Rudolfs tatkräftiger jüngerer Bruder Matthias (1557–1619) nur auf eine Gelegenheit wartete, den Sterndeuter, Alchemisten und Spiritisten Rudolf entmündigen zu lassen und seine Nachfolge anzutreten, da Rudolf zwar mindestens sechs uneheliche Kinder und von diesen fünf anerkannt hatte, aber weder eine Ehe noch eheliche Nachkommen. Merkwürdig ist die abschätzige Beurteilung von John Dee ausschließlich wegen seiner okkulten Interessen, die ja bei so manchem bedeutenden Mann gegen Ende des Lebens auftraten. De facto war Dee (1527–1608) ein berühmter Mathematiker und Astrologe seiner britischen Heimat, in der man seine alchemistischen Neigungen zwar früh kannte, ihm aber doch sehr wichtige Ämter anvertraute. Er hatte im Trinity-College und an den Universitäten von Leuven, Brüssel und Paris mit Erfolg studiert, bezog eine Ehrenpension von König Edward VI. und bildete dreißig Jahre lang die Piloten und Navigatoren der britischen Kriegsmarine in den damals modernsten Orientierungsverfahren auf See aus. Seine mathematisch-naturwissenschaftliche Bibliothek war unter Zeitgenossen berühmt. Elisabeth I. ließ sich von ihm den günstigsten Tag für ihre Krönung berechnen und zeichnete ihn wiederholt aus, ja sie ließ sich von ihm seine mystischen Schriften erläutern. Er gab die Werke von Euklid auf englisch heraus, machte mathematische Studien auf der Insel populär und hinterließ ein hochinteressantes, freilich erst 1842 herausgegebenes Tagebuch. Was ihn aus England wegtrieb, was seine letzte bizarre Existenz als Geisterbeschwörer und Alchemist herbeiführte nach Jahrzehnten in höchst geachteten Funktionen, ist nie mit Sicherheit ergründet worden. Samuel Pepys, im Jahrhundert darauf in gleicher Bedeutung für die britische Marine tätig, erwähnt Dr. John Dee (wie die Engländer ihn nennen) mit keinem Wort. Mit Sicherheit ist John Dee aber nicht allein für Entwicklungen in und um Rudolf verantwortlich:

»Als ich gleich nach dem Feldlager zur Entsetzung von Canissa auf seinen (= Rudolfs) Willen hin per posta eilends zu ihm gereist, wie er erforderte, habe ich leider die Dinge schwer und gefährlich gefunden, weil er die meiste Zeit mit Angst und Sorgen zubringt und denen Gedanken, als wollt' man ihn umbringen, vom Regiment (Thron) stoßen. Seine Majestät trauen keinem geheimen Rat noch Kämmerer oder Diener, haben auf solchen Verdacht ihre zwei ältesten geheimen Räte, den Rumpfen (= W. S. Frh. von Wülroß) und Trautsamb (= Gf. Trautson) vom Hof geschafft. (Er) wirft und schlägt um sich, kann weder ruhig essen noch schlafen, hält sich selbst für verzaubert und nimmt zur Zeit die Kleinmütigkeit und Angst gar überhand … und hat alles ein Ansehen von echter Zauberei.«

Dies ist, unseren heutigen Sprachgewohnheiten leicht angenähert, ein Auszug aus einem Brief, den Rudolfs Bruder Matthias an seinen Bruder Albrecht nach Brüssel geschrieben hat. Die Lage war aber noch schlimmer; Rudolf hatte in seinen paranoiden Ängsten seinen ganzen Hofstaat entlassen und sich neuen Einflüssen ergeben, einem Fürsten Liechtenstein und einer Freifrau von Pernstein:

»Sie ist eine Favoritin des Kaisers und hat mit ihrer Camarilla großen Einfluß … Dabei behielt er seine gewöhnliche

Beschäftigung mit Mädchen, die selten über eine halbe Woche in seiner Gunst blieben, mit Malen, mit Anstellung chymischer oder vielmehr Goldmacher-Versuche bei ... Dabei entstand eine große Frechheit und Kühnheit bei seinen Günstlingen beiderlei Geschlechts, daß sie die Regierung zeitweise völlig an sich rissen.«

Hammer-Purgstall registriert also neben den großen Mätressen wie Anna Maria Strada von Rosberg, die elf Jahre in der kaiserlichen Gunst blieb, ein Regime der kleinen Mädchen, wie es später Ludwig XV. in seinem berüchtigten Hirschpark zu Versailles bevorzugen wird. Das Volk von Prag nimmt an diesem Treiben aber weniger Anstoß als an der Alchemie und der Zauberei, denn schon der berühmte Chronist Cosmas von Prag hatte gelegentlich der Liebesgeschichte zwischen dem Fürsten Udalrich und der schönen Leibeigenen Bozena geschrieben:

»Als Herzog Udalrich (1012–1033) einmal auf dem Nachhauseweg von der Jagd durch ein Dorf kam, sah er die Bozena, wie sie sich an einem verschwiegenen Brunnen wusch, und verliebte sich allsogleich in sie. Sie hatte einen wunderschönen Körper, ihre Haut war weißer als der Schnee, geschmeidiger als ein Schwan war ihr Leib und glänzender als altes Elfenbein ... Der Herzog ließ sie sofort zu sich bringen, löste aber seine bestehende Ehe nicht auf, da es damals jedem frei stand, zwei oder drei Frauen zu haben.«

Kapitel 36 der ›Chronik Böhmens‹ war für den Habsburger-Kaiser also noch in Kraft, Christian Sapper hat die namentlich bekannten Konkubinen und deren Nachwuchs getreulich verzeichnet, jene aber, um die sich die schönste und älteste aller Legenden rankt, die wunderschöne junge Frau des reichen Juden Meisl, scheint eine freie Erfindung zu sein. Meisl und der Kaiser kannten einander und besprachen sich oft über Angelegenheiten der Hoffinanzen, und es blieb dem großen Erzähler Leo Perutz vorbehalten, in der Episode ›Unter der Steinernen Brücke‹ das duftende Bukett aus all den beteiligten Personen zu binden: Der weise Rabbi Löw sieht den Kaiser, der ein so großes Herz für die Juden hat, dahinsiechen in Melancholie und Ängsten, und so schickt er ihm den beglückenden Traum, die wunderschöne Esther Meisl, auf das kaiserliche Lager. Eine geheime Liebe verbindet beide und beglückt beide:

»Wenn der Abendwind über den Wellen des Flusses dahinglitt, schmiegte sich die Blüte des Rosmarins enger an die rote Rose, und der träumende Kaiser fühlte an seinen Lippen den Kuß der Traumgeliebten. ›Du bist spät gekommen‹, flüsterte sie, ›ich lag und wartete. So lange hast du mich warten lassen.‹ ›Ich war immer da‹, gab er zur Antwort, ›ich lag und blickte durch das Fenster in die Nacht hinaus; ich sah die Wolken ziehen und hörte das Rauschen der Baumkronen.‹«

Die schöne Esther weiß nicht, wie sie an die Seite des kaiserlichen Geliebten gelangt ist, wie sie durch die Gassen und über die Treppen des nächtlichen Prag ging, wer ihre Schritte leitete und ob sie unsichtbar war wie die nackte Verführerin Lilith der jüdischen Sage, weil Löw ben Bezalel, der Wunderrabbi, ein Gespinst um ihre Schönheit gesponnen hat. Das späte Werk von Leo Perutz, nach seinen Worten zwanzig Jahre zu spät geschrieben, weil die Prager Freunde, die es verstanden hätten, allesamt tot waren, fand nur noch ein paar hundert Revenants als Leser, 3500 Rohbogen wurden vom Verlag gar nicht mehr aufgebunden, die Verbindung zwischen den Wundern der Vergangenheit, der Märchenstadt Prag und den Menschen von heute ist abgerissen.

Kaiser Rudolf aber, wenn wir in der Rückkehr zu ihm Trost suchen, empfing eine Strafe für sein ausschweifendes Leben, seine Schwarzkünsteleien und den Umgang mit den Abgeschiedenen in dem furchtbaren Wahnsinn, der seinen Sohn Don Julio d'Austria befiel, den vermutlich ältesten, geboren von einer »freien, ledigen und sonst ehrbaren Frau« zwischen 1585 und 1589, von der so gut wie nichts bekannt ist. Gut versorgt mit der Herrschaft Krumau, als Kind des Kaisers erklärter Liebling, wurde er aber bald zu einer argen Belastung für seine Umgebung: »Kein Mädchen war vor ihm sicher: er fiel über jene, die ihm gefielen, nicht bloß auf der Straße her, sondern drang selbst in das Innere der Häuser ein« (aus: Anton Blaschka, ›Das Schicksal des Don Julio de Austria‹).

Das stille Krumau, selbst bei Egon Schiele zur Idylle geworden, sah damals Unglaubliches, unbezweifelbar belegt in den Berichten des fassungslosen Schloßverwalters Jörg Fürst an seinen kaiserlichen Herrn, den Vater seines Schutzbefohlenen:

»Nachdem er (= Julio) längere Zeit mit der Tochter eines Baders aus Krumau zusammengelebt hatte, schlug er diese wund, fügte ihr Stichwunden zu und stürzte sie in den Schloßteich. Im Hause ihres Vaters genas sie jedoch noch einmal. Da verlangte Don Julius, daß sie zu ihm zurückkehre. Als der Vater sich weigerte, ließ er ihn einkerkern und verlangte vom Stadtrichter seine Hinrichtung. Nach fünf Wochen kehrte das Mädchen, den Vater retten wollend, zu Don Julius zurück. Der Vater kam wirklich frei, die Tochter fiel dafür ganz seiner (des Julio) Wut anheim: Nach zahllosen Messerstichen verschied sie am 17. Februar 1608. Der Leiche schnitt Don Julius die Ohren ab, zerschlug die Zähne, zertrümmerte die Hirnschale, schnitt Fleischstücke aus ihr heraus und schälte ihr ein Auge aus.«

Dr. Christen Sapper, aus dessen archivalisch abgesichertem Bericht wir dies zitieren, betont, daß der Mord nicht verheimlicht wurde, sondern ungeheueres Aufsehen erregte. Agenten aller Fürstlichkeiten berichteten darüber von einer Hauptstadt zur anderen, und die bayrischen Geheimen Räte führten in einem Gutachten für ihren Herzog Maximilian aus, der Kaiser sei »zu wenig fromm, umgibt sich mit Astrologen und Zauberern. Das schreckliche Ereignis mit des Kaisers ältestem Sohn zeigt, wohin dies führt.« Nun, es führte nicht mehr sehr weit, denn einen anerkannten Sohn eines Kaisers vor einer Juristenbank zur Verantwortung zu ziehen, wäre auch bei weniger offensichtlicher Trübung des Verstandes nicht denkbar gewesen. Don Julio bekam Hausarrest, schien aber gar nicht mehr ausgehen zu wollen. »Nach dem Mord verließ Don Julius sein

Zimmer nicht mehr«, berichtet der neue Schloßverwalter Sigmund Turnovsky von Turnstein, »zerriß seine Kleider, zerschlug das Geschirr, wusch und rasierte sich nicht mehr und bedrohte seine Diener mit dem Messer ... In seinem Zimmer lief er nur noch nackt herum und stellte sich auch so ans Fenster.« Sein Tod am 24. Juni 1609 war vermutlich die Folge eines Versuches, sich durch das Verschlingen eines harten Gegenstandes das Leben zu nehmen; es kam zu einer eitrigen Rachenverletzung mit Erstickungsanfällen. Daß der verzweifelte Kaiser seinen Sohn im Bad ermorden ließ, wie Khevenhüller berichtet, scheint damit ins Reich der Fabel verwiesen.

Es ist nicht verwunderlich, daß die verschiedenen Berichte das an sich schon scheußliche Geschehen mit weiteren gräßlichen Einzelheiten zu echten Sensationen aufblähten, so daß schließlich ganz Europa überzeugt war, solch ein Monstrum könne ein Habsburger, ein christlicher Fürst, nur gezeugt haben, wenn er in den Händen von Zauberern, Hexenmeistern oder gar des Teufels selbst sei. Namhafte Ärzte äußerten die für dieses Jahrhundert bemerkenswerte Vermutung, der Kaiser habe durch die Teilnahme an alchemistischen Experimenten das eigene hohe Erbgut geschädigt. Die Mutter als Schuldige heranzuziehen, war ausgeschlossen, da man im Unterschied zu den anderen legitimierten Kindern in ihrem Fall nur ein paar vage Gerüchte als Orientierungshilfe besaß. Roderico Alidosi, Botschafter Ferdinands I., Großherzogs der Toscana in Prag, wußte zu berichten, die Dame sei eine Baronessa (Seite 6 seiner *Relazioni*, aus: Sapper), und der kaiserliche Antiquar und Hüter der Kunstschätze, ein hochgebildeter Italiener namens Ottavio de la Strada (1550–1606), nennt sie die ›zweite Konkubine‹ Rudolfs, wußte aber zweifellos sehr viel mehr, da seine Tochter Anna Maria elf Jahre lang die *maitresse en titre* Rudolfs gewesen war und ihm zwei Kinder geschenkt hatte.

Somit blieben als mögliche oder vermeintliche Verderber des Blutes im Erzhaus nur noch die Schwarzkünstler und Chemiker, die Zauberer und Alchemisten, mit denen Seine Majestät sich schon so lange und so ausschließlich umgab. Einige von ihnen verdienen unser Interesse, ohne daß wir sie für den Wahnsinn des Don Julio Cesare verantwortlich machen möchten, vor allem, da sich bekanntlich Erbschäden meist von den Müttern auf die Kinder übertragen und die vielen anderen Kinder Rudolfs keine Anzeichen von Geisteskrankheit verrieten: Die furchtbare Krankheit, in der Regel hereditär, bleibt also das Geheimnis jener Baronessa …

Die namhaftesten Alchemisten fanden sich in Prag erst ein, als Don Julio schon erwachsen war, soweit bei seinem Geisteszustand von mentaler Reife überhaupt die Rede sein kann. Es hatte auch das auf dem Schloß fluktuierende gelehrte Publikum kaum Zugang zu den beiden Kaisersöhnen Julio/Julius und Matthias, deren Hauslehrer auffällig hochdotiert war und zweifellos die Aufgabe hatte, sie beide gegen Fremde abzuschirmen, da eine Klausur für Julius allein nicht angängig schien. Dr. Christian Sapper hat die kurze und steile Karriere dieses Hauslehrers beleuchtet, die uns beweist, daß sich der Kaiser über die Schwierigkeiten im klaren war, die das ungebärdige Naturell Julios für ihn und den ganzen Hof mit sich bringen würden, und es ist sehr bezeichnend, daß Rudolf in diesem konkreten und prekären Fall sich an keinen Magier, Wunderdoktor oder Geistheiler wandte, sondern an einen bürgerlichen Juristen mit besonderen Fähigkeiten namens Dr. Paul Kraus. Er darf sich bald ›von Krauseneck zu Urschendorf‹ nennen und ist beinahe sensationell dotiert: 600 Gulden Jahresgehalt, 2000 Gulden ›Gnadengeld‹, also eine Gratifikation ohne besonderen Anlaß! Bald sind es 800 Gulden zuzüglich 200 Gulden Spesenpauschale, wozu für eine Dienstreise nach Siebenbürgen 4600 Taler an Kosten bewilligt werden und 1605, nach fünfzehnjähriger Tätigkeit, ein weiteres Gnadengeld von 17 000 (!) Gulden, verglichen mit den Beträgen, die an andere Hofbeamte bezahlt werden, unerklärliche Summen, die man wohl als Schweigegelder auffassen darf. 1607, also nach den Krumauer Ereignissen, erhält Dr. Kraus die Zusage einer lebenslänglichen Pension von 1000 Gulden jährlich und zu guter Letzt noch einmal ein Gnadengeld von 10 000 Gulden.

»Seit 1610 kann er sich Freiherr von Krauseneck auf Statz und Holeneck nennen, und im September des gleichen Jahres geht er eine Ehe ein. Als Hochzeitsgeschenk erhält er ein Trinkgeschirr im Wert von 300 Talern. Es muß dies seine zweite Ehe sein, denn bei der Italienreise 1607/08 reist er mit seiner Frau und seinem Sohn. Seine erste Frau ist Martha, Tochter des einflußreichen Reichshofrates und kaiserlichen Geheimsekretärs Dr. Johann Barvitius« (aus: Christian Sapper, ›Kinder des Geblüts – die Bastarde Kaiser Rudolfs II.).

Dr. Kraus muß viel gewußt haben, Dinge, die keinesfalls an die Öffentlichkeit gelangen durften, denn auch als die Macht an Rudolfs ewigen Widersacher, seinen jüngeren Bruder Matthias, übergeht, bleibt Kraus unangetastet in Amt und Würden mit bestätigten Bezügen und der Ernennung zum Reichshofrat, ein Titel, dessen er sich kaum vier Jahre lang erfreuen durfte, denn im März 1617 bezeichnen die Hofakten seine Frau bereits als Witwe. Gertrud von Schwarzenfeld (Pseudonym für Gertrud de Alencar), Prager Schriftstellerin mit verschiedenen Arbeiten über ihre Vaterstadt und über Rudolf II., kennt Dr. Kraus überhaupt nicht und schreibt Don Julio eine Mutter aus der Familie de Strada zu, nach Sapper ein offensichtlicher Irrtum.

Die großen Geheimnisträger rund um den wißbegierigen Kaiser, die Astrologen, Alchemisten und Spiritisten, haben seinen Nachwuchs also gewiß nicht beeinflußt, und Don Julio scheint nach allem, was Christian Sapper und andere Forscher über die illegitimen Kinder Rudolfs herausgefunden haben, ein bedauernswerter Sonderfall gewesen zu sein, allen Erfahrungen nach aufgrund einer besonders unglücklichen Summation elterlicher Eigenschaften und einer wohl vorbelasteten adeligen Mutter. Es ist bezeichnend, daß Rudolf sich bei diesem brennenden Problem in seiner nächsten Umgebung nicht an die zum Teil doch recht namhaften Mediziner seines Kreises gewandt hat. So ist bekannt, daß er den Arzt Michael Majer in seine Dienste nahm, den in Rostock, Frankfurt an der Oder, Padua und Basel hervorragend ausgebildeten Arzt nur zu seinen alchemistischen Forschungen heranzog, in denen Majer allerdings besondere Erfolge aufzuweisen hatte und auch eine ›Literaturgeschichte der Alchemie‹ verfaßte.

Daß es die Suche nach dem Gold und dem »Stein der Weisen« war, die den Kaiser auch in Phasen stärkster privater und politischer Inanspruchnahme vor allem anderen beschäftigte, beweist die herausragende Rolle, die der polnische Abenteurer Michael Sedzimir am Prager Hof spielen durfte, wo er sich, der Sitte der Zeit folgend, Sendivogius nannte (Peter Demetz hält Sedziwój für seinen richtigen Namen). Vieles an diesem Lebenslauf ist geheimnisvoll und widersprüchlich und paßt nicht zu dem unstreitig adeligen Gebaren des weitgereisten Mannes, der mit Sicherheit ein Halbdutzend deutsche und italienische Universitäten besucht hatte. Seine deutschen Kollegen neideten ihm die Gunst des Kaisers, was nicht ungewöhnlich ist, weniger gelehrte Zeitgenossen waren jedoch von seinem Vermögen, Gold zu machen, so fest überzeugt, daß ihn eines Tages ein mährischer Ritter überfiel und versuchte, das Rezept der Goldfabrikation aus ihm herauszupressen. Der Kaiser verdonnerte den Mährer zu einer hohen Geldbuße, machte Sendivogius zum Hofrat und ließ – wie Priesner und Figalla in ihrem Lexikon berichten – auf dem Hradschin eine Gedenktafel für Sendivogius anbringen, in der lateinisch jeder Neider aufgefordert wurde, erst einmal zu vollbringen, was Sendivogius gelungen sei. Dieses Gelingen – die Verwandlung von Silbermünzen in Goldstücke – erweist den Polen als den geschicktesten innerhalb einer kleinen Armee von Schwindlern, denn nicht nur Rudolf II., sondern auch Kaiser Ferdinand II. glaubte an die Wandlungskräfte dieses Naturforschers und Chemikers.

Nach echter Habsburgerart erhielt Sendivogius schließlich von Ferdinand als Deputat zwei schlesische Güter, auf denen allerdings beträchtliche Schulden lagen, so daß der Umgetriebene, als er 1636 in seiner polnischen Heimat starb, als arm gelten mußte. Sein hochgeschätztes Werk *Novum Lumen Chymicum* (Neues Licht über der Chemie) blieb für zwei Generationen maßgebend. Noch 1702 soll es in zwölfter Auflage neu herausgekommen sein. Glauber, Thomas Vaughan und sogar Sir Isaac Newton sollen Sendivogius eifriger Korrespondenz gewürdigt haben.

Sendivogius war in eine Affäre verwickelt, die der Heidelberger Historiker Julian Paulus als frei erfunden bezeichnet, die sich aber auch in durchaus kritischen und aktuellen Darstellungen der Alchemiegeschichte wie der von Hans-Werner Schütt findet und darum hier nicht übergangen werden kann: Es geht um das Verfahren, kundige Alchemisten oder jedenfalls solche, die man dafür hielt, mit fürstlichen Willkürurteilen so lange einzukerkern und sogar foltern zu lassen, bis sie ihr Rezept der Goldfabrikation preisgaben. Selbst Rudolf II., also einem Kaiser des Heiligen Römischen Reiches, wird nachgesagt, er habe den Straßburger Goldschmied Güstenhöver nach Prag kommen lassen, wo der redliche Mann sogleich bekannte, er wisse zwar mit Gold umzugehen, verstehe sich aber nicht darauf, es künstlich herzustellen. Rudolf ließ nach einer Mitteilung, die sich sogar bei dem soliden Hermann Schelenz findet, den Ärmsten bis an sein Lebensende in einem Kerker schmachten, weil er nicht preisgeben konnte, was er gar nicht wußte. Einer der Poeten am Prager Hof, der sprachgewandte Jude Mardochai van Delle, soll sich in Versen dazu geäußert haben:

Güstenhöver:
»muß im Weißen Turme sitzen
und in großen Ängsten schwitzen.«

(Schmieder, der van Delle am ausführlichsten zitiert und auch weiß, daß Rudolf die Gelegenheitspoesien des Hofdichters illustrieren ließ, hält Mardochai für einen Italiener aus Vitri bei Mailand, doch sind die Verse van Delles so nahe am kaiserlichen Kanzleideutsch, daß diese Herkunft wohl eine der beliebten Behauptungen ist, mit denen sich wandernde Künstler den mitteleuropäischen Höfen interessant machen wollten.)

Sendivogius soll in einem besonders krassen Fall fürstlicher Willkür einen Alchemistenkollegen gerettet haben: Es ging um Alexander Setonius, auch Seton genannt, in Prag gut bezeugt und Hersteller des Arkanums, das den Kaiser von seinen Todeskrämpfen erlöst und ihm zu einem friedvollen Ende verholfen habe. Setonius soll in Crossen an der Oder (dort, wo der Bober in die Oder mündet) Christian II. von Sachsen eine erfolgreiche Transmutation in Gold vorgeführt haben (oder durch einen seiner Diener gezeigt und nur kommentiert haben). Kurfürst Christian II. wurde nur achtundzwanzig Jahre alt und muß bei dieser Vorführung mit der Unbeherrschtheit der Jugend reagiert haben:

»Um den Wundermann in seine Dienste zu zwingen, ließ ihn der Herrscher kurzerhand verhaften, und da er sich weigerte, seine Kunst auszuüben und zu offenbaren, in qualvolle Kerkerhaft werfen und foltern. Den wohl nicht ganz uneigennützigen Bemühungen eines polnischen edelgeborenen Alchemisten Michael Sendivogius gelang es, den so unmenschlich Behandelten nach Krakau hin zu retten. Hier erlag der Ärmste den ausgestandenen Qualen und den Anstrengungen der Flucht, nachdem er den Rest seiner Goldtinktur seinem Retter geschenkt. Sendivogius hatte die Eitelkeit, mit Hilfe der Tinktur nach dem Heiligenschein des Alchemisten zu buhlen.«

Soweit Hermann Schelenz in seiner renommierten ›Geschichte der Pharmazie‹, zum Teil in eklatantem Widerspruch zu anderen Quellen, die den unglückseligen Scharlatan in Basel sterben lassen, aber auch in Widerspruch zu der Tatsache, daß Krossen oder Crossen an der Oder seit 1557 brandenburgisch war und ein noch so energischer sächsischer Kurfürst dort niemanden verhaften lassen konnte.

Michael Sendivogius, über dessen adelige Herkunft immerhin Einmütigkeit besteht, hat Frau Professor Dr. Karin Figala vom Deutschen Museum in München soweit interessiert, daß sie seinen adeligen Vater Jakub in der Schreibweise Sedzimir entdeckte mit einer Gemahlin, die Katarina Pielz hieß, beide Kleinadelige aus dem Raum Krakau. Trotz aller Gerüchte, die ja wohl eine Pest des Jahrhunderts genannt werden müssen, ist an der Bedeutung dieses Alchemisten ebensowenig zu zweifeln wie an dem Rang, den seine objektiven Kollegen ihm zubilligen. Das neutralste Kriterium für die Bedeutung eines Gelehrten ist stets die Wirkung seiner Bücher. Auf seinen Forschungen über Salpeter, Salmiak und Quecksilber bauten noch mindestens zwei Generationen von Chemikern auf, da man damals eine klare Trennungslinie zwischen Alchemie und streng wissenschaftlicher chemischer Forschung noch nicht zu ziehen vermochte. Sendivogius beaufsichtigte immerhin beinahe sechs Jahre lang die kaiserlichen Bleiminen in Schlesien, das heißt, daß er praktische Kenntnisse über sein Laboratorium hinaus umzusetzen wußte, und wenn er in seine Überlegungen das Element Luft ebenso einbezog wie Sonne, Mond und Planeten, so stand er damit auf dem Boden der Weltsicht, die Trithemius und Agrippa von Nettesheim in die Wissenschaft eingeführt hatten. »Sein Konzept des Luftsalpeters gilt vielen Chemiehistorikern als Meilenstein auf dem Weg zur Entdeckung des Sauerstoffs« (aus: Karin Figala, ›Alchemie Lexikon einer hermetischen Wissenschaft‹).

Für das Spezialkapitel der Fürsten-Alchemie, die sich ja nicht auf das Einkerkern und Foltern von Alchemisten beschränkte, ist Sendivogius eine der bezeichnendsten Persönlichkeiten, weil er aus seiner Heimat Krakau, damals einem Zentrum universitärer Bildung, neben seinem Wissen auch die adeligen Umgangsformen mitgebracht hatte. Es wird berichtet, daß etwa Herzog Friedrich I. von Württemberg (1593–1608) aus dem gräflichen Haus Mömpelgard zur Herzogswürde aufgestiegen, die Unterhaltung mit dem polnischen Edelmann besonders schätzte und sich von ihm und seiner Kunst die Mittel versprach, seine äußerst aufwendige Hofhaltung auf Dauer zu finanzieren. Er hatte die erst siebzehnjährige Tochter Sibylle des Fürsten Joachim Ernst von Anhalt geheiratet, ein Anlaß zur Prachtentfaltung, die Sendivogius offensichtlich besser verstand als so mancher der württembergischen Minister …

Ein enger Freund des Sendivogius, wissenschaftlich aber durchaus selbständig, war der Paracelsus-Jünger Oswald Croll, um die Mitte des sechzehnten Jahrhunderts nahe bei Marburg als Sohn eines Bergmanns geboren, eine Herkunft, die bei vielen Alchemisten ins Reich der Minerale und Metalle geführt hat. Inmitten der oft recht bombastisch auftretenden Schar von Ärzten, Gelehrten und Scharlatanen an den deutschen Höfen ist Croll eine sympathische Erscheinung, ein Wissenschaftler von beinahe modernem Zuschnitt, der seine eigene Arbeit zunächst zurückstellte, um die unleugbaren Widersprüche im teilweise chaotischen Schriftennachlaß des Paracelsus aufzulösen. Er konnte sich dabei auf die Arbeit des gleichstrebenden Petrus Severinus stützen, widmete seine Zeit aber in erster Linie seiner ärztlichen Tätigkeit, und dies mit beträchtlichem Erfolg. Es ist zwar nicht bekannt, wovon er Christian I., den Fürsten von Anhalt-Bernburg, geheilt hatte, aber da der Fürst eine beinahe dreißig Jahre jüngere Comtesse ehelichte, mögen gewisse Überforderungen die Ursache des Übels gewesen sein. Jedenfalls gelang es Croll, in der prekären Situation ein Vertrauensverhältnis zu Christian I. aufzubauen und die Stelle eines Leibarztes als Lebensbasis zu gewinnen.

In seinen chemischen Arbeiten dominierte das medizinische Interesse über das alchemistische, aber seine Grundidee, die sogenannte Signaturenlehre, berührt sich mit der philosophischen Grundlage der alchemistischen Forschung, die ja stets die Ordnung des Kosmos und die Sinnhaftigkeit des Weltganzen im Auge hat. Die Signaturenlehre besagt vereinfacht, daß uns der Schöpfer durch die Gestalt von Pflanzen und das Aussehen von Mineralien Hinweise darauf geben wollte, wie diese natürlichen Dinge in der Heilkunde einzusetzen seien, zu welchen Gliedern und Organen sie gehören und dank dieser Zuordnung Nutzen, das heißt Heilkraft verströmen könnten. Die Lehre entsprach der im Volksaberglauben vorhandenen Bereitschaft und brachte

Croll einen besonderen Ruf in breiteren Volksschichten ein. Sie ist im Grunde reine Magie, festgestellt im alten China, bei den schamanisch lebenden Völkern des nördlichen Ostasien, ja selbst im Europa der Hallstattzeit: Das Abbild eines Gliedes oder einer Körperpartie wird besprochen und magischen Praktiken ausgesetzt in der Erwartung der Rückwirkung auf den lebenden kranken Menschen. Jahrhundertelang mußten die Ärzte bei den verschiedensten Völkern Puppen anstelle der nackten Patientin akzeptieren und an den Puppen den Ort des Leidens festzustellen versuchen. Crolls Buch trug den Titel *De Signaturis internis rerum* (Vom Wesen des inneren Bildes der Dinge) und erschien erstmals 1609 in Frankfurt am Main. Für die Pharmakologie und deren Geschichte ist Crolls Übersicht über die Zubereitung verschiedener gängiger Arzneien wichtig geworden, während manche seiner frühen Schriften wohl absichtlich dunkel gehalten waren, da er nicht auf allen Stationen seines Lebensweges mit Verständnis und Toleranz rechnen konnte.

Im Unterschied zu vielen seiner lärmenden Zeitgenossen wurde Oswald Croll einer besonderen Studie in der ›Neuen Deutschen Biographie‹ gewidmet; verfaßt hat sie Dr. habil. Claus Priesner von der Bayrischen Akademie der Wissenschaften, der als Todesdatum für Croll den 12. März 1609 angibt und als Sterbeort Prag. Croll war also einer der Ärzte, die in den letzten Lebensjahren dem Kaiser nahe waren, Rudolf II. soll Croll aber auch schon vorher konsultiert haben. Crolls *Basilica Chymica* eine noch stark von Paracelsus beeinflußte Sammlung von Rezepten mit Hinweisen auf deren Anwendung, sollte 1608 in Prag erscheinen, doch kam das Werk erst 1611 aus einer Prager Offizin in den Handel. Zdenek Horsky nimmt es zum Anlaß für die Feststellung, »Chemie und Alchemie sind in jener Zeit tatsächlich kaum voneinander zu trennen, gerade bei denjenigen, die sich auf ihrer Suche nach eigenen Wegen und einer Neubewertung alter Traditionen auf irrationalen Pfaden verloren haben. Und so ist es heute einfach noch nicht möglich, jeweils die Zuweisung zu dem einen oder anderen Gebiet – zur

Chemie oder zur Alchemie – mit letzter Konsequenz durchzuführen ... Eine vergleichbar ambivalente Beziehung wie die zwischen Alchemie und Chemie bestand auch zwischen Hermetik und Kosmologie ... war doch die Hermetik für die Kosmologie des sechzehnten Jahrhunderts vor allem durch ihre Hervorhebung der zentralen Position der Sonne im Weltall von besonderem Interesse« (zitiert nach Zdenek, *Hermeticism and the Scientific Revolution*). Der Begriff der Hermetik könnte bei näherer Betrachtung ein ganzes Buch füllen. Hermetisch wird heute gemeinhin als Synonym für ›verschlossen, unzugänglich, geheimnisvoll, schwer verständlich‹ gebraucht; man spricht selbst von sehr prosaischen, technischen Dingen im gleichen Sinn und nennt schwere Tresortüren als Mittel hermetischen Verschließens. Zugleich aber sagt Heyse in seinem gigantischen Fremdwörterbuch unumwunden, Hermetiker bedeute Goldmacher. Sicher ist, daß in das Wort der griechische Gott und Götterbote Hermes eingegangen ist, sicher ist weiter, daß die als hermetisch bezeichneten, einem beinahe halbgöttlichen Kulturbringer zugeschriebenen hermetischen Schriften in den letzten dreihundert Jahren vor Christus entstanden sind und griechisches und ägyptisches Gedankengut enthalten, von dem sich auch das christliche Mittelalter nicht zu trennen vermochte. Die Hermetik begleitet als eine goldene Fessel das abendländische Denken bis zu Agrippa von Nettesheim, Trithemius und Paracelsus; eines der letzten Beispiele für die Befreiung der reinen Vernunft von dem pantheistisch-verlockenden Brimborium des ›Hermes Trismegistos‹ (des dreimal Mächtigen) ist Tycho de Brahe auf seinem Weg zu Gott, wie Max Brod es in seinem besten Buch in Prag erarbeitet hat (ein Buch, sagt Peter Demetz, dessen Autor zwar solides Quellenmaterial benutzt hat, aber allzusehr bemüht ist, sich melodramatische Szenen auszudenken).

Eine dramatische Szene, die Max Brod sich nicht auszudenken brauchte, weil sie sich tatsächlich ereignet hat und für alle Welt sichtbare Folgen zeitigte, war ein Degenduell des jungen

Tycho de Brahe gegen einen anderen jungen Adeligen, dem Tychos geistige Überlegenheit unerträglich erschienen war: Da beide Herren einander nicht wirklich weh tun wollten, wie es sich in späteren Zeiten unter Literaten noch mehrfach wiederholte, kostete die Begegnung den Astrologen die Nasenspitze. Der Nähe zwischen Alchemie und Astronomie eingedenk, ließ sich Tycho ein goldenes Teil fertigen, das er mit einer parfümierten Klebemasse an der geeigneten Stelle befestigte.

Geht man diese bemerkenswerte Figur, ein ungebärdiges Genie zwischen verschiedenen Wissenschaften, in der gebührenden Ordnung an, muß man mit seiner Familie beginnen, denn die Brahe sind im dänischen wie im schwedischen Adel mit bemerkenswerten Persönlichkeiten vertreten und mit dem berühmten Königshaus der Wasa verwandt. Ein Neffe von Gustav I. Wasa hieß Per Brahe, lebte von 1520 bis 1580 und schrieb neben einer skandinavischen Geschichte einen Benimmführer für junge Adelige; 1561 erhielt er die Grafenwürde. Der Sohn des Historikers war neben anderen hohen Ämtern einer der engsten Berater der Königin Christine, begründete die Universität der Hafenstadt Abo (Turku) und starb 1680 auf seinem Schloß Bogesund bei Stockholm. Sein Bruder Nils war als Mitglied der Leibgarde von König Gustav Adolf am 16. November 1632 in der mörderischen Schlacht von Lützen gefallen.

In dieser Galerie untadeliger Männer und junger Helden war Tycho de Brahe (1546–1601) der erstaunliche Beweis für das plötzliche Aufblühen genialer Geisteskräfte auch in alten Familienstämmen. Er hatte in Kopenhagen, Leipzig, Rostock und Augsburg studiert, also keineswegs in den berühmten Bildungsstätten des Jahrhunderts, hatte dank eines vermögenden Onkels 1571, also erst fünfundzwanzig Jahre alt, aus einem alten Herrensitz nahe dem Familienschloß Knudstrup das Observatorium von Herritzvad gemacht und schon wenige Monate später die erste Supernova der Astronomiegeschichte entdeckt, die seit der Antike beschrieben wurde. Das war am 11. November 1572, ein neuer Stern im vertrauten großen W der Cassiopeia! Tycho schrieb darüber ein schmales Buch mit dem naheliegenden Titel *De Nova Stella*, das 1573 erschien und den noch nicht Dreißigjährigen berühmt machte.

In seinem jungen Ruhm ließ er sich in verschiedenen Städten der deutschen Länder und Italiens bewundern, kehrte aber schon 1575 nach Dänemark zurück, wo ihm sein Gönner König Frederick II. die Insel Hven mit einigen Bauernfamilien schenkte, der damals einfachste Weg, zu einem dauernden, wenn auch nicht ungeheuren Einkommen zu gelangen. An seinem Inselchen interessierten Tycho die Pachteinnahmen ebenso wie die Bauernmädchen, die als Leibeigene ihrem Herrn nichts verweigern konnten, trotz der goldenen Nase, es hätte Schläge gesetzt und Repressalien gegen den Vater wie im Fall des Don Julio auf Schloß Krumau. Tycho de Brahe soll sich tatsächlich, so klein seine Herrschaft auch war, ein eigenes Gefängnis geleistet haben, doch muß man zu seiner Ehre sagen, daß ihn das Observatorium sehr viel mehr interessierte. Seine selbsterdachten Beobachtungszentren – sie hießen Uraniborg und Stellaborg – gelten nach allgemein akzeptierter Auffassung als die Vorläufer der modernen astronomischen Zweckbauten.

Von berühmten Astrologen wurden damals und beinahe bis heute sogenannte Almanache erbeten, Volksbücher mit prophetischen Vorschauen und Ratschlägen für Gesellschaft und Landvolk, in denen es, von der Sternenkunde ausgehend, auch um Gesundheit, Landbau, Geheimwissen, Wundermittel und Goldmacherei ging. Doch waren es nicht Tychos Almanache, die ihm schließlich einen hochdotierten Platz am Hof in Prag eintrugen, sondern Rudolfs Leidenschaft für Hochbegabungen jeder Art, ob Maler, Bildhauer, Erfinder, Astronomen. Ein bizarres Genie wie Tycho de Brahe paßte prächtig zu einem Maler wie Giuseppe Arcimboldo, dem Großmeister des Manierismus, der um 1591 den Kaiser als den Beherrscher der Veränderung gemalt und ihm Kopf und Gesicht aus den verschiedensten Gemüse- und Getreidesorten appliziert hatte, ein

Verfahren, das aus heutiger Sicht unvorstellbar kühn genannt werden muß. Sein Gemälde ›Der Winter‹ zeigt einen Magier mit Alraunengeflecht als Haare, es ist pure Beschwörung, so wie die Almanache Tycho de Brahes den Einfluß der Gestirne beschworen.

1596 war in Dänemark Christian IV. auf den Thron gelangt, genauer gesagt für volljährig erklärt worden, erst neunzehn Jahre alt und gegenüber Tycho de Brahe, von dessen Jugendstreichen man in Kopenhagen noch immer sprach, weit weniger tolerant als König Frederick. Er war eine kriegerische Natur, erwarb sich zu Land und zur See einen gewissen Schlachtenruhm und ist der Held der heutigen dänischen Nationalhymne. Bei seinen Versuchen, die Leibeigenschaft aufzuheben, mögen ihn die Übergriffe Tychos auf seiner Insel motiviert haben, soll der große Astronom doch auf seinen Pachthöfen eifrig für Nachwuchs gesorgt haben. Da Christian IV. kostspielige Pläne hatte, Kriegszüge, Entdeckungsfahrten und Reformen, war eine seiner ersten Regierungshandlungen die Streichung aller Zuwendungen an Tycho, der jedoch von Rudolf II. sehr großzügig entschädigt worden sein soll. Die wichtigsten astronomischen Instrumente wurden von der Insel Hven nach Prag transportiert – in jenem Jahrhundert eine Expedition ohnegleichen –, und Kepler begrüßte die Ankunft der verheißungsvollen Gerätschaften in der Hoffnung auf nun gemeinsame ersprießliche Arbeiten mit Tycho. Er hatte jedoch die Rechnung ohne die Blase des Dänen gemacht: Sie platzte bei einem Hoffest im Oktober 1601, das der trunkene und vergnügungssüchtige Tycho nicht zwecks Erleichterung hatte verlassen wollen. Zweifellos war er auch zu betrunken, um die akute und tödliche Gefahr im eigenen Unterleib richtig einzuschätzen. Die Blase riß, und da die Chirurgen und Urologen jener Tage mit so einer durchaus lokalen Katastrophe nicht umzugehen verstanden, starb der kaiserliche Hofastronom und Magister der geheimen Wissenschaften am 24. Oktober 1601. Dank seines großen Vermögens hatte er, anders als etwa Paracelsus, rechtzeitig für die Veröffentlichung seiner Entdeckung sorgen können; sie waren in gebührender Form 1596 in Uraniborg erschienen (*Epistolae Astronomicae*, also ›Briefe zur Astronomie‹) und 1598 in Wandsbeck, heute ein Stadtteil von Hamburg. Brahe gab eine historisch ungemein wertvolle Beschreibung seines gesamten Instrumentariums, dessen Konstruktion und Verwendung als der eigentliche Beweis für die Genialität dieses seltsamen Heiligen gelten kann.

Zwei Tage nach Brahes Tod präsentierten sich Mitglieder des Geheimen kaiserlichen Rates in Rudolfs Auftrag bei dem erst neunundzwanzigjährigen Kepler, der nur eineinhalb Jahre lang an der Seite des Tycho de Brahe gearbeitet und seine Förderung erfahren hatte. Der Kaiser aber war von einem Weltbild angerührt worden, das er verstehen konnte. Tycho de Brahe hatte ihm eine kosmische Ordnung erklärt, die man heute in gewissem Sinn als Rückschritt gegenüber damals schon gesicherten Erkenntnissen ansieht, die dem von paranoiden Ängsten bedrängten Geist des alten Kaisers aber eine Rückkehr zu den vertrauten Ordnungen gestattete und dennoch die inneren Planeten, die Kometen und die Bahnen der Himmelskörper plausibel machten. Darum bot man Kepler die Nachfolge an, das hochgeachtete, im Zusammenklang mit der Astrologie und den Vorausschauen ungemein wichtige Amt des kaiserlichen Mathematicus und Hofastronomen. Kepler akzeptierte, blieb bis zum Tod des Kaisers im Jahr 1612 im Amt und hatte damit elf Jahre lang alle Muße, alle Mittel und alle Instrumente des großen Dänen, sein Werk zu entwerfen, das erste und das zweite Keplersche Gesetz.

Was nun folgt, ist nicht Ratio, sondern Magie, ja man ist versucht, von einer Art siderischer Alchemie zu sprechen, wenn man die sehr offenherzigen Bekenntisse Keplers über seine fortschreitenden Eingebungen liest:

»Warum sollte ich meine Worte anders setzen? Die Wahrheit der göttlichen Natur, die ich zurückgewiesen, ja fortgejagt hatte, war verstohlen, ja gleichsam durch die Hintertür zurückgekehrt und hatte sich maskiert, um bleiben zu dürfen ... Ich wäre beinahe zum Narren über dem Problem geworden, aus welchen Gründen ein Planet die elliptische Laufbahn vorzog ...« (zitiert nach Jean Charon, der hinzusetzt: »Endlich stellt er die Übereinstimmung fest – der Mars beschreibt wirklich eine vollkommen elliptische Umlaufbahn, deren einen Brennpunkt die Sonne einnimmt. Er generalisiert dieses Ergebnis für alle Planeten und formuliert sein Erstes Gesetz.«).

Während so in den Gehirnen zweier sehr unterschiedlicher Gelehrter und am Hof eines gegen seine Dämonen ankämpfenden Monarchen neue Welterkenntnisse reifen, während in Prag Geometrie, Mathematik, Astronomie, Astrologie und allgemeine Theorien über das Weltganze zu einer Riesenschrift unter dem Titel *Harmonicae Mundi* (Weltenharmonie) zusammenwachsen, will man in der kleinsten Stadt des Heiligen Römischen Reiches, in Weil am Rhein, die Mutter des großen Astrodenkers Kepler als Hexe auf einen Scheiterhaufen stellen, und Kepler muß aufreibende und demütigende Reisen unternehmen, um darzulegen, daß er sein Wissen nicht vom Teufel hat und seine Mutter eine ehrsame Frau ist. 1612, im Todesjahr Rudolfs II., brennen aufständische Bauern in Linz an der Donau die Druckerei nieder, die für Kepler gearbeitet hatte; er selbst kann vor dem Furor des primitiven Landvolks nur das nackte Leben retten und findet Schutz bei Wallenstein, dem großen Feldherrn, der so fest an die Sterne glaubt. Aber Rudolf, das heißt seine Schatzmeister, schulden Kepler noch 12000 Gulden, mehr Geld, als daß man darauf verzichten könnte, nur hätte Kepler nicht gerade im November losziehen sollen, den Betrag einzufordern. Aber sein Gönner Wallenstein war entmachtet, Kaiser Ferdinand tagte gerade im nahen Regensburg, doch was ist nah und was ist fern in einem kalten Spätherbst an der Donau? Fieber befiel den noch nicht Sechzigjährigen; sein Zustand schloß eine Vorsprache bei Ferdinand aus, der aber immerhin von der Anwesenheit des Gelehrten in Regensburg erfuhr und einem guten Arzt 25 Dukaten schickte, um dem Astronomen kundige Behandlung zu sichern; der Kranke aber war nicht mehr zu retten. Die Regensburger ahnten, daß sie einem Großen das letzte Geleit gaben hinaus vor das Peterstor auf einen Friedhof, dem bald darauf Kriegswirren übel mitspielten.

Sie alle, die soviel wußten und vom Himmel ablasen, hatten für sich selbst wenig tun und ihr Leben nicht um einen Tag verlängern können. Es war ein gigantisches Desaster, das mit dem Tod des Alchemistenkaisers anhob und 1618 ausbrach in einem Krieg, wie ihn der Erdteil bis dahin nicht gesehen hatte. In Prag herrschten Gier, Liquidation, Scheinheiligkeit und Betrug. Gemälde, die heute für Millionen gehandelt werden, wurden verschleudert, weil ein nackter Hintern auf ihnen zu sehen war oder eine unverhüllte weibliche Brust. Gerettet wird die Wiener Planetenuhr, von Jost Bürgi 1605 in Prag gefertigt, mit Sonne und Mond, mit Ganymed und Merkur, dem Götterboten. Hingegen wandert ein Himmelsglobus mit Uhrwerk von 1579, eine Arbeit des Gerhard Emmoser, dank der Millionen des Pierpont Morgan später über den großen Teich und steht heute im Metropolitan Museum of Arts in New York.

Mit scheuem Tritt wagten sich die Herren des ungetreuen Kaiserbruders Matthias in die Laboratorien und Alchemiekabinette des zaubermächtigen Kaisers, der zwar die Augen geschlossen hatte, aber was besagte dies schon bei einem Herrn der Transmutationen, dem Kaiser der Verwandlungen, der – wenn überhaupt einer der Mächtigen – sich den »Stein der Weisen« von den kundigsten Goldmachern der Zeit hatte präsentieren lassen, von Sendivogius, vom Rabbi Löw, von John Dee. Die Herren erblicken verständnislos in der Mitte des kaiserlichen Laboratoriums einen ungewöhnlich geformten, weil kreisrunden Herd. Sein Name klingt an die ägyptische Göttin Athor an, die Kuhköpfige, doch verbirgt sich unter dem Athanor der Alchemistenküchen nichts anderes als ein Windofen, eine Art belüfteter Kohlenturm, der seinen Dienst oft so fehlerhaft versah, daß er im Volksmund auch ›fauler Heinz‹ genannt wird. Freilich hat ein kaiserlicher Athanor seine Besonderheiten: Feuerfeste Kristallfenster geben den Blick ins Innere frei, und ein Regulierungsmechanismus gestattet, die Leistung auf vier Stufen festzufahren, dosiert nach den Schmelzpunkten für Zinn und für Schwefel und präzise ausgerichtet auf den niedrigen Schmelzpunkt für das allgegenwärtige Blei. Rundherum standen Destillierkolben, Glasballone, dazu Kupferschalen, flache Kupferbecken ... alles Gerätschaften, die schon der betrügerische Gefährte des Mathematikers Dee, der windige Edward Kelley, hier aufgebaut hatte und mit denen er so geschickt hantiert hatte, daß Kaiser Rudolf seine vorweg eingeführten Goldspuren für bare Münze nahm und Mr. Kelley, der sich zeitweise Talbot genannt hatte, in den böhmischen Ritterstand erhob. (Nach der unvermeidlichen Entzauberung eingekerkert, starb Kelley bei einem Fluchtversuch, eine auch im sechzehnten Jahrhundert nicht sehr glaubwürdige Formel.)

Einer der Unbeirrbaren war Tadeas Hajek, ein Wissenschaftler nach modernem Zuschnitt, wenn er auch nicht umhinkonnte, sich – wie erwähnt – mit den Randgebieten der exakten Naturwissenschaft zu beschäftigen. Ihm gelangen mehr Entlarvungen, als wir heute noch feststellen können, da er kein Interesse an Kerkerhaft, Folter und Hinrichtungen von Männern hatte, die ja keine Verbrecher im üblichen Sinn waren und nur zu oft fest an ihre eigenen Methoden glaubten. Schließlich wurde Hajek selbst zum Fachmann für Täuschungen und Fälschungen wie jene jedem Chemiker vertrauten Rührstäbe, in die man vorher Goldstaub praktizieren konnte; selbst die Kohlenstücke für den Athanor wurden angebohrt und mit Edelmetallen gefüllt, die dann nach entsprechenden Beschwörungen zutage traten. Die Herren Gauner waren ja nicht ohne Kenntnisse, und jene, die bis zu einer Vorführung auf der Prager Burg gelangten, mußten einen gewissen Ruf, ja sogar Empfehlungen vorzuweisen haben. Sie verstanden es, mit Dämpfen zu hantieren, die sich etwa auf Kupferplatten niederschlugen, woraufhin diese von einer Silberauflage kaum noch zu unterscheiden waren. Der Betrug profitierte von der Unzulänglichkeit der Prüf- und Kontrollmöglichkeiten:

»Die Transmutation soll dazu dienen, Gold herzustellen und nicht Silber. Also überziehen einfallsreiche Fälscher das Kupfer mit Quecksilber oder behandeln die Kupferplatten mit Kadmium, das sich als grünlicher Ruß an den Innenwänden der Öfen absetzt. Das Resultat sieht ganz so aus wie Gold. Die Talentiertesten geben Quecksilber und Kupfervitriol in einen Kupfertiegel mit Wasser. Das Kupfersalz löst sich auf, das Eisen reduziert es auf seinen metallischen Zustand, das Metall verbindet sich mit dem Quecksilber und bildet ein dickes Amalgam, das Farbe und Aussehen von Gold annimmt. Es kann gar nichts schiefgehen, es sei denn, das Amalgam würde zu stark erhitzt, wodurch es sich zersetzen müßte.«

Soweit Jacqueline Dauxois in ihrem vom französischen Ministerium für Kultur geförderten detailreichen Buch *L'empereur des Alchimistes* als Beispiel für die gebräuchlichsten Techniken, wobei zu bedenken ist, daß es für den Adepten ein Spiel um Leben und Tod war. Nicht wenige Fürsten interessierten sich nämlich ernsthaft für die Möglichkeiten der Transmutation von Metallen und der Gewinnung von Edelmetallen, und fühlten die Mächtigen sich dann getäuscht, mußten sie erkennen, daß jemand monatelang und absichtsvoll in ihrer nächsten Umgebung auf Betrug hingearbeitet hatte, dann war der Zorn größer als bei einem simplen Pferdediebstahl oder einem Abrechnungsbetrug, und die Strafen waren oft auch für jene Zeiten von absurder Grausamkeit.

Rudolf II. war zweifellos ein zügelloser Herrscher, zügellos im guten, was seine Kunstkäufe, seine Förderung von Malern und Musikern, sein Interesse für die Wissenschaft überzeugend erkennen läßt, zügellos aber auch auf dem Gebiet des Sexualkonsums, was so lange niemandem schadet, als die Beteiligten freiwillig kommen und gehen und, wie in diesem Fall, nicht einmal eine Ehefrau da ist, die gekränkt worden wäre. Nach den

Gesandtschaftsberichten waren die vielen kurzfristigen Liebschaften auf alle Stände verteilt, nach anderen hartnäckigen Gerüchten kamen die jungen Mädchen, die nur für einige Nächte im Hradschin weilten, überwiegend aus den engen Gassen der alten Judenstadt, als hätte der Kaiser eine besondere Vorliebe für die glutäugigen Geschöpfe mit den weichen Gliedern und der orientalischen Anmut der Bewegungen und in der Hingabe gehabt.

Der Tod, durch Setons Kapsel erleichtert, dürfte Seine allerchristlichste Majestät aus dem Erzhaus Habsburg weder in den Himmel noch gar in die Hölle befördert haben, sondern – wenn es derlei gibt – in das Zwischenreich der Alchemisten, die an eine geheimnisvolle, aber seit alters funktionierende Weltordnung glauben. Rudolf wird Ansprache genug in jenen Sphären gehabt haben, hatten doch edle Geister und halbirre Phantasten nebeneinander die Reise in dieses Zwischenreich angetreten: Giordano Bruno, Girolamo Savonarola, Miguel Serveto und als vielleicht unterhaltsamster der Konviven der hartnäckige Fälscher Marco Bragadino, von dem noch die Rede sein wird.

Verglichen mit Grausamkeiten und Düsternis im anbrechenden siebzehnten Jahrhundert erscheint uns der Hof des Alchemistenkaisers, ja erscheint uns das ganze dem Heidentum so spät entronnene Prag als eine Enklave der güldenen Geheimnisse und der in der übrigen Welt verlorengegangenen Toleranz. Die Manen des Renaissancekaisers Karl IV. und die Zaubersprüche des weisen Rabbiners Löw ben Bezalel walten über einer Stadt, in der wohl mit einem Fenstersturz der furchtbarste Krieg beginnt, den die Welt bis dahin gesehen hat, aber die Stadt beweist auch durch die Jahrhunderte die Fähigkeit, in ihren Mauern, Kirchen, Synagogen und Palästen mehr von dem alten geheimnisvollen Europa zu bewahren als die westlichen Metropolen, mehr sogar, als sich in der lichten Kaiserstadt Wien an guten Geistern und Adepten der Weißen Magie erhalten wird. Darum sei hier eine Episode angefügt, die uns nur in einem einzigen Brief überliefert und bestätigt ist, einem Brief über das Gold von Prag, der zweihundert Jahre nach dem Tod des Alchemistenkaisers geschrieben wurde und dessen Zentralgestalt abermals einer der alten, vornehmen Prager Juden ist:

1814, nach den Siegen der Alliierten über Napoleon und seiner Verbannung auf die Insel Elba, kamen Monarchen und Minister der kriegführenden und der interessierten neutralen Mächte im Spätsommer in Wien zusammen zu einem Kongreß, der nicht nur die durch Napoleon herbeigeführten tiefgreifenden Veränderungen rückgängig machen sollte, sondern neue, zukunftstaugliche Ordnungen in dem kleinen Erdteil zum Ziel hatte. Preußen hatte im August eine große Delegation entsandt, hatte es doch durch die Initiative des Generals Yorck von der Wartenburg und durch die Siege Blüchers nächst Österreich und Rußland das größte Verdienst an der Niederringung des genialen Korsen für sich zu verbuchen. Die Delegation führte Fürst Hardenberg; da er aber so gut wie taub war, oblag die eigentliche Verantwortung dem preußischen Staatsrat und Minister Wilhelm von Humboldt, vorher Botschafter beim Heiligen Stuhl und danach am kaiserlichen Hof in Wien. Humboldts schöne Frau Karoline, der in Rom noch die würdigsten Kardinale zu Füßen gelegen hatten, war mit den Kindern nicht nach Wien mitgereist, empfing aber trotz der intensiven Geschäfte auf dem großen Kongreß lange Briefe des zärtlichen Gatten.

»Ein großes Geschenk habe ich gestern ausgeschlagen. Seit dem Anfang des Kongresses suchten die Juden bestimmte bürgerliche Rechte zu erhalten. Ich bin dieser Sache immer geneigt gewesen. Ich weiß zwar, daß Du anders denkst, süßes Herz, aber ich habe viel ... darüber nachgedacht und bleibe meiner alten Meinung treu ... Da nun einmal die Juden im Preußischen fast alle Rechte haben, ist es für uns besser, daß diese Gesetzgebung allgemein sei, indem sonst alle Juden zu uns hinströmen. Seit einigen Wochen bemerkte ich, daß die Gönner des Judentums wuchsen, und da Gentz an ihrer Spitze stand, so war die Ursache bald klar (d. h., daß der allzeit verschuldete Friedrich von Gentz sich habe bestechen lassen). Mir geschahen bislang keine Anträge (d. h. Bestechungsversuche), aber ein alter Mann aus Prag, dessen Wesen mir ganz gut gefiel, da er nicht zu den neumodischen Juden gehört, kam ein paarmal zu mir und empfahl mir die Angelegenheit (d. h. erbat Parteinahme für die Juden) … Gestern kam nun der alte Mann wieder, dankte mir unendlich und bot mir zum Geschenk drei Ringe, Smaragden mit großen Brillanten besetzt, an mit dem Zusatz, daß wenn ich sie nicht wollte, ich über 4000 Dukaten auf seine Kasse disponieren sollte. Ich schlug die Ringe natürlich ebenso wie das Geld aus …«

Ein Brief vom 4. Juni 1815 voll von preußischen Tugenden und der unanzweifelbare Bericht über die geheimen Aktivitäten der reichen Prager Judenschaft, die begriffen hatte, daß sie die Weltstunde nutzen mußte. Der Publizist und von Metternich zum Generalsekretär des Kongresses erhobene Friedrich Freiherr von Gentz war die Schaltstelle; über ihn, der sich vor seinen Gläubigern kaum noch retten konnte, vermochten die Prager Juden zum Nutzen ihrer Glaubensbrüder eine diplomatische Delegation um die andere zu bearbeiten, so wie dies heute bei der Entscheidung über Austragungsorte Olympischer Spiele geschieht. Gentz – dem Golo Mann seine Habilitationsschrift gewidmet hat – zog alle Fäden; er hatte Humboldt eine Wohnung in seinem Haus angeboten, aber Wilhelm von Humboldt nahm auch nach den entscheidenden Sitzungen, als sich Europa bereits für eine fortschrittliche Judengesetzgebung entschieden hatte, die Prager Prämien nicht an, was die schöne Signora Umbolde, wie sie in Rom genannt wurde, möglicherweise bedauert hat.

Es ging damals und auch vorher unter den Luxemburgern und unter Rudolf II. zumindest in der adeligen Oberschicht und innerhalb der Regierungen keineswegs um Tendenzen, die mit dem Antisemitismus des zwanzigsten Jahrhunderts vergleichbar gewesen wären, und auch die abergläubische Furcht vor den Geheimlehren der Juden und ihren magischen Fähigkeiten hatte im nachnapoleonischen Europa kein Gewicht mehr. Aber der Kongreß selbst, auf dem die reichen Wiener Juden den Aufwand etwa des Zaren und ein Gutteil des ganzen Gepränges finanzierten und aus Prag große Bestechungssummen nach Wien strömten, hatte auch gutmeinende Politiker und Verwaltungsfachleute bedenklich gestimmt. Mit zum Teil rührender Naivität suchten preußische Agrarminister und österreichische Gouverneure etwa der Bukowina nach Möglichkeiten, die Juden zu ihrem eigenen Heil aus den Städten heraus aufs Land zu führen, die Judenballungen und Kapitalanhäufungen in Handelsmetropolen aufzulösen und den Anteil der Juden an intellektuellen Berufen auf ein normales Maß zurückzuführen. Nach einigen Jahren mit aufrichtigem Bemühen unternommener Versuche gab es zwar noch ein paar Juden auf den Dörfern, als Schankwirte oder Besitzer von Fuhrgeschäften oder als Pferdehändler, aber jüdische Bauern hatten sich nicht gehalten. Auch die besten Absichten vermochten einen Volkscharakter nicht zu ändern, und selbst ein Wilhelm von Humboldt, der sich in den kommenden Jahren mit den Rätseln des Baskischen, des Sanskrits und der Hieroglyphen befassen wird, stand vor dem Phänomen einer uralten sich selbst gehörenden und ihre Lehren unverwandt pflegenden Kultur in einer jener hilflosen Haltungen da, die auch der beste Wille nicht aufzulösen vermag:

»Du kannst Dir die Verwunderung des Mannes gar nicht denken, wie ich ihm ohne alle Affektation und Ziererei sagte, daß ich, was ich getan, bloß den Juden zuliebe getan hätte, daß ich nichts dafür nehmen würde, daß aber, wenn ich je in einen Fall (in eine Lage) kommen sollte, wo er mir einen Gefallen erzeigen könnte, ich ihn gerne annehmen würde.«

Da mit Rudolf II., dem Alchemistenkaiser, für das wissenschaftliche Denken das Mittelalter endete und mit den Brüdern Humboldt und einigen ihnen Gleichgesinnten die eigentliche Neuzeit der Forschung beginnt, darf hier gesagt werden, daß Wilhelm von Humboldt, Erneuerer des preußischen Bildungswesens und Begründer der Berliner Universität, am Ende seiner Tätigkeit auf dem Wiener Kongreß auch am Ende seiner Hoffnungen auf ein wirklich erneuertes Europa war. Er verstieg sich zu der allerdings nur gegenüber Karoline formulierten Überzeugung, »der vorige Krieg war das eigentlich Große und Schöne, und er ist wie ein junger und kräftiger Baum plötzlich ins Welken gekommen« (Brief vom 9. Juni 1815).

»Denn in allen Ländern hat die Jugend, die schon darum dem Volk näher ist, weil das Volk eine ewig jugendliche Masse bleibt, bessere Gesinnung. Der Verderb liegt in der undeutschen Art der höchsten Klassen, in dem furchtbaren und elenden Wesen, das man Gesellschaft nennt, in der schlaffen, nicht einmal sich wahrhaft auf Genuß verstehenden Üppigkeit der Lebensart, in der gräßlichen Leere der Köpfe und Herzen« (Brief vom 28. Oktober 1815 aus Paris).

Wilhelms jüngerer Bruder Alexander von Humboldt, der engste Verbindungen zu bedeutenden Naturwissenschaftlern wie Justus von Liebig, Gay-Lussac und anderen unterhielt, sah hoffnungsvoller in die Zukunft. Jeder der beiden Brüder hat auf seine Weise recht behalten.

Von echtem Gold und falschen Grafen

Als Monsieur Haussman, Präfekt von Paris, die drei Kilometer lange und zweiundzwanzig Meter breite Rue de Rivoli anlegen ließ, damit die berittene Polizei ungehindert ins Herz von Paris preschen könne, fielen diesem barbarischen Vorhaben Dutzende uralter kleiner und schmaler Gäßchen, Sackgassen und Impasses zum Opfer, darunter einige mit ziemlich geheimnisvollen Namen. Es gab eine Rue de la Vieille Monnaie, also eine ›Straße des alten Kleingelds‹, eine ›Straße zum Damengefängnis‹, eine ›Straße der Schriftsteller‹ (was sehr für die Stadt Paris spricht) und als einzige, die sich bis heute erhalten hat, eine hundert Meter lange Sackgasse, beginnend auf Nr. 88 der Rue de Rivoli und vor Nr. 7 der Rue des Lombards zu Ende. Dieser Cul-de-Sac, wie die Pariser wenig vornehm solchen einen Gassenstumpf nennen, heißt Rue Nicolas Flamel, ärmliche Erinnerung an einen der reichsten Männer, die jemals in Paris gelebt haben, und das will etwas heißen.

Nicolas Flamel, auch Flamell Parisiensis genannt, stammte vermutlich aus dem nahe bei Paris gelegenen, einst sehr hübschen Städtchen Pontoise, heute von tristen Hochhäusern ummauert. Sein erstes Haus stützte sich an die Kirchenmauern von Saint-Jacques-de-la-Boucherie, wo jahrhundertelang ein kurioser alchemistisch beschriebener und bebilderter Grabstein von Flamel zu sehen war; heute befindet er sich im Musée de Cluny. Eine weitere ihn betreffende allegorische Darstellung schmückte das 1407 erbaute Portal des Beinhauses am Cimetière des Innocents, ging aber im achtzehnten Jahrhundert zugrunde. Man sieht: Nicolas Flamel, das war jemand; die Stadt bemühte sich, seine Erinnerung wachzuhalten, und das nicht ohne Grund.

Von seiner Ausbildung her Notar, arbeitete Flamel dennoch als Buchhändler, was in den Zeiten vor dem Buchdruck eine beträchtliche Bildung voraussetzte. In seinem Laden saßen Schreiber und Kopisten, in einem anderen Raum von zweieinhalb zu zwei Metern hatte Flamel sein Büro, in dem sich Manuskripte in vielen Sprachen stapelten. Die Jahrzehnte vergingen. Um 1330 geboren, mag Flamel ein Vierziger gewesen sein, als er die vermögende Witwe Pernelle, auch Peronella geschrieben, ehelichte. Da sie ihm kräftig beistand, hatte er nun viel Zeit zu lesen, wie einer seiner französischen Biographen meint: zu viel. Jedenfalls suchten ihn bald seltsame Träume heim; die Stoffe und Bilder aus seiner Lektüre verließen ihn auch nachts nicht, und als er einmal um Mitternacht aufschreckte, stand ein überirdisches Wesen vor seinem Bett und überreichte ihm ein altertümlich gebundenes, sichtlich kostbares Buch. Wir würden heute eher von einem Außerirdischen sprechen, denn die kurze Ansprache des unbekannten Wesens hatte wenig Christliches: »Flamel, sieh dir dieses Buch gut an, du wirst aber nichts davon verstehen, weder du noch sonst jemand. Eines Tages aber wirst du erkennen, was vor dir noch keiner begriffen hat.«

Obwohl gebildet und mit Büchern erfahren, vermochte Nicolas dem nächtlichen Geschenk nicht mehr zu entnehmen, als daß sein Verfasser ein Jude namens Abraham sei und daß es um die Umwandlung unedler Materie in Gold gehe, das so rein sein werde wie die Seele dessen, der diesen Versuch unternimmt. Nicolas soll nun jahrelang gezögert, dann aber zur Seelenreinigung eine Wallfahrt nach Santiago de Compostela angetreten haben, also ins nordwestliche Spanien. Auf dem Weg dorthin sei er tatsächlich einem alten Rabbiner namens Abraham begegnet, denn in jenem Jahrhundert, in dem Spanien noch teilweise von den Mauren beherrscht war, gab es noch keine Judenvertreibung. Von diesem Rabbiner ließ Flamel sich in die Geheimnisse der Kabbala einweihen (womit klar wird, daß die Pilgerfahrt ein Vorwand gewesen war) und konnte nun dem hermetischen Buch seine Geheimnisse entreißen.

Sicher ist, daß Nicolas und Pernelle, kaum daß sie in ihr Haus an der Kirche von Saint-Jacques-de-la-Boucherie zurückgekehrt waren, mit bedeutenden Geldmitteln wohltätig zu werden begannen, und zwar nicht in der Art, wie fröhliche Irre ihr Geld ausstreuen, so daß nach ein paar Tagen niemand mehr etwas von dem Reichtum hat, sondern so überlegt, als leite sie tatsächlich eine außerirdische Intelligenz bei diesem Tun, das sich bis heute nachweisen läßt, also zweifellos keine Legende ist. Das Paar erwarb in kurzer Zeit etwa dreißig verschiedene Anwesen, errichtete Kapellen dort, wo der Weg zu einer Kirche zu weit und zu beschwerlich war, baute ein Hospital und ein Heim für etwa dreihundert Blinde. Vor der Porte Saint-Martin-des-Champs besaß Flamel ein Landgut, das *Le Grand Pignon* hieß, weil es einen hohen Giebel hatte. Dort fanden wandernde

Handwerksburschen eine billige Unterkunft und versorgten den Hausherrn mit Nachrichten aus allen Ländern des Kontinents.

Man sieht, hinter allem, was er tat, stand die Vernunft, waren Pläne verborgen. Er war klein von Wuchs, flößte aber Respekt ein, hatte feine Hände, eine freie Stirn und ein angenehmes Lächeln, das manchen ein wenig hintergründig erschien. Häufig fand man ihn vor dem großen Fresko am Portal des Friedhofs der unschuldigen Kinder; er studierte dann die symbolischen Darstellungen, die außer ihm niemand verstand, obwohl zu vermuten war, daß es sich um die vier Stufen eines großen, ja sensationellen Unternehmens handle.

Als Karl VI. 1380 mit erst zwölf Jahren Frankreichs König wurde, beschloß er mit kindlicher Neugierde, dem sagenhaften Reichtum des Bürgers Flamel nachzuspüren, und sandte einen Beamten mit dem seltsamen Namen Cramoisi (Purpurrot) zu Flamel. Cramoisi traf den reichen Mann in seiner Buchhandlung bei einem vergleichsweise einfachen Mahl an. Da die Fragen des Beamten Flamel beim Essen störten, wurde er unwillig, zog ein Beutelchen mit einem roten Pulver aus einer Lade und sandte Cramoisi zurück zu seinem Herrn. Es war *Poudre de Projection*, zauberischer Staub, der die Verwandlung der unedlen Metalle zu bewirken vermochte.

Die Szene wird zu präzise beschrieben, um erfunden zu sein, und daß ein eben an die Macht gelangter sehr junger Monarch sich für einen der reichsten Bürger seiner Hauptstadt interessiert, ist absolut plausibel, das Gegenteil wäre weniger wahrscheinlich. Es wird auch in der Beurteilung des Nicolas Flamel, wie sie sich bei führenden Fachhistorikern findet, sein Reichtum nie angezweifelt, gab es doch noch jahrhundertelang Stiftungen und Unterstützungen in Paris, von denen die Stadtchronik vermerkt, daß sie auf das Flamel-Vermögen zurückgehen. Bezweifelt wird nicht das Vermögen selbst, sondern die Auskunft, die Flamel über dessen Herkunft gibt. Die Erklärungsversuche gehen zum Teil durchaus unerfreuliche Nebenwege, in denen sich das zwanzigste Jahrhundert deutlicher manifestiert als die Zeiten des wohltätigen Flamel: »Der Verdacht, sich am Vermögen von aus Frankreich vertriebenen Juden bereichert zu haben, vermochte an seinem Nachruhm als einer der wenigen erfolgreichen Alchemisten wenig zu ändern«, schreibt Professor Dr. Guido Jüttner vom Institut für Geschichte der Medizin an der Freien Universität Berlin im ›Lexikon des Mittelalters‹, aber als 1348 nach der fürchterlichen Pestepidemie in verschiedenen europäischen Ländern das Gerücht aufkam, Juden hätten die Brunnen vergiftet und damit die Seuche ausgelöst, war Flamel achtzehn Jahre alt und noch keineswegs vermögend. Die große Judenverfolgung, die Hunderttausende Sepharden aus Portugal, Spanien und auch aus Frankreich nach Holland, England, aber auch in den Südosten und Osten Europas vertrieb, brachte die größte Vermögensumschichtung der europäischen Geschichte und beraubte vor allem Spanien seiner wirtschaftlich und geistig regsamsten Bevölkerungsteile; Nicolas Flamel aber ruhte zu diesem Zeitpunkt längst in der kleinen Kirche von Saint-Jacques-de-la-Boucherie unter dem Turm, der bis 1508 noch über ihr wachte.

Die spanischen Juden, die Flamel unter dem Vorwand der beliebten Pilgerreise nach Santiago de Compostela aufsuchte, galten mit einigem Recht als die Hüter besonderer Geheimnisse. Sie hatten in altiberischen Zeiten in verschiedenen der älteren spanischen Städte gesiedelt und hatten unter der westgotischen wie auch der nachfolgenden vandalischen Eroberung der Halbinsel nach ersten flüchtigen Plünderungen durch diese Wandervölker unter den Eroberern nicht sehr zu leiden gehabt, denn diese waren, offen gestanden, faul. Sie waren Krieger, sie hatten überall, wohin sie kamen, die Unterworfenen für sich arbeiten lassen, was in Italien am besten organisiert war, in Nordafrika im späteren Vandalenreich aber am längsten funktionierte. Die Juden waren gerade für Goten und Vandalen ebenso unentbehrlich wie achthundert bis tausend Jahre später für die Höfe der Reconquista, denn Krieger sind nun einmal nicht die besten Verwalter und Organisatoren ihrer eigenen Beute.

Flamel will seinen Rabbi Abraham im Königreich Leon angetroffen haben, wenn es erfunden ist, eine ausgezeichnete Erfindung, denn Leon ist innerhalb des nördlichen Spanien *der* Hort der Geheimnisse, zwischen Bergen, trockenen Hochebenen, fern vom Meer, *Terra incognita* zwischen ruhmreichen Herrschaften wie Portugal, Altkastilien und Asturien. Die Bewohner von Leon – es ist etwa doppelt so groß wie Sachsen – rühmen sich der Tatsache, daß sie kein arabisches Blut in den Adern hätten, wohl aber starke Blutanteile der Goten, vor allem südlich von Salamanca, und Blut der Keltiberer, also der Ureinwohner, bei Astorga (die sich bis heute Maragatos nennen). Tatsächlich war die herrliche alte Hauptstadt Leon nur von 996 bis 1002 unter Almansur maurisch, und Nicolas Flamel mögen im Angesicht der romanischen und gotischen Kirchen dieser einzigartigen Stadt die Augen übergegangen sein.

Das Rezept zur Transmutation, also der Veredelung unedler Metalle in Gold, soll auf einer Rinde gestanden haben, für jene Zeit vor der Entdeckung Amerikas und der indianischen Rindenbücher sehr ungewöhnlich, aber gut bezeugt. Mehr Zweifel sind hinsichtlich des Datums angebracht, das bei Jüttner mit 1357 angegeben ist, da war Flamel noch keine dreißig Jahre alt, auch wären dann bis zum genau beschriebenen glückhaften Tag des Erfolges – dem 17. Januar 1382 – fünfundzwanzig Jahre vergangen. Ein Vierteljahrhundert im Besitz eines glückbringenden Geheimnisses zu schweigen, was man wohl als einen Verschleierungsversuch verstehen muß! Der Reisegefährte Flamels auf der Heimkehr aus dem Ghetto von Leon soll ein Jude namens Canche gewesen sein, ein Arzt, der die Gelegenheit benutzte, mit einem Wegekundigen nach Frankreich zu reisen. (Zu ermitteln war Canche nicht einmal bei Schmieder, dem auch die erfolglosesten Alchemisten eine Erwähnung wert waren. Da *Canche* der französische Name für das Schmielengras ist, außerdem auch für ein Flüßchen im Pas de Calais, hat Nicolas Flamel entweder den Begleiter oder Begleiter und Namen wohl erfunden.)

Die Geschichte der beiden steht am hübschesten bei Reinhard Federmann, und ich erweise meinem verstorbenen Freund und langjährigen Mitarbeiter gerne die Ehre, ihn zu dem Thema zu zitieren, wo auch Koryphäen wie Hans-Werner Schütt nicht an ihm vorbeikommen:

»Als ich ihm (Canche) die Miniaturen aus meinem Buch zeigte, geriet er vor Staunen und Freude ganz außer sich. Sogleich fragte er mich, ob ich wisse, wo das Buch selbst geblieben sei, berichtet Flamel. Natürlich sagt er dem Fremden nicht gleich, wo er das Buch habe, sondern macht zur Bedingung, zunächst Aufklärung über einige Geheimnisse zu erhalten. Meister Canche beginnt mit Feuereifer, Flamel die Grundlagen des Magisteriums (d. h. des edelsten Teiles der Masse) zu erklären, worauf Flamel ihm mitteilt, das Buch sei in seiner Pariser Wohnung aufbewahrt. Die beiden beschließen, gemeinsam nach Paris zu reisen, um dort miteinander zu laborieren, und auf der Reise erzählt Canche dem Flamel, was dieser wissen will. In Orléans stirbt der Arzt, und Flamel läßt ihn in der Kirche des Heiligen Kreuzes begraben. In seinem Buch stellt er in Aussicht, dieser Kirche, wenn der Tod ihm nicht zuvorkomme, eine Rente auszusetzen, damit für Canche täglich Seelenmessen abgehalten werden. Seine eigene glückliche Ankunft in Paris ließ er auf der Tür der Pariser Kapelle von Saint-Jacques-de-la-Boucherie verewigen. Er laboriert darauf noch drei Jahre und findet schließlich das Elixier, das er sogleich an seinem starken Geruch erkennt. Zuerst projiziert er es auf anderthalb Pfund Quecksilber und erhält davon ebensoviel Silber – ›reines Silber, das besser war als das der Bergwerke, was ich selbst mehrmals prüfen konnte und auch prüfen ließ. Dies geschah an einem Montag, dem 17. Januar, gegen Mittag, in meinem Haus, wobei nur meine Frau Peronella anwesend war, im Jahre des Heils 1382‹« (aus: Reinhard Federmann, ›Die königliche Kunst‹).

Die Szene wurde für die folgenden Jahrhunderte so sinnvoll festgehalten, daß wir noch heute Nicolas Flamel und sein Eheweib sehen, wie sie einander gegenüberknien, die Hände gefaltet, wobei er den Blick zum Himmel wendet, während sie, wie es sich gehört, mit Kopftuch und weitem Gewand kniend, nur ihn anblickt. Jede Figur hält ein Schriftband, nach Art der florentinischen Renaissancemaler, das aus den Händen zum Boden hin abrollt und in lateinischen Großbuchstaben Motive aus dem obigen Bericht bezeichnet.

Schon am 25. April desselben Jahres wagte Flamel ein weiteres Experiment, diesmal mit rotem Stein und abermals einer dem Gewicht des Steines entsprechenden Menge Quecksilber. Wiederum war nur Peronella zugegen, Ort des Versuchs war wieder das Stadtlabor, nicht das Haus zum großen Giebel, das er zu diesem Zeitpunkt vermutlich noch gar nicht besaß.

»Ich wandelte das Quecksilber wahrhaftig in fast ebensoviel reines Gold um, das sicherlich besser, nämlich weicher und geschmeidiger war als gewöhnliches Gold. Das kann ich wahrheitsgemäß sagen. Dreimal habe ich das Werk mit Hilfe von Peronella vollbracht; sie verstand es ebensogut wie ich, da sie mir bei meiner Arbeit geholfen hatte ... Lange Zeit hatte ich Angst, Peronella würde ihre überschwengliche Freude nicht für sich behalten können und ihren Verwandten von unseren großen Schätzen erzählen ... aber die Gnade Gottes schenkte mir nicht nur Segen in meinem Werke, sie hat mir auch ein verständiges Weib gegeben« (zitiert nach Reinhard Federmann).

Flamel will den Vorgang dreimal wiederholt, also insgesamt viereinhalb Kilo pures Gold erzeugt haben, als Ausgangskapital für die erkennbaren umfangreichen Immobiliengeschäfte des intelligenten und rechtskundigen Mannes wohl zureichend. Der Geldwert dessen, was er aus seinen Tiegeln herauslöffelte, betrug eineinhalb Millionen Livres, das war in den schweren Zeiten der vom Bürgerkrieg erfaßten französischen Metropole sehr viel Geld. Allerdings sind Umrechnungen nach so langer Zeit kaum verläßlich anzustellen; Lebensmittel waren vergleichsweise billig, Fertigwaren teuer. Fest steht: Nicolas Flamel schaltete sich mit größter Sicherheit dort ein, wo es am Nötigsten war. Nach

Schmieder soll er vierzehn Spitäler oder Siechenhäuser erbaut haben, dazu drei kleine Kirchen oder Kapellen, wozu noch sieben weitere kamen, die er ausbessern und ausschmücken ließ. Lenglet du Fresnoy behauptet in seiner *Histoire de la Philosophie hérmetique* zu Recht, daß die von Flamel gestifteten Kapitalien noch bis 1742 ausreichten, um gewisse Spenden und milde Gaben weiterzugewähren, denn in einer so vollkommen erforschten Stadt wie Paris leistet die urbane Archäologie das, was der Alchemie-Geschichtsschreibung verborgen blieb oder suspekt erschien:

In der Rue de Montmorency im dritten Pariser Arrondissement, die dreihundertdreiundsechzig Meter lang, aber nur fünf bis zehn Meter breit mit vielen alten Häusern von der Rue du Temple zur Rue Saint Martin führt, konnte Jacques Hillairet noch 1963 das zweitälteste Haus von Paris beschreiben, eben die Maison du Grand-Pignon des Nicolas Flamel an der Stelle der heutigen Hausnummer 51. Ob Flamel es selbst bewohnt hat, ist strittig, sicherlich aber waren im Erdgeschoß seine berühmten kostenlosen Unterkünfte für Wanderhandwerker untergebracht. Die darauf hinweisende Inschrift wurde im Jahr 1900 restauriert, doch nicht verändert, so daß sie uns eine reizvolle Lektion im Französisch des François Villon erteilt, des großen Dichters, der von 1431 bis 1463 lebte, also kurz nach Flamel (falls dieser, was manche bezweifeln, 1418 starb).

»Nos homes et fernes laboureurs demeurans au porche de ceste maison qui fut fee en l'an de grâce mil quatre cens et sept: sommes tenus chacun en droit sou dire tous les jours une pastrenôtre et un ave maria en priant dieu qui de sa grâce face perdo aux poures pescheurs trespassez, amen.«

Die Asylanten in diesem Hospiz waren also gehalten, den Tag mit einem Vaterunser und einem Ave-Maria zu beginnen. Über der Inschrift zeigte ein Halbrelief Nicolas Flamel kniend gegenüber einer Christusgestalt, umgeben von ebenfalls knienden Handwerksburschen. Der schöne, hohe Giebel hielt sich über dem Haus bis ins achtzehnte Jahrhundert, ja sogar bis gegen dessen Ende, einer der nicht sehr zahlreichen skulptierten Giebel der Hauptstadt. Im Erdgeschoß öffneten sich zwei Läden und eine Mitteltüre, die in das Treppenhaus führte. Als 1909 eine neuere Gipsfassade weggeklopft wurde, kamen an den sechs Säulen Malereien und Skulpturen zum Vorschein, mit Figuren, die standen und saßen, und dazwischen einige Engelsgestalten. Die benachbarten Häuser der Nummern 10 bis 28 gehörten dem Kloster der Karmelitinnen und waren nicht viel jünger als das Haus Flamels; viele andere alte Häuser der Straße fielen der Begradigung von 1911 zum Opfer, für die allerdings nicht mehr der Präfekt Haussmann verantwortlich war.

Es liegt in der Natur des Menschen, daß sich um besondere Erscheinungen wie den so auffällig reich gewordenen Kopisten und Buchhändler Nicolas Flamel Legenden bilden, deren nächstliegende natürlich seinen Tod im Jahr 1413 oder 1418 bezweifelte. Was wäre das für ein Teufelsbündler, der sich von seinem Reichtum widerstandslos verabschiedet? Da lag es doch viel näher, auszuwandern und in einem Land zu leben, wo Reichtum nicht auffällt wie im fernen Indien!

Aber Frankreich trennt sich nicht so schnell von seinen Heroen und die Alchemie schon gar nicht von einem jener fünf bis acht Adepten, denen es irgendwie gelungen zu sein scheint, das gleißende göttliche Metall tatsächlich zu erzeugen. Zunächst mußte Flamel am Leben bleiben, damit man ihm weitere Bücher zuschreiben könne. Ein Reiseschriftsteller namens Paul Lucas berichtete mit vielen Einzelheiten, daß er in einem Ort namens Burnus-Bachi einen usbekischen Derwisch getroffen habe, der viele Jahre nach seinem angeblichen Tod mit Nicolas Flamel und sogar mit der vor ihm dahingegangenen Peronella zusammengetroffen sei – ›Reise nach Griechenland, Kleinasien, Makedonien und Afrika‹, 1712 in Paris erschienen und immerhin Ludwig XIV. gewidmet. Ob dieser so wenige Jahre vor seinem Tod das Werk noch gelesen hat, muß bezweifelt werden.

Großes Interesse erregte der Nachlaß des Alchemisten und Buchhändlers, da sich in ihm Rezepte und Weisungen in der

Form von Bilderrätseln fanden, kuriose, aber aufzulösende Zeichnungen und Hieroglyphen, an denen bemerkenswert ist, daß sie hundert Jahre vor den ersten Beutestücken dieser Art aus Mittelamerika angefertigt wurden, so als habe Flamel im Traum das gesehen, was später Garcilaso de la Vega oder Las Cases dem staunenden Europa präsentieren werden. Mit Sicherheit aus den Händen des reichen Nicolas stammt von all diesen Funden aber nur ein einziges Buch, heute in den Fonds von Saint-Germain-des-Pres unter der Archiv-Nr. 1960 aufbewahrt, dem äußeren Aspekt nach vierzehntes Jahrhundert, ein Buch, das der berühmte Abbé Migne selbst geprüft haben will und uns wie folgt präsentiert:

»Hier beginnt die tatsächliche Praxis der hohen Kunst der Alchemie, der Wunsch der Wünsche und der Preis, den niemand zu ergreifen vermag (Wortspiel von *prix* und *priser*). Es lehrt die Art und Weise, das große Werk zu vollbringen mit Hilfe aufeinanderfolgender Operationen, die in dieser Abhandlung Lavuren genannt werden, insgesamt sechs an der Zahl.«

Auf dem letzten Blatt des Manuskripts findet sich ein Hinweis mit eindeutig derselben Handschrift, die der vorangehende ganze Text zeigt:

»Das vorliegende Buch ist von und gehört dem Nicolas Flamel, wohnhaft in der Pfarre von Saint-Jacques-de-la-Boucherie, der es geschrieben hat und auch eigenhändig gebunden.«

Migne schließt daraus, daß – was ja allgemein bezweifelt wurde – Nicolas Flamel tatsächlich ein Alchemist war und nicht nur nach Vorwänden zur Verschleierung seines Reichtums suchte. »Außerdem ergibt sich aus diesem Fund in der Schloßbibliothek die Bestätigung einer alten Weisheit: Überall dort, wo sich eine Legende verdichtet oder aufbläht, kann man, so fest sie etabliert ist, der Sache doch noch immer auf den Grund gehen und wird dann kein Wunder und kein Märchen finden, sondern eine Historie.«

Jenen, die sich an diese alte Weisheit nicht halten wollten und von der Legende und dem Rindenrezept nicht abließen, bekam das nicht immer gut. Zwar machte so mancher eine Menge Kleingeld mit Büchern, deren Urheberschaft dem erfolgreichen Flamel zugeschrieben wurde, von einem *Summarum Philosophicum* (Querschnitt durch die Weisheitslehren) in lateinischen Versen und in französische Verse übersetzt bis zu dem ›Buch der Sechs Worte‹, das besonders schön illustriert wurde und in verschiedenen französischen Adelsbibliotheken in Einzelanfertigungen auftauchte. Insgesamt waren es Erscheinungen zwischen 1560 und 1735 (!), ein Ruhm also, der drei Jahrhunderte andauerte. Schmieder weiß auch von einer deutschen Gesamtausgabe angeblich Flamelscher Schriften aus dem Jahr 1669, Oktavbände ohne Angabe des Druckers und des Erscheinungsortes. Karl VI., Frankreichs geistesgestörter König, der vier Jahre nach Flamel starb, soll sich von dem kundigen und als Maler sehr geschickten Buchhändler ein Kartenspiel bestellt haben, also eine Art Tarot, ausgeführt vom ersten Alchemisten der Krone, um Seine Majestät bei Anfällen zu beruhigen.

Unter den eifrigsten Flamel-Forschern ist ein Arzt namens Borel, der allerlei Zweifelhaftes ans Licht förderte, aber das Verdienst in Anspruch nehmen kann, den Nachfahren der Peronella, oder Pernelle, erfolgreich nachgespürt zu haben. Eine Schwester der Flamel-Gattin zeigt sich in diesen Aufstellungen als Stammutter einer Ärztedynastie, an deren Ende ein vermögender Mediziner namens Perrier steht, der wiederum seine ganze Habe einem begabten, aber mittellosen Neffen hinterlassen habe. Dieser hieß – und das sagt nun der ›Große Larousse‹, so daß Zweifel nicht mehr erlaubt sind – Noël Pigard, wurde aus unerfindlichen Gründen aber mit dem Allerweltsnamen Dubois (Holzer) gerufen und war 1591 in Coulommiers zur Welt gekommen, womit ein echtes Schicksal begann, gegenüber dem der Lebenslauf des großen Flamel geradezu bürgerlich wirkt.

Dubois begann wie viele Mediziner als Barbier, welcher Berufsgruppe damals noch die verschiedensten zusätzlichen Leistungen abverlangt werden konnten. Danach wurde er Feldscher, also Truppenarzt, verdingte sich in Friedenszeiten als Kammerdiener, hospitierte bei den Kapuzinern und bereiste den Nahen Osten. Wieder in Europa, hatte er in Deutschland die abenteuerlichste Phase seines Lebens, trat zum Luthertum über und heiratete schließlich in Paris. Hochintelligent und bar aller Skrupel, wandte er sich dem Okkultismus zu und behauptete, von seinem fernen Vorfahren Nicolas Flamel das Geheimnis des Rindenbuches des Rabbiners Abraham ererbt zu haben und Blei in Gold verwandeln zu können. Richelieu, der mächtige Kardinal, stets interessiert, den König zu unterhalten und zu beschäftigen, präsentierte Dubois dem Monarchen, und Dubois gelang es tatsächlich durch einen besonders geschickten Betrug, Gold zu produzieren, im Angesicht des ganzen Hofes!

Nun stand der Adelserhebung nichts mehr im Weg, Dubois wurde Präsident der Schatzkammer, und der allzeit geldbedürftige Kirchenfürst und Staatskanzler verlangte von Dubois, allwöchentlich Edelmetall im Wert von 600 000 Livres herzustellen, womit auch ein sehr geschickter Betrüger natürlich überfordert war. Dubois wurde zunächst in Vincennes, später dann in der Bastille inhaftiert und schließlich trotz seines Adelsranges gefoltert, wozu das höchste Richtergremium (Parlament genannt) eine eigene Dispens erteilt hatte. Dubois gestand alle Betrügereien, wurde jedoch nicht als Betrüger, sondern wegen Zauberei verurteilt, weil andernfalls Richelieu selbst als übertölpelt dagestanden hätte. Gegen Zauber ist aber auch der Klügste machtlos. 1637 wurde Noël Pigard, letzter Nachklang der Legende Flamel, in Paris öffentlich gehängt.

Zwei Jahre vor diesem Datum hatte der große Kardinal die *Académie Française* gegründet und im übrigen für Theater, Bibliotheken und Bildungseinrichtungen seines Landes so viel getan, daß ihn an diesem Todesurteil, wie man vermutet, in erster Linie die einzigartige alchemistisch-okkultistische Bibliothek des geschickten Gauners interessiert hatte; sie ging als einer der interessantesten Komplexe in die später so berühmte Bibliothèque Nationale ein. Das erste Stück Blei, das Dubois in Gold verwandelt haben soll, weil nichts anderes zur Hand war – die Büchsenkugel einer Schloßwache –, blieb ein kleines, aber einzigartiges Kuriosum, an das sich große Hoffnungen geknüpft hatten.

Das nunmehr goldene Kügelchen wurde gefaßt und mit einer Halskette verbunden für das berühmteste Dekolleté der Epoche, das man der jungen und schönen Herzogin von Aiguillon zuschrieb. Marie-Madeleine de Wignerot, Duchesse d'Aiguillon (1605–1675), war eine echte Nichte Richelieus und jahrelang seine Geliebte, wofür ihr Landbesitz zur Duché-Pairie erhoben wurde. Wie Dubois die goldene Gewehrkugel, von vielen Augen beobachtet, zustande brachte, ist bis beute nicht geklärt. Die junge Herzogin aber empfing von dem Abenteurer offensichtlich einen starken persönlichen Eindruck. Der Kardinal, dem daran liegen mußte, seine Geliebte in beste Verhältnisse zu entlassen, hatte versucht, großartige Heiraten für sie zu arrangieren, selbst ein Bruder des Königs war im Gespräch und ein Graf von Soissons. Marie-Madeleine jedoch wies alle diese Bewerber ab und entwickelte sich zu einer Frau von eigenen Initiativen und einem für jenes Jahrhundert bemerkenswerten Weitblick. Zwei Jahre, nachdem man ihren Geistfreund und heimlichen Versucher hingerichtet hatte, begründete sie im kanadischen Quebec – damals eine eigene, neue Welt – ein Kloster, in dem fromme Frauen Heimat- und Obdachlose, die in der damals französischen Kolonie in Not geraten oder gescheitert waren, gastfreundlich aufnahmen. Das Goldkügelchen an ihrem Hals – so wird erzählt – begann alljährlich sanft mahnend zu glühen, wenn sich der Hinrichtungstag des unglücklichen Alchemisten jährte.

Als die Herzogin 1675 starb, hatte sie ihre heimliche Liebe zu den dunklen Seiten der Wissenschaften erfolgreich unter sehr viel Mildtätigkeit verborgen, Saint Vincent de Paul gefördert und hochmögende Freunde gewonnen. Sie erlebte noch das Erscheinen des berühmten *Cours de Chimie* von Nikolaus Lemery, die weitverbreitete und in viele Sprachen übersetzte Pioniertat über die chemische Zerlegung von Pflanzen zum Nutzen der Pharmakologie. Mit dem Rüstzeug der Alchemisten berührte Lemery sich in der Verwendung von Vitriol, Silber, Schwefel und dem geheimnisvollen ›Wasser der Königin von Ungarn‹. Seine geheimnisvollste Erfindung sind die sogenannten »Englischen Tropfen« aus dem Gehirn Ermordeter, Hirschhorn und Viperngift, ein naturgemäß sündteures Gebräu, das jedoch einmal dem ausschweifend lebenden britischen König Karl II. aus dem Haus Stuart das Leben gerettet haben soll. Hermann Schelenz riskiert die Behauptung, daß Hans Hermann Hager, ein genialer Autodidakt der pharmazeutischen Wissenschaften, diese »Englischen Tropfen« aufgegriffen habe und daß sie in seiner Version als Geheimmittel, hoffentlich ohne Gehirnsubstanzen, bis ins zwanzigste Jahrhundert im Gebrauch blieben.

Die schöne Herzogin erfuhr jene letzte Würdigung ihres Gebens und Wirkens, der wir die Kenntnis der Hauptstationen ihres Lebens verdanken, durch keinen Geringeren als Valentin-Esprit Fléchier (1632–1710), als berühmtester Kanzelredner seiner Zeit Mitglied der Académie Française. Er hielt die Totenrede für Marie-Madeleine de Wignerot, Duchesse d'Aiguillon. Ob ihr das Goldkügelchen des genialen Schwindlers in ihr Grab, sechshundertachtundachtzig Kilometer von Paris entfernt im stillen Departement Lot-et-Garonne, mitgegeben wurde, ist nicht bekannt.

Der große Kardinal, seine Nichte, von deren Geist und Schönheit alle Zeitgenossen sprachen, dazu ein Urgroßneffe des geheimnisvollen Nicolas Flamel und dies alles in einem Land, das sich anschickt, dank der Politik Richelieus die Habsburger in ihrer Rolle als mächtigste Familie des Abendlandes zugunsten der Herren von Versailles abzulösen! Paris hat die für jenes siebzehnte Jahrhundert unglaubliche Zahl von 600 000 Einwohnern. Frankreich hat mit geschickter Kolonialpolitik nach Louisiana und nach Kanada gegriffen, und selbst, wenn ein redegewandter Unbekannter wie jener Dubois aus dem Dunkel auftauchte, gab ihm Paris, gab ihm Frankreich eine Chance. Schicksale wie das seine, obwohl es am Galgen endete, wurden zu der großen Versuchung für jene späten Adepten, die sich nicht mehr an den kundigen römischen Ärzten oder den griechischen Philosophen orientierten, sondern großzügig hineingriffen in die Geheimnisse der Levante, des bunten Ostens vor den Toren Europas, wo alles blühte: Phantasien, Täuschungen, Chancen und falsche Namen, solche, die besonders gut klangen und sich mit falschen Titeln versehen ließen. Es gab aber auch den Brauch, sich nach einem Adelsgeschlecht zu nennen, in dessen Diensten – wie es damals die Regel war – eine Familie durch Generationen ihr Brot verdient hatte, so etwa, wie später ein gewisser Emmanuele Gonegliano in Diensten des Prälaten da Ponte sich Lorenzo da Ponte nennen und unter diesem Namen berühmt werden wird.

Im Fall des Zyprioten Mamugna (1545–1591) hieß die Adelsfamilie Bragadino und hatte – ohne zu den venezianischen Dogenfamilien zu gehören – der Lagunenstadt am 9. August 1571 ihren größten Helden beschert, den Stadtkommandanten Marcantonio Bragadino, der nach elf Monaten heldenhafter Verteidigung von Zitadelle und Stadt Famagusta mit der türkischen Übermacht eine ehrenvolle Übergabe ausgehandelt hatte, die jedoch der siegreiche Mustafa höhnisch ignorierte: Bragadino wurde nach entsetzlichen öffentlichen Martern bei lebendigem Leibe geschunden und seine Haut ausgestopft nach Konstantinopel gesandt.

Der etwa zwanzigjährige Abenteurer Mamugna fand, die Bragadini hätten seine Familie so lange in ihren Diensten gehabt, daß er nun selbst schon ein halber Bragadino geworden sei, verlieh sich den Vornamen Marco und verließ die von den Türken malträtierte Insel. Mit ihm gingen sein nicht unvermögender Vater, ein Bruder namens Ettore und eine hübsche Schwester, die sich bald Paolina, bald Lucrezia nannte. Das war insgesamt ein Vorgang im Rahmen einer Massenflucht vor allem der vermögenden Zyprioten, die sich unter venezianischer Herrschaft zweifellos wohler gefühlt hatten, als dies unter den Türken zu erwarten war. Daß etwa 20 000 Männer keine

Fluchtmöglichkeit fanden, sondern von den siegreichen Türken abgeschlachtet wurden, ist ein Gerücht, das gerne geglaubt wird, weil die Türken sich auf einigen eroberten Ostmittelmeer-Inseln ähnlich betrugen; verbürgt ist die düstere Nachricht nicht.

Während es über Nicolas Flamel und den unglücklichen Dubois nicht allzuviel gesicherte Erkenntnisse gibt, sind die goldsuchenden Großscharlatane der nun folgenden Zeiten, Männer wie Marco Bragadino, Giacomo Casanova und die Pseudografen Cagliostro wie Saint-Germain, aus zeitgenössischen Berichten, Gerichtsakten, aus sich langsam organisierenden Meldebehörden, Polizeinotaten und nicht zuletzt aus eigenen Aufzeichnungen so bekannt, daß jeder von ihnen zum Helden einer ganzen Bibliothek geworden ist. Das letzte Wort zu Marco Bragadino alias Mamugno wurde früher gesprochen als im Fall der berühmteren Kollegen, und zwar durch den Münchner Archivar und Professor für archivalische Diplomatik Ivo Striedinger (›Der Goldmacher Marco Bragadino‹), dessen Aufmerksamkeit der in München auf besonders grausame Weise hingerichtete Goldmacher erregte.

»In der nun folgenden Lebensbeschreibung wird sich an mehr als einer Stelle Gelegenheit ergeben, auf die in den vorstehenden sechs Abschnitten niedergelegten archivtechnischen Wahrnehmungen Bezug zu nehmen. Es soll damit gezeigt werden, daß auch die bisher noch stark vernachlässigte Kanzleigeschichte der neueren Zeit ähnlich wie die zu hoher Ausbildung gelangte Lehre von der mittelalterlichen Urkunde imstande ist, zur Aufhellung geschichtlicher Vorgänge beizutragen.«

Obwohl gerade das im Ernst wohl nie bestritten worden ist, verstehen wir das Motiv eines Spezialisten wie Striedinger, dem der Fall Bragadino die Möglichkeit gibt, die berühmtesten und am besten geführten Archivalien der frühen Neuzeit – die venezianischen – mit den Qualitäten der bayrischen Archive zu vergleichen. Das Münchner Traditionsantiquariat von Theodor Ackermann hat die wertvolle und unübertroffene Untersuchung 1928 herausgegeben.

Auf beinahe vierhundert Seiten gibt uns Ivo Striedinger anhand unwiderlegbarer italienischer und deutscher Originaldokumente einen über die Person des Bragadino hinaus wertvollen und instruktiven Einblick in ein Abenteuererschicksal, das nur zu einem Teil persönlichen Neigungen und dem eigenen Wagnis zuzuschreiben ist: Erheblich begünstigt wurden diese Existenzen und ihre erstaunliche Laufbahn durch die Vielstaatlichkeit des damaligen Europa und durch den Umstand, daß Renaissance und Reformation die Gesellschaft unseres kleinen Erdteils allzu plötzlich aus dem gläubigen Halbschlummer des Mittelalters erweckt hatten. Fürsten und ihre Damen, reiche Bürger und verarmte Adelige erwachten in einer Atmosphäre verheißungsvoller Halbbildung, die alles möglich zu machen schien: Neue Bekenntnisse, neue Besitzverhältnisse nach der Minderung des Kirchenbesitzes, neue Waffen und vor allem eine neue Unbedenklichkeit, der erschütterten Christenheit von Papstsöhnen ebenso vorgeführt wie von geldgierigen Herrschern.

Bragadino, wie wir ihn künftig nennen wollen, da er unter diesem glanzvollen Namen nun einmal in die Geschichte eingegangen ist, brachte für die Karriere in dieser in ihren Grundfesten zitternden Gesellschaft außer den üblichen Sprachkenntnissen der Levantiner und der *faconde*, einer sprudelnden Redseligkeit, wenig mit. Bedenken wir, mit welch solidem Rüstzeug an philosophischer und naturwissenschaftlicher Bildung sich etwa ein Agrippa von Nettesheim auf die Suche nach dem »Stein der Weisen« gemacht hatte – und dies nur ein halbes Jahrhundert vor Bragadino –, dann wird uns klar, daß Neugierde, Verwirrung, Aberglauben und Phantasmagorien durch Buchdruck und Flugschriften erheblich zugenommen haben. Trithemius und Agrippa trafen noch auf eine weitgehend geschlossene Front von Kollegen und Kritikern; Bragadino segelte in eine unkritische Welt hinaus, die alles für möglich hielt, weil nichts mehr unverrückbar war.

Da Rudolf II. die Gefährten seiner Experimente größtenteils durch gute Maler portraitieren ließ, haben wir von Bragadino ein verläßliches Bildnis und sind nicht auf Vermutungen und Zeitzeugen angewiesen. Hans von Aachen (1551–1615) hat als einziger Spezialist für Portraits in der Prager Runde nicht nur den Kaiser häufiger gemalt als alle seine Kollegen, er hat uns auch Bragadino gezeigt, aber in einem Bildnis, das der Goldmacher in einer Phase größter Selbstherrlichkeit auf eigene Kosten bestellt hatte, und zwar im Herbst des Jahres 1590. Man kann das Kniestück heute auf Schloß Ambras bei Innsbruck bewundern, als eines der besten Werke des zu seiner Zeit begehrtesten Portraitisten. »Auf dunkle, schwärzliche, olivgrüne und rote Töne gestimmt, mutet das vorzügliche Portrait in seiner sicheren, breiten Technik, der noblen Auffassung allerdings venezianisch an; vorzüglich kommt das Verschlagene des Charakters des schwarzhaarigen Südländers zum Ausdruck« (zitiert nach R. A. Peltzer).

Nun konnte ein genialer Portraitist zweifellos nach einigen Sitzungen auch verborgene Charakterzüge des Auftraggebers in sein Werk einbringen, die Verschlagenheit eines berühmten, im Augenblick der Entstehung des Bildes wohlhabenden und geachteten Mannes bleibt aber wohl eine Vermutung des Kunsthistorikers. Fest steht, daß Bragadino nicht groß war, in seiner gedrungenen Erscheinung und mit dem dunklen Teint von südländischem Aussehen (wie ein Leben lang zu seinem Kummer der Sizilianer Cagliostro), mit Schnurrbart und dreizackigem Kinnbart, nach seinem prominentesten Träger später Henri-Quatre genannt. An den großen, tief angesetzten Ohren hätte Lombroso seine Freude gehabt, unter der hohen Stirn springt die Nase deutlich vor. Gekleidet ist Bragadino nach spanischer Mode, viel Seide, ein weißer Halskragen, an der linken Hand kostbare Ringe.

»Was mehr als alles fesselt, das sind die ausdrucksvollen Augen, schwarz wie Kohlen. Sie allein würden hinreichen, den suggestiven Einfluß, den der Mann, wie seine Lebensgeschichte beweist, auf schier alle, die ihm nahe traten, ausübte, begreifen zu lassen. Mit Hilfe des Bildes ist es nicht schwer, sich den magischen Eindruck vorzustellen, den der geheimnisvolle

Mann ... auf alles Volk ausübte, wenn er sich der Menge zeigte, hoch zu Roß oder von schwarzen Doggen begleitet.«

Soweit Ivo Striedinger in ›Der Goldmacher Marco Bragadino‹, dem man aufgrund dieser Beschreibung eine Art widerwilliger Sympathie für seinen Helden nachsagen muß, doch hat diese Einstellung zu einem Buch geführt, das Bragadino allein schon durch sein tragisches Ende verdient hat.

Nach dem türkischen Sieg auf Zypern und vor allem angesichts der dort verübten Grausamkeiten konnte die reiche Lagunenrepublik kaum anders, als die Flüchtlinge von der so lange umkämpften Insel aufzunehmen und nach Möglichkeit für sie zu sorgen. Was einander ähnlich ist, findet früher oder später zusammen, und da Venedig trotz seines Volksreichtums nicht sehr groß war, mußte Marco Bragadino dem längst erfahrenen Zwischenträger, Pseudodiplomaten und Falschspieler Girolamo Scotto über den Weg laufen, ein für Bragadino schicksalhaftes Ereignis, das eintrat als sich Bragadino bereits seinem dreißigsten Lebensjahr näherte. Er hatte somit eine Jugend verbracht, in der selbst die aufmerksame Polizei der Serenissima ihm nichts vorzuwerfen hatte, auch spricht die bis dahin aufrechterhaltene Lebensgemeinschaft mit seinem Bruder Ettore für eine einigermaßen geordnete Existenz.

Wegen ihrer gemeinsamen Schulden, vielleicht vor allem Spielschulden, flohen beide Brüder dann aber nach Frankreich, wo sich Ettores Spur verliert, während Marco Bragadino bald in Florenz auftaucht, dem Eldorado für Flüchtlinge aus Venedig, da die Medici auf die Grenzen ihres Herrschaftsbereichs sehr wirksam zu achten verstanden.

Die Geschichte des braven venezianischen Töchterchens Bianca Capello, das mit einem jungen Nichtsnutz namens Pietro Buonaventuri nach Florenz flieht, wo dieser dann dank ihrer Schönheit Karriere macht, sie aber schließlich in den Armen des Herzogs landet, ist heute vergessen. Bragadino aber, vom Schicksal dazu ausersehen, stets die besonderen Begegnungen den alltäglichen vorzuziehen, nahm in Florenz bei einem Dichter Wohnung, der den flüchtigen Venezianer und inzwischen zu Hofämtern gelangten Buonaventuri kannte und Bragadino eine Menge lukrativer Verbindungen schuf. Der Zypriote dankte ihm dies durch eine geheime Liebschaft mit der Dichterstochter, worüber uns der stolze Autor – er nannte sich Celio Malespini – in einer der wenigen nicht abgeschriebenen Novellen seiner Sammlung berichtet (*Duecento novelle del Signor C. M.*, 1609 in Venedig erschienen). Entstanden waren die 202 Geschichten seit 1595, und was Malespini, als Person ein Erzgauner und Zuhälter, von Bragadino berichtet, ist das einzige Zeugnis über seine florentinische Frühzeit (die meisten der zweihundert Novellen sind aus italienischen, französischen und spanischen Sammlungen fehlerhaft und ungeschickt übersetzt und abgeschrieben, wobei nicht einmal die Rahmenhandlung stimmt). »Malespini war jedoch schlau genug, in Hinblick auf die Vorschriften des Tridentinischen Konzils, die Kleriker aus den Erzählungen zu entfernen« (aus: Manfred Hardt, ›Geschichte der italienischen Literatur‹). Wenn Priester und Mönche die Jungfrauen nicht mehr verführen durften, dann mußten eben die Abenteurer ihren Part übernehmen.

1579 hatte Großherzog Francesco I. aus dem Hause Medici die Venezianerin Bianca Capello geheiratet; als sie 1587 starb, stellte sich heraus, daß sie den Alchemisten und Schwarzkünstler Marco Bragadino mit nicht weniger als 40 000 Scudi unterstützt hatte, nicht auf einmal natürlich, aber mit schöner Ausdauer. Außerdem hatte sie ihm Empfehlungsschreiben an Kirchenfürsten und sogar an den Papst mitgegeben, die ihm einen einträglichen Romaufenthalt bescherten. Unter Bragadinos römischen Opfern war neben dem als gütig und großzügig bekannten Papst Gregor XIII. auch der Erzbischof des kalabresischen Felsennestes Santa Severina, der ältere der Santori-Brüder, die diese magere Pfründe nacheinander innehatten. Santa Severina, im Kreis Cotrone über dem Flüßchen Neto gelegen, wird wegen einer byzantinischen Kapelle neben der alten Kathedrale heute noch besucht, war Santori aber zweifellos zu langweilig, so daß er jeden Vorwand benutzte, um sich beim Heiligen Vater einzufinden. Wieviel Scudi er an Bragadino verlor, beim Spiel oder als Darlehen, hat er auch in seinen Memoiren nie gestanden; bemerkenswert ist die Paralelle zu den späteren Bemühungen eines Casanova, der seinen kalabresischen Bischof allerdings freundschaftlich aufforderte, die klägliche Diözese Martirano aufzugeben und mit ihm, dem jungen Gefährten, in die Welt zu ziehen. Bragadinos Betteleien hatten in dieser Phase seines Lebens nicht immer mit angeblichen Experimenten zu tun; je nach dem Charakter des Opfers brachte er auch andere Motive ins Spiel und schilderte zum Beispiel dem Papst in glühenden Farben, was Paolina, die schöne Schwester Bragadinos, auf Zypern zurückgeblieben, täglich und nächtlich von den Türken zu erleiden hätte, würde man sie nicht freikaufen.

Als 1585 Sixtus V., der Sohn eines Landarbeiters, Papst wurde und alle Bäume des Kirchenstaates sich mit gehängten Straßenräubern zierten, hielt es Bragadino für angezeigt, von der Bildfläche zu verschwinden, und tauchte so plötzlich in einem Kloster unter, daß dieser Abschnitt seines Lebens bis heute weitgehend ungeklärt ist. Auch von den nun folgenden Wanderungen durch Europa kennen wir nur einige Stationen, darunter das alte, damals berühmte und durch seinen Handel lebendige Brügge. Hier soll er sich, einem erhaltenen Brief zufolge, mit Alfonso Piccolomini getroffen haben, einem Großneffen des großen Papstes Pius II., der aber – wie das in jenen Zeiten nicht ganz selten war – auf die schiefe Bahn geraten und *Condottiere* geworden war. Da Venedig seit alters lieber für sich kämpfen ließ, als den braven Bürgern Waffen in die Hand zu drücken, hatte es stets Söldner meist aus dem damals noch halbwilden Dalmatien gegeben, die ihre Haut für den Dogen zu Markte trugen, oder aber es gab, nach der Sitte der Zeit, *Condottieri*, energische und unbedenkliche Männer meist aus großen Familien, die sich mit einer eigenen Truppe für die Interessen der Lagunenstadt schlugen.

Weil die *Condottieri* leichter zu Spießgesellen als zu Geld kamen, hatte Piccolomini es sich in den Kopf gesetzt, den Goldmacher Bragadino in seine Pläne einzuweihen, Pläne, die auf nicht weniger als auf ein eigenes Fürstentum für die Piccolomini abzielten, wie einst Cesare Borgia sich Piombino und das schöne Urbino erobert hatte. Daß Bragadino sich solchen Plänen verschloß trotz aller Ehren und Reichtümer, die ihm als Finanzier solch eines Handstreichs zugefallen wären, und statt dessen hinter den Mauern von Brescia persönliche Sicherheit suchte, beweist uns, daß er zu jener Zeit, gegen Ende des sechzehnten Jahrhunderts, seine Grenzen noch durchaus einzuschätzen wußte und seine fünf Sinne beisammen hatte. Er hatte sich eben rechtzeitig von dem energischen Freund getrennt: Da die Medici nicht mit sich spaßen ließen und an der Entstehung neuer Fürstentümer im engen Mittelitalien nicht interessiert waren, wurde Piccolomini ungeachtet seiner hochmögenden Verwandtschaft am 16. März 1591 in Florenz hingerichtet.

Da nicht weniger als vierzehn Briefe Piccolominis an Bragadino erhalten sind und diese Beziehung unwiderlegbar beweisen, ist es Zeit, sich zu fragen, wie Bragadino es geschafft hatte, vom Kirchenfürsten bis zum Briganten Männer für sich einzunehmen und eine Art Sog zu erzeugen. Niemals mußte er sich selbst anbieten, immer wurde nach ihm verlangt. Ivo Striedinger erklärt sich dies aus einem Bericht, den der Graf Marcantonio Martinengo dem Rat der Zehn der Republik Venedig erstattete. Er schildert das Bragadino-Verfahren, wie es vor und nach dem Berichtsdatum – dem 30. Oktober 1589 – sicherlich ganz ähnlich ablief. In der Einleitung wiederholt der Graf ausdrücklich die Versicherung des Zyprioten, seine Kenntnisse und Kräfte von Gott erhalten zu haben, weil er andernfalls ja als Teufelsbündler in Lebensgefahr geraten wäre, und bittet seinen Freund, den Grafen, dann ein Pfund Quecksilber bringen zu lassen. Als ein Diener das Ausgangsmaterial gebracht hatte, wurde es in einen Schmelztiegel gelegt und dieser ein paar Minuten lang auf einem Kohlenfeuer erhitzt:

»Dann hieß er mich von einem orangefarbenen Pulver, das er sehr rühmte, so viel wie ein gemahlenes Hirsekorn nehmen, es in rotes Wachs von der Größe eines Sorgweizenkorns (soviel wie Mohrenhirse) einhüllen, damit das außerordentlich feine Pulver nicht verfliege, ließ mich ein anderes Körnchen eines schwärzlich-grünen Stoffes, den er für ganz niedrig im Preis erklärte, ergreifen und warf davon zum Beweis ein Stück aus dem Fenster ... Ich hüllte ihn eigenhändig in gleich viel Wachs, warf dann zwei Kügelchen davon in den Tiegel, wo schon das Quecksilber kochte, und legte frische, sorgfältig angezündete Kohlen auf ... So beließen wir alles etwa eine Viertelstunde lang, nach deren Ablauf ich nach Öffnung des Tiegels auf sein Geheiß alles in ein Gefäß mit einer Flüssigkeit stellte, die äußerlich dem Wasser glich, aber eine bläuliche Farbe hatte ... Als der Tiegel erkaltet war, kam daraus ein Klumpen zum Vorschein, der ein Pfund wog ... Ich habe Befehl, von dem genannten Messer Marco (Bragadino) daraus einen Barren machen zu lassen (›*verzeletta*‹, wörtlich: kleine Stange) und es Ihnen zur Einsendung nach Venedig zu übergeben, damit alle jene Proben damit angestellt werden können, denen üblicherweise das 24 karätige Gold unterworfen wird« (zitiert nach Ivo Striedinger).

Bragadino hatte also keine neuen Verfahren ausgearbeitet, sondern sich über die mittelalterlichen Verfahren informiert und in einem geeigneten Augenblick aus einem Röhrchen im Ärmel Goldstaub fließen lassen. Die Gesamtprobe wog, als sie sehr viel später tatsächlich nach erheblichen Debatten im Rat der Zehn geprüft wurde, 380 Gramm, wovon drei Viertel reines Gold waren. Bragadino war also bereit gewesen, zu investieren, und verließ sich darauf, daß ihm diese Prüfung einen großen Ruf und weitere größere Subsidien einbringen werde. Die Berichte über diese Prüfungen – Striedinger hat davon fünf ausfindig gemacht – gleichen einander alle, gleichgültig, wo immer sie angestellt wurden. Die Strategie bestand also im überblickbaren Kleinerfolg und dessen Ausnützung mit Hilfe von Auftreten, Suada und Versprechungen.

Die idealen Opfer für Bragadino waren hochgestellte Persönlichkeiten, die ihre eigenen Geheimnisse und Laster hatten und in dem vielwissenden Zyprioten einen Ratgeber, Helfer und Genossen vermuteten, abgesehen von der Hoffnung, daß dieses künstliche Gold auch die kostspieligsten Laster finanzieren könne. Vinzenzo I., Herzog von Mantua, hatte 1582, als Zwanzigjähriger, die erst fünfzehnjährige Margareta Farnese geheiratet, Tochter einer Familie, deren Frauen seit Generationen durch Schönheit und Sinnlichkeit berühmt geworden waren. Dennoch wurde die Ehe ein Desaster, umrankt von peinlichsten Gerüchten und nach Jahresfrist geschieden, ohne daß Nachkommen in Sicht gewesen wären. Man munkelte von scheußlichen Dingen, die der dafür allerdings ziemlich junge Herzog seiner mädchenhaften Gemahlin abverlangt habe, und sie verteidigte sich mit dem Gerücht der Impotenz, das bald darauf durch den Kindersegen seiner zweiten Ehe widerlegt wurde. Bragadino wurde in dieser prekären Situation eine Art Imageberater und Krisenmanager und vielleicht sogar der Bettgenosse des Herzogs, der dank der Ratschläge des Zyprioten immerhin zu sechs Kindern kam (von denen allerdings der Thronerbe wieder kinderlos blieb). Insgesamt kosteten die Goldversuche Bragadinos und der übrige Aufwand Mantua 25 000 Scudi, was Papst Sixtus V. im fernen Rom mit herben Worten rügte.

Italiens Geschichte ist die Geschichte seiner Städte. Jede ist in ihren besonderen Abläufen wie ein Lebewesen, Reumont, Burckhardt, Monnier, Gregorovius haben sich in die bunten Schicksale dieser Stadt-Individuen versenkt, weil nirgendwo in Europa die Tragik der Teilungen, der Fehden und der Fremdherrschaft so duftende Blüten hervorgebracht hat wie auf dieser langgestreckt in die Meere hineinragenden Halbinsel.

Die kleinen Gemeinwesen sind in diesem Gemälde ebenso reizvoll wie die großen, aber einige blieben unverdient im Schatten, weil von Ferrara und von Mantua zu viele Straßen einerseits nach Venedig und andererseits nach Florenz führten.

Die Dogen und die Medici hatten ihre Metropolen zu unvergleichlichen Zentren der Kultur, des Handels, der Geldwirtschaft und der politischen Intrige entwickelt, wobei die Medici in gewissem Sinn als Emporkömmlinge galten, weil die großen venezianischen Familien ihre Geschichte bis zu dem Augenblick zurückverfolgen konnten, da sie auf der Flucht vor den Aquileja bestürmenden Hunnen ihre ersten Häuser auf den Fondamenti errichtet hatten, auf den Felseninseln in einer im übrigen durch Schilfwälder, Untiefen und Sümpfe ungangbaren schützenden Wasserlandschaft.

Zu den ältesten Sippen der Lagunenstadt gehörten die Cornaro; Caterina Cornaro, die letzte Königin von Zypern, wurde wie eine Heilige verehrt und, solange sie lebte, in ihrem Witwensitz Asolo bei Treviso, also auf dem venezianischen Festland, besucht, bedichtet und mit einigem Recht als die Muse des Jahrhunderts gefeiert. Nachfahren des bedeutenden Clans spielten rund um Venedig und bis Padua eine große Rolle, fühlten sich durch den großen Namen wohl auch zu besonderen Aktivitäten verpflichtet, förderten Dichter und Komödianten und in einem Fall auch Marco Bragadino: Alvise Cornaro aus Padua wurde sein glühender Verehrer, teilte ihm eigene alchemistische und medizinische Erfolge mit und sorgte durch seine Verbindungen dafür, daß Bragadino, mit ergaunertem mantuanischem Geld und hoher Fürsprache ausgestattet, am Abend des 26. November 1589 in die Lagunenstadt wie ein Potentat einziehen konnte.

Trotz aller Inszenierungen blieben die klugen Stadtväter skeptisch und baten den geheimnisvollen Ankömmling, nicht in der Stadt selbst Wohnung zu nehmen, sondern auf der Giudecca, jener langgestreckt vor der Riva Sciavone liegenden dicht bebauten Insel, die ihren Namen von den eifrigen venezianischen Juden hat, die dorthin aus einem älteren Ghetto umgezogen waren. Da Bragadino früher ja Verbindungen zu dem streitbaren *Condottiere* Piccolomini gehalten hatte (der zu diesem Zeitpunkt immerhin noch lebte), lagen vor dem Haus auf der

Giudecca zwei kleine, aber gut bemannte Galeeren, angeblich zum Schutz des wichtigen Mannes, de facto aber natürlich, um ihn zu überwachen. Ging er aus, so begleitete ihn mit gleichen Hintergedanken eine Leibwache.

Solchermaßen beobachtet, konnte Bragadino auch seine weibliche Gesellschaft nicht mehr verbergen, es handelte sich um eine ansehnliche, wenn auch nicht mehr ganz junge Dame namens Laura, verwitwete Vilmerca, die eine hübsche Singstimme hatte und zweifellos eine gewisse Ausstrahlung, weil sich zum Beispiel Alvise Cornaro in Gesten der Bewunderung und Verehrung für sie geradezu erschöpfte. Ivo Striedinger mit seinem gnadenlosen Augurenblick schließt allerdings aus ihren Briefen, sie war »eine ganz ungebildete Person. Ihr Briefstil ist noch unbeholfener als der ihres Herrn und Meisters, und dabei schreibt sie eine noch schändlichere Pfote«.

Die Anwesenheit des Adepten löste in Venedig ein Goldfieber aus, nur daß man das edle Metall nicht wie später am Klondike aus dem Wasser fischen konnte, sondern in Laboratorien zu erzeugen hoffte, von denen auf einmal so viele entstanden, daß selbst die Beobachter Sultan Murad III. alarmiert wurden, denn reiche Feinde sind doppelt gefährlich.

Es soll unter dem Maréchal de Saxe eine Schlacht in Flandern gegeben habe, wo Engländer und Franzosen einander gegenüberstanden, aber keiner so richtig mit den Feindseligkeiten beginnen wollte, bis ein Dragoner-Obrist die französischen Reihen verließ, dem Feind entgegensprengte und rief *»Messieurs les Anglais, tirez les premiers«* (Schießen Sie als erste) – was die wegen ihres trockenen Humors bekannten Engländer denn auch taten.

In solch abwartender Haltung belauerten Behörden und Bragadino einander. Er hatte hochmögende Gönner, alte Geschlechter, Grafen, Prälaten, solch einen Ankömmling drängt man nicht. Venedig lebte von seiner Toleranz, vom Nebeneinander aller Religionen, aller Neigungen, aller Laster. Zudem tat Bragadino immer wieder Verheißungsvolles, erwarb

Schmuck, brachte exotische Währungen in Umlauf, streute Gerüchte aus und ließ seine Dame abendlich Lieder singen. Dann aber kam – Bragadino war etwa drei Monate auf der Giudecca – der Karneval. Wer bis dahin noch keine Maske getragen hatte, trug sie jetzt.

Die Venezianer mit ihrem schönsten aller italienischen Dialekte, elegant, dem Französischen nah, wohlklingend in Versen und Sentenzen, fielen über den geheimnisvollen Nichtstuer her, bedichteten Bragadino und nicht nur ihn, auch sein Gehabe, seine Gefährtin, seine Grafen wie ein paar Jahrhunderte zuvor Marco Polo, der auch mit Vorliebe von großen Ziffern gesprochen hatte und schließlich als *Messer Millione* verhöhnt worden war.

Die feinen Herren im Dogenpalast begannen, näher hinzusehen. Es zeigte sich, daß Bragadinos Proben nicht, wie zu erwarten gewesen war, pures Alchemistengold aus teuflisch-geheimnisvoller Fertigung war, sondern legiertes Gold, handelsüblich, offensichtlich aus Münzen und Goldschmuck gewonnen, ein Hinweis, dessen Urheber die Herren freilich nicht preisgeben wollten: Die *ebrei todesci*, die in Venedig ansässigen deutschen Juden, hatten das Gold sachkundig geprüft.

In einer Stadt wie Venedig hat auch der Spott seine Kultur. Der Karneval bot die Gelegenheit, sich unverblümt zu äußern, man brauchte nicht, wie in Rom, anonyme Zettelchen mit Schmähungen zu beschriften und an einer bestimmten Säule zu deponieren. Für Bragadino bedeutete dies die Öffentlichkeit deutlicher Angriffe, im ganzen gesehen aber eine Art Unsterblichkeit, wie sie nicht vielen Alchemisten zuteil wurde, denn unter jenen, die sich über seine Goldmacherei in Stäubchen und auf Raten amüsierten, waren namhafte Poeten, war angeblich sogar Giovan Battista Guarini (1538–1612) mit einem Madrigal, das in nur zehn Zeilen den Zyprioten mit tödlicher Ironie anredete.

Während die mühsamen Schmähverse eines Bartolomeo Roncaglia oder Giulio Bernalio mit ihren Schöpfern untergingen, erlangte Guarini durch sein Schäferspiel *Il Pastor fido* Weltruhm: Mirtillo, ein treuer Hirt, befreit seine Heimat Arkadien durch seine Opferbereitschaft von einem seit Urzeiten auf ihr lastenden Fluch, ein Höhepunkt der Hirtendichtung, der Guarini in ganz Europa berühmt machte. Der böse Spötter Voltaire lobte das charmante kleine Werk, noch August Wilhelm Schlegel, Präzeptor der deutschen Romantik, griff es auf mit den Worten, »neben den süßen Tändeleien der Poesie (sei das Werk) voll von hoher, keuscher Schönheit des Gefühls. Keinem Dichter ist es wohl so gelungen, die moderne und antike Eigentümlichkeit der Handlung zu verschmelzen«.

Noch ehe es zum Druck kam, kursierte das Werk in Venedig und in den Nachbarstädten in handschriftlichen Kopien; bis zum achtzehnten Jahrhundert brachte es das Werk auf achtzig Druckausgaben. *Il Pastor fido* wurde sogar ins Persische und Indische übersetzt. Ohne es zu wollen, hatte Bragadino, ganz einfach, weil er nichts las und von Literatur nichts verstand, sich mit einem Nationalhelden angelegt. Guarini hatte durch seine heidnisch-sinnlichen Phantasien eine Volksbewegung geschaffen »und durch den in seiner Dichtung behandelten Widerspruch von Natur und göttlichem Gesetz der Kirche mehr geschadet als die Lehren Luthers und Calvins zusammengenommen«, wie es der jesuitische Pamphletist und ›Controversist‹ (Herders Kirchenlexikon) Franz Romulus Robert Bellarmin, Kardinal, Examinator von Bischöfen und Erzbischof von Capua, ausdrückte.

Als zu dem Madrigal und anderen karnevalistischen, also sehr sichtbaren Spötteleien noch zwei sehr unangenehme Gläubiger auf den Plan traten, waren Bragadinos Tage in der Lagunenstadt gezählt. Das war ihm nichts Neues und ist kein Novum in den Lebensläufen seiner Kollegen, denn für jeden Alchemisten kommt der Augenblick, wo auch gutwillige Freunde ihm nicht mehr glauben und nichts anderes für ihn tun können, als ihm das Leben oder gar die Freiheit zu retten. Seine Flucht aus Venedig war so gut verhüllt und offensichtlich nach dem Muster früherer Abschiede so perfekt vorbereitet, daß man bis heute nicht weiß, wann er sie vollzogen hat, und da er nicht, wie später Giacomo Casanova, aus seinem Fluchtbericht einen Bestseller machte, sind Einzelheiten auch nicht bekannt geworden. Die Vorbereitung bestand in der vorösterlich motivierten Ankündigung von Exerzitien, zu denen der berühmte Mann sich von der Öffentlichkeit zurückziehen wolle, darauf folgte die Behauptung, er sei krank und wolle sich in besserer Luft erholen, was angesichts der Dünste über den Kanälen nun tatsächlich jeder begriff. Und schließlich, als sich der bevorstehende Abschied als Gerücht verbreitet hatte, fanden offenbar einige *Nobili* der Stadt, dies sei die beste Lösung, denn einen wortgewandten, in vielen Ländern bekannten Mann vor Gericht zu stellen, sei mühsam und würde Venedig mehr schaden als jenem Gauner, der ja wirklich Arme nicht geschädigt hatte ...

Bragadino brauchte nicht, wie heutige Betrüger, nach Rio zu flüchten, eine Kahnfahrt auf dem Brentakanal genügte; in Padua warteten neue Möglichkeiten bei alten Freunden, und zu Ostern – Striedinger weiß natürlich den genauen Tag, den 21. April 1590 – war der gehetzte Goldmacher seinen Leibgardisten, Bewachern und Galeeren-Gilden entronnen. Das Palais auf der Giudecca wurde auf die Nachricht seiner Flucht hin in einem wahren Wettlauf der Gläubiger gestürmt, als hätte ein reicher Mann wegen verschiedener kleiner Rechnungen von weniger als tausend Scudi eine solche Flucht antreten müssen. »Außer Möbeln, Teppichen und Kleidern fand man nur zerbrochene Experimentiergläser und Silbergeld im Betrag von (immerhin) fünfhundert Dukaten« (zitiert nach Ivo Striedinger), wobei das zurückgelassene Bargeld das eigentlich Überraschende an den Vorgängen ist. Neben Padua scheint Bassano als Zwischenstation auf, die sechstorige Stadt, in deren nächster Nähe das herrschaftliche Anwesen Asolo der Caterina Cornaro lag; verläßliche Nachricht aber kommt erst von den genauen bayrischen Stadtwachen, die am 10. September 1590 die Passage des vornehmen Zyprioten vermerken.

Bayern war für Alchemisten aus dem Süden eine durchaus günstige neue Umgebung. Die Polizei konnte sich mit der von Mailand oder von Wien nicht messen. Die Bevölkerung glaubte mit größter Bereitwilligkeit alles, was mit entsprechendem Aplomb vorgetragen wurde, und die Landgeistlichen hatten, schon um der Kirche freie Bahn zu schaffen, nach Möglichkeit jeder höheren Bildung entgegengewirkt. Thurneysser (er wird Bragadino nicht sehr lange überleben) hatte hier seine absurden Abhandlungen drucken lassen können. Herzog Wilhelm V. war so hoch verschuldet, daß eine kleine Armee erfolgreicher Alchemisten nötig gewesen wäre, um ihn zu sanieren, und weil er in Landshut residierte, hatte der kundige Bragadino dort hoch zu Roß seinen Einzug gehalten. In gleichem Prunk folgte er dem Herzog, als dieser nach dem Tod seiner Mutter die Residenz nach München verlegte.

Fortan – und darin gleichen die Alchemistenschicksale dieses Jahrhunderts einander auf betrübliche Weise – fortan ging es nur noch darum, die Gunst des Herzogs zu erlangen, den Argwohn einzuschläfern, die Geldmittel für einen Neubeginn locker zu machen. Donna Laura war mit dem Gesinde nachgekommen, niemand hatte ihr ein Haar gekrümmt. Wilhelm V., trotz so mancher Landshuter Schönheit für Exotik empfänglich, machte der Dame aus der großen Welt den Hof und überhäufte sie mit Geschenken, während Bragadino sich die Finger wund schrieb, um den nächsten Abgang vorzubereiten und irgendwo eine sichere Bleibe zu finden. Es scheint, daß er in München von ersten Todesahnungen umwölkt war, sonst hätte er diese für ihn besonders mühsamen Schreibereien sicherlich nicht auf sich genommen.

Es kam, wie wir es schon einige Male gelesen haben und wie es sich in den Lebensläufen rund um die Goldmacherei immer wieder ergeben wird, mit der kleinen Besonderheit, daß der vergleichsweise gebildete Monarch zunächst mehr das Gespräch suchte und die Welterfahrung des Gastes und daß seine Hinwendung zu Bragadino in erster Linie dem »Stein der Weisen«

galt – nicht des Goldes, sondern der Gesundheit wegen. In dieser Erwartung und durch jedes neu auftauchende Mineral in seinen Hoffnungen bestärkt, ließ der Herzog Retorten und andere Gläser, Öle, Wasser, Chemikalien und Mineralien nach München kommen. Dazu kamen die Kosten für Donna Laura, für den gesprächigen Wundermann, für seine Wohnung und Dienerschaft – kurz, der Herzog griff in Kassen, die ihm eigentlich verwehrt waren, er überschritt seine Apanage, und Bragadino dankte es ihm, indem er sich auch in der Stadt München zusätzliche Gelder verschaffte.

Was nun folgt, was sich unerwartet und in verblüffender Härte überstürzte, erklärt sich nicht sosehr aus Straftaten, denn Bragadino hat vermutlich nie irgend jemanden umgebracht, sondern ist eine Folge einer tiefen menschlichen Enttäuschung, gepaart mit der Erkenntnis, daß die unerträglichen Kopfschmerzen, deren Heilung Bragadino versprochen hatte, unbesiegbar seien. Am 19. März 1591 mußte der unglückliche Fürst sich dies alles eingestehen, war aber angesichts soviel eigener Schuld handlungsunfähig. Die Verhaftung Bragadinos wenige Tage später sei – schreibt Striedinger – ohne Wissen Wilhelms V. erfolgt. Als er erfährt, was seine Getreuen, um ihn zu schützen getan haben, kann der Herzog nur noch den Oberstkanzler Rudolf von Haslang um äußerste Geheimhaltung bitten.

Geschickter als sein Fürst hat in den folgenden Wochen der Herr von Haslang ganze Arbeit geleistet. Man weiß nicht, wo Bragadino inhaftiert war, man weiß nicht, vor welchem Gericht gegen ihn verhandelt wurde. Bekannt sind nur die verzweifelten Versuche Bragadinos, das übliche schreckliche Ende von Betrügern, Zauberern und Schwarzkünstlern von sich abzuwenden, die Folter und den Holzstoß. Die einzige Macht, die es neben dem Herzog gab, war die Kirche, und innerhalb dieser Kirche genossen die Jesuiten – obwohl der Orden seinen größten Einfluß noch nicht erreicht hatte – den Ruf, hinter den Kulissen alles zu vermögen. Bragadino entsinnt sich seiner kurzen geistlichen Phase, zwar nicht als Jesuit, sondern als Kapuziner –

immerhin, damit rettet er sich vom Strang. Ob er gefoltert wird oder nicht, ist Gegenstand langer behördlicher Schriftwechsel, was man positiv oder negativ sehen kann. Bragadino gesteht in seiner Angst vor der Tortur alles, was immer man hören will, und er erinnert an seine Untaten in Mantua, was in Bayern sehr willkommen ist: Wer will schon allein als der große Betrogene dastehen! Bragadino tut ein übriges und verfaßt ein schriftliches Geständnis, der Zypriote, der so vielen Herren diente, beichtet einem Jesuitenpater, und am 26. April 1591, überraschend schnell nach der Verhaftung, kommt es zur Hinrichtung.

Über sie ist in beliebten und verbreiteten Geschichten der Alchemie so viel Unsinn berichtet worden, daß man in der Richtigstellung und authentischen Schilderung des Vorgangs ein Hauptverdienst der leider im Lauf der Jahre völlig untergegangenen Studie von Ivo Striedinger erblicken muß. Bei dem stets um Genauigkeit bemühten Karl Christoph Schmieder liest man, Bragadino »wurde 1590 in einem mit Flittergold beklebten Kleide an einem gleichfalls vergoldeten Galgen aufgehängt. Die unschuldigen Dämonen (d. h. seine Doggen) wurden zugleich unter dem Galgen erschossen«. In der überarbeiteten Ausgabe 2005 desselben Buches steht noch derselbe blühende Unsinn, dabei ist die Wirklichkeit bizarr genug: Bragadino wurde in Weiß und Blau gekleidet, als sei es für das bayerische Rautenmuster eine besondere Ehre, bei solchen Gelegenheiten zu paradieren. Als Scharfrichter hatte man einen Henker aus Landshut kommen lassen, vielleicht, weil der Münchner Scharfrichter aus der Anhängerschaft des Bragadino Rache befürchtete oder einen Schadenszauber des Zyprioten selbst. Der Henker führte das Schwert ungenau und traf nicht den Nacken, sondern schnitt vom Schädel des Unglücklichen ein Segment ab, unter dem sogleich Blut und Gehirnmasse heraustraten. In Panik stach der Henker mit dem Schwert auf den Schwerverletzten ein, und es kam zu einer Metzelei im Angesicht einer vielköpfigen Menge, die sich denn auch – solche Fälle sind aus allen Ländern bekannt –

wütend auf den ungeschickten Henker stürzte. Vierhundert Mann der Münchner Bürgerwehr waren nötig, dem Mann das Leben zu retten, man machte ihm nicht einmal seine Vergütung streitig! Aus Furcht vor Unruhen blieb der Leichnam unter einem schwarzen Tuch auf dem Platz, niemand rührte ihn an, bis die Menge sich zerstreut hatte. Donna Laura und Paolina, die Schwester, hatte der Herzog schon Tage zuvor zu seinem Geschäftsträger in Norditalien gesandt, auf seine Kosten und mit dem Auftrag, für die Damen zu sorgen. Von Paolina hörte man später noch einmal: Sie erbat eine Unterstützung und erhielt eine kleine Summe.

Da das Buch von Schmieder trotz einer gewissen Verbohrtheit seine unbestreitbaren Vorzüge hat, ja in gewissem Sinn immer noch unentbehrlich ist, da sich der Irrtum mit dem goldglänzenden Galgen, an dem Bragadino gebaumelt haben soll, selbst in der souveränen Darstellung von Hans-Werner Schütt findet, bin ich der Frage nachgegangen, warum ein Teil der Alchemie-Historiker den falschen Grafen in Blau-Weiß enthauptet sieht, ein anderer aber in Goldlamé an einem goldgleißenden Galgen, also gehängt.

Die Lösung des Widerspruchs ist vermutlich in einer simplen Verwechslung zu finden, der Verwechslung mit einem unbedeutenden Schwindler und angeblichen Goldmacher, an dessen Lebensende ebenfalls die bei dieser Spezies Mensch nicht ganz seltene Hinrichtung steht. Es handelt sich um den angeblichen Grafen Gaëtano, als Bauernsohn in Pietrabianca bei Neapel zur Welt gekommen. Durch einen Diebstahl gelangte er in die Besitztümer eines Alchemisten, studierte dessen Methode und hatte in Spanien erste Erfolge damit. Weitere erfolgreiche Transmutationen gelangen in Brüssel, wo sich Gaëtano zum erstenmal als Graf präsentierte, und zu wirklichem Ruhm gelangte Gaëtano 1704 in Wien, trotz des Spanischen Erbfolgekrieges, denn Kaiser Leopold I., klein, häßlich, hochintelligent und musisch begabt, war abergläubisch und glaubte an die Goldmacherei.

Als der Kaiser 1705 starb, gab es am Hof schon eine starke Opposition, die auch die Günstlinge des im Alter schwer zugänglichen Monarchen angriff, aber Gaëtano nutzte die Protektion in Wien anwesender deutscher Adeliger, um nach Preußen zu entkommen. Dort war Friedrich I. ihm wohlgesinnt, der martialische Kronprinz aber (der spätere Soldatenkönig) hielt schon wegen seiner pathologischen Sparsamkeit nichts von Experimenten. 1712, ein Jahr vor seinem Regierungsantritt, schrieb er an Leopold von Anhalt (Orthographie modernisiert):

»Ich muß Euer Liebden im Vertrauen sagen, daß die Herzogin Radziwill (d. h. seine Schwester) uns hat einen Schelm von Goldmacher geschickt. Ich armer Teufel soll mit ihm Gold machen lernen. Wenn ich daran denke, so muß ich lachen, daß ich ein Goldmacher werde! Der dumme Teufel glaubt, mir Gold herauszulocken, aber es wird nicht angehen (d. h. es wird nicht dazu kommen).«

In einem weiteren Brief heißt es:

»Der Goldmacher von der Prinzeß Radziwill ist ein Narr! Ich muß immer mit dabei sein, was mich von Herzen verdrießt, die Narrenpossen zu hören.«

1713 kam Friedrich Wilhelm I. zur Regierung, setzte sofort den Aufwand des Hofes von 250 000 Talern auf 50 000 herab, und Gaëtano wanderte in die Kasematten der Festung Küstrin. Auch hier waltet, als wolle man das Andenken des verstorbenen Königs schonen, die größte Geheimhaltung. Es gibt keine Akten über einen Prozeß, und ob der Kronprinz mit dem Goldmacher seiner Schwester Gaëtano gemeint hat, ist auch nicht absolut sicher, wenn man sich auch nicht vorstellen kann, daß nach Gaëtano noch ein falscher Graf sein Glück ausgerechnet in Preußen versuchte. Unter einem zeitgenössischen Bild findet sich eine lange Legende, aus der wir, die Rechtschreibung modernisierend, zitieren:

»Als Gaetano mit dem Kopf gegen den Balken, an welchem ein Fleck, so weit er zum Henken gekommen, mit goldenem Zindel (d. h. glänzendem Flachsgewebe) beschlagen war, kam, sagte er zum Henker: Geschwind!, worauf ihm dann der Henker den Strick um den Hals legte und das Genick abdrückte. Das Gesicht wurde ihm abscheulich schwarz und braun, und nach heftigem Zucken gab er endlich seinen Geist auf. Er ist mit Ketten überall wohl befestigt und nachher mit einem auf romanische Art gemachtem Kleid aus goldenem Zindel umhangen worden, welches man sehr weit sehen kann.«

Das heute vergessene Wort Zindel ist schon im Mittelhochdeutschen belegt und bezeichnet glänzende Flachsgewebe vor allem in der weiblichen Kleidung. Der als Zauberer mit Ketten und als Alchemist mit falschem Glanz ins Jenseits verabschiedete Bauernsohn aus Neapel ist weiterhin nicht bemerkenswert, aber seine traurige letzte Erscheinungsform leuchtete doch in die letzte Stunde des ungleich berühmteren Zyprioten Bragadino herein, der in den bayrischen Traditionsfarben Weiß und Blau sein Leben aushauchte. Die ganze Geschichte des unglücklichen Gaëtano findet sich bei Friedrich von Oppeln-Bronikowski, geboren 1883 in Kassel, gestorben 1936 in Berlin, der sich damit ein paar Zeilen des Gedenkens verdient hat. Aus einer Offiziersfamilie stammend, sollte er ebenfalls die militärische Laufbahn ergreifen, hatte jedoch in jungen Jahren einen schweren Reitunfall und studierte Romanistik und Archäologie. Deutschland verdankt ihm frühe Übersetzungen von Maupassant, Anatole France und aus den Erinnerungen des Giacomo Casanova; von seinen an die hundert eigenen Werken sind die belletristischen vergessen, die historische Essayistik aber hat ihren Wert weitgehend behalten. Daß er von Literatur wirklich etwas verstand, bewies er durch die Gesamtübersetzung des wenig bekannten Werkes von Charles de Coster und dessen unsterblicher *légende d'Ulenspiegel.* Besonders lagen ihm die ›Abenteuerer am preußischen Hof 1700–1800‹, das Buch, aus dem wir zitierten.

Gegenüber so traurigen und obendrein vom Mißgeschick verfolgten Gestalten wie Bragadino oder Gaëtano erscheint der derbe sizilianische Bauernsohn Giuseppe Balsamo, genannt Graf Cagliostro, geradezu als ein Günstling des Glücks und als eine strahlende Persönlichkeit, doch hat seine derbe Männlichkeit eher die Damen der Gesellschaft in ihren Bann gezogen als die feinen Herren, die seine grobschlächtige *Grandezza* heimlich belächelten.

In der Geschichte der Alchemie eroberte Cagliostro sich einen besonderen Platz durch die Verbindung der Goldsuche mit der Freimaurerei, und da er diese Verbindung vergleichsweise spät zustande brachte, möchte man beinahe meinen, sie sei eine Notlösung gewesen. Cagliostro hatte nämlich im Unterschied zu vielen anderen, vor allem älteren Alchemisten nur ein Minimum an Bildung. Er war in einer Klosterapotheke an einige Grundkenntnisse gelangt, verstand wohl auch, mit pharmazeutischem Gerät umzugehen und einfache Untersuchungen und Proben selbst anzustellen. Aber da der junge Sizilianer das Stehlen als selbstverständlich verstand (wie vermutlich seine ganze Familie), sah er sich bald zur Wanderschaft genötigt. Diese frühen Reisen waren die zweite Quelle seiner Bildung, und auf ihnen nützte er, von niemandem erkannt, die hervorstechendste seiner Gaben, das Zeichnen und Kopieren. Aus seiner Begegnung mit Casanova im Jahr 1769 in einem Gasthof in Aix-en-Provence wissen wir, daß er Unterschriften, ganze Wechsel, Schriftstücke und Akten jeder Art mit Hilfe eines kleinen Sammelsuriums von Stiften, Federn und Farben so vollkommen zu fälschen verstand, daß selbst ein erfahrener Kollege wie der Venezianer keinen Unterschied zwischen echt und falsch zu erkennen vermochte.

Die zweite sein Leben bestimmende Hilfe hatte ihm der Himmel geschickt, die Tochter eines Gürtelmachers und Sattlers, die Serafina Feliciani hieß, sich aber Lorenza nannte, *»una bellissima fanciulla«*, wie ihr Biograph Giuseppe d'Amato in seiner Dreihundert-Seiten-Studie sagt, sie an anderer Stelle aber als eine Blonde mit Rosenwangen bezeichnet, deren Schönheit durch einen besonderen Hauch von Unschuld und Jugend und durch ihren Blick unwiderstehlich wurde. In einem Garten nahe dem Pincio führte Cagliostro diesem Traum von einem Mädchen die ersten Liebhaber zu, und bei einiger Bildung und Lebensart hätte er, Lorenza an seiner Seite, eine brillante Karriere als Zuhälter und Spieler in der großen Gesellschaft machen können. Aber Balsamo war eben selbst eine starke Persönlichkeit und von jener faunischen Häßlichkeit, die bei Männern zur Attraktion wird. Er brauchte sich nicht den Frauen zu nähern, sie kamen auf ihn zu, und als ihm dies klar geworden war, begann er mit Schönheitswässerchen und Anti-age-Tinkturen Handel zu treiben, wobei die teuer bezahlten Mittelchen wie Gunstbeweise verteilt wurden.

Hat heute eine kosmetische Kreation Erfolg, so setzen Werbung, Mundpropaganda und Mode ein, und irgendein beliebiges Labor stellt für die namengebende Schauspielerin oder den gealterten Tenniscrack die Creme, das Duftwasser oder die faltenbekämpfende Salbe her. Balsamos originale Begabung war aber auf den Einsatz seiner stürmischen Persönlichkeit beschränkt. Auch im achtzehnten Jahrhundert sah man schon Apotheker mit Laxativen und Potenzmitteln steinreich werden; Giuseppe Balsamo aber brauchte den ganz auf ihn zugeschnittenen Erfolg, ernannte sich zum Grafen, erzählte der andächtig lauschenden Damenwelt von fernen Ländern und sprach – da er von Archimedes und Hippokrates ebensowenig wußte wie von Trithemius und von Agrippa – seinen Bewunderinnen von Isis und Osiris. Er ließ junge und alte Baronessen, Gräfinnen und Herzoginnen wohlig erschauern, wenn er sie zu Vestalinnen seines geheimnisvollen Kultes machte.

Das Gold, das er herzustellen behauptete, war weniger Zahlungsmittel, denn auf Falschmünzerei stand die Todesstrafe, als Medikament, angeblich unerläßliche Beimischung in lebensverlängernden Tinkturen, Behauptungen, die allerdings antike Traditionen hatten. Eine Art Ritterschlag erhielt der Mann aus dem Süden, als er die in Livland, in der kleinen Residenz Mitau berühmt und geachtet lebende Dichterin Elisa von der Recke in seinen Bann zog. Elisa lebte dort bei ihrer Stiefschwester, die praktisch Regentin des Kleinstaates war. Alle kannten Elisa, sie war eine baltische Heroine, und daß Cagliostro auch sie, die ihm deutliche Avancen gemacht hatte, in erster Linie als Geldquelle ansah, das erwies sich bald als tödlicher Fehler. Nach einer gescheiterten Ehe hoch sensibel, berühmt und wortgewandt, nahm Elisa ohne Angst, sich zu kompromittieren, in ihrer berühmtesten und erfolgreichsten Schrift Rache an dem Erzschwindler und Erzgauner Cagliostro. 1795 in Berlin erschienen, machte das Werk in drei oder vier Sprachen seinen Weg durch ganz Europa, während die Gekränkte von Katharina II. nach Petersburg eingeladen und mit einem großen Gut in Kurland beschenkt wurde.

Balsamo-Cagliostro konnte nun einmal nicht alle Frauen, die er zu halbverrückten Schwärmereien ermuntert hatte, wie einen Wanderharem um sich versammeln, auch hatte er ja seine wunderschöne Lorenza, die selbst geeichte Kenner wie einen Casanova aus der Fassung brachte. Ihre große Stunde kam, als Cagliostro – in der Halsbandaffäre ausnahmsweise einmal unschuldig und dennoch kurz eingekerkert – die gefährlichsten Gegner vor sich sah: die Inquisition, die auch im achtzehnten Jahrhundert noch gegen Zauber und Geheimbündelei schwerste Strafen verhängen durfte. Ohne daß alle Schleier gelüftet worden wären, darf man annehmen, daß Lorenza es war, die ihrem Gemahl das Leben rettete, allerdings, indem sie alle seine Taten vor Seiner Heiligkeit ausbreitete. Pius VI., ein Edelmann aus Cesena, bewies durch sein Verhalten in den nächsten Jahren, daß die immer noch schöne Römerin eine gewisse Macht über ihn hatte. Cagliostro hatte nach den harten Gesetzen des Kirchenstaates mehrfach den Tod verdient, aber wenn man heute die Räume betritt, die ihm in der alten Bergfestung San Leo zugeteilt wurden, wohl etwas dunkle, feuchte, niedrige Gelasse, halb Kloster, halb Gefängnis, dann kann man sich den Rest seines Lebens, lesend, experimentierend und schreibend, als keineswegs grausamen Ausklang vorstellen. Daß er am 28. August 1795 erdrosselt worden sei, ist eine Legende.

Lorenza hatte zunächst das leichtere Schicksal, denn sie saß im Kloster von Santa Apollonia zu Rom in milder Haft und hatte die Wachen, die der Papst vor das Kloster gestellt hatte, bald hinreichend für sich eingenommen. Vielleicht aber wurde eben diese Vertrautheit schließlich zu ihrem Verhängnis. Man wußte nicht immer, wo sie sich befand; man schwieg, wenn sie sich Stadturlaub genommen hatte, und als napoleonische Truppen die Ewige Stadt eroberten, was ihnen nicht schwergemacht worden war, war die Contessa Serafina di Cagliostro – wie sie offiziell geführt wurde – in gleicher Gefahr wie jede schöne Römerin. Ein Doktor Haven, der ihren Schicksalen nachspürte, gab seiner Resignation auf italienisch Ausdruck: »*La signora Cagliostro disparve. Rinchiusa dapprima nel Convento di Santa Apollonia in Trastevere, non vi si trovava piu nel 1799.*« Schon 1798 hatten französische Truppen sich in den Klöstern einquartiert und alles geplündert, was ihnen in die Hände fiel, und das geistliche Kleid war gegenüber den Sansculotten, die durch die Halbinsel nach Süden marschiert waren, die seit Monaten schlecht ausgerüstet und versorgt im Feld standen, kein Schutz. Cagliostro hatte, als man ihn am 28. August 1795 aus seiner Kasematte in San Leo hinaustrug, immerhin ein kleines Geleit von vier Männern, ein Junge namens Marco Perazzani hat alles mit angesehen, aufgeschrieben, später einem Kardinal erzählt, der die Aufzeichnung bekannt machte. Lorenza oder Serafina, die ein Leben lang an der Seite eines bezwingenden Mannes aushielt, verschwand in den kriegerischen Nächten von Rom, mit denen das Jahrhundert endete.

Inzwischen hatte der weimarische Geheimrat und Minister Johann Wolfgang von Goethe sein Cagliostro-Stück unter dem Titel ›Der Groß-Kophta‹ geschrieben, in dem die altägyptischen Phantasien ebenso anklingen wie die Halsbandaffäre. Das Buchhonorar der Geschichte hatte Goethe an die Familie Balsamo nach Sizilien geschickt.

Goethe verrät damit jene Anteilnahme, die selbst ein Schwindler und Betrüger, ein Fälscher und Angeber wie Cagliostro zu erwecken verstand, eine Faszination, die in der Kombination seiner vielen Vorzüge und Untugenden begründet war. Irgendwie hatte er die Eierschalen aus dem elenden sizilianischen Dorf noch an sich, in dem Goethe unter falschem Namen als englischer Arzt aufgetreten war und sogar einen Brief für den damals gerade in London weilenden Cagliostro zur Beförderung übernommen hatte. Cagliostro war zweifellos ein besonders vielseitiger Scharlatan, er hatte eben die unbekümmerte Improvisationsgabe des Gassenjungen, der je nach Bedarf Gold machte, Hanf zu Seide, Kieselsteine zu Perlen werden ließ oder, wenn ihm nichts anderes mehr Rettung versprach, wohl auch Geister beschwor und in einer atlasgefütterten Kassette eine Alraunwurzel durch die Lande führte. Daß er wie Hitler an einem 20. April geboren war, sei für Amateurastrologen angemerkt.

Bestrahlt wurde dieser wilde Genius von einem weiblichen Wesen, wie es die Welt nur sehr selten zu sehen bekommt. Als Casanova zum erstenmal mit ihr zusammentraf, kam sie gerade aus Santiago de Compostela, ermüdet von der Wallfahrt an der Seite ihres großen Sünders. Cagliostro hatte den Venezianer gebeten, in Hinblick auf die Pilgereigenschaft der beiden unter den vornehmen Gästen der Herberge eine Geldsammlung zu veranstalten:

»Die Sammlung erbrachte fünfzig oder sechzig Silbertaler, und es war die Pilgerin (d. h. Lorenza) selbst, die an unseren Tisch kam, um das Geld in Empfang zu nehmen. Nichts in ihrem Gehaben verriet ihren Lebenswandel, im Gegenteil: sie war das getreue Abbild weiblicher Tugenden. Wir baten sie, uns ihren Namen in ein Lotterieheftchen zu schreiben, aber sie weigerte sich mit der Begründung, daß es in Rom nicht üblich sei, Mädchen, die zu einem anständigen und schlichten Leben bestimmt seien, das Lesen und Schreiben beizubringen. Alle lachten über diese Worte, mich aber dauerte die junge Frau« (aus: Casanova, *Histoire de ma Vie*).

Als der milde Schimmer dieser Schönheit für Cagliostro dadurch erlosch, daß die Römerin, durch das allerheiligste Interesse des Papstes entwaffnet, alles bestätigte und gestand, was die Inquisition für ihren Prozeß brauchte, flüchtete Giuseppe in die Alchemie oder, wie manche annehmen, in den Wahnsinn. San Leo, die Festung auf dem Gebiet der Herren von Montefeltro, wo man ihn gefangenhielt, wurde zwei Jahre nach seinem Tod von französischen Truppen erreicht und völlig überflüssigerweise und mit den Mitteln jener Jahre gesprengt. Die solide in den Berghang hineingebauten Felsenkasematten rutschten zum Teil in andere Lagen, im ganzen aber läßt sich noch eine Vorstellung davon heraufrufen, wie der Großmeister aller altägyptischen Geheimnisse hier lebte.

Phiolen und Eprouvetten habe ich nicht mehr gesehen, aber in die Steintische waren da und dort Vertiefungen gehämmert, der eine oder andere Winkel war geschwärzt, der vor Enttäuschung, Liebe und Verzweiflung halbblinde Gefangene mag hier hin und her geirrt sein, bis ihm seine Arkana vielleicht wirklich das letzte Restchen eines Verstandes raubten, der weniger bedeutend als seine Geschicklichkeit war und doch hingereicht hatte, die Gesellschaft der damaligen Weltstädte an der Nase herumzuführen. Es ist nicht auszuschließen, daß der Sizilianer noch heute seine Verehrer hat, denn wer sonst soll die fünfhundert Bücher lesen, die angeblich über ihn geschrieben worden sind? Man weiß, daß Alexander von Humboldt sich intensiv mit den Experimenten eines Mesmer beschäftigte, man kennt das Gespräch, das Friedrich der Große neben den ungeleerten Nachttöpfen seiner Kadetten mit Casanova führte; aber für welchen Erzgauner und Schwarzkünstler ist ein Goethe bis in die Pampa von Sizilien gereist?

An der Begegnung mit Cagliostro hatte Casanova vor allem geärgert, daß er nach einer doppelseitigen Lungenentzündung sehr geschwächt war und sich mit der schönen Lorenza nicht näher befassen konnte. Der nach Casanova und Cagliostro meistgenannte dritte der großen Abenteurer des Jahrhunderts, der Graf von Saint-Germain, wurde sein Konkurrent auf Casanovas intimstem Arbeitsbereich, bei den Frauen, unterschied sich von dem Venezianer allerdings dadurch, daß ihn die Vermögensverhältnisse der umworbenen Damen mehr interessierten als ihr Exterieur. Wenn unter diesen dreien einer wirklich mit Metallen umzugehen verstand und zumindest den erfolgreichen Anschein der Goldmacherei erweckte, so war es dieser Graf, denn während Cagliostro oft völlig abgebrannt war und Casanova ohne den Spieltisch nicht hätte leben können, hatte der Graf von Saint-Germain immer Geld und konnte bei polizeilichen Perlustrationen so viel Bares vorweisen, daß jeglicher Zweifel an seinem Adel und seiner Position zerstob.

Während Casanova von einer Geschlechtskrankheit zur nächsten wanderte, war der Graf von Saint-Germain stets gesund und befolgte einige für sein Jahrhundert erstaunliche Überlebensregeln. Er aß so gut wie nie an der *Table d'Hôte*, der lange Zeit üblichen Gemeinschaftstafel der Hotels, und ließen sich gemeinsame Mahlzeiten nicht vermeiden, dann hatte er ein Schälchen mit einer Art Mus und seinem berühmten Tee vor sich auf dem Tisch, das heißt, er vertraute weder der Hygiene der Hotelküchen noch ihm aufgezwungener Zufallsgesellschaft.

Da er mit medizinischen und pharmazeutischen Ratschlägen nicht geizte, hält ihn Hermann Schelenz, der persönlich die Wege des Grafen erkundete, für einen Apotheker aus San Germano in Savoyen. Andererseits ist es sicher, daß er besser Geige spielte als ein Amateur, daß er mit größter Leichtigkeit mehrere Sprachen beherrschte und einen ahasverischen Hauch um sich verbreitete. Er ist der Held jener unsterblichen Anekdote, in der ein Mann vor Gericht steht, weil er behauptet, dreihundert Jahre alt zu sein. »Was Ihren Fall erschwert«, sagt der Richter, »ist der Umstand, daß Sie ein Wiederholungstäter sind. Ich sehe aus den Akten unseres Hohen Gerichtes, daß Sie wegen des gleichen Delikts schon 1702, 1666 und 1510 verurteilt wurden!«

Von den vielen Hypothesen sei hier noch die Meinung des französischen Ministerpräsidenten Graf Choiseul angeführt (der schwer zu täuschende Gegner der Dubarry), der Beweise zu haben glaubte, daß der Graf ein unehelicher Sohn der Prinzessin Maria-Anna von Pfalz-Neuburg (1667–1740) gewesen sei. Sie hatte mit dreiundzwanzig Jahren Karl II. von Spanien geheiratet, welche Ehe kinderlos geblieben war, was später zum Spanischen Erbfolgekrieg führte. In ihrer langen wohldotierten Witwenschaft kam es zu einer Reihe mühsam verheimlichter Geburten.

Ein dänischer Diplomat mit bekanntem Namen, der Baron von Gleichen, schildert uns den Dunkelmann wie folgt:

»Bei meiner Rückkehr nach Paris im Jahr 1759 besuchte ich die Witwe des Chevaliers Lambert, eine alte Bekannte. Nach mir sah ich einen mittelgroßen, sehr stämmigen Mann eintreten, der mit gesuchter, prächtiger Einfachheit gekleidet war. Er warf Hut und Degen auf das Bett der Hausfrau, setzte sich in einen Lehnstuhl am Kamin und unterbrach den gerade redenden Herrn mit den Worten: Sie wissen nicht, was Sie gerade sagen! Für diese Frage bin ich allein zuständig, ich habe sie erschöpfend behandelt, geradeso wie die Musik, die ich aufgegeben habe, weil ich bis an die äußerste Grenze gelangt war.«

Ähnlich wie es der Baron in seinen Memoiren schildert, erlebte Casanova den Grafen an der Tafel des gemeinsamen Objekts der Begierde, der reichen Marquise d'Urfé:

»Das Diner, das mich am meisten amüsierte, war jenes, das die Marquise für Madame de Gergi gab, die in Begleitung des Grafen von Saint-Germain erschien. Dieser Mann redete, statt zu essen, vom ersten Augenblick an, da man sich zu Tisch setzte, bis zu dem, da die Tafel aufgehoben wurde. Ich lauschte seinen Worten mit der größten Aufmerksamkeit, denn es gibt niemanden, der besser zu sprechen versteht als er. Er gab sich als ein Universalgenie, er wollte verblüffen, und es gelang ihm auch. Er sprach stets sehr entschieden, aber in einer Weise, die niemandem mißfiel, denn er war wirklich gebildet, sprach fließend alle nötigen Sprachen, war ein hervorragender Chemiker, sah gut aus und verstand es vor allem, die Sympathien aller Damen zu erringen ... Dieser einzigartige Mann war offensichtlich dazu ausersehen, der frechste aller Betrüger zu werden, denn er sagte so ruhig, als sei es eine ausgemachte Sache, daß er dreihundert Jahre zähle, daß er den Stein der Weisen besitze mittels dessen er mit der Natur nach seinem Belieben umspringe« (aus: Casanova, *Histoire de ma Vie*).

Tatsächlich bot das Jahrhundert naturwissenschaftlich vorgebildeten, intelligenten und phantasiebegabten Menschen Möglichkeiten wie keine Zeit vorher, ohne daß Betrug oder Schwarze Magie bemüht werden mußten. Vom Grafen von Saint-Germain haben sich zum Beispiel konkrete Vorschläge für den Ausbau von Baden-Baden und die Nutzung seiner Quellen erhalten, die zu einem hohen Prozentsatz echte Verbesserungen bedeuteten; andere deutsche Bäder, die er inspizieren sollte, hatte er allerdings als trostlos und uninteressant für seine Verbesserungsabsichten bezeichnet.

Solch ein Mann brauchte eigentlich nicht auf die Erfindung von Gold auszugehen, aber das edle Metall war nun einmal der große Magnet, und vor allem waren die Fürsten zum Teil wegen arger Budgetsorgen gezwungen, Geld heranzuschaffen. Das probate Mittel einer Lotterie, von kundigen Italienern in ganz Europa eingeführt, hat Casanova zum reichen Mann gemacht, ohne daß irgend jemand betrogen worden wäre, und als Friedrich der Große sich notgedrungen zu einer Staatslotterie entschloß, schwitzte er vor Angst, daß der Hauptgewinn gezogen werde, weil diesen die Staatskasse nicht hätte bezahlen können.

Die Gönner des Grafen von Saint Germain saßen in Ansbach, Baden, Hessen und Nassau. Am Hof des Markgrafen Karl-Alexander von Bayreuth und Ansbach führte der Graf zum Beispiel neuartige Stoffe vor und neue Lederbearbeitungen, welche die Haltbarkeit erhöhen sollten, und zeigte eine Sammlung von Edelsteinen, in der Seine markgräfliche Gnaden allerdings künstliche Kleinodien entdeckte. In Ansbach begann eine der sehr seltenen echten Liebesbeziehungen des Grafen, womit auch das Gerücht, er sei homosexuell oder gar ein Zwitter gewesen, widerlegt ist. Die Auserwählte war womöglich noch berühmter als der Graf und schon gar sein Markgraf, es war Claire Josephe Hyppolyte Leyris de la Tude, den Pariser Bühnen bekannt als ›die Clairon‹, nach Triumphen an der Pariser Großen Oper und an der Comédie Française. Nach einem Zerwürfnis mit ihrer Direktion wegen eines zudringlichen Kollegen nahm sie, schon fünfzigjährig, eine Einladung des Markgrafen nach Ansbach an, hatte aber auch Einladungen von der Zarin Elisabeth. L. A. Langeveld, ein ehemaliger Notar, beschreibt in seiner kuriosen, aber materialreichen Biographie des Grafen von Saint-Germain, daß die beiden Liebenden in Triesdorf wohnten, sie im Oberstock, er im Erdgeschoß, wo er auch ein Laboratorium eingerichtet hatte. Ein Baron Gemmingen, der dem Markgrafen nahestand, berichtet das interessante Detail, daß der Graf außer seinen wissenschaftlichen Werken nur ein einziges Buch zu lesen pflegte, und zwar den schon erwähnten *Il Pastor fido* von Guarini, das auch Hinweise für die Prinzenerziehung enthält.

Die Clairon blieb bis 1791 in Ansbach und kehrte dann nach Paris zurück, die Liaison mit dem Grafen von Saint-Germain, den sie als einen väterlichen Freund bezeichnete, war zu diesem Zeitpunkt schon lange beendigt, denn er hatte einen neuen Gönner gefunden und wir damit verläßliche Auskünfte, die uns den Grafen als einen sehr vielseitigen Alchemisten zeigen, bei dem das Gold durchaus nicht mehr im Mittelpunkt der chemischen Aktivitäten steht: den Prinzen Karl von Hessen-Kassel (1744–1836), dänischer General und Statthalter der Herzogtümer Schleswig und Holstein. Er hatte am bayrischen Erbfolgekrieg teilgenommen, der von Friedrich wie von Maria Theresia so lustlos geführt worden war, daß man ihn auch Kartoffelkrieg nannte. Im Frieden von Teschen erhielt Österreich das Innviertel mit Braunau gegen preußische Ansprüche in Ansbach. Der Prinz hatte im Gefolge des Preußenkönigs von einem Obristen erfahren, daß der vielumraunte Graf von Saint-Germain in der Veredelung von Schmuck außerordentlich geschickt sei und der Gemahlin des Obersten mit ein paar Stunden Geheimarbeit einen hohen Ertrag ihrer Schmuckstücke verschafft habe. Eine Einladung von Schleswigs jungem Statthalter war die Folge, man wollte den Wundermann aus der Nähe kennenlernen. In seinen französisch abgefaßten Memoiren sagt der Prinz darüber:

»Saint-Germain kam bald darauf nach Schleswig. Er sprach mit mir von großen Dingen, welche er zum Besten der Menschheit tun wolle usw. Ich wagte nicht, Kenntnisse, die in jeder Hinsicht wichtig waren, aus Geiz zurückzuweisen, und ich wurde sein Schüler. Er sprach viel von der Verschönerung der Farben, welche (nach seinem Verfahren) fast nichts koste, von der Verbesserung der Metalle ... Er vertraute mir stets nur die Anfangsgründe an und ließ mich dann durch Experimente die Bestätigungen und die Fortschritte selbst suchen. Er kannte die Kräuter und Pflanzen von Grund auf und hatte eine Reihe von Arzneien erfunden, deren er sich ständig bediente und welche sein Leben und seine Gesundheit verlängerten.«

Der Statthalter verwahrte alle Rezepte des Grafen und bezahlte einem Arzt und Apotheker namens Lossau alljährlich 1200 Taler, damit dieser die Arzneien des Grafen weiterhin zubereite, insbesondere den berühmten Tee, den in Schleswig-Holstein die Bedürftigen kostenlos erhielten, die anderen Patienten gegen geringe Kosten. Viele von den ärmeren Bürgern vertrauten sich auch Lossau an, und es gab keinerlei Klagen oder Mißerfolge. Ganz andere Aktivitäten richteten sich ins Industrielle; Saint-Germain hatte mit prinzlichen Mitteln in einem leerstehenden Gebäude eine Farbenfabrik geplant.

Das Ende einer im ganzen gedeihlichen Zusammenarbeit, bei der das Menschliche wohl nicht auf der Strecke blieb, kam durch das feuchtkühle Klima des damals dänischen Landstrichs, ungewohnt für einen Südländer, vor allem, wenn er nicht mehr jung war. Seine Wohnung in Eckernförde war feucht und schlecht zu heizen, der Graf zog sich ein Rheuma zu, dessen er mit all seiner Heilkunst nicht mehr Herr wurde und das an seinen Kräften zehrte.

»Eines Tages fand ich ihn schwer krank und, wie er glaubte, auf dem Punkte zu sterben. Er schwand zusehends dahin. Nachdem ich in seinem Schlafzimmer das Mittagessen eingenommen hatte, mußte ich mich allein vor sein Bett setzen, und er sprach über viele Dinge viel rückhaltsloser als jemals zuvor ... Er war vielleicht einer der größten Weltweisen, die je gelebt haben. Er liebte die Menschheit. Geld verlangte er nur, um es den Armen zu geben. Er liebte selbst die Tiere, und sein Herz beschäftigte sich nur mit dem Glück anderer. Ich habe nie einen Mann von klarerem Geist gesehen, und dabei besaß er eine Gelehrsamkeit, besonders in der Geschichte, wie ich sie selten gefunden habe.«

Als Prinz Karl seine Memoiren diktierte, in denen diese schönen Sätze stehen, war der von ihm so verehrte rätselhafte Mann beinahe zwanzig Jahre tot. Im Totenregister der Sankt-Nikolai-Kirche von Eckernförde steht »unter dem 27. Februar 1784 der sich so nennende Graf von Saint-Germain gestorben und heutigentags, den 2. März in hiesiger Kirche still beigesetzt«, was nach dem dortigen Sprachgebrauch bedeutet, daß bei dieser Gelegenheit kein Pfarrer oder Vertreter einer anderen Religionsgemeinschaft eine Ansprache gehalten habe. Das Weltecho war nach Journalistenart geteilt, schließlich hatte der Graf bei Lebzeiten nicht nur viel von sich reden gemacht, sondern auch manche Affäre gehabt. Erst am 9. April des Todesjahres verstanden sich die ›Neuen Braunschweigischen Nachrichten‹ zu der Bemerkung, daß der Graf die abschätzigen Kommentare keineswegs verdient habe, schon in Rücksicht auf die »großen und einsichtsvollen Fürstlichkeiten, die ihn ihrer Gewogenheit und ihres Schutzes gewürdigt hatten«. Sein Schüler Prinz Karl wurde zweiundneunzig Jahre alt, für jene Zeiten beinahe ein Beweis für die Nützlichkeit der gräflichen Medikamente; der Graf selbst dürfte fünfundneunzig oder sechsundneunzig Jahre alt geworden sein.

Maßgebende Werke der Alchemiegeschichte ignorieren den Grafen von Saint-Germain: Professor Helmut Gebelein würdigt ihn keines Wortes, das Lexikon von Claus Priesner und Karin Figala hat kein Stichwort für ihn, und auch Hans-Werner Schütt, der Weltmann unter den Alchemiehistorikern, hat wenig Verständnis für diese säkulare Erscheinung, wie ich meine durchaus zu Unrecht. Es ist ein auffälliger Zug bei allen wirklich bedeutenden Abenteurerfiguren, daß sie, durch die Schicksale eines Gaëtano oder etwa eines Bragadino gewarnt, die Herstellung künstlichen Goldes nicht in den Mittelpunkt ihres Auftretens rückten und nur ausnahmsweise soweit gingen, Täuschungsmanipulationen in einem Laboratorium oder gar auf offener Szene vorzuführen. Aber wer sagt uns, daß Alchemie ausschließlich zum Goldmachen führen müsse? Wir werden sehen, daß es dem windigen Apothekenhelfer Johann Friedrich Böttger das Leben retten wird, daß ihm gleichsam nebenher die Erfindung des braunen und danach des weißen Porzellans gelingt, und wir haben das großartige Wort des Paracelsus: »Nicht ist zu sagen, die Alchimie mache Gold, mache Silber: hier ist das Fürnehmere, mach Arcana und richte dieselben gegen die Kranckheiten« (aus: Paracelsus, ›Paragranum‹).

Die größten mittelalterlichen Alchemisten hatten ihre Wissenschaft als kreativen Umgang mit den Gegebenheiten der Natur verstanden, ohne sich explizit auf die Edelmetalle zu beschränken; da aber auf jedes echte und authentische Werk von Albertus Magnus oder Arnaud von Villeneuve zwei oder drei untergeschobene Texte kamen, die mit dem großen Namen auf Erfolg spekulierten, traten Gold und Silber als sensationelle Suchmotive in den Vordergrund. Selbst das *Speculum alchemiae* und das *Breviarium de dono Dei*, Werke, in denen der große Roger Bacon (1214–1294) die künstliche Herstellung von Edelmetallen als das höchste und erhabenste Ziel der alchemistischen Bemühungen hinstellt, werden heute in ihrer Urheberschaft angezweifelt.

Die Bedeutung einer Persönlichkeit wie der des Grafen von Saint-Germain liegt in der Tatsache, daß selbst Schwadroneure mit Phantasie und einer gewissen Grundausbildung in dem großen Aufbruch des achtzehnten Jahrhunderts entscheidende Fakten setzen, unbestreitbare, lang nachwirkende Verbesserungen bewirken konnten. Dem großen Publikum wurde diese Möglichkeit durch die Serie der Angélique-Filme bekannt, die Bernard Borderie mit großem Erfolg in den sechziger Jahren herausbrachte: Der Naturwissenschaftler war in einer Gesellschaft, die von Waffen, Pferden, Moden und Genealogie, sonst aber von nichts anderem gesprochen hatte, der Star, der Salonlöwe; vor allem aber hatte er in einem Land unausgenutzter Möglichkeiten die persönliche Chance, aus der Erde, den Bergen, den Flüssen, ja gleichsam aus allen Elementen Reichtümer zu gewinnen, sofern er es verstand, von der Inquisition verschont und nicht als Zauberer verbrannt zu werden.

Wie immer der Graf hieß, woher immer er stammte, er verkörpert in seiner Rätselhaftigkeit, in seinem unsteten Leben und in dem Eindruck, der von seiner Persönlichkeit bei durchaus urteilsfähigen Zeitgenossen entstand, ein Charakteristikum dieses Jahrhunderts, das man das *Siècle de la Lumière* nannte, das Zeitalter, in dem das Licht der Vernunft aufging. Diese bekannte Redewendung zielt auf die Geistesgeschichte, sie gilt aber, wenn dies auch bisher weniger beachtet wurde, durchaus auch auf die materiellen Verhältnisse. Glanzlos und unbeachtet vollzogen sich in den Gehirnen von Handwerkern, Apothekern, Physikern und Phantasten Entwicklungen, die das technisch fortgeschrittene neunzehnte Jahrhundert dann verwirklichte.

»Im einzelnen freilich wird es oft schwer halten, die bewußten Betrüger von den betrogenen Betrügern zu unterscheiden. Und gewiß wären die chemischen Bemühungen der neueren Zeit ohne den Anreiz des Goldmachens nicht so groß und in ihren Ergebnissen so fruchtbar gewesen, noch hätten ohne ihn so viele ihr Geld zum Laborieren hergegeben. Aus den Goldküchen der Alchemisten sind tatsächlich fast alle älteren chemischen Entdeckungen hervorgegangen; sie waren die ältesten freien Forschungsinstitute im Gegensatz zu der handwerksmäßigen Herstellung von Chemikalien und Arzneimitteln für den Tagesbedarf. Auch hier scheint es, als müsse die Menschheit mit Wahnsinn geimpft werden, um etwas Vernünftiges zu finden, als könne sie nur durch Irrtum zur Wahrheit gelangen. ›Wenn jene fleißigen Adepten nicht nach Gold gesucht hätten, dann hätte ich den Kunstdünger nicht erfunden‹, sagte Justus von Liebig.«

Das oben zitierte schöne, wenn auch vielleicht überspitzte Fazit steht in dem soliden Buch, das Friedrich von Oppeln-Bronikowski den Abenteurern am preußischen Hof gewidmet hat, einem für die Goldmacher und Scharlatane sehr glatten Parkett, denn selbst der große Friedrich, gebildeter und intelligenter als alle seine Kollegen auf den europäischen Thronen, hatte keinen Humor und war bei beträchtlicher eigener Scharfzüngigkeit sehr empfindlich. So lange Voltaire die Gedichte des Königs (der französisch poetisierte) wortreich lobte, war alles in Ordnung; als Voltaire versuchte, Kritik anzubringen, war es um die Sympathie geschehen, und der nach Frankreich zurückkehrende Voltaire wurde in Frankfurt am Main auf Geheiß des großen Friedrich auf das demütigendste von der Polizei belästigt. Beide, Friedrich wie Voltaire, kannten den Grafen von Saint-Germain und nannten ihn übereinstimmend ›den Mann, der nicht sterben kann‹, aber das war eben das Ahasverische an dem polyglotten Genius. Seinem Gönner in Eckernförde sagte er am Ende seines Lebens, würde er alles bekennen, was er wisse und erlebt habe, so würde er sich sehr unglücklich machen. Der Dunkelmann hatte also mindestens eine Leiche im Keller, vermutlich den infantilen Zaren Paul III., an dessen Ermordung der Graf im Einvernehmen mit dem lesbischen Paar Katharina II. und Fürstin Daschkow als *spiritus rector* mitgewirkt haben soll.

Wir werden uns damit abfinden müssen, aus diesem Leben nur zu erfahren, was andere darüber mitteilen, was sich aus Hunderten von Briefstellen zum Teil sehr berühmter Briefschreiber addieren läßt, immer aber auch Widersprüche birgt. Die angeblichen Memoiren des rätselhaften Mannes, Portugiese, Ungar, spanischer Bastard, Jude oder aber ein brillant fiedelnder Zigeuner, waren kurzlebige Erfolge im Pariser Buchhandel und in Holland; so wirklich an sie geglaubt hat wohl niemand. Damit war die Bahn frei für jenen venezianischen Polyhistor, der seine Verehrung für Saint-Germain unumwunden eingestand, der neben dem kalten Verstand des Grafen wie Talmi wirkt und uns doch das bedeutendste Memoirenwerk des schreibfreudigen achtzehnten Jahrhunderts hinterließ, jene *Histoire de ma Vie*, in zwölf Bänden auf einem Weldsteinschen Schloß in Böhmen verfaßt, die man lange Zeit für eitles Geflunker hielt, bis sich von Jahr zu Jahr deutlicher herausstellte, daß hier ein getreues Abbild einer Epoche und ihrer Gesellschaft in Hunderten lebendiger und zutreffender Einzelheiten vor uns liegt. Casanova rückt damit für seine Zeit in den Rang auf, den Samuel Pepys im Jahrhundert zuvor beanspruchen durfte und die Brüder Goncourt im Jahrhundert danach, und kein Geringerer als der große Schopenhauer-Forscher Professor Arthur Hübscher hat Casanovas Lebensgeschichte in einer vorbildlichen, kritisch und erläuternd erschließenden Edition in Paris gewürdigt.

Berührungspunkte mit der Alchemie hatte der Graf von Saint-Germain als Mediziner, als Pharmakologe und als Edelsteinfachmann, was dafür spricht, daß er sich bei seinen mehrfach bezeugten Aufenthalten in den Niederlanden bei den jüdischen Diamantenschleifern von Amsterdam unterweisen ließ. Giacomo Casanova, Sohn einer nachweislich berühmten Dresdener Hofschauspielerin und (vermutlich) eines venezianischen Patriziers, ist mit einem gesicherten Geburtsdatum – 1. April 1725 – etwa dreißig Jahre jünger als der berühmt-berüchtigte Graf und ebenso ein Widder wie Giuseppe Balsamo, der sich Cagliostro nannte. Seine Beziehung zur Alchemie ist literarisch und spekulativ, er bezieht die Geheimwissenschaften konsequent in seine Suada ein, weil ihm niemand zu folgen vermag, wenn er kabbalistische Texte zitiert und sich auf Zauberbücher beruft (was ihm aber doch einmal zum Verhängnis wurde, weil der Besitz gewisser Bücher in Venedig verboten war).

Auch für moderne Interessenten des gesamten Gebietes der Geheimwissenschaften und der frühen Medizin sind die Erinnerungen des mit dem echten gräflichen Titel eines Chevaliers de Seingalt ausgestatteten Venezianers durchaus interessant, weil in einem Maß, wie es heute nicht mehr vorstellbar ist, die besten Kreise aller Kulturstaaten von den Grenzwissenschaften fasziniert waren. Heute eher eine Domäne der Halbbildung und sektiererischer Mittelschichten, beherrschten die Themen der Goldmacherei, der Metallverwandlung, der geheimen Arznei- und Schönheitsmittel und der Gifte die Salons, wobei mit unerwarteter Offenheit, aus purer Notwendigkeit, zwei Gegenstände in den Mittelpunkt rückten: Die Heilung von Geschlechtskrankheiten, insbesondere der Syphilis, und die Empfängnisverhütung. Einzelne erfolgreiche Syphilis-Behandler, die keineswegs immer Ärzte waren, konnten, wie heutzutage die Naturheiler, leben, wo sie wollten, sie wurden in den baufälligsten Hütten aufgesucht und bezahlt, wenn sie Erfolg hatten, und ihre Namen wurden als kostbarste Geheimratschläge gehandelt. Neue Tinkturen wie der Absud der südamerikanischen Sarsaparilla-Wurzeln und ihrer Verwandten aus Honduras und Mexiko begründeten den entlarvenden Begriff der ›Sarsaparilla-Gesellschaft‹, denn was alle beschäftigte, war kein Geheimnis mehr und auch keine Schande.

Casanovas Karriere, von der wir in schmerzlicher Beschränkung ja nur kurz sprechen können, begann mit einer Lebensrettung. Nach einer der in der Lagunenstadt häufigen opulenten Abendgesellschaften erlitt einer der prominenten Teilnehmer des Essens beim Einsteigen in seine Gondel einen Kreislaufkollaps. Casanova ergriff die Gelegenheit beim Schopf, hinderte die zwei Leibärzte des Mannes daran, ihm mit ihren Standardmethoden den Rest zu geben, leitete eine Erste Hilfe nach den

Grundsätzen unserer Tage ein und verhinderte vermutlich den eigentlichen Schlaganfall. Damit war ein Beginn bescheidenen Ruhmes gegeben, war ein Fürsprecher gewonnen und ein Forum, in dem der junge Abenteurer erste Schritte tun und sich einen gewissen Rückhalt bei Auseinandersetzungen sichern konnte.

Als er nach kurzer Kirchenkarriere, Reisen nach Konstantinopel, Korfu, Dresden, Prag und Wien sich von dem französischen Gesandten Graf Bernis in dessen Voyeurs-Orgien einbeziehen ließ, erregte er die Aufmerksamkeit der Behörden, weil in Venedig der Umgang mit fremden Diplomaten grundsätzlich verboten war. Haussuchungen bei Casanova förderten verbotene Schriften zutage, und es folgte die Haft in den Bleikammern und die spektakuläre Flucht über die Dächer des Dogenpalastes auf die *Terra ferma*. Sein Buch schilderte als sensationelles Dokument seine Flucht, wurde in alle europäischen Sprachen übersetzt und steht bis heute gleichberechtigt neben den Fluchtberichten eines Freiherrn von der Trenck, eines Benjowski, einer Gräfin Cosel.

Den Weg zum Gold, wie ihn Casanova beschritt, konnten ihm weder Albertus Magnus noch Agrippa von Nettesheim gezeigt haben, schon eher der Graf von Saint-Germain mit seiner Theorie, daß der »Stein der Weisen« unbegrenzte Lebenserwartung schenke. Casanova versprach dies, verbunden mit dem ersehnten Nachwuchs, einer reichen Marquise, und diese kurioseste aller Goldmachergeschichten ganz ohne Blasebälge, Essen und Vitriol sei als extremste alchemistische Technik bei angenehmsten Zutaten hier wiedergegeben, auch wenn die strengsten Alche-Chemiker darüber vielleicht die Nase rümpfen.

Es geht um einen Aspekt der Geheimwissenschaften, der von der attraktiven Hauptbeschäftigung der Alchemisten – der Suche nach dem künstlichen Gold – weitgehend überdeckt wurde, obwohl zu den erhabensten Möglichkeiten des *Pierre philosophale*, des Universalelixirs, Sonnenwassers oder Projektionspulvers seit Anfang gehörte: das Gerücht, daß diese Wunderdinge ihren Besitzer nicht nur reich machten, sondern auch mit einer ungewöhnlich langen Lebenszeit ausstatteten – oder aber mit der Gabe, aus sich selbst neugeboren zu werden, auf magische Weise neues Leben zu zeugen.

Sieht man von absurden animistischen Formen dieses Glaubens ab, wie sie sich bei primitiven Stämmen im nördlichen Asien ebenso finden wie bei westafrikanischen Splittervölkern, dann waren die Großmeister des Glaubens an die Wiedergeburt die deutschen Mystiker des alten Märchenlandes Schlesien rund um den Zobten. Jakob Böhme (1575–1624) aus Alt-Seidenberg bei Görlitz, gedankenreicher Schuhmacher und Alchemist, sah seine Wissenschaft spirituell, weswegen man ihm die eigentlich chemischen Kenntnisse vermutlich mit Recht abspricht. Die Möglichkeit der Wiedergeburt war für ihn selbstverständlich, denn sie setzte nur Wasser und Geist voraus. Das Wasser sei der Himmel, wozu die Leiblichkeit Christi komme und *Sophia*, das wahre Wissen. »Wahre ernsthafte Buße und ebenso ausdauernde, ernsthafte Beständigkeit dieser Bemühungen führen zum Erfolg des wiedergeborenen Menschen.«

Ein anderer Schlesier, der Dichter und Studiosus Quirinus Kuhlmann, erlebte am Grab des Jakob Böhme seine persönliche Erweckung, zog fortan, wie später der Narr in Christo Emmanuel Quint, durch die Lande und zu seinem Unglück schließlich auch mit zwei Gefährten bis nach Rußland, wo Peter der Große viele Deutsche beschäftigte. Kuhlmann war sicher, einen neuen Christus zeugen zu können, ein Gedanke, den ihm ein halbverrückter englischer Witwer, ein Lord Bathurst, eingegeben hatte und für den die Russen wenig Verständnis zeigten. Kuhlmann und seine zwei Freunde wurden am 28. Mai 1689 in Moskau verhaftet und alle Schriften, die sich bei ihnen fanden, wurden beschlagnahmt und geprüft. Der Untersuchungsrichter war kein geringerer als Fürst Alexej Wassiljewitsch Golizyn, ein Zeichen, daß der Zar die Sache ernst nahm, was die drei Häftlinge sehr bald zu spüren bekamen. Man folterte alle drei, um die Namen von Sektenmitgliedern und Verschwörern zu erfahren, und das sechs Monate lang. Einer der drei, ein russischer Maler, besorgte sich Gift und beging im Kerker Selbstmord. Kuhlmann und sein Mitstreiter Nordermann wurden am 4. Oktober 1689 auf einem Stadtplatz auf einen Scheiterhaufen gebunden und verbrannt. Da keiner der beiden auch nur den leisesten Schmerzensschrei ausstieß, darf man annehmen, daß sie Geld genug hatten, den Scharfrichter um die Drosselschnur zu bitten; es war das Jahr, da Peter der Große, seit sieben Jahren Mitregent, endlich Alleinregent wurde …

Giacomo Casanova wußte von Kuhlmann zweifellos nichts, von Jakob Böhme im Zusammenhang mit den Rosenkreutzern vielleicht den Namen; was ihm aber aus seinen Studien in venezianischen Bibliotheken vertraut war, das waren die Fähigkeiten des »Steins der Weisen«, nicht zuletzt, weil sich dieses unauffindbare Mineral prächtig für Rodomontaden in halbgebildeten Gesellschaften eignete. Casanova hatte mit kleinen und großen okkulten Tricks und Prophezeiungen Erfolg; die Auffindung eines wohlgefüllten Portemonnaies im Haus eines jüdischen Geschäftsmannes in den Niederlanden war einer der kleinen Streiche; daß er der schönen Mademoiselle de Romans in Grenoble inmitten ihrer hochachtbaren, aber verarmten Familie vorhersagte, sie werde eine Geliebte des fünfzehnten Ludwig werden, ist eine andere, besonders frappante Bestätigung für ein aussagekräftiges Horoskop. Die wahre magisch-alchemistische Großtat jedoch war ein Betrug mit großem Apparat, gehört aber als Karfunkelstein in die Geschichte der Geheimwissenschaften und hat eben diese nachhaltig diskreditiert:

»Wenn der Reisende auf der getümmelvollen Landstraße, die von Marseille über Lyon nach Paris führt, bei Roanne in das Loirethal hinabsteigt, sieht er im Westen auf einem einzelnen, himmelhohen Berge die malerischen Trümmer des Schlosses Urfé, zwischen Saint-Just en Chevalet und Saint-Germain le Val. Zerfallen auch nach seiner Herstellung im Geschmack der Renaissance und wegen seiner frischen Bergluft und seiner Kälte im Winter für das schwache Geschlecht nicht dauernd bewohnbar, beherrscht Schloß Urfé die ganze Landschaft Forez …

Am 13. Oktober 1724 starb der letzte männliche Sproß des Hauses d'Urfé, aber der Enkel seiner Schwester … erbte die Güter des Geschlechts, erneuerte Namen und Wappen desselben und starb im Lager von Tortona am 7. Januar 1733. Er hinterließ als Witwe die Jeanne Camus de Pontcarré, mit der er sich auf Antrieb (sic) des Regenten im September des Jahres 1724 vermählt hatte. Diese nunmehr Jeanne d'Urfé heißende Marquise ist die bedauernswürdige Heldin der italienischen Gaukelei.«

Die italienische Gaukelei ist eine alchemistische Liebesnacht, von Giacomo Casanova mit Helfern und Helferinnen in Szene gesetzt, die tatsächlich zur Geburt eines späten und einzigen d'Urfé führte, und da die hochgeborene Dame zu diesem Zeitpunkt klapperdürr und faltig und unbestimmten Alters war, ist der Ausdruck Gaukelei, den F. W. Barthold in seinem Buch über die geschichtlichen Persönlichkeiten in Casanovas Memoiren wählt, zweifellos eine Untertreibung (die zwei Bände dieser Untersuchung, Antiquaria von größter Rarität, erschienen 1846 im Verlag des königlichen Hofbuchbändlers Alexander Duncker in Berlin).

Schon das Wappen der Marquise war für den französischen, sonst dem Schwert ergebenen Adel außerordentlich merkwürdig. Es zeigt auf himmelblauem Grund drei wachsende silberne Monde und in deren Mitte einen goldenen Stern. Die Neigung der Marquise zum Okkultismus ist denn auch erheblich älter als ihre Bekanntschaft mit Casanova und entstand in den Orgien des Philipp, Herzog von Orléans, der 1715, nach dem Tod des Sonnenkönigs, für den noch minderjährigen Ludwig XV. regierte. Der Regent war der Sohn der deutschen Prinzessin Liselotte von der Pfalz (einer integeren und intelligenten Fürstin) aus ihrer Ehe mit dem bisexuellen jüngeren Bruder des Sonnenkönigs, einem Orléans, und übernahm ein schweres Erbe in einem hochverschuldeten Staatswesen. Er machte

Frankreich beinahe schuldenfrei, verbesserte das Verhältnis zu den Nachbarstaaten, führte aber im Verein mit seinem berüchtigten Premierminister, dem (späteren) Kardinal Dubois, ein vollkommen sittenloses Leben, in dem es sogar zu Inzest kam und an dem sehr viele Damen der allerbesten Gesellschaft beteiligt waren, darunter eben auch die Marquise d'Urfé.

Casanova also hat die stets als die unglücklichste Heldin seines Memoirenwerkes bezeichnete intelligente und feinfühlige Frau nicht auf den Weg gebracht, der sie schließlich zum Opfer werden ließ, aber er hat sie mit einer Unverfrorenheit belogen und bestohlen, die selbst in diesem sensationell aufrichtigen Memoirenwerk vereinzelt dasteht. Er hatte ihr versprochen, was einer alternden, einst allen Genüssen hingegebenen Frau am meisten bedeuten mußte: die persönliche, fleischliche Wiedergeburt. Von seiner Erscheinung und seiner Suada hingerissen, sah sie darüber hinweg, daß er in gewisse rosenkreutzerische Mysterien weniger eingeweiht war als sie selbst. Was bis heute zahllosen Heiratsschwindlern gelingt, konnte dem dreißigjährigen Casanova auf der Höhe seines gesellschaftlichen Erfolges nicht mißlingen. Alle Konkurrenten, das ganze Geschmeiß der kleinen Gauner in der Umgebung der reichen Frau, wurde ausgestochen, mehr durch Virilität als durch Argumente verdrängt, und natürlich tat die Aussicht auf eine Liebesnacht mit dem gewandten und gutaussehenden venezianischen Kavalier ein übriges, so daß die Marquise schließlich überhaupt nicht mehr begriff, welche magisch-alchemistischen Orakel für sie bemüht worden waren.

Casanova selbst hatte ein gegenteiliges Problem: Er mußte einer Dame, die bereits Witwe gewesen war, als er erst geboren wurde, eine Mondnacht voll Erfüllungen bereiten, aus der womöglich auch noch Nachwuchs entstehen sollte. Die Lösung, die er fand, war nicht sonderlich originell, aber einigermaßen geschmackvoll. Er erklärte, der Mitwirkung einer Undine, also einer Wassernymphe zu bedürfen, und da die Familie Casanova ja einige gleichgesinnte Herren umfaßte –

den berühmten Schlachtenmaler Giovanni und einen etwas unfrommen Priester –, war die Undine bald gefunden, bezeichnenderweise nicht unter den Modellen des Malers, sondern unter den Freundinnen des Priesters. Casanova weihte sie ein, erklärte ihr die halbgöttliche Rolle, die sie zu spielen habe und bei der sie nicht sprechen durfte, sondern nur ein Blatt Papier überreichte mit der Botschaft: »Ich komme aus der Rhône, um dich zu baden, denn die Stunde des Oromasis hat begonnen.«

»Marcoline begann, wie ich es ihr erklärt hatte, die Marquise zu entkleiden, und hob dann zart die Füße der Dame in das laue Wasser. Dann zog sie sich mit erstaunlicher Schnelligkeit selbst aus und stieg nackt ins Wasser, das sie bis zu den Knien bedeckte. Ich hatte mich selbst meiner Kleider entledigt und bat den Wassergeist, der Probandin die Füße zu waschen und dann Zeugin meiner Vereinigung mit ihr zu sein zum Ruhm des unsterblichen Horosmadis, des Herrn der Salamander ... Und ich vollzog die Hochzeit mit der Marquise, indem ich die Reize von Undine-Marcoline bewunderte, die ich noch nie so ausgiebig hatte betrachten dürfen ... Ohne Undine wäre die Operation nie geglückt, obwohl die zärtlich-verliebte und sehr gepflegte Marquise mir keinerlei Widerwillen einflößte ... Als ich mich anzukleiden begann, tat Marcoline dasselbe bei der Marquise, die währenddessen das immer noch nackte schöne Mädchen mit ihren Blicken verschlang. Dann hatte sie ihre glücklichste Eingebung: Sie nahm ihr herrliches Kollier ab und legte es der Badenymphe um den Hals, die der Marquise noch einen langen Kuß auf den Mund gab und verschwand.«

Da Casanova außer dem Kollier noch eine ganze Schmuckkassette an sich brachte, war der Gewinn beträchtlich, und er wollte Marcoline entsprechend entschädigen, als sie ihm brav das Kollier aushändigte. Sie aber erklärte, lieber als Gefährtin bei ihm bleiben zu wollen, sie sehe an der Seite eines jungen Priesters keine Zukunft für sich.

Man hat die astrologischen Gegebenheiten für die mystische Hochzeit im April 1765 nachgeprüft, den Reiseweg Marcolines, die Auseinandersetzung mit Konkurrenten, es ist alles erwiesen und nicht mehr zu bezweifeln! Nur hinsichtlich der ersehnten Schwangerschaft herrschen Unsicherheiten. Vom Alter der Marquise her nicht absolut ausgeschlossen, ist sie doch so unwahrscheinlich, daß der auftauchende Erbe des Vermögens Schwierigkeiten hatte, anerkannt zu werden. »Aber auch der bizarre, halbwahnsinnige Charakter der Marquise ist durch andere Zeugnisse erhärtet«, schreibt F. W. Barthold in ›Die geschichtlichen Persönlichkeiten in Jacob Casanovas Memoiren‹, »ebenso, daß sie in doppelter Beziehung zum Regenten stand, als Mitglied der schamlosen Gesellschaft, *les Roués* genannt, und als vertraute Adeptin geheimer Wissenschaften unter dem Namen der Nymphe Egeria.« Die Marquise revanchierte sich wohl nicht an Casanova, aber an einer ihrer Salondamen und Klatschbasen im Zweikampf um den sogenannten Rosenobel, auch Ryal genannt, eine englische, von Edward IV. geschaffene Goldmünze, die ihren Namen von der beidseits erkennbaren Rose hat (der gewappnete König steht gut erkennbar im Vorderteil eines Schiffes; der Goldgehalt war 7,73 Gramm):

»Madame d'Urfé quälte sie so lange, bis ihr Monsieur de Créquy für eine kostbar gefaßte Sammlung ›ächter‹ Reliquien den Rosenoble abtrat. Im Schmelztiegel geprüft, ergab das wunderbare Goldstück seine Bestandtheile zur vollkommenen Genugthuung der Alchimistin, die von jetzt an mit wachsendem Wahnsinn sich auf die Entdeckung des Grand Œuvre (des Hauptgeschäftes) verlegte und Hab und Gut durch die Retorten jagte. Sie verließ ihre Laboratorien praktisch gar nicht mehr und gewährte nur sehr wenigen Personen Zutritt. Ihr Umgang beschränkte sich auf erprobte Rosenkreutzer … Dennoch verstand es die superkluge Créquy, sich den Zugang auch weiterhin zu sichern« (aus: F. W. Barthold, z. T. aus dem Französischen übersetzt).

Geriet ein Abenteurer oder reisender Alcho-Schwindler in ein Milieu wie das der Familie d'Urfé, wo der Glaube an Geheimwissenschaften selbstverständlich war und keinerlei Vorurteile gegenüber dem Unerklärlichen, schwer Faßbaren bestanden, dann hatte er natürlich leichtes Spiel, selbst wenn seine Kenntnisse nicht denen der Gastgeber entsprachen. Wer glauben will, glaubt! In noch höherem Maß war dies der Fall, wenn es nicht um ein Schloß und eine Familientradition ging, sondern um den ganzen Hof mit Personal, Hofschranzen, eingeweihtem Gesinde, und bedenklich waren dann nur die umliegenden unfreundlichen Festungen …

Geschickte und kenntnisreiche Ärzte und Chemiker entgingen diesen Gefahren, weil sich zwischen ihren Schwindeleien und Mißerfolgen immer echte Erfolge einstellten, wenn auch nicht gerade beim Goldmachen. Auf diese Weise hatte ein undurchsichtiger Heiliger wie Leonhard Thurneysser zum Thurn (etwa 1530–1596) die Sympathie zweier hochgeborener Damen in Brandenburg für seine Zwecke nützen können, nämlich der Kurfürstin Elisabeth (der dritten Frau des Kurfürsten Johann Georg) und einer der Kurprinzessinnen, die beide großes Interesse an der Medizin und den Geheimwissenschaften hatten. Sie finanzierten Thurneysser in der Moritzburg zu Halle ein Destillierhaus mit Laboratorium, ausdrücklich auch für alchemistische Zwecke bestimmt. Der Kurfürst, den dies weniger interessierte, war hingegen von durchaus praktischen und verdienstlichen Maßnahmen Thurneyssers zur Besserung der hygienischen Verhältnisse in Berlin beeindruckt: Reinigung der Straßen, Anlegung einer Wasserleitung, Kontrolle des Bestattungswesens. Im Haus Klosterstraße 36 begründete Thurneysser eine Apotheke, in Halle führte er Analysen von Heil- und Thermalwässern durch, und von der Montanistik verstand er auch allerlei. So ein Mann durfte sich gelegentliche Mißerfolge leisten – etwa beim Eindampfen und Glühen unkristallisierbare Rückstände finden, die weder Gold noch Silber waren. Er durfte Amulette herstellen, Horoskope entwerfen und das eine oder andere heikle Geldgeschäft wagen. So ein Mann brauchte den Kerker nicht zu fürchten, wohl aber die Neider und die Gerüchte, und das eigentliche Unglück seines Lebens kam Thurneysser von seiner dritten Frau, einem Schlaganfall und seinem Heimweh nach Basel.

Hermann Schelenz betont nicht nur die Verdienste Thurneyssers als langjähriger Leibarzt (seit 1569) des Kurfürsten Johann Georg von Brandenburg, sondern nennt auch eine Quelle für Thurneyssers umfassendes Wissen: Die alchemistisch-medizinisch-pharmazeutischen Traditionen eines Klosters, die durch den Mönch Sebastian Siebenfreund an Thurneysser gelangten. Weniger glaubhaft ist, daß der 1570 von Unbekannten ermordete Siebenfreund ein Opfer Thurneyssers und seiner Kumpane geworden sei, die sich die wundertätige Klostertinktur verschaffen wollten. Thurneysser war zu diesem Zeitpunkt bereits wohlbestallter kurfürstlicher Leibarzt und hatte keine Veranlassung zu riskanten Handlungen. Den brandenburgischen Gönnerinnen des Basler Polyhistors hat Schelenz in seinem originellen Buch ›Frauen im Reiche des Äskulap‹ ein Kapitel gewidmet. Den Tod Thurneyssers im Sommer 1596 in einem Kölner Kloster, wohin er vor Anfeindungen geflüchtet war, nennt Schelenz mildtätig, die Anfeindungen niederträchtig, aber nicht alle Urteile über Thurneysser lauten so günstig. Priesner und Figala bezeichnen seinen Tod als unter ungeklärten Umständen erfolgt. Karl Christoph Schmieder, der oft ein wenig mehr weiß und zu sagen wagt als die modernen Historiker, bringt die folgende Anekdote:

»Thurneysser war einige Zeit das Orakel für Stadt und Land, erwarb auch ein großes Vermögen. Indessen ward er von den Verkürzten (d. h. von ausgebooteten Konkurrenten) scharf beobachtet und nicht geschont, auch demzufolge in seiner Blöße (d. h. Schwächen, Fehlern) erkannt … Auf seiner letzten Fahrt legte er eine Probe seiner Kunst ab, welche den Charlatan genugsam bezeichnet. Er speisete in Rom bei dem Kardinal Ferdinand de Medicis, der nachher (d. h. 1587–1609) Großherzog von Toscana ward. Bei der Tafel verwandelte er zum Erstaunen der Anwesenden einen eisernen Nagel halb in Gold. Dieser Nagel ward nachher im Schlosse zu Florenz als eine große Merkwürdigkeit gezeigt, nebst folgendem Zeugniß von der Hand des Großherzogs:

›Doktor Leonhard Thurnheysser hat diesen eisernen Nagel, den er heiß machte und in ein gewisses Öl tauchte, dadurch in meiner Gegenwart und vor meinen Augen bei der Mittagstafel in Gold verwandelt. Rom, den 20. November 1586.‹«

Ein anderer deutscher Hof, wo man an alles mögliche glaubte, nur nicht an die simpelsten und natürlichen Erklärungen, war Kursachsen, wo zwei junge energische Prinzen nach dem unerwarteten Tod des Kurfürsten auf ihre Stunde warteten. Am 12. September 1691 war Johann Georg III. von Sachsen in Tübingen, also fern seiner Heimat, plötzlich gestorben, am 27. April 1694 starb Johann Georg IV. Sein jüngerer Bruder Friedrich August I., später genannt ›der Starke‹, wird Kurfürst. Gemäß dem erotischen Klima, das im leichtlebigen Dresden herrschte, machte man für diese auffälligen Tode nicht den Saturn, den Satan oder einen alten Fluch verantwortlich, sondern eine Frau und deren allerdings wirklich hexenhaft schöne, noch halbkindliche Tochter, die gemeinsam mit der Mutter den ganzen Hof verrückt gemacht hatte: eine Frau von Neidschütz, genannt ›die Generalin‹, und ihre sechzehnjährige Tochter Magdalena Sibylla. Die beiden kurfürstlichen Leichname hatten nämlich deutlichste Einwirkungen von Zauber erkennen lassen, sie waren völlig ausgedörrt und verkrampft, so wie eben die Todessprüche einer Hexe ihre Opfer ins Jenseits schicken.

Anderswo hätte man bekannte Leichenbeschauer aus fremden Städten verpflichtet mit dem Ergebnis, die Fürsten seien an der den Körper tödlich austrocknenden, immer noch verbreiteten Cholera verstorben; die sächsischen Ermittler hingegen stellten fest, daß die Neidschützischen Damen Verbindung zu zwei sehr bedenklichen Zaubermilieus hatten: Zum Scharfrichterhaus und zum Spreewald. Scharfrichter waren die wichtigsten Glieder einer großen, geheimen Gemeinde, die intensive Verbindungen zum Zwischenreich unterhielt. Selbst die Geister fürchteten zumindest die angesehensten und ältesten Auguren der Scharfrichtergilde, die ja ihr grausiges Wissen wiederum nur in der Erbfolge, über die Söhne und Schwiegertöchter, an die Folgegenerationen weitergeben durften. Der berühmteste der zauberkundigen Scharfrichter lebte zu diesem Zeitpunkt zwar nicht mehr, das war Matthias Grießbach gewesen, der Geisterbanner aus dem Spreewald, der 1634 in Lübben gestorben und der ihm dienstbaren Schar von Luftunholden ins Zwischenreich nachgereist war. Melchior Vogel, der Dresdener Scharfrichter (er wird 1694 sterben), hatte in den düsteren Wissenschaften auch einen gewissen Ruf, aber für die alte Neidschützin, die sogenannte ›Generalin‹, hatte er denn doch zuviel mit der Justiz des Kurfürsten zu tun, also suchte sie eine unmittelbare Verbindung zum Spreewald.

Man darf sich dabei keinen simplen Forst vorstellen, in den man vergnügt hineingeht und unversehrt wieder herauskommt. Der Spreewaldbruch zwischen Lübben und Cottbus ist heute eine der reizvollsten deutschen Landschaften, im siebzehnten Jahrhundert jedoch war sie geheimnisvoll-unergründliches Sorbenland, in dem man Weiler und Gehöfte oft nur mit dem Boot erreichen konnte und in dem Dörfer wie zum Beispiel Burg überhaupt kein deutsches Leben und auch nicht viel Christliches an sich hatten. Niemand konnte hier mit Sicherheit sagen, wo das Land aufhörte und das Wasser anfing, niemand besaß eine Landkarte. Einen ortskundigen Verbrecher zu verfolgen, war hier völlig aussichtslos, weswegen die Scharfrichter ja die Flüchtigen auf den wenigen Brücken, die man immer wieder passieren mußte, festbannten, um ihrer habhaft zu werden.

In dem Prozeß, den Friedrich August gegen die ›Generalin‹ anstrengte, wurde in diesem letzten Jahrzehnt des siebzehnten Jahrhunderts allen Ernstes der Vorwurf erhoben, sie habe sowohl Johann Georg III. als auch Johann Georg IV. durch Magie und Hexentränke ums Leben gebracht, und die Angeklagte hatte auf der Folter zumindest die magischen Praktiken zugegeben – Magie mußte es sein, da die Neidschützin nachweislich nie über Schweinfurt hinaus nach Westen gelangt war,

Johann Georg III. aber in Tübingen von dem Übel ereilt worden war.

An diesen Hof, an dem nichts so selbstverständlich war wie das Unverständliche, Geheimnisvolle, Unerklärliche, gelangte im Spätherbst 1701 ein noch nicht zwanzigjähriger Apothekergehilfe namens Johann Friedrich Böttger, der trotz seiner Jugend in Berlin dank der Zusammenarbeit mit dem berühmten Alchemisten Johann Kunckel von Löwenstern als Adept gegolten und sogar selbstgefertigtes Gold herumgezeigt hatte. Friedrich I., eben König im Preußenland geworden, wollte sich des Mannes versichern. Böttger aber, in Kenntnis seiner eigenen Schwindeleien, fürchtete die preußischen Kasematten und machte sich bei Nacht und Nebel nach Wittenberg auf, wo ein anderer Alchemist und Metallurg, der Rektor Kirchmaier, durch einen Empfehlungsbrief gebeten worden war, sich des begabten Flüchtlings anzunehmen.

Das Kuriose ist: Böttger war ein Niemand, ein Apothekerlehrling, dessen bisherige Leistungen darin bestanden hatten, den jeweiligen Gönnern und Lehrherren die Töchter zu molestieren. Aber Preußens König war sogleich überzeugt, daß der und kein anderer seine Staatskasse speisen werde, und Sachsens Kurfürst riskierte in der Folge, als das Auslieferungsbegehren aus Berlin eintraf, ernsthafte diplomatische Verwicklungen, um den Jüngling nicht ausliefern zu müssen. Der Stadtkommandant von Wittenberg muß die Garnison alarmieren, Preußen entsendet geistliche Spione mit trügerischen Angeboten, bereitet sogar einen Entführungsversuch vor, und die Sachsen lassen ihren durch soviel Aufwand legitimierten künftigen Goldmacher unter Kavalleriebedeckung nach Dresden bringen! Nun, der Name Böttger ist hinreichend bekannt, im Unterschied zu anderen Abenteurern taucht er sogar gelegentlich im dürftigen Geschichtsunterricht unserer heutigen Schulen auf, ich kann es also kurz machen. In Dresden im Goldmacherhaus einquartiert – was beweist, daß die Alchemisten hier eine Dauereinrichtung waren wie die Staatslotterie –, gelingt ihm 1705 ein sogenannter Tingierversuch, aber die Zweifel bleiben, das Eintauchen, Färben und übrige Brimborium des Tingierens »hat zu einem concertirten Betruge ziemlichen Soupçon (Verdacht)« gegeben, und Böttger muß das Goldmacherhaus mit einem hoch gelegenen Gelaß auf der Festung Königstein vertauschen. Dort verrät er einen Fluchtversuch von politischen Gefangenen, um sich beim König Liebkind, zu machen, und erhört zu seinem Glück den fachkundigen Rat des Chemikers Tschirnhausen, der erfolglos mit der Herstellung von Porzellan experimentiert. Frankreichs Ludwig XIV. hatte sich aus Hinterindien einige Stücke dieses chinesischen Tafelgeschirrs, dazu Vasen und Schalen mitbringen lassen, und was in Versailles auf den Tafeln Furore machte, das konnte in den sächsischen Schlössern nicht ohne Wirkung bleiben.

Es war ein lebensrettender Ratschlag, denn schon 1707 gelang die Erzeugung eines braunen, aber glatten und appetitlichen Porzellans, auch Jaspisporzellan genannt, und mit einigem Glück, wie es gelegentlich auch jene haben, denen das Richtschwert über dem Haupt schwebt, nützte Böttger bald darauf weiße Tonerde zur Erzeugung des mit königlichen Jubelrufen begrüßten weißen Porzellans. Seit 1710 wurde in Meißen produziert; irgendwann wurden die Geheimverfahren allesamt nach Wien verraten – durch Claudius Innozenz du Paquier, verhüllend als Hofkriegsagent bezeichnet, der aber erst 1718 erfolgreich zu produzieren begann. Böttger hielt sich nicht, als er nun reich war, Schwäne wie Max Reinhard oder Flamingos, sondern 400 Orangenbäume, er trank und frequentierte die hübschen Sächsinnen mehr als seinem durch dreizehn Jahre Gefangenschaft angeschlagenen Corpus guttat. Daß er früh den größten Teil seiner Sehkraft verlor, legt den Verdacht nahe, daß er zuckerkrank war, eine häufige Haftfolge durch den Mangel an Bewegung. Er hatte noch die Genugtuung, daß die Preußen, die ihm so energisch ans Leder wollten, nur braunes Porzellan zustande brachten, »dagegegen machte die Wiener Manufaktur der sächsischen schon seit 1718 scharfe Konkurrenz, und allmählich entstanden in ganz Deutschland und selbst im Auslande neue Manufakturen, die das achtzehnte Jahrhundert zum Porzellanzeitalter machten« (aus: Friedrich von Oppeln-Bronikowski, ›Abenteurer am Preußischen Hof 1700–1800‹). Diese Erfindung unter Todesängsten und anderen Drangsalen gilt als die einzige praktische Folge aus den Experimenten der neueren Alchemie, was zwar nicht ganz stimmt, sie aber doch gegen die große Pionierzeit der Alchemie abgrenzt, als antike Ärzte, Pharmakologen und Chemiker den Grund für viele Erkenntnisse der modernen Naturwissenschaften legten.

Goldene Äpfel in irdenen Schalen

Sieben Jahre nach dem frühen Tod des Porzellanmachers Johann Friedrich Böttcher vollzog sich das Schicksal, das er mit einigem Recht gefürchtet hatte, an Johann Hector Baron von Klettenberg und Wildeck aus einer aus dem Frankfurter Patriziat aufgestiegenen Familie: Er wurde 1719 wegen alchemistischer Gaukeleien und fortgesetzten Betruges am Kurprinzen in Dresden verhaftet, auf die Festung Königstein gebracht und dort am 1. März 1720 enthauptet. Er hatte als junger Mensch in Frankfurt einen Widersacher im Duell getötet und die Reichsstadt, wo man dergleichen nicht duldete, fluchtartig verlassen müssen. Mit dem seinem Geschlecht ebenfalls zustehenden Namen Wildeck getarnt, präsentierte er sich am weimarischen Hof und behauptete, aus dem ilmenauischen Schiefer (mit dem sich später auch Goethe beschäftigen wird) Silber gewinnen zu können. Auf den entsprechenden Vertrag folgten Experimente, die jedoch die wachsamen Ilmenauer Hütteningenieure nicht überzeugten, und Klettenberg-Wildeck mußte kleinmütig abziehen.

In Sachsen nannte er sich wieder Klettenberg, was ihm zustand, gab sich aber den Rang eines Obristen »und wußte, den König August II. von Polen für sich einzunehmen, ward vorläufig zum Kammerherrn und Amtshauptmann ernannt und bezog ein hohes Gehalt. Dafür versprach er, binnen vierzehn Monaten eine Universaltinktur auszuarbeiten und auch den Hofapotheker Werner seine Kunst zu lehren«, berichtet Schmieder, irrt sich dabei aber insofern, als zu diesem Zeitpunkt August der Starke (gestorben 1733) noch lebte. Der Gönner Klettenbergs war damals wenig über zwanzig Jahre alt und Kur*prinz* und kam erst dreizehn Jahre nach Klettenbergs Hinrichtung auf den Thron. Ein hämischer Anonymus veröffentlichte 1721 in Hamburg ein Gespräch im Reich der Toten zwischen den Goldmachern Gaëtano und Klettenberg, denen die erbosten Fürstlichkeiten das gleiche Ende bereitet hatten. Zu Ende ging damit auch die ziemlich einzigartige Verstrickung eines doch ansehnlichen Fürstenhauses in Alchemie und Zauberglauben, die seltsamerweise mit dem bedeutendsten Kurfürsten der langen Reihe begonnen hatte, mit August (1526–1586), genannt ›der große Staatswirt‹, bedeutend als Gesetzgeber, Begründer der sächsischen Post, Begünstiger der Messen und des Handels, Fachschriftsteller für Land- und Forstwirtschaft. Sein Beispiel ist kennzeichnend für die beinahe vollständige Integration der alchemistischen Denkweise und Ziele in die Lebenswelt aller gehobenen Stände: auch Persönlichkeiten von unbestrittener, konsequenter und vernünftiger Lebensführung waren nicht gefeit gegen die Neigung zu den Geheimwissenschaften, weil darin, angesichts einer gewissen Neutralität der Kirche gegenüber der Alchemie, Ungehöriges nicht mehr zu erkennen war.

»Kurfürst August, so eifrig er auch den Regierungsgeschäften nachging, fand für eine Menge von Nebenbeschäftigungen Zeit. Seine Hauptpassion war die geheime Kunst, die Alchemie. Er arbeitete eigenhändig und fleißig auf den Stein der Weisen hin. Das kurfürstliche Laboratorium zu Dresden, das sogenannte Gold(macher)haus, war weit und breit berühmt, es erhielt von hochansehnlichen und hochgelehrten Reisenden Zuspruch. August liebte es zu hören, daß er die Meisterschaft erlangt habe, zuweilen gestand er dies auch selbst zum Beispiel in einem seiner Briefe an den italienischen Alchemisten Forense, wo er behauptet: ›So weit bin ich nun in der Sache gekommen, daß ich aus acht Unzen Silber drei Unzen guten Goldes machen kann.‹ Seine Gemahlin Anna blieb in der Übung der geheimen Kunst nicht hinter ihm zurück. Sie hatte auf ihrem Leibgeding zu Annaburg bei Wittenberg in ihrem Fasanengarten ein großes Laboratorium sich bauen lassen, eine der stattlichsten Goldküchen und Hausapotheken jener Zeit, 200 Schritt im Geviert, eingefaßt mit Wall und Wassergraben.«

Soviel aus der ›Geschichte der Höfe des Hauses Sachsen‹ von Dr. Eduard Vehse, bei Hoffmann und Campe in Hamburg 1854, wobei mein Halbleder-Exemplar das Exlibris eines Prinzen August von Württemberg trägt und darunter die Klebemarke von Dr. Richters Privatanstalt für Gemüthskranke in Berlin-Pankow, ein Zeichen, daß die Beschäftigung mit fürstlichen Absonderlichkeiten den einen oder anderen Gemütskranken heilsam abgelenkt haben mag.

Das zeitliche Ende der großen Rolle, die Alchemie und geheime Wissenschaften zumindest für das sächsische Herrscherhaus gespielt hatten, wird durch eine Dame bezeichnet, die ähnlich große Mittel einsetzte, um sich zu trösten und zu rächen, wie die glückliche Kurfürstin in ihrem Fasanengarten: die trotz Aurora von Königsmarck bedeutendste unter den Mätressen Augusts des Starken, nämlich Anna Constanze Gräfin von Cosel (1680–1765). Tochter eines dänischen Obristen namens von Brockdorff, wurde die schöne Frau 1707 zur Reichsgräfin erhoben und war durch neun Jahre *Maîtresse en titre* Augusts des Starken, dem sie sich jedoch keineswegs unterordnete. Sie gebar ihm einen Sohn und zwei Töchter, erhielt ein Eheversprechen und bezeichnete sich fortan unter deutlicher Distanzierung von den zahlreichen anderen Liebschaften als seine Frau. Als August, angeblich, um die Polen nicht zu kränken, sich eine schöne polnische Gräfin ins Bett holte, weigerte die Cosel sich, das Eheversprechen herauszugeben und floh nach Preußen.

»Die Gräfin Cosel sah ich als Student in Halle, wo sie als eine vom Hofe verwiesene Liebhaberin des Königs sich hingeflüchtet hatte; sie hielt sich daselbst ganz verborgen in einer abgelegenen Straße bei einem Bürger unweit des Ballhauses auf … Das Studentenvolk ist vorwitzig, ich sah sie etlichemale mit gen Himmel aufgeschlagenen Augen in tiefen Gedanken hinter dem Fenster stehen; sobald sie aber gewahr wurde, daß man sie belausche, trat sie erschrocken zurück. Außer den Leuten, die ihr das Essen über die Straße brachten, sah man niemand als einen wohlgekleideten Menschen bei ihr aus- und eingehen, den man für ihren Liebhaber hielt. Man konnte keine schönere und erhabenere Bildung sehen. Der Kummer, der sie verzehrte, hatte ihr Angesicht blaß gemacht; sie gehörte unter die schmachtenden, braunen Schönen, sie hatte große, schwarze, lebhafte Augen, ein weißes Fell (sic), einen schönen Mund und eine feingeschnitzte Nase. Ihre ganze Gestalt war einnehmend und zeigte etwas Großes und Erhabenes.«

Der vermutliche Liebhaber war ein Herr von Tinen, der im Auftrag Augusts mit der Gräfin über die Herausgabe des Eheversprechens verhandeln sollte; im übrigen ist der Bericht aus den Erinnerungen Johann Michael von Loëns (1694–1776) ein weiterer reizvoller Beweis dafür, wie klein damals die Welt war und wie eng die Gesellschaft gelegentlich zusammenrückte: Loën, der von seinem mütterlichen Großvater Passavant ein immenses Vermögen geerbt hatte, war als freisinniger Schriftsteller und Kunstsammler viel auf Reisen und war ein Schwager von Goethes Großmutter Textor. Die Cosel muß auf den Studenten einen tiefen Eindruck gemacht haben, wir besitzen keine lebendigere Schilderung von ihr als Dreißigerin, Loën muß sie damals ständig beobachtet haben. Begründet waren leider ihre Angst und ihre Vorsicht. Grenzen waren damals durchlässig und August der Starke, als reicher Fürst mit einer großen Armee, ein begehrter Bündnispartner! Es rührte sich in Preußen keine Hand, als er seine Dragoner nächtlicherweile an die Grenze schickte, wo nach offizieller Version preußische

Gendarmerie ihnen die schöne Gräfin auslieferte. Wahrscheinlicher ist, angesichts der Nähe der Stadt Halle zur Grenze, ein sächsischer Handstreich, für den August in seiner Wut, enerviert und oft betrunken, unverzeihliche Anordnungen gegeben hatte oder ergehen ließ.

Da die Cosel sich in ihrer Arroganz und ihrem Egoismus viele Feinde in Dresden gemacht hatte, ist bis heute nicht klar, wie es im ersten Gasthof auf sächsischem Boden, als Dragoner und Gefangene zur Nacht einkehrten, sofort zu Vergewaltigungen kam, gegenüber weiblichen Häftlingen zu jenen Zeiten wohl nicht selten, im Fall einer Staatsgefangenen solchen Ranges und europäischer Prominenz doch ein überraschender Skandal und damit wohl kein Zufall. Es erwies sich als verhängnisvoll, daß die Gräfin, wohl in Unkenntnis der besonderen Verhältnisse, mit Halle eine Stadt gewählt hatte, die zwar nach dem Westfälischen Frieden preußisch geworden war, aber bis 1680 sächsisch verwaltet wurde, eine Stadt unsicherer Hoheitsrechte, wo sächsische Dragoner allenfalls leichte Verwunderung auslösten.

Wo auf dem Weg von der Grenze nach Nossen im Kreis Meißen und zu dem dortigen Schloß die Gräfin die schlimmste Nacht ihres Lebens durchmachen mußte, haben auch die nicht allzu zahlreichen Biographen der schönen Frau nicht mit Sicherheit festgestellt; das Zeugnis eines verschreckten Wirtes ist alles, was man sicher weiß. Er sah die Dame mit Hut und Schleier, in einen Dragonermantel gehüllt, unter dem sie nackt war, zur Kutsche gebracht werden, am Körper braune und blaue Spuren von Schlägen, der Mund blutig, sie selbst stumm und mehr taumelnd als gehend. Die Wandlung, die schockhafte Abkehr von ihrem bisherigen Leben hin zu einem Geisterreich, das nur ihr gehörte, gilt als das Werk dieser Nacht. Nach einem halben Jahr auf Schloß Nossen brachte man sie unter schwerster Bedeckung, als würden die verräterischen Preußen sie zurückholen, nach Schloß Stolpen hoch über der Weßnitz, in eine ungastliche Festung aus dem Jahr 1121.

Im Johannesturm (heute Cosel-Turm) hatte man für sie einige Zimmer vorbereitet, es war der erste Weihnachtsfeiertag des Jahres 1716. Als sie ihr künftiges Gelaß sah, fiel sie in Ohnmacht, aus der sie mit Wutanfällen erwachte. Es gab zwei Fluchtversuche, bei deren zweitem ein Leutnant Helm als Helfer zum Tod verurteilt, aber auf dem Richtplatz begnadigt wurde; dann sann sie auf Magie, Fernzauber, Rache und Gifte:

»Sie trieb hauptsächlich Orientalia und ganz besonders jüdische Literatur, sie hatte sich auf die Kabbala gelegt. Außerdem bebaute sie noch einen kleinen Garten mit besonderen Kräutern und verkehrte viel mit Juden, mit denen sie einen lebhaften Handel trieb: sie mußten ihr unter anderem die ungalanten garstigen und derben Spottmünzen abkaufen, die der König, der ungemein aufgebracht war, gegen sie hatte schlagen (d. h. prägen) lassen. Ebenso sorgfältig sammelte sie die Münzen mit ihrem und des Königs Wappen, die August in ihrer glücklichen Zeit in sehr geringer Zahl hatte prägen lassen. Nach ihrem Tode fanden sich vierzig sogenannte Coselsche Speziesthaler und Guldenstücke im Polster ihres Leibstuhls.«

Mit welchem unanzweifelbaren Bericht des allwissenden Vehse (›Geschichte der Höfe des Hauses Sachsen‹) die Nähe zwischen Gold und Kot wieder einmal bewiesen ist, wie sie Goethe in den vielumraunten ›Paralipomena‹ zur ›Gotischen Walpurgisnacht‹ bedichtet hat. Weniger Wert legte die Stolze und immer noch Reiche auf die Münzen, in denen Friedrich der Große während des Siebenjährigen Krieges der Gräfin ihre Pension zahlen ließ, es waren nämlich sogenannte Ephraimiten, die sie wütend an die Wand nagelte, Münzen zu 1,34 Gramm Silbergehalt, auf ein Drittel ihres Wertes verschlechtert, wozu der König seiner Kriegsausgaben wegen den preußischen Münzjuden Veitel Ephraim genötigt hatte. »Alle diese durch die Kriegsnot hervorgerufenen schlechten Münzen wurden von dem Könige nach dem Friedensschluß mit seltener Energie und Schnelligkeit beseitigt« (aus: Friedrich Freiherr von Schrötter, ›Wörterbuch der Münzkunde‹).

Da in den Wechselfällen des Siebenjährigen Krieges Dresden zeitweise von den Österreichern besetzt war, hätte die Gräfin Cosel ihr Felsengefängnis unschwer verlassen können, und es war kein Geringerer als der Feldmarschall Fürst von Ligne, ein Mann von größter Kultur und Bildung, der ihr dies nahelegte. Aber die immer noch schöne Frau zählte bei dieser Begegnung zweiundachtzig Jahre und hatte sich in ihr Zauberwesen so tief verstrickt, daß sie die Freiheit fürchtete und bei ihren alchemistischen Büchern blieb.

Damit tritt sie neben eine andere berühmte Schönheit, neben jene Marquise d'Urfé, die ihre große Zeit auch zu Beginn des Jahrhunderts gehabt hatte, ebenfalls an der Seite eines glanzvollen Fürsten, und daß sie und einige fürstliche Personen im Schatten oder im Glanz der Goldmacherkunst nicht nur zu tragischen Erscheinungen geworden sind, sondern – mit oder ohne Spottmünzen – auch zu komischen Figuren, zeigt uns, wo die Alchemie am Vorabend der Revolution steht. Mag diese noch so blutig gewesen sein und so vieles zerstört haben, sie hatte doch auf ihre Weise mit sehr viel überkommenem Aberglauben und Spuk aufgeräumt, sie hatte Assignaten ausgegeben, bei denen niemand mehr wagte, nach Golddeckung zu fragen, und in richtiger Erkenntnis der wahren Werte einen eleganten Freidenker namens Vivant Baron de Denon in die Provinzen entsandt, um verborgene Kunst aufzustöbern.

Geblieben ist, ohne daß es wirklich verwunderlich wäre, die Geheimbündelei, eine *Societé hérmétique de France*, eine *Societé alchimique*, und erst recht die rosenkreutzerische Vielfalt, wenn auch nicht in der gedanklichen Tiefe, die ein Jakob Böhme darin angelegt hatte, denn die daraus erwachsenen freimaurerischen Logenspiele waren gesellschaftlich zu verführerisch. Preußen bot kurz vor dem Untergang des *Ancien Régime* dem verblüfften Europa noch einmal das Schauspiel, oder sollte man sagen des Satyrspiel, das ein später Verehrer des Grafen von Saint-Germain, der Major Johann Rudolf von Bischoffswerder, später als General am Hof des Königs Friedrich Wilhelm II. inszenierte, im Verein mit dem Predigersohn Johann Christoph von Wöllner und der allerdings durch echte Anmut entschuldigten Wilhelmine Enke, als königliche Mätresse bekannter unter dem Namen einer Gräfin Lichtenau. Friedrich Wilhelm II. (1744–1797) geriet in so hohem Maße unter den Einfluß dieses Trios, daß die vom Westen machtvoll hereinbrechende Aufklärung an den Grenzen jenes Staates scheiterte, der durch den großen Friedrich in so vielem Vorreiter neuer Denkweisen gewesen war, bei allem Autoritätsbewußtsein des Monarchen selbst. Die aus heutiger Sicht eher benebelt zu nennenden Nachfahren und Jünger des Grafen von Saint-Germain hatten ihrem Monarchen eingeredet, daß er als gottgewählter und von Gott geschützter Souverän auch dem großen Geheimnis des »Steins der Weisen« am nächsten sei, eine Nähe, die verpflichte. Es war ein anachronistisch später Triumph der Alchemie und der sie flankierenden Geheimwissenschaften, aber das Gold, das dabei in glänzendem Strom durch die preußischen Schlösser floß, hatte nur ein Ziel: die superbe Körperlichkeit der Gräfin Lichtenau (1752–1820), die als Steinbockgeborene immerhin wußte, was sie wollte – und die als Gegenleistung in einem Adelsumfeld, in dem die Degeneration schaurige Blüten trieb, immerhin fünf königliche Bastarde zur Welt brachte (die Grafen und Gräfinnen von der Mark). Friedrich Wilhelm III. war so unfein, sie sogleich nach seiner Thronbesteigung verhaften zu lassen, aber der gegen sie angestrengte Prozeß verlief nicht, wie der gegen die Neidschützin in Sachsen, unter Hexereiparagraphen und erbrachte keinen Schuldspruch, nur ihr Vermögen mußte die Gräfin herausgeben gegen eine Rente von viertausend Talern.

Die Gräfinnen Cosel und Lichtenau zeigen immerhin eine gewisse Gesundung fürstlicher Gehirne an, in denen bis dahin die Verwandlung unedler Metalle in Gold als allerhöchster Auftrag an den Herrscher verstanden worden war. Gold wurde zum Sinnbild, was immerhin das Streben danach aus den Niederungen simpler Gier ans Licht hob.

Geblieben ist die Erkenntnis, daß es ohne die Triebfeder der Suche nach dem Gold und nach dem »Stein der Weisen« das ganze auffällige und rational kaum erklärbare Interesse der alten Völker für Chemie, Mineralogie und für das naturwissenschaftliche Experiment nicht in dem erstaunlichen Maß gegeben hätte, das uns schon die frühesten Zeugnisse verraten.

Unerklärlich bleibt daran, daß die Wirkkraft hinter diesem imposanten Vorgang imaginär und frei erfunden ist nach dem Prinzip, daß auch Gott, gebe es ihn nicht, als Denkmuster unentbehrlich wäre. Gemeint ist *Hermes Trismegistos*, der dreifach mächtige angebliche Begründer der Alchemie, aus Idolen abgeleitet, die der ägyptischen Mythologie seit dem vierten vorchristlichen Jahrtausend vertraut sind. In seiner überzeitlichen Funktion ist *Hermes Trismegistos* geworden, was die Kulturheroen, die das Urvolk zum Fortschritt erweckenden Ankömmlinge in Altamerika ebenso vollbrachten wie in Ozeanien: Inbegriff für den großen Schritt, den diese Ethnie andernfalls und aus sich selbst heraus nicht geschafft hätte. Cabeza de Vaca traf im südlichen Nordamerika auf Indianerstämme, die nicht einmal die einfachsten Gefäße besaßen und die einen bestimmten, im Überfluß vorhandenen Obstsaft darum aus Löchern schlürften, die sie in die Erde gebohrt hatten. Es gab also zwölftausend Jahre alte Völker ohne jeden Fortschritt, ähnlich wie isolierte Stämme in Melanesien oder unter den Buschmännern der Kalahari. Stanley Kubrick hat diesen Vorgang einer unerklärlichen Ankunft, des plötzlichen Daseins des Neuen in einem regulären, schon durch Kanten und Glätte verblüffenden Quader dargestellt, der so nicht in der Natur vorkommen konnte, Däniken hat auf Außerirdische geschlossen, aber unzählige Generationen von Denkern und Suchern in aller Welt haben sich in stummer Absprache ebenso wie in regem Austausch auf *Hermes* verständigt, das Wesen zwischen Gott und Mensch und zwischen den Geschlechtern. Daß es über dem Menschlichsten im Menschen steht, das zugleich sein tierisches Schicksal kennzeichnet, macht den dreimal Mächtigen nicht geschlechtslos, er ist ja dreifach als Mann, als Frau und als Zwitter, wie ihn angesichts einiger seit jeher zwischen den Geschlechtern herumirrender Wesen schon die antike Mythologie kannte: Ein Sohn, den Hermes und Aphrodite gemeinsam hatten, badete in der karischen Quelle Salmakis, wobei ihn eine Quellnymphe sah und in Liebe zu ihm entbrannte. Auf ihre inständigen Bitten ließen die Götter zwischen ihrem Nymphenleib und dem des Hermes-Sohnes eine Verschmelzung zu, als ewige Vereinigung, wodurch ein Doppelwesen entstand.

Die Vorstellung war einer Gesellschaft wie der griechischen mit alltäglicher Homosexualität nicht nur nicht fremd, sondern erklärte im Gegenteil die Liebe unter Männern ebenso wie die sapphischen Existenzen auf Lesbos. In der Hoch-Zeit der europäischen Alchemie war es dann die abscheuliche, aber als durchaus natürlich empfundene Einrichtung der Kastraten, die solche Zwischenwesen ihres Odiums entkleidete. In den Memoiren des Giacomo Casanova gibt es eine große Szene, die etwa in der Conradschen deutschen Übertragung ebenso fehlt wie Partien aus der Schilderung der Berner Mattenbäder: Ein gewählter, aber nicht ganz kleiner Kreis aus gehobenen italienischen Familien sammelt sich zu einem Abend, an dem eine Überraschung versprochen wird; der Venezianer ist natürlich dabei. Zu später Stunde gehen die Lichter aus, und Diener mit Leuchtern kommen herein und nehmen neben einem Tisch Aufstellung, auf dem sanft gebettet ein splitternacktes, beleibtes Menschenwesen liegt – eine stadtbekannte Persönlichkeit Anfang Dreißig, die als Mann gelebt und einen großen Bekanntenkreis hat. Der Zeremonienmeister besiegt Überraschung und Verlegenheit mit einem ironisch auf Marktgeschrei intonierten *»Approchez, Mess'dames«*, also: Treten Sie ruhig näher! Casanova behauptet, sich abseits gehalten zu haben, verfolgt aber, wie auch die feinsten Damen hinzudrängen. Das exponierte Wesen, unschwer als Zwitter mit männlichen Attributen und schönen Brüsten zu erkennen, lächelt ermunternd, und da die Herren den Geruch homoerotischer Interessen vermeiden wollen, sind es die jungen und alten Damen, die sich an den Tisch drücken oder gedrückt werden. Der Zeremonienmeister, der derlei Szenen bestimmt nicht zum erstenmal dirigiert hat, fordert durch entsprechende Handbewegungen auf, das Gebotene näher zu prüfen, bittet nur, die Handschuhe auszuziehen, die bei der einen oder anderen Schönheit tatsächlich gefährliche Steppnähte und Knöpfe tragen. Und so erkunden bald viele schlanke Rosenfinger den hermaphroditischen, sanft duftenden und auf rosig geschminkten Corpus.

Professor Hübscher läßt den Vorgang unkommentiert und hat den Namen dieser merkwürdigen Assemblée auch nicht im Register; zu den *Castrati* erläutert er für das musikhistorisch unkundige Publikum, daß an allen Theatern des Kirchenstaates und in kirchlichen Fürstentümern außerhalb Italiens ein päpstliches Verbot bestand, Frauen auf die Bühne zu bringen. Frauenrollen wurden von früh Beschnittenen gesungen.

Casanova, der die Oper oft mit Schauspielerinnen besuchte, erfuhr allerdings gelegentlich von diesen Eingeweihten, daß sich hin und wieder ein Mädchen in eine Kastratenrolle wagte. In der Zeit der europäischen Bildungsreisen (Kavalierstour) sah man also in der Heimat der Oper Kastraten auf der Bühne, von denen einige (Farinelli, Caffarelli, Conti, Tenducci) auch außerhalb Italiens berühmt wurden und bedeutende Vermögen erwarben. Goethe, der die italienische Oper in Neapel, Rom und Venedig kennenlernte und Freunde hatte, die lange in Rom lebten, war mit der Erscheinung vertraut und hatte bei seinen Tiefurter Inszenierungen von Opern mit der Besetzung der zum Teil für Kastraten geschriebenen Arien Schwierigkeiten wie noch heutige Regisseure mit dem Orfeo Glucks und dem Idamante in Mozarts »Idomeneo«.

Der ganze Komplex vom Hermaphroditismus bis zum massenweisen Auftreten der Kastraten hat auf die alchemistischen Vorstellungen von einem über das Menschliche erhöhten kreativen Geschöpf dauernd eingewirkt und dazu beigetragen, daß die modernen Formen der Erotik, wie sie im zwanzigsten Jahrhundert durch Fotografie, Film und Fernsehen die Vorstellungswelt zu dominieren beginnen, die Idole des suchenden Alchemisten verändert haben, aber nicht nur die Idole, sondern auch die alten Ziele wie die Unsterblichkeit oder die Wiedergeburt als zentrale Fähigkeiten des »Steins der Weisen«:

»Die sich überschlagende Entwicklung in der Computer- wie in der Biotechnologie führten seit der zweiten Hälfte des 20. Jahrhunderts zu einer Vielzahl von (Science-fiction-)Texten, die sich mit einem durchaus traditionsreichen Motiv der Literaturgeschichte beschäftigen, nämlich mit dem Menschen als Schöpfer, der in der Lage ist, sich selbst zu reproduzieren oder aber Wesen schaffen kann, die ihm geistig wie körperlich überlegen sind. Die Rede vom Computer als ›großem, summenden Gott‹ – so ein Romantitel von 1970, oder Welten, die der Mensch durch geklonte Geschöpfe umgestaltet oder neu erschafft, sind nahezu Standardthemen der einschlägigen Literatur geworden ... Der Mensch, der sein will wie Gott und sich selbst reproduziert oder denkende Kreaturen ... erschafft, wird für diese Hybris bestraft« (aus: Georg Ruppelt, ›Gottes zweiter Sohn. Religion und Epiphanie in der Science Fiction‹).

Ruppelt, der auf diesem noch wenig beackerten Gebiet schon mit mehreren Untersuchungen vertreten ist, zitiert dann aus einem Buch von 1990, einem Roman des vielseitigen Schauspielers Peter Ustinov, in dem skizziert ist, was der Graf von Saint-Germain (der dazu die Intelligenz gehabt hätte) ebensowenig beachtet und erwähnt hatte wie der Graf Cagliostro, dem das Jenseits vollkommen gleichgültig war:

»Der Wunsch nach Unsterblichkeit ist überall evident ... Angenommen, man entdeckt tatsächlich einen Weg, nicht zu sterben? Zunächst wird es für die meisten Menschen zu teuer sein, so daß nur die Idioten mit ererbtem Reichtum oder die neureichen Kriminellen überleben und der Welt der Unsterblichkeit ihre Normen setzen werden ... In solch einer Welt wäre Senilität so ansteckend wie eine bloße Erkältung. Geburten würden immer seltener, bis endlich jede als gesetzlicher Feiertag bejubelt würde; zahnloses Grinsen, aus dem Mundwinkel fließende Speichelrinnsale, wie eiskalte Lava aus den beladenen Nasenlöchern tropfender Schleim wären die letzten Lebenszeichen eines glücklichen Tagtraumes.«

Ein Alptraum als Vision aus ›Der alte Mann und Mr. Smith‹ von dem im Leben so freundlich-heiteren Peter Ustinov! Die Franzosen nennen den in der Nacht auf den 29. März 2004 in Genf gestorbenen russischen Juden mit der stupenden Allroundbegabung einen *enorme touche-à-tout*, also einen ungeheuren Alles-Anfasser; man hat ihn auch schon in Science-fiction-Filmen als den letzten wahren Menschen gesehen inmitten einer Bibliothek uralter Bücher, die zu Staub zerfallen, wenn man sie aufschlagen will. Das alles ist keineswegs Humbug, sondern schafft, da wir den »Stein der Weisen« nun einmal nicht gefunden haben, eine neue Himmel-Erde-Beziehung, zu der auch die immer zahlreicher werdenden Schutzengel-Filme gehören. Homer hat nicht auf sie gewartet, als er Gott Hermes (wen sonst!) nachts vor Priamos von Troia hintreten läßt, mit dem Angebot, den Greis sicher durch die Reihen der griechischen Belagerer zu führen, zum Leichnam des gegen Achill gefallenen Hektor.

Erkannt oder erahnt worden ist dieser Zusammenhang in Goethes ›Faust‹ sehr deutlich, wobei in gerechter Teilung Satan in der ›Gotischen Walpurgisnacht‹ den ›Ersten Teil‹ in seiner Düsternis und Sündenverstrickung dominiert, während der ›Zweite Teil‹ sich leichtfertig zum Heidentum aufschwingt in der Schönheit Helenes und zu der zweigeschlechtlichen wie der dem eigenen Geschlecht geltenden Liebe der ›Klassischen Walpurgisnacht‹: helle Knabenstimmen über allerlei anderen anziehenden Attributen! »Die Racker sind doch gar zu appetitlich«, wird in ›Faust II‹ allerdings Mephisto in den Mund gelegt und ist von Goethe keineswegs als Schimpfwort gemeint. Die negative Prise kommt aus Mephisto selbst, der sich über seine Gelüste ärgert, was die Knaben zu Rackern macht.

Goethe hat es nicht mehr erlebt, wie diese latente, in puren Schönheitssinn verpackte Alternative bei einem seiner Enkel zum vollen Ausbruch kam, bei Walther Freiherr von Goethe (1818–1885), dessen Beziehung zu dem acht Jahre älteren Robert Schumann erst 1836 begann. Walthers Mutter, die muntere, hübsche und zeitweise in Wien lebende Ottilie von Goethe, warf ihrem Sohn vor, daß »Du jetzt an den Mädchen vorüber blickst, als wären sie ein Regiment, wo ein Soldat wie der andere erscheint, und als wäre es eine Sorte Geschöpfe, die Dich nichts angingen«. Die Beziehung zu Schumann währte zehn Jahre, sie fand ihren Ausdruck in der Komposition ›Davids Tänze‹, die Schumann dem damals noch eine Musiklaufbahn anstrebenden Walther Goethe 1837 widmete.

Wo die Symbole übrigbleiben, die Mythen unausrottbar scheinen, tritt die Malerei auf den Plan. Die Gemälde mit dem rätselhaften Glanz von irgendwoher einfallendem Goldlicht und mit strahlenden Goldklumpen aus Stein, Blei oder Quecksilber haben von den ganz großen Malern zwar nur einige wenige inspiriert, Gustave Moreau zum Beispiel, von dem Salvador Dalí in seiner herrlichen Übertreibung sagte: *»Moreau? Mais c'est Papa!«* Auch in den Tiefen der Dalíschen Großgemälde blinkt gelegentlich scharf umrissen und in trügerischer Prägnanz der »Stein der Weisen«; die Laboratorien selbst waren ihm zu mühsam, da war die Emsigkeit des siebzehnten Jahrhunderts gefragt. ›Die Anatomie des Doktors Tulp‹ etwa, von Rembrandt 1632 mitten im blutigsten aller alten Kriege gemalt, zeigt den lebendigen Pathologen eiskalt an der Schwelle zu Frevel und Erkenntnis, Alchemie ohne Gold und ohne des Lebens goldnen Baum. Die Zeitgenossen des großen Harmenszoon van Rijn waren ja selbst Chemiker, experimentierten, erfanden Mischungen und Lasuren und bewahrten das Geheimnis der niederländischen Malerei gegenüber den Italienern lange Zeit erfolgreich. Helmut Gebelein mit seinem sechsten Sinn für Hintergründe entdeckt eine Anspielung auf Merkur auch in einem der kommentarbedürftigen Bilder von Marcel Duchamp (1887–1968):

»*Le Grand Verre* oder *La Mariée mise à nu par ses Célibataires même* (Das große Glas oder: Die von ihren Junggesellen nackt entblößte Braut) erscheint wie eine Paraphrase auf eine Abbildung aus einem alchemistischen Werk, dem Manuskript des Philosophen Solidonius aus dem achtzehnten Jahrhundert. Dort sehen wir zwei bekleidete Männer, die eine Frau ausziehen, die Braut entkleiden. In der Alchemie könnte dies bedeuten, den Merkur von allem Unreinen zu befreien. Das Bild von Duchamp ist religiös, psychoanalytisch und hermetisch gedeutet worden.«

Der Satz steht in Helmut Gebeleins trotz geringen Umfangs kostbarer und gedankenreicher Ergänzung zu seinem großen Werk, in einem Bändchen der Reihe ›Diederichs kompakt‹ aus dem Jahr 2004; es kann mit sechsundneunzig Seiten nur ein Hinweis sein, aber es schärft uns den Blick für René Magritte, bei dem die Transmutation so weit geht, daß er auf einen kräftigen Baum im Zentrum eines Bildes von unten nach oben schreibt: *Femme nue* (nackte Frau), Daphne ist geboren, Wort und Schrift schaffen Magie.

Wir sehen, hier müßte ein neues Buch beginnen, ein Buch, in dem die zu Geschichte gewordene Alchemie ein neues Leben über den Wolken beginnt, so wie die Ewige Stadt Rom nach der ersten Eroberung durch die Barbaren nach dem Glauben der Kirchenväter unentweiht in den Lüften weiterexistierte. Die Wende zum zwanzigsten Jahrhundert brachte, richtig verstanden, überraschende Bestätigungen für alchemistisch-chemische Vorstellungen der vorchristlichen Antike, und Karl Christoph Schmieder beginnt das Schlußwort zu seiner immer noch unentbehrlichen ›Geschichte der Alchemie‹ von 1832 mit dem Satz: »Man dürfte glauben, daß die produktive Alchemie seit 1800 zu den Arabern zurückgekehrt sei, von welchen sie ausging.«

Wir erleben es täglich, daß sich die Literatur der Naturwissenschaften bemächtigt, im bequemsten aller Zugriffe auf den Bildschirmen aller Nationen. Die Naturwissenschaften wiederum stoßen an die Grenzen der Ethik, des menschlichen Auftrags auf unserem Planeten, der in seiner bedrohten Existenz zwischen schmelzenden Polkappen selbst ein ungeheurer »Stein der Weisen« geworden ist und es möglicherweise gar nicht mehr lange bleiben wird. Was sich unendlich weit von uns entfernt hat, das ist die Zufriedenheit in der irdischen, in der gegebenen Existenz, weil sie dem prometheischen Drang nach Schöpfung und Wissen keinen Raum mehr gibt. Als die alten Landleute Philemon und Baucis die unerkannt bei ihnen einkehrenden Götter Zeus und Hermes freundlich bewirten, wollen die Unsterblichen zum Dank den beiden einen Wunsch erfüllen, den Wunsch, bis zu ihrem Ende Hüter des Tempels bleiben zu können, und so werden sie am Ende jenes langen, in Zufriedenheit erloschenen Lebens zu Bäumen: Philemon immerhin zu einer Eiche, Baucis zu einer Linde – unsere Zukunft!

Der Weg zu den Geheimnissen

Ein autobiographisches Nachwort

Am 11. Juli 1936 war zwischen dem Deutschen Reich und Österreich ein Abkommen unterzeichnet worden, das viele Österreicher hinsichtlich der Zukunft ihres Landes mit Sorgen erfüllte. Adolf Hitler hatte deutlich und vernehmbar mit dem gerasselt, was man früher Säbel nannte, und unsere Mutter, damals fünfunddreißig Jahre alt, machte sich zu einer renommierten Astrologin auf, um zu erfahren, was ihren Söhnen Georg (dem jüngeren) und Hermann bevorstand.

Die Astrologin nannte sich Frau Vita und war eine der vielen Jüdinnen, die in Baden bei Wien lebten, einer besonders bei Juden beliebten Kurstadt, die Grillparzer, Beethoven, später dann Franz Nabl, Otto Soyka, Max Reinhardt und Dutzende von Erzherzögen in ihren Mauern gesehen hatte. »Was ich Ihnen mit Sicherheit sagen kann, liebe Frau Schreiber«, sagte Frau Vita, »ist, daß Ihre beiden Söhne steinalt werden«.

Das sind wir nun, mein Bruder in Wien 84, ich in München 86. Die Überraschungen aber begannen erst: »Der Hermann wird Bücher schreiben und eine Gemeinde haben. Sein Erfolg wird aber erst mit seiner zweiten Frau beginnen. Er wird sich viel mit dem Unergründlichen, dem Geheimnisvollen beschäftigen, das wird ihn besonders anziehen ...«

Ein paar Jahre später hatte ich von meinem Doktorvater Professor Josef Nadler das Thema etwa zugleich in meiner Tasche wie den Einberufungsbefehl, denn es war längst Krieg. Das Thema lautete (auf meinen Vorschlag) ›Das irrationale Element in den Werken von Gerhart Hauptmann‹. Ich konnte noch das erste Kapitel schreiben, es hieß ›Die Magie des Elementaren‹, dann kamen Ausbildung, Frankreich, Garnison in Polen, Feldzug in Rußland, Winter am Donez und nach der dritten Verwundung Dienst in der Heimatgarnison meiner Truppe, einer Panzerjägerabteilung. Hier kam ich an Schreibmaschinen, von hier aus begann ich, nach jenen Ahnen zu forschen, die damals jeder angehende Journalist benennen mußte und von denen ich nichts wußte, da unser Vater, Buchhändler in Wien, gestorben war, ehe ich elf Jahre alt wurde.

Es war wohl im Herbst 1942, ich schrieb mit Feldpost, mich von einer Station der Großväter und Urgroßväter zur nächsten vortastend, man mußte sich ja um ein Ahnenspektrum zurück bis 1800 bemühen. Über Konitz in Westpreußen ging es nach Pommern; die Monate vergingen, und im März 1943 hielt ich einen Auszug aus dem Geburts- und Taufregister der evangelischen Pfarrkirche von Labes in der Hand, Jahrgang 1792, Nr. 48, betreffend den Täufling Schreiber Carl Friedrich, geboren am 19. September, getauft am 24. September 1792, Vater: Schreiber Johann Friedrich, Stand: *Scharfrichter*.

Kaum vermochte ich weiterzulesen, die Namen der Paten, durchaus angesehene Leute wie der Kämmerer Schwantes, der Schneidermeister Prochnow, eine Mamsell Zietelmann und des Meisters Bennoit Ehefrau aus Regenwalde; *Scharfrichter*!

Noch erfaßte ich nicht das wahre Problem, das darin bestand, daß der Scharfrichter in der deutschen Geschichte meist in ausgedehnten Sippen auftritt, weil die sogenannten unehrlichen Berufe – die Bader, Müller, Bordellwirte, Gerichtsdiener, Henkersknechte und Abdecker – nicht in die Zünfte einheiraten durften, sondern wiederum nur Töchter aus dem Kreis der Unehrlichen ehelichen mußten. Ich dachte an meine Mutter; sie hatte mit achtzehn und ahnungslos den Lizentiaten Schreiber, Sohn des reichen Bergwerks- und Gutsbesitzers Ludwig Arthur Schreiber, aus Nordmähren geheiratet, durchaus passend für eine Fabrikantentochter aus dem Wiener Stadtpatriziat. Mein Historikerherz freilich begann in einem neuen Rhythmus zu schlagen; ich besorgte mir Kompendien, Scharfrichter sind ja für jeden Genealogen eine Labsal: Jede Hinrichtung hat eine Gemeinderechnung zur Folge, jedes Scharfrichterleben ist dokumentiert. Und sie waren von uraltem, grausigem Brauchtum gleichsam eingehüllt, von Sagen, Legenden, Flüchen.

Um es kurz zu machen: Der Schreiber-Stamm, der auf mich zielte, hatte sein Zentrum am Flüßchen Rega, das der Ostsee zuströmt und kleinen Schiffen gestattet, bis Greifenberg und bis Treptow stromauf zu fahren. Dort, dazu in Köslin und Kolberg, waren sie aufeinandergefolgt bis hin zu einem Christoph Schreiber in Rothenburg, wo es im siebzehnten Jahrhundert nicht mehr weiterging, weil ich nicht ermitteln konnte, um welches der sechs Städtchen dieses Namens es sich handelt.

Andere Schreiber meiner Sippe, mit Sicherheit Verwandte, richteten in dem ganzen nördlichen Deutschland; die Südgrenze waren Pirna und Gotha, Gera und Naumburg an der Saale, Zentren waren auch Potsdam, Baruth mit fünf Scharfrichtern meines Namens, und natürlich gab es auch einen *Hermann* Schreiber, Abdecker in Bautzen. Eine letzte bekannte Schreiber-Tochter starb 1832 in Ostfriesland, nachdem sie sieben Kinder geboren hatte. Ich hatte vielfach und potenziert Henkerblut in meinen Adern, Folterknechte, Wunderärzte, die Knöchelchen von Gehängten verkauften, Blut von Geköpften, Fasern vom Galgenstrick. In meinem schmalen Kasernenbett sah ich nachts nun die Orte, von denen ich nie gehört hatte: Naugard, Segeberg, Torgau und ein Münchenbernsdorf, ein Kaff, das sich einen eigenen Scharfrichter leistete.

Aus den Alpträumen riß mich die Versetzung auf eine Funkstelle im Böhmerwald, oberhalb der Schiele-Stadt Krumau, in deren winziger Bibliothek mirakulöserweise die völlig neue, damals nirgends erhältliche Gesamtausgabe der Werke von Gerhart Hauptmann stand – so lange stand, bis ich mir die zwölf Bände, nach denen nie irgend jemand gefragt hatte, in mein Spind auf der Funkstelle verfrachtet hatte. Funker haben viel Nachtdienst. In Hunderten von Nachtdiensten rauschte meine Continental-Silenta über schließlich dreihundert Seiten meiner Doktorarbeit. Die Einsamkeit, der Böhmerwald ringsum, die Konzentration auf das reine Dichterwerk ohne Sekundärliteratur waren der Suche nach dem Irrationalen sehr förderlich. Gerhart Hauptmann hatte in seinem Roman ›Atlantis‹ den Untergang eines großen Passagierschiffes im Nordatlantik geschildert, und noch ehe der Roman in den Fortsetzungen einer Berliner Zeitung ausgelaufen war, versank die *Titanic* in der eisigen Islandsee. Der Dichter hatte sich aber auch dem Hexenzauber einer schönen Sechzehnjährigen ausgeliefert, der Schauspielerin Ida Orloff, der er sich bedingungslos unterwarf, wofür sie ihn als Dichter zu einem neuen Leben erweckte wie Lilith, die Teufelin, bei Goethe Herrin über Leben und Tod. Der längst ausgeschriebene Naturalist erntete mit ›Und Pippa tanzt‹, mit ›Kaiser Karls Geisel‹, mit dem ›Buch der Leidenschaft‹ nicht mehr erwarteten neuen Ruhm, schrieb magische Märchen wie das ›Meerwunder‹, schrieb Spukdichtungen wie die ›Schwarze Maske‹, schrieb über Nächte, Tode, Schnee und Flüche in seiner ›Winterballade‹ – es war ein Exzeß im Unbegreiflichen. Die Dissertation wurde als Buch ediert und wird bis heute, sechzig Jahre nach dem Erscheinen, noch häufig zitiert.

Damals war ich jung, aber im Fortschritt der Jahre konnte ich dem Dunkel, das nach mir griff, nicht mehr entrinnen. Ich habe über Hinrichtungen und Todesstrafen geschrieben (›Götterspruch und Henkerhand‹, immer wieder neu aufgelegt); ich habe mich beinahe umgebracht bei der Monsterarbeit ›Die Zehn Gebote‹ (Treueprämie der Deutschen Buchgemeinschaft, mehrfach aufgelegt und übersetzt), ich habe in einem Handbuch des Okkultismus alle Begegnungen der dritten Art gesammelt, die mir bekannt wurden oder selbst widerfuhren. Die Geschichte der Alchemie, die mit diesen Zeilen nun hinter mir liegt, sieht mir, wenn ich mein Alter bedenke, ganz so aus wie ein Schlußstein, und in gewissem Sinn sind Schlußsteine auch »Steine der Weisen«, Steine der Philosophen – wäre ich ein Philosoph geworden und nicht das Weltkind geblieben.

Literaturverzeichnis in Auswahl

Die gelegentlichen kurzen Kommentare sind weniger als Werturteile gedacht als hinsichtlich der Zugänglichkeit und Eignung zur weiteren Information formuliert. Sehr substantielle Werke können nach Dichte und Diktion bei allem Eigenwert nur für kleine Lesergruppen in Frage kommen.

Barthold, F. W.: Die geschichtlichen Persönlichkeiten in Jacob Casanovas Memoiren. Beiträge zur Geschichte des achtzehnten Jahrhunderts. 2 Bde. Berlin 1846.
Kenntnisreiche biographische Ergänzungen, auch durch die historisch-kritische Hübscher-Ausgabe der Memoiren bei Plon nicht überflüssig!

Casannova, Giacomo: Historie de ma Vie. Ed. Hübscher, Paris o. J. (12 Bde. mit wertvollem Anmerkungsapparat).

Culianu, Joan P.: Eros und Magie in der Renaissance. Mit einem Geleitwort von Mircea Eliade. Frankfurt am Main 2001.
Umfang- und gedankenreich mit einem Anhang von 230 Seiten. Interessante Berührungspunkte mit der Alchemie in Persönlichkeiten wie Agrippa, Marsilio Ficino, Trithemius und Faust.

Dauxois, Jacqueline: Der Alchemist von Prag. Düsseldorf/Zürich 1996.

Demetz, Peter: Böhmische Sonne, mährischer Mond. Essays und Erinnerungen. Wien 1996 (darin: ›Die Legende vom magischen Prag‹).
–, Prag in Schwarz und Gold. Sieben Momente im Leben einer europäischen Stadt. München und Zürich 2000.
–, Das Zeugnis einer Wiederbegegnung mit der Heimat nach einem Leben in der Fremde mit 100 Seiten über Rudolf II.

und einer originellen Abhandlung über Karl IV. und sein Zeitalter.

Federmann, Reinhard: Die königliche Kunst. Eine Geschichte der Alchemie. Wien 1964.
Das erste erzählende Sachbuch zur Geschichte der Alchemie, frei von Fachchinesisch, in der Diktion durchgehend verständlich, mit unterschwelliger Skepsis.

Flashar, Helmut (Hrsg.): Antike Medizin. ›Wege der Forschung‹, Wissenschaftliche Buchgesellschaft. Darmstadt 1971.
Enthält u. v. a. den Aufsatz von Ilberg über Celsus und sein ›Kulturbild aus der römischen Kaiserzeit‹ über Galenus.

Freese, Rudolf (Hrsg.): Wilhelm von Humboldt. Sein Leben und Wirken, dargestellt in Briefen, Tagebüchern und Dokumenten seiner Zeit. Berlin (Ost) o. J. (ca. 1958).
1000-Seiten-Kompendium, vom Cheflektor des Verlages der Nation akribisch und kenntnisreich erarbeitet und bis heute unübertroffen.

Frenschkowski, Marco (Hrsg.): Geschichte der Alchemie von Karl Christoph Schmieder, neu gesetzt u. überarbeitet. Wiesbaden 2005.
Da die Überarbeitung die Schmiederschen Irrtümer nicht beseitigt, beschränkt sich der Wert der Ausgabe auf den Neusatz für Frakturungewohnte. Die Paginierung des Originals wurde in Marginalien beibehalten. Der sprachliche Reiz der Schmiederschen Ausdrucksweise ist weitgehend erhalten geblieben.

Friedländer, Ludwig: Darstellungen aus der Sittengeschichte Roms. 9. Auflage in 3 Bdn. Leipzig 1919.

Gebelein, Helmut: Alchemie. München 1991.
500 Seiten souveräne und geistvolle Erörterungen eines Fachmannes, der die Alchemie sehr persönlich und uneingeschränkt aktuell sieht; schwierig, aber befriedigend und auf der Höhe des Problems.
–, Alchemie. In der Reihe Diederichs kompakt. München 2004.
Kurzfassung des obigen Titels mit neuen Gedanken.

Geerk, Frank (Hrsg.): Paracelsus, Arzt unserer Zeit. Zürich 1992.
Sammelband mit Biographie des Paracelsus von Geerk, einer Auswahl von Paracelsus-Schriften und älteren wie neueren Aufsätzen über den großen Arzt von allerdings unterschiedlichem Wert, dennoch verdienstlich.

Goethe, Johann Wolfgang von: Faust. Hrsg. von Albrecht Schöne. Ausgabe des Deutschen Klassiker Verlages, 2 Bde. 6. revidierte Auflage. Frankfurt am Main 2005.

Grabner, Elfriede (Hrsg.): Volksmedizin. Probleme und Forschungsgeschichte. Wege der Forschung, Wissenschaftliche Buchgesellschaft. Darmstadt 1967.

Hardt, Manfred: Geschichte der italienischen Literatur. Düsseldorf/Zürich 1996.

Kees, Hermann: Das alte Ägypten. Eine kleine Landeskunde. Berlin (Ost) 1955.
Das in Westdeutschland unbekannt gebliebene Buch enthält eine Fülle von Fakten, die neben der großen Historie reizvoll und von Bedeutung sind.

Kuper, Michael: Agrippa von Nettesheim. Ein echter Faust. Berlin 1994.
–, Johannes Trithemius. Der schwarze Abt. Berlin 1998.

Latz, Dr. Gottlieb (Hrsg.): Die Alchemie. Reprint Köln o. J. (um 2000).
Antiqua-Reprint des Standardwerkes von 1869, eine verlegerische Bravourleistung für ernsthafte und geduldige Interessenten, mit lateinischem und altgriechischem Text meist ohne Übersetzungen. Hat den Vorteil, in anderen Werken oft Erwähntes, wie z. B. die *Tabula Smaragdina*, ausführlich zu besprechen. Wertvolle Worterklärungen, originelles Homunculus-Kapitel.

Lion, Jindrich: Das Prager Ghetto. Hanau 1995. Mit Fotografien von Jan Lukas u. Helena Martemucci.

Migne, Jacques Paul: Dictionnaire des Sciences occultes. 2 Bde. Paris 1861 (Verlag u. Druck von J. P. Migne, Ateliers Catholiques).
Der eindrucksvolle Beweis, daß der große Theologe die Geheimwissenschaften durchaus ernst nimmt. Unerschöpfliches Werk!

Oppeln-Bronikowski, Friedrich von: Abenteurer am Preußischen Hofe 1700–1800. Berlin und Leipzig 1927.
Eines der besten Bücher des einst sehr bekannten Vielschreibers mit ca. 40 Seiten Urkunden im Anhang. In allen Teilen lesenswert und nicht überholt.

Prag um 1600. Kunst und Kultur am Hofe Rudolfs II. Buch zur Ausstellung Essen 1988, erschienen in Freren 1988.
Prachtband mit wichtigen Einzelaufsätzen u. a. von Zdenek Horsky (Die Wissenschaft am Hofe Rudolfs II.), E. Fucikova (Die Malerei am Hofe Rudolfs II.).

Priesner, Claus, und Figala, Karin (Hrsg.): Alchemie. Lexikon einer hermetischen Wissenschaft. München 1998.

Trotz mancher Lücken außerordentlich empfehlenswert, vor allem wegen der umfassenden Literaturangaben. Enthält auch eine Liste alchemistischer Symbole.

Sapper, Christian: Kinder des Geblüts – die Bastarde Kaiser Rudolfs II. Mitteilungen des Österreichischen Staatsarchivs 47/1999, Sonderdruck.
Meisterliche archivalische Untersuchung vom Direktor des Staatsarchivs, die eine Reihe hartnäckiger Gerüchte über das Leben des Kaisers widerlegt und Neues aufdeckt.

Schelenz, Hermann: Geschichte der Pharmazie. Olms-Reprint 1965 der Original-Ausgabe Berlin 1904.
Das beinahe tausendseitige Werk hat in der unveränderten Olms-Ausgabe beinahe Schmiederschen Reiz, grundanständig, bemüht und umfassend orientiert mit wertvollen Anmerkungen.

Schmieder, Karl Christoph: Die Geschichte der Alchemie. Originalgetreuer Nachdruck der Ausgabe von 1832, Ulm 1959.
Das zu Unrecht belächelte alte Kompendium eines gläubigen Alchemisten, kritisch zu genießen und in seiner Vollständigkeit trotz zahlloser Irrtümer bis heute unentbehrlich.

Scholem, Gershom: Zur Kabbala und ihrer Symbolik. Zürich 1960.
Fünf Arbeiten des großen Gelehrten, in einem Taschenbuch des Suhrkamp-Verlages vereinigt.

Schreiber, Hermann: Das Schiff aus Stein. Venedig und die Venezianer. München 1982.
–, Casanova. Düsseldorf 1998. (Biographie)

–, Göttersspruch und Henkerhand. Eine Geschichte der Todesstrafen. Bergisch Gladbach 1964.
–, August der Starke. Gernsbach 2000.

Schütt, Hans-Werner: Auf der Suche nach dem Stein der Weisen. Die Geschichte der Alchemie. München 2000.
Geistvolles, kenntnisreiches, blendend geschriebenes Werk, dem aufgrund seines hohen Anspruchs an den Leser nur eine kurze Präsenz im Buchhandel beschieden war. Verwertet neueste Forschungen und weist auf sonst wenig bekannte Alchemisten wie z. B. Johannes von Rupescissa hin.

Strasburger, Gisela: Lexikon zur frühgriechischen Geschichte. Zürich 1984.
Es handelt sich praktisch um ein Lexikon zu Herodots neun Büchern Geschichte(n) auf fünfhundert kostbaren Seiten, praktischer und zugänglicher als der ›Kleine Pauly‹.

Striedinger, Ivo: Der Goldmacher Marco Bragadino. Archivkundliche Studie zur Kulturgeschichte des 16. Jahrhunderts. München 1928.
Unentbehrliche Monographie zu den Schicksalen des begabten Scharlatans aus Zypern mit Ausblicken auf das gesellschaftliche Leben der Zeit in den Städten und an den Höfen. Viele Dokumente italienisch oder französisch.

Szabo, Zoltan: Astrologie als Alchemie der Persönlichkeit. Zeitschrift Meridian 1980.

Uerlings, Herbert: Novalis. Stuttgart 1998.

Vehse, Eduard: Geschichte der Höfe des Hauses Sachsen. Hamburg 1854.

Nachschlagewerke

Außer den üblichen großen Enzyklopädien (Britannica, Larousse, Meyer, etc.) wurden mit Gewinn herangezogen:

Avella-Widhalm, Gloria u. a. (Hrsg.): Lexikon des Mittelalters. Zürich 1992.

Der kleine Pauly. München 1979.

Dictionnaire des Lettres Françaises, Vol. Moyen âge, 18e siècle. 3 Bde. Paris 1964 ff.

Haydn's Dictionary of Dates and universal Information by the late Benjamin Vincent, 25th edition. London/Melbourne/Toronto 1910.

Isenburg, Dr. W. K. Prinz von: Stammtafeln zur europäischen Geschichte. 3 Bde. Marburg 1965 ff.

Paulys Realencyclopädie der class. Alterthumswissenschaften. 8 Bde. Stuttgart 1865.

Schiele, Friedrich Michael u. a. (Hrsg.): Die Religion in Geschichte und Gegenwart. 5 Bde. Tübingen 1909.

Schrotter, Friedrich Freiherr von: Wörterbuch der Münzkunde. Berlin 1930.

Weber und Weltzes Kirchenlexikon. 12 Bde. Freiburg 1892–1902.

Wilpert, Gero von: Goethe-Lexikon. Stuttgart 1998.

Zeittafel

Da die Lebensdaten von Herrschern und Alchemisten, soweit bekannt, im Text genannt sind, beschränkt sich diese Übersicht auf Eckdaten zur allgemeinen Orientierung. Daten vor Christi Geburt sind zum Teil bis heute umstritten.

4. Jahrtsd. v. Chr. Im Großraum Theben (Thebais) entsteht eine Kultur, die sich nach Norden in Richtung Nildelta und nach Süden in Richtung Nubien ausbreitet.

Ab 2000 v. Chr. Blüte der altägyptischen Pharaonenkultur.

Um 1200 v. Chr. Von Südosteuropa und der Ägäis ausgehend, zerstören die sogenannten Seevölker ostmittelmeerische Reiche, darunter das der Hethiter.
Auszug jüdischer Sklavenbevölkerung unter Moses aus Ägypten über die Halbinsel Sinai nach Nordosten. Beginn der Staatenbildung (König Salomo um 950).

800–600 v. Chr. Die um 2450 v. Chr. im pontischen Raum aufgebrochenen Etrusker lösen sich von anderen Wandervölkern und lassen sich in Etrurien nieder, wo sie ein kulturell hochstehendes Kleinreich aus Stadtstaaten bilden.
Griechische Pflanzstädte im ganzen Mittelmeerraum. *Vermutliche* Lebenszeit des Dichters Homer: 740–650 v. Chr.

Um 650–600 v. Chr. Die Etrusker gründen Rom aus verschiedenen Dörfern.

Um 500 v. Chr. Die heutige Sandwüste Sahara ist Weideland und von Nomaden bevölkert.

Ab 400 v. Chr. Die Mittelmeermächte sind Karthago, Rom, die Griechen und die im Niedergang begriffenen Etrusker. Aufkommende römische Macht bei Fortbestand der griechischen kulturellen Überlegenheit.

Um Christi Geburt: In der Nachfolge des ermordeten Cäsar entsteht die römische Kaisermacht mit Expansion in die ganze bekannte Welt, seit dem 3. nachchristlichen Jahrhundert von Norden durch Germanen und von Osten durch mesopotamische Restvölker bedroht.

Ab 400 n. Chr. Germanenstaaten in Spanien, Italien und Nordafrika, Stammesreiche in Mitteleuropa, städtische Zentren nach römischer Gründung (Trier, Köln, Straßburg, Augsburg, Aquileja, Belgrad).

567–586 Leovigild, letzter arianischer König der Westgoten in Spanien.

594 Tod des Bischofs Gregor von Tours, Verfasser wertvoller Aufzeichnungen über westeuropäische Ereignisse.

600–1219 Mesopotamien, Hort der Wissenschaften und der Dichtung auch schon vor Mohammed, Untergang dieser Kultur durch Dschingis Khan, der 1219 Turkestan erobert.

632 Mohammed, Begründer des Islam, stirbt etwa sechzigjährig in Medina.

634–644 Mohammeds Berater Omar I., Kalif, regiert in Damaskus; die arabischen Eroberungen beginnen (Syrien, Persien, Ägypten).

711 Sieg von Arabern und Berbern über die Westgoten in einer langen Schlacht bei Xeres de la Frontera. Die Halbinsel wird bis auf einzelne Kleinreiche (Asturien) unterworfen.

732 Karl Martell, Großvater Karls des Großen, besiegt in der Doppelschlacht von Tours und Poitiers die aus Spanien vorgedrungenen Araber; Frankreich bleibt christlich.

742–814 Lebenszeit Karls des Großen, herrscht ab 768, Kaiser ab 800.

Ab dem 9. Jh.: Blüte einer Mischkultur aus griechisch-lateinischen Traditionen und jüdischem und arabischem Wissenschaftsbetrieb; strahlt von Südspanien nach Europa aus. Jüdische Ärzte an europäischen Höfen, Übersetzerzentren in Südspanien und auf den Balearen, Kopistenbetriebe.

1125 Tod des böhmischen Chronisten Cosmas von Prag.
Sevilla wird Zentrum der Almohaden-Kultur, Literatur und Wissenschaft bis etwa 1250 (Rückeroberung durch die christlichen Truppen von Kastilien).

1150 Geistliche Schulen schließen sich zur ersten Pariser Universität zusammen. Sonderrechte für die Studenten.

1220 Kaiserkrönung Friedrichs II., des Staufers (in Sizilien aufgewachsen, vielsprachig, hochgebildet, dem Orient geistig aufgeschlossen).
Dschingis Khan erobert mit Samarkand ein Zentrum des mittelasiatischen Geisteslebens.

1224–1330 Deutsche Ritterorden erobern von Dorpat bis Danzig baltisches und pruzzisches Siedlungs- und Kulturgebiet. Nach blutigen Aufständen Untergang der drei Jahrtausende alten Kultur dieser zum Teil vorslawischen Völker.

Im 13. Jh. gelangen Standardwerke der altgriechischen Astronomie und Erdkunde (Ptolemaios) durch arabische Übersetzungen und Neuausgaben nach Europa.

1273–1291 Rudolf I. aus dem Haus Habsburg wird nach dem Sieg über Ottokar von Böhmen deutscher König und begründet die Macht dieser bis 1918 ersten Familie Europas.

1280 Kublai Khan, Enkel des Dschingis Khan, beherrscht das mongolisch-chinesische Reich und empfängt Reisende aus Europa, darunter Marco Polo und Gesandte des Papstes.

1316 Geburtsjahr Karls IV., des Luxemburger Kaisers, regiert 1347–1378, meist in Prag.

1321 Tod des Dichters Dante Alighieri (geb. 1265).

1348–1350 Der »Schwarze Tod« (vermutlich die Beulenpest) entvölkert die europäischen Städte. Folge: Judenverfolgungen. Profilierung einzelner großer Pestärzte.

1400 Die Kaufleute-Dynastie der Medici, erfolgreich auch im Bankgeschäft, erlangt die Herrschaft über Florenz und Umgebung.

1431 In Rouen wird Jeanne d'Arc nach der Verurteilung durch ein geistliches Gericht als Hexe verbrannt (1920 heiliggesprochen).

1458 Aeneas Sylvius Piccolomini aus verarmtem italienischem Adel, jahrelang Sekretär Kaiser Friedrichs III., wird als Pius II. einer der bedeutendsten Päpste der Geschichte.
Die Türken erobern Athen, nachdem sie schon 1453 Konstantinopel erobert und das oströmisch-byzantinische Reich besiegt hatten.

1469–1492 Lorenzo il Magnifico und das Haus Medici bewirken Kulturblüte in Florenz; es wird zur Zuflucht unabhängiger Geister.

1483–1546 Lebenszeit Martin Luthers.

1494–1547 Lebenszeit König François I. von Frankreich. Glanzvolle Hofhaltungen in den Loire-Schlössern und Fontainebleau.

1500–1558 Lebenszeit Kaiser Karls V. (herrscht 1519–1556).

1524–1527 Großer deutscher Bauernkrieg, daran anschließend Landsknechte gegen Rom, Erstürmung der Stadt, Plünderungen, Zerstörungen, Ende der Renaissance im ›Sacco di Roma‹.

1541–1699 Ungarn unter türkischer Herrschaft.

1559 Heinrich II. von Frankreich stirbt, wie von Nostradamus präzise vorausgesagt, an einer in einem Turnier empfangenen Kopfverletzung.

1572 Rudolf II. wird König von Ungarn, 1575 von Böhmen, 1576–1612 Kaiser. Als größter Sammler und Förderer seiner Zeit macht er Prag zu einem Mittelpunkt geistiger, kultureller und künstlerischer Aktivitäten. Praktizierender Alchemist, Förderer der Astrologie.

1610 König Heinrich IV. von Frankreich von einem katholischen Fanatiker ermordet. Er hatte den Religionsfrieden in Frankreich hergestellt (aufgehoben unter Ludwig XIV.).

1618–1648 Dreißigjähriger Krieg in Deutschland unter Beteiligung fremder Mächte mit Truppen (Schweden) und Geldern (Frankreich). Entvölkerung ganzer Landstriche.

1660–1685 König Karl II. aus dem Haus Stuart begünstigt Kulturblüte und liberale Entwicklungen in England (Dryden, Milton, Pepys).

1694–1733 Friedrich August I., Kurfürst von Sachsen (genannt »der Starke«), liiert u. v. a. mit den Gräfinnen Königsmarck, Cosel, Dönhoff.

1701–1713 Spanischer Erbfolgekrieg unter Beteiligung beinahe aller europäischen Staaten.

1715 Tod Ludwigs XIV., des Sonnenkönigs. Für seinen Urenkel Ludwig XV. (gest. 1774) regiert Philipp von Orléans tüchtig, aber sittenlos.

1729–1796 Lebenszeit Katharinas II., Zarin seit 1762. Fördert ähnlich wie Friedrich II. von Preußen Wissenschaften und Künste.

1740–1786 Friedrich II. von Preußen; er erobert Schlesien in drei Kriegen unter großen Opfern der Bevölkerung. Freund Voltaires.

1765 Franz I. Stephan stirbt nach zwanzig Jahren Herrschaft als Kaiser; Joseph II. wird römisch-deutscher Kaiser (Aufklärer).

1769–1821 Lebenszeit Napoleons I. Beginn der Amtszeit des toleranten Papstes Clemens XIV. (bis 1774).

1789–1794 Die blutige Phase der Französischen Revolution (Beginn: Sturm auf die Bastille, Höhepunkt: Septembermorde, Ende: Sturz Robespierres).

1804–1814 Napoleon ist Kaiser der Franzosen; Siege in Ägypten, Italien, den deutschen Staaten und Österreich, Debakel in Rußland, 1815 Rückkehr für hundert Tage, entscheidende Niederlage: Waterloo. Verbannung auf St. Helena.

1832 Johann Wolfgang von Goethe vollendet seinen ›Faust‹ und stirbt am 22. März in Weimar (geb. 1749 in Frankfurt am Main).

1848–1916 Regierungszeit Franz Josephs I. von Österreich.

1851–1871 Charles Louis Napoleon (später: Napoleon III.) herrscht in Frankreich, dankt nach Niederlage bei Sedan ab. Ende des ›Zweiten Kaiserreichs‹, Beginn der ›Belle Époque‹ (bis 1914).

1859 Tod des Fürsten Metternich, Beginn der italienischen Befreiungskriege (Erfolg 1866 im Bündnis mit Preußen).

1871 Kaiserkrönung Wilhelms I. in Versailles. Kleindeutsche Lösung ohne Österreich (es wird die ›Donaumonarchie‹).

1889 Die bayerische Festungsstadt Braunau am Inn (seit 1816 österreichisch) sieht die Geburt Adolf Hitlers (stirbt 1945).

1914–1918 Erster Weltkrieg; nach heute vorherrschender Meinung der Historiker die eigentliche Katastrophe des alten Europa. Verkleinerung Deutschlands, Zerfall der Donaumonarchie, Krisen der Nachfolgestaaten.

Personenverzeichnis